高等学校"十一五"精品规划教材



# 工 程 水 文 学

主　编　魏永霞　王丽学
副主编　郭　忠　马文敏
参　编　母敏霞　孙保沭　左　欣　刘　丹
主　审　季　山　罗凤莲

中国水利水电出版社
www.waterpub.com.cn

## 内 容 提 要

本书是《高等学校“十一五”精品规划教材》之一。主要内容包括：水循环与径流形成，水文资料的观测、收集与处理，水文统计基本知识，设计年径流及径流随机模拟，由流量资料推求设计洪水，流域产流、汇流计算，由暴雨资料推求设计洪水，排涝水文计算，水文预报，水文模型，古洪水与可能最大降水及可能最大洪水，水污染及水质模型，河流泥沙的测验及估算等。

本教材适用对象为高等学校水利水电工程、农业水利工程、水文与水资源工程等水利、水电类专业本科生、研究生，以及有关单位的水利水电科技人员。

**图书在版编目（CIP）数据**

工程水文学 / 魏永霞，王丽学主编．—北京：中国水利水电出版社，2005（2022.6 重印）
高等学校“十一五”精品规划教材
ISBN 978-7-5084-2973-1

Ⅰ．工… Ⅱ．①魏…②王… Ⅲ．工程水文学—高等学校—教材 Ⅳ．TV12

中国版本图书馆 CIP 数据核字（2007）第 014361 号

| 书　　名 | 高等学校“十一五”精品规划教材<br>**工程水文学** |
|---|---|
| 作　　者 | 魏永霞　王丽学　主编 |
| 出版发行 | 中国水利水电出版社<br>（北京市海淀区玉渊潭南路 1 号 D 座　100038）<br>网址：www.waterpub.com.cn<br>E-mail：sales@mwr.gov.cn<br>电话：（010）68545888（营销中心） |
| 经　　售 | 北京科水图书销售有限公司<br>电话：（010）68545874、63202643<br>全国各地新华书店和相关出版物销售网点 |
| 排　　版 | 中国水利水电出版社微机排版中心 |
| 印　　刷 | 天津嘉恒印务有限公司 |
| 规　　格 | 184mm×260mm　16 开本　19.5 印张　462 千字 |
| 版　　次 | 2005 年 8 月第 1 版　2022 年 6 月第 8 次印刷 |
| 印　　数 | 20101—21101 册 |
| 定　　价 | **40.00** 元 |

# 前　言

本书为《高等学校“十一五”精品规划教材》之一，是以水利水电工程、农业水利工程、水文与水资源工程等专业为主要教学对象而编写的专业课教材。在教材结构方面，传承了经典、成熟的理论体系。在内容方面，力求在充分阐述学科的基本理论和基本计算方法的基础上，补充了近年来工程水文科学技术进展的新内容（如水资源开发及可持续利用，水文数据库，受人类活动影响的径流还原计算，瞬时单位线的非线性改正等）。在编写过程中，力求做到定义、概念准确，文字精练。

全书共分十四章，主要内容包括：水循环与径流形成，水文资料的观测、收集与处理，水文统计基本知识，设计年径流及径流随机模拟，由流量资料推求设计洪水，流域产流、汇流计算，由暴雨资料推求设计洪水，排涝水文计算，水文预报，水文模型，古洪水与可能最大降水及可能最大洪水，水污染及水质模型，河流泥沙的测验及估算等。

全书由东北农业大学魏永霞和沈阳农业大学王丽学主编，参加编写的人员有：沈阳农业大学王丽学、刘丹（第八章，第九章，第十一章）、甘肃农业大学郭忠（第二章，第三章，第十二章）、长安大学母敏霞（第六章，第十章，第五章第六～八节）、华北水利水电学院孙保沭（第七章）、宁夏大学马文敏（第十三章，第十四章）、东北农业大学魏永霞（第一章，第五章第一～五节）。本教材由黑龙江大学季山和东北农业大学罗凤莲主审。主审人对书稿进行了认真的审查，本次印刷并对径流随机模拟和古洪水部分进行了全面改写（部分改写内容由河海大学方乐润审查），编者在此深表感谢。书中有些材料引自有关院校及科研生产单位人员编写的教材及文章，在此一并表示感谢。

受编者学识水平的限制，本教材中存在不足与疏漏之处，敬请使用本教材的师生和其他读者批评指正。

**编　者**

2008 年 4 月

# 目　　录

# 第一章 绪 论

## 第一节 地球上的水资源

### 一、地球上各种水体的数量与分布

地球表面、岩石圈内、大气层中和生物体内储藏着各种形态（气态、液态和固态）的水体。包括海洋水、地表水（含冰川与冰盖、湖泊水、沼泽水、河流水）、地下水（含重力水、地下冰）、土壤水、大气水和生物水等地球全部水体的总储量约为1385984.6万亿$m^3$，其中海洋储存1338000万亿$m^3$，约占全球水体总储量的96.5%，陆地储存47984.6万亿$m^3$，约占3.5%，地表水和地下水各占1/2左右。地球上各种水体的储量见表1-1。

表1-1　地球上各种水体的储量

| 水体种类 | 水量 | | 咸水 | | 淡水 | |
|---|---|---|---|---|---|---|
| | 万亿$m^3$ | % | 万亿$m^3$ | % | 万亿$m^3$ | % |
| 海洋水 | 1338000 | 96.54 | 1338000 | 99.04 | 0 | 0 |
| 地表水，其中： | 24254.1 | 1.75 | 85.4 | 0.006 | 24168.7 | 69.0 |
| 冰川与冰盖 | 24064.1 | 1.736 | 0 | 0 | 24064.1 | 68.7 |
| 湖泊水 | 176.4 | 0.013 | 85.4 | 0.006 | 91.0 | 0.26 |
| 沼泽水 | 11.47 | 0.0008 | 0 | 0 | 11.47 | 0.033 |
| 河流水 | 2.12 | 0.0002 | 0 | 0 | 2.12 | 0.006 |
| 地下水，其中： | 23700 | 1.71 | 12870 | 0.953 | 10830 | 30.92 |
| 重力水 | 23400 | 1.688 | 12870 | 0.953 | 10530 | 30.06 |
| 地下冰 | 300 | 0.022 | 0 | 0 | 300 | 0.86 |
| 土壤水 | 16.5 | 0.001 | 0 | 0 | 16.5 | 0.05 |
| 大气水 | 12.9 | 0.0009 | 0 | 0 | 12.9 | 0.04 |
| 生物水 | 1.12 | 0.0001 | 0 | 0 | 1.12 | 0.003 |
| 全球总储量 | 1385984.6 | 100 | 1350955.4 | 100 | 35029.2 | 100 |

由表1-1可见，在地球水体的总储量中，含盐量不超过1g/L的淡水仅占地球水体总储量的2.5%，其余97.5%为咸水。在总量为35029.2万亿$m^3$的淡水中，有68.7%被固定在两极冰盖和高山冰川中，有30.92%蓄存在地下含水层和永久冻土层中，亦即绝大部分淡水是人类不易开采的；而湖泊、河流、土壤中所容纳的淡水只占0.316%，因此，可供人类利用的淡水量是十分有限的。

### 二、水资源

早期有人定义水资源为上述各种水体。20世纪70～80年代，联合国教科文组织和世界气象组织共同提出了水资源的含义，并被广泛采纳，即“水资源是指可资利用或有可能被利用的水源，这种水源应当具有足够的数量和可用的质量，并在某一地点为满足某种用途而得到利用”。由此可见，水资源是指地球上可供人类利用的淡水，通常指陆地水，又称陆地水资源，简称水资源。水资源包括水量和水质等。

对人类最为实用的水资源，是陆地降水量、江河径流量和浅层地下淡水量。降水，是江河径流和浅层地下淡水的补给来源，同时，它可以直接被利用（如中国西北地区的集雨水窖工程）。全球陆地上多年平均降水量为119亿 $m^3$，折合年降水深为800mm。人类在江河上修建蓄水、引水、提水和跨流域调水工程等，利用江河径流供农业灌溉、工矿生产、城乡生活、发电、水产养殖、旅游、改善生态环境等。江河径流量是人类最重要和最经常利用的水资源。全球多年平均江河径流量为46.8万亿 $m^3$，折合年径流深为315mm。

从数量上看，降水量和江河径流量都处于动态变化之中，在各年之间和年内各月之间水量都不均衡。多水年和年内的多水期（称汛期或洪水期）常造成洪涝灾害，少水年和年内的少水期（称非汛期或枯水期）常发生干旱灾害。不仅如此，降水量和江河径流量在地区之间也不均衡。世界各大洲的自然条件差别很大，因而降水量和江河径流量也不尽相同（表1-2）。由表1-2可见，大洋洲诸岛的水资源最为丰富，年降水量接近3000mm，年径流深超过1500mm，接近全球陆地平均年径流深的5倍；南美洲的水资源也比较丰富，年降水量1600mm，年径流深660mm；澳洲是水资源量最少的大陆，年降水量不足500mm，年径流深只有40mm，有2/3面积为无永久性河流的荒漠、半荒漠地区；南极洲的年降水量和年径流深都很少，只有165mm，没有一条永久性的河流，然而却以冰的形态储存了地球淡水总量的62%。

**表1-2　　世界水资源分布**

| 大陆 | 面积（万 $km^2$） | 年降水 | | 年径流 | |
|---|---|---|---|---|---|
| | | mm | 万亿 $m^3$ | mm | 万亿 $m^3$ |
| 欧洲 | 1050 | 789 | 8.29 | 306 | 3.21 |
| 亚洲 | 4347.5 | 742 | 32.24 | 332 | 14.41 |
| 非洲 | 3012 | 742 | 22.35 | 151 | 4.57 |
| 北美洲 | 2420 | 756 | 18.3 | 339 | 8.2 |
| 南美洲 | 1780 | 1600 | 28.4 | 660 | 11.76 |
| 澳洲 | 761.5 | 456 | 3.47 | 40 | 0.3 |
| 大洋洲诸岛 | 133.5 | 2700 | 3.61 | 1560 | 2.09 |
| 南极洲 | 1398 | 165 | 2.31 | 165 | 2.31 |
| 全部陆地 | 14900 | 800 | 119 | 315 | 46.8 |

注　大洋洲诸岛包括塔马尼亚岛、新西兰岛、伊里安岛等太平洋各岛屿。

由于受人类生活和生产活动的影响，世界各地江河径流和浅层地下淡水的水质已受到不同程度的污染。

与煤、石油等矿产资源不同，水资源数量具有可更新补充的特点。然而，随着城市工业和农业的迅速发展，人口和用水量的急剧增长，人类对水资源的需求量日益增长，而可利用的水资源是有限的，导致不少国家不少地区出现了水资源不足的局面。人类逐渐认识到，可更新补充的水资源并非取之不尽，用之不竭的，必须十分重视，珍惜利用。为了使有限的水资源得以持续利用，世界各国都很重视水资源的调查、评价和合理开发利用与保护工作。

## 第二节　中国的水资源

### 一、水资源的数量

1. 降水量

根据我国第1次水资源调查评价成果，全国多年平均年降水总量为61889亿$m^3$，折合年降水深为648mm，小于全球陆地多年平均年降水深（800mm）。

2. 地表水资源量

指江河、湖泊、冰川等地表水体的动态水量，即天然江河径流量。全国多年平均年径流总量为27115亿$m^3$，折合年径流深为284mm，小于全球多年平均江河年径流深（315mm）。

3. 地下水资源量

指降水入渗和地表水体（含河道、湖泊、水库、渠系和渠灌田间）渗漏到地下含水层的补给量。全国多年平均地下水资源量为8288亿$m^3$。

4. 水资源总量

由于地表水和地下水互相联系又互相转化，故不能将江河径流量与地下水资源量直接相加作为水资源总量，而应扣除互相转化的重复水量。经扣除重复水量（7299亿$m^3$）后的全国多年平均水资源总量为28124亿$m^3$，其中地表水资源占96.4%，地下水资源占3.6%。

### 二、水资源的特点

1. 总量不算少，但人均水量低

我国天然江河径流总量，在世界上仅次于巴西、俄罗斯、加拿大、美国和印尼而居第6位。但我国人口众多，按1999年人口统计计算，中国人均径流量为2180$m^3$，约为世界人均径流量的1/4。

2. 地区上分布极不均匀

受海陆位置、水汽来源、地形地貌等因素的影响，我国水资源地区分布总趋势是从东南沿海向西北内陆递减。按照年降水量和年径流深的大小，可将全国划分为5个地带：多雨——丰水带，湿润——多水带，半湿润——过渡带，半干旱——少水带，干旱——干涸带。其中多雨——丰水带的年降水量大于1600mm，年径流深超过800mm；而干旱——干涸带年降水量少于200mm，年径流深不足10mm，水资源地区分布极不均匀。

3. 与耕地、人口的分布不相匹配

我国水资源与耕地、人口的分区组合情况见表1-3。由表1-3可见，外流区域（区域面积占全国总面积的64.6%）的南方四区和北方四区的水资源总量与耕地、人口的地区分布不相匹配，人均、单位耕地水资源量差别很大：南方四区水资源总量占全国的81.0%，人口占全国的54.6%，耕地占全国的39.7%，人均水资源量为3300$m^3$，单位耕地水资源量为43860$m^3/hm^2$；北方四区水资源总量占全国的14.4%，人口占全国的

43.3%，耕地占全国的54.9%，人均水资源量为740m$^3$，单位耕地水资源量为5640 m$^3$/hm$^2$。这种水资源、土地资源和人口组合不平衡的情况，造成了北方用水紧张的局面。内流区域（区域面积占全国总面积的35.4%）人均、单位耕地水资源量虽然不少，但有人居住的地区水资源有限，也存在水量不足问题。

**表1-3　　　　中国水资源、耕地、人口的分区组合表**

| 分区名称 | | | 土地面积 | 水资源总量 | 人口 | 耕地 | 人均水资源量（m$^3$/人） | 单位耕地水资源量（m$^3$/hm$^2$） |
|---|---|---|---|---|---|---|---|---|
| | | | 占全国（%） | | | | | |
| 外流区域 | 北方 | 东北诸河 | 13.1 | 6.9 | 9.3 | 19.7 | 1640 | 7460 |
| 外流区域 | 北方 | 海滦河流域 | 3.3 | 1.5 | 9.9 | 9.1 | 340 | 3540 |
| 外流区域 | 北方 | 淮河和山东半岛 | 3.5 | 3.4 | 15.7 | 13.4 | 480 | 5480 |
| 外流区域 | 北方 | 黄河流域 | 8.3 | 2.6 | 8.4 | 12.7 | 700 | 4480 |
| 外流区域 | 北方 | 北方四区 | 28.2 | 14.4 | 43.3 | 54.9 | 740 | 5640 |
| 外流区域 | 南方 | 长江流域 | 18.9 | 34.2 | 33.2 | 25.5 | 2290 | 28770 |
| 外流区域 | 南方 | 华南诸河 | 6.1 | 16.8 | 12.8 | 8.4 | 2920 | 42820 |
| 外流区域 | 南方 | 东南诸河 | 2.5 | 9.2 | 7.1 | 3.0 | 2880 | 67340 |
| 外流区域 | 南方 | 西南诸河 | 8.9 | 20.8 | 1.5 | 2.8 | 30890 | 160000 |
| 外流区域 | 南方 | 南方四区 | 36.4 | 81.0 | 54.6 | 39.7 | 3300 | 43860 |
| 外流区域 | 外流河八区 | | 64.6 | 95.4 | 97.9 | 94.6 | 2170 | 21670 |
| 内流区域（含额尔齐斯河） | | | 35.4 | 4.6 | 2.1 | 5.4 | 4830 | 18300 |
| 全国 | | | 100 | 100 | 100 | 100 | 2180 | 21480 |

4. 年内、年际变化大

常用连续最大4个月降水量占全年降水量的百分数来表示降水的年内分配，百分数越大，表示年降水年内变化大。我国长江以南地区连续最大4个月降水量占全年降水量的50%～80%，华北与东北地区连续最大4个月降水量占全年的70%～80%，西南地区连续最大4个月降水量也占全年的70%～80%，说明我国大部分地区降水的年内分配很不均匀。年降水量的年际变化，常用统计时段内最大年降水量和最小年降水量之比称为极值比来表示，极值比大，表示年际变化大，反之亦然。西北大部分地区极值比为5～6，华北地区为4～6，东北地区为3～5，淮河、秦岭以南地区为2～4。由于年降水量是影响年径流量的主要因素，年径流量也具有类似年降水量的年内、年际变化特性，甚至年内、年际变比更为剧烈。

降水量和径流量年内、年际变化大，对水资源的充分开发利用是不利的。

**三、水资源公报**

上述我国水资源总量是指多年平均的情况，而逐年的情况可见水利部编制的《中国水资源公报》。比如2003年《中国水资源公报》刊载，2003年，我国南方降水量比多年平均值偏少，北方降水量则偏多，全国平均年降水总量为60415.5亿m$^3$，折合年降水深638mm，比多年平均值少0.7%；地表水资源量为26250.7亿m$^3$，比多年平均值少

1.7%；地下水资源量为8299.3亿$m^3$，扣除重复水量（7089.8亿$m^3$）后的水资源总量为27460.2亿$m^3$，比多年平均值少1.0%。《中国水资源公报》还刊载地表水体水质状况等统计资料。2003年，河流水质总体状况，西部12个省、自治区、直辖市水质最好；中部8个省水质次之；东部11个省、直辖市水质最差。

各省、自治区、直辖市也陆续编制出版省、自治区、直辖市的水资源公报。

## 四、水资源开发利用现状

### 1. 水利工程设施

截止到2003年，我国已建成水库85153座，总库容5658亿$m^3$，其中大型水库453座，总库容4278亿$m^3$。累计建成堤防27.8km，保护耕地6.58亿亩，保护人口5.13亿人。建成万亩以上灌区5729处，全国有效灌溉面积达到8.38亿亩，农村水电装机3414万kW。

### 2. 供、用水量

供水量指由蓄水、引水、提水和水井等水源工程为用户提供的包括输水损失在内的水量。比如2003年，全国总供水量为5320.4亿$m^3$，占当年水资源总量的19.4%。其中，地表水源供水量（含跨流域调水）4286.0亿$m^3$，占总供水量的80.6%；地下水源供水量1018.1亿$m^3$，占总供水量的19.1%；其他水源（指污水处理再利用、集雨工程和海水淡化的供水量）供水量16.3亿$m^3$，占总供水量的0.3%。

用水量指分配给用户的包括输水损失在内的水量。2003年，全国总用水量为5320.4亿$m^3$，其中，农业用水（包括农田灌溉用水和林牧渔用水）3432.8亿$m^3$，占总用水量的64.5%；工业用水1177.2亿$m^3$，占总用水量的22.1%；生活用水（包括城镇居民、城镇公共用水和农村居民、牲畜用水）630.9亿$m^3$，占总用水量的11.9%；生态用水（包括城市环境和部分河湖、湿地的人工补水）79.5亿$m^3$，占总用水量的1.5%。

2003年我国分区供、用水量见表1-4。

**表1-4　　2003年我国分区供、用水量统计表**　　单位：亿$m^3$

| 分区名称 | 供水量 | | | | 用水量 | | | | |
|---|---|---|---|---|---|---|---|---|---|
| | 地表水 | 地下水 | 其他 | 总供水量 | 生活 | 工业 | 农业 | 生态 | 总用水量 |
| 松花江 | 216.2 | 138.7 | 0.0 | 354.9 | 32.9 | 74.1 | 244.9 | 3.0 | 354.9 |
| 辽河 | 78.5 | 114.1 | 0.3 | 192.9 | 28.3 | 25.9 | 138.7 | 0.0 | 192.9 |
| 海河 | 113.6 | 261.3 | 2.0 | 377.0 | 53.4 | 59.7 | 262.0 | 1.9 | 377.0 |
| 黄河 | 219.5 | 132.2 | 2.3 | 354.0 | 35.7 | 55.1 | 260.7 | 2.5 | 354.0 |
| 淮河 | 317.6 | 154.2 | 0.9 | 472.7 | 71.5 | 93.1 | 305.1 | 3.0 | 472.7 |
| 长江 | 1628.9 | 79.2 | 6.5 | 1714.6 | 213.3 | 565.1 | 909.2 | 27.0 | 1714.6 |
| 其中：太湖 | 314.9 | 3.3 | 0.1 | 318.3 | 36.1 | 157.9 | 104.3 | 20.0 | 318.3 |
| 东南诸河 | 304.4 | 11.0 | 1.3 | 316.7 | 42.2 | 101.3 | 165.8 | 7.5 | 316.7 |
| 珠江 | 798.3 | 40.0 | 2.1 | 840.4 | 127.6 | 184.4 | 519.4 | 9.0 | 840.4 |
| 西南诸河 | 91.2 | 2.4 | 0.2 | 93.8 | 8.8 | 4.4 | 80.0 | 0.6 | 93.8 |
| 西北诸河 | 517.7 | 85.0 | 0.7 | 603.4 | 17.2 | 14.2 | 547.1 | 24.9 | 603.4 |
| 全国 | 4286.0 | 1018.1 | 16.3 | 5320.4 | 630.9 | 1177.2 | 3432.8 | 79.5 | 5320.4 |

注　表中资料引自2003年《中国水资源公报》，全国供、用水量未包括香港、澳门特别行政区和台湾省的供、用水量。

表1-4说明2003年我国供、用水量是平衡的，但并不意味着供、需水量也是平衡的，而是供水量小于需水量。据统计，我国平均每年至少有上百亿 $m^3$ 的需水量未得到满足。

上述用水量是根据以下用水指标统计得出的：

人均综合用水量为 $430m^3$，万元国内生产总值GDP（当年价）用水量为 $448m^3$，农田灌溉亩均用水量为 $430m^3$，万元工业增加值（当年价）用水量为 $222m^3$，城镇人均生活用水量为212L/d（含公共用水），农村居民人均生活用水量为68L/d。

自1997年以来，全国人均综合用水量、万元GDP用水量（当年价），农田灌溉亩均用水量和万元工业增加值用水量（当年价）均呈下降趋势。但与发达国家相比，我国万元GDP用水量、万元工业增加值用水量和农田灌溉亩均用水量指标还比较大（万元工业增加值用水量是发达国家的5～10倍），存在进一步降低用水指标的潜力。

**五、水资源开发利用的主要问题**

1. 水资源供需矛盾突出

按正常需要和不超采地下水，全国年缺水总量约为300亿～400亿 $m^3$。到20世纪末，全国600多个城市中有400多个存在供水不足的问题，其中比较严重缺水的达110个，全国城市年缺水总量约为60亿 $m^3$。此外，在一些水资源丰富但人口稠密的地区，还存在"水质型缺水"的问题。水资源短缺已成为我国尤其是北方地区经济社会发展的严重制约因素。

2. 城市和工业集中地区和北方部分井灌区地下水超采

超量开采地下水资源，导致地下水资源枯竭的同时引起地面沉降。地面沉降直接危害城市建筑物和居住安全，加剧洪涝灾害，降低防洪排涝工程效能（沿海地区造成海水入侵）。近年来，我国每年地下水超采量为80亿 $m^3$，超采区共有164个，其中严重超采区面积占24.6%。我国地面沉降年平均直接经济损失超过1亿元。

3. 水质恶化，地表水和地下水均受到污染

2003年，全国污水排放总量为680亿t（其中工业废水占2/3，其余为第三产业和城镇居民生活污水），90%的废、污水未经处理或处理未达标就直接排放。该年，全国符合和优于Ⅲ类水（Ⅲ类水是可进入自来水厂的最低要求）的河长占总评价河长的62.6%，比2002年减少2个百分点。对52个湖泊和308座水库进行水质评价，水质符合和优于Ⅲ类水的湖泊和水库分别占评价数的40.4%和74.7%。枯水季节，江河水质更差。2005年1月份的监测显示，长江、黄河、淮河等7大江河，劣Ⅳ类水占28.4%。全国浅层地下水大约有50%的地区遭到一定程度的污染，约有一半城市城区的地下水污染比较严重。水污染已出现由城市向农村蔓延，由地表水向地下水渗透的趋势。

4. 用水浪费，水的重复利用率低

我国城市生活等用水浪费严重，仅供水管网跑冒滴漏损失就达城市生活供水总量的20%以上，家庭用水浪费也十分普遍。我国水的重复利用率仅为40%，而发达国家已达75%～85%；我国农业灌溉用水有效利用系数只有0.4左右，而发达国家已达0.7～0.8。

5. 水资源分散管理

我国目前水资源实行"多龙管水"即分散管理的模式。比如城市水资源管理由水利、

建设、环保、市政、地矿、农业等多部门分别承担，管理职能上存在交叉和分割，导致以牺牲环境为代价不合理开发水资源的现象屡屡出现。

六、水资源的可持续利用

在人类社会的发展过程中，需要协调好发展与环境的关系，为此提出可持续发展的概念，并对可再生的自然资源提出可持续利用问题。与人类关系密切而且不可替代的水资源的可持续利用问题也就提到日程上来。

水资源可持续利用的主要原则是：在水资源开发利用中，应当使预期得到的社会效益和环境效益，亦即正面效益与因开发利用所导致的不利于环境的副作用亦即负面效益相平衡，并力求前者稍大于后者，以利人类社会的不断完善与进步。

根据预测，2050 年我国人口将接近 16 亿人，经济将达到中等发达国家的水平，水资源的需求量约增加到 6800 亿～7200 亿 $m^3$。而目前我国的供水量在 5600 亿 $m^3$ 左右，需要新增加约 1200 亿～1600 亿 $m^3$ 的供水量。依照水资源可持续利用的理念，应当改变过去单一的开源的做法，而采取节流、开源、保护并举的综合措施，来解决新增加的供水量的问题。在具体的水资源开发利用中要求做到：①对由水源地取水适当留有余地；②在保护利用好现有水源工程的基础上开发新水源工程，并注意当地水资源的可开发限度；③加强需水管理，不断改进用水定额；④努力开拓高效清洁的水利用模式，加大污水处理的力度。

坚持科学发展观，实施水资源的可持续利用，为我国经济社会的可持续发展提供支持和保障，这是我国水资源开发利用面临的新的重大课题。

## 第三节 工程水文学的研究内容和方法

一、工程水文学的研究内容

水文学是研究地球水圈的存在与运动的科学。它主要研究地球上水的形成、循环、时空分布、化学和物理性质以及水与环境的相互关系，为人类防治水旱灾害，合理开发利用和保护水资源，不断改善人类生存和发展的环境条件，提供科学依据。

广义的水文学包括海洋水文学、水文气象学、陆地水文学和应用水文学。

海洋水文学着重研究海水的化学成分和物理特性、海洋中的波浪、潮汐和海流、海岸横向泥沙运动等。习惯上把海洋水文学列为海洋学的内容之一。

水文气象学研究水圈和气圈的相互关系，包括大气中的水文循环和水量平衡，以蒸发、凝结、降水为主要方式的大气与下垫面的水分交换，暴雨和干旱的发生和发展规律，它是水文学和气象学的边缘学科。

陆地水文学是研究陆地上水的分布、运动、化学和物理性质以及水与环境相互关系的学科。地表水水文学和地下水水文学是陆地水文学的主要组成部分。地表水水文学可划分为以下分支学科：河流水文学、湖泊水文学、沼泽水文学、冰川水文学、雪水文学、区域水文学等。

应用水文学及有关学科的理论和方法，研究解决各种实际水文问题的途径和方法，为水利、电力、交通、城镇供水和排水、环境保护等工程建设提供水文数据。应用水文学包括水文测验学、工程水文学、城市水文学、农业水文学、林业水文学、水文预报学等分支学科。

水文学通常是指研究对象只限于陆地水体的陆地水文学和具有较高应用价值的应用水文学。其中河流水文学和工程水文学发展最早，取得的成绩也最大。

工程水文学的主要内容为水文测验、水文分析计算和水文预报，其中水文测验和水文预报现已成为一门独立的学科，因此水文分析计算是工程水文学的主要内容。

水文分析计算是在研究水文现象变化规律的基础上，预估未来长时期内（几十年到几百年）的水文情势，为与水有关的工程规划设计、施工和运用管理提供水文数据。其主要任务是估算工程在规划设计、施工和管理阶段所必需的水文特征值及其在时间、空间上的分布。而水文预报是在研究水文现象变化规律的基础上，预报未来短时期（几小时或几天）内的水文情势。

## 二、工程水文学在工程建设与管理中的作用

由于天然来水与国民经济的需要不相适应，修建灌溉水库、引水工程、调水工程、提水工程、防洪除涝工程、水电站等水利水电工程就是解决这一矛盾的技术措施。这些工程从修建到运用都要经过规划设计、施工、管理3个阶段，每个阶段都要进行水文计算。

### 1. 规划设计阶段

规划设计阶段水文计算的主要任务是确定工程的规模。工程规模与河流水量的估算有关。如果河流水量估算过大，就会使工程规模过大，造成资金的浪费。反之，如果河流水量估算过小，工程规模就会过小，导致工程不安全，同时不能充分利用水资源，造成水资源的浪费。在多沙河流上兴修水利工程还要估算蓄水工程的泥沙淤积量，以便考虑增设延长工程寿命的措施。水利工程的使用年限一般为几十年甚至百年以上，工程规划设计，需要水文计算提供未来工程使用期间的水文情势。

### 2. 施工阶段

施工阶段要修建一些临时性的建筑物，如围堰、导流渠等。为了确定这些临时性建筑物的规模，需要掌握施工期间的来水情况，因此也需要进行水文计算。如果施工期设计洪水估算偏大，会使施工建筑物规模过大，造成浪费；若施工期设计洪水估算偏小，会造成施工建筑物的破坏，影响施工进度或造成巨大损失。另外，还需要水文预报提供短期或中期（如一个季度）天然来水情势。

### 3. 运用管理阶段

运用管理阶段，需要知道未来一定时期的来水情况，据此编制水量调度方案。有防洪任务的水库需要事先作出洪水预报，以便在洪水来临之前腾出库容，拦蓄洪水。一方面使水库本身安全度汛，另一方面使下游免受洪水灾害。汛期结束后，根据水文预报及时蓄水，以保证灌溉、发电、航运等方面的需求。另外，在工程建成后，还要不断复核和修改设计阶段的水文计算成果，必要时对工程进行改造。

## 三、工程水文学的研究方法

### 1. 水文现象的基本规律

自然界中的水文现象极为复杂，它的发生发展与气象要素和地质地貌、植被等下垫面因素及人类活动有关。但复杂的水文现象仍然具有一定的规律性。

（1）周期性。任何一种水文现象，总是出现以年为单位的周期性变化。例如，河流每年都有一个汛期和一个枯水期。一般夏、秋季为汛期，冬、春季为枯水期。产生这种现象的基本原因是地球的公转。地球的公转导致了春、夏、秋、冬四季的交替。四季中的降水是有周期性变化的。所以使得河流的水文情势也就具有相应时间的周期性变化。此外，在冰雪水源的河流上，由于气温的日变化，水文现象也有以日为周期的变化情况。在长期观测的水文系列中，还可发现水文现象有多年变化的周期性。

（2）随机性。因为影响水文现象的因素众多，各因素本身在时间上不断地发生变化，如气象要素变化莫测，是随机的，所以受它影响的水文现象也处于不断变化之中。它们在时间上和数量上的变化过程，伴随周期性出现的同时，也存在着不重复的特点，这就是所谓的随机性。例如，任何一条河流不同年份的流量过程不会完全一致，它们在时间上、数量上都不能完全重复。事实上，所有水文特征值的出现都可以认为是随机的。

（3）地区性。由于气候要素和地理要素具有地区性规律，所以受其影响的水文现象也具有地区性的特点。比如，两条河流所处的地理位置相近（纬度与距海洋远近等），气候与地理条件相似，那么由气候及地理条件综合影响而产生的水文现象，在一定程度上就具有相似性。

2. 工程水文学的研究方法

根据上述水文现象的基本规律，按不同的要求，工程水文学的研究方法通常可以分为3类：成因分析法、数理统计法和地理综合法。

（1）成因分析法。某一水文现象的发生是众多因素综合影响的结果，也就是说水文现象与其影响因素之间存在着内在联系。通过观测资料和实验资料的研究分析，可以建立这一水文现象与其影响因素之间的定量关系。这样就可以根据当前影响因素的状况，预测未来的水文现象。这种解决问题的方法在水文学中称为成因分析法。成因分析法能够给出比较确切的成果。例如，当知道上、下游站的同时水位和洪水传播时间时，就可由上游站的洪水位来预报下游站的洪水位。

应该指出，任一水文现象的形成过程都是极其复杂的。对水文现象进行成因分析时，一般只考虑它的主要因素，而忽略一些次要因素。因此成因分析法具有一定的局限性。

（2）数理统计法。水文分析计算的主要任务是预估未来的水文情势，但影响未来水文情势的因素是复杂多变的，不可能用成因分析法一一处理。根据水文现象的随机性，可以以概率论为基础，运用数理统计的方法去推断水文现象的统计规律，求得长期水文特征值的概率分布，从而得出工程规划设计所需要的设计水文特征值。这种方法在水文分析计算中广泛应用。

（3）地理综合法。根据水文现象的地区性特点，可以以地区为单位来研究某些水文特征值的地区分布规律。这些研究成果通常用等值线图或地区经验公式表示（如多年平均年径流深等值线图，洪水地区经验公式等）。利用这些等值线图或经验公式，可以求出观测资料短缺地区的水文特征值。这就是地理综合法。

以上3种方法，在实际工作中常常同时应用，它们是相辅相成、互为补充的。

**四、《工程水文学》课程的学习目的**

本课程主要内容有：①基础知识（包括第二章和第四章）；②基本资料的观测和处理

（第三章）；③水文计算的原理和方法（包括第五、六、七、八、九章和第十二章）；④水文预报的原理和方法（包括第十章和第十一章）；⑤水质、泥沙分析计算（包括第十三章和第十四章）。

高等学校水利水电类等专业设置本课程的目的，是为了培养学生具有水文水资源的基础知识，了解水文资料的观测和处理方法，掌握水文分析计算和水文预报的基本原理和方法，获得水利工程规划设计必须具备的工程水文分析计算能力。

## 复习思考题与习题

1. 什么是水资源？怎样理解水资源并非是取之不尽，用之不竭的？
2. 中国的水资源具有哪些特点？
3. 实施水资源可持续利用发展战略有何意义？
4. 水资源与水文学有何关系？
5. 水文分析计算在水利工程建设和管理中的作用是什么？
6. 水文分析计算经常采用哪些研究方法？根据是什么？

# 第二章 水循环与径流形成

## 第一节 水循环与水量平衡

### 一、自然界的水循环

1. 水循环的概念

地球水圈中各种水体在太阳的辐射下不断蒸发变为水汽进入高空，并随气流的运动输送到各地，在一定条件下凝结形成降水。降落的雨水，一部分被植物截留并蒸发，一部分形成地面径流沿江河回归大海，一部分渗入地下。渗入地下的水，有的被土壤或植物根系吸收，最后经蒸发和植物散发返回大气。有的渗入更深的土层形成地下水，以泉水或地下水的形式注入河流回归大海。水圈中各种水体通过蒸发、水汽输送、凝结、降水、下渗、地面和地下径流的往复循环过程，称为水循环。

2. 大循环、小循环、内陆水循环

水循环按不同途径和规模，可分为大循环和小循环，其差别在于水汽输送是否跨越了海陆界线。从海洋蒸发的水汽，被气流带到大陆上空，成为降水降落到大陆后又流归海洋，这种海陆间的水循环称为大循环。从海洋蒸发的水汽，在海洋上空成云致雨，直接降落到海洋，或陆地上的水蒸发后又降落到陆地，这种局部的水循环称为小循环。另外，沿海地区，较易得到来自海洋的水汽供应，这些地区蒸发的水汽也较多，且进一步向内陆输送。在内地上空冷凝降落后，一部分形成径流，一部分再蒸发为水汽又继续向更远的内陆输送。如此循环下去，但愈向内陆，水汽愈少，直到不再能成为降水为止。这种现象叫做内陆水循环。水循环中的各种现象如图 2-1 所示。

3. 水循环的意义

水循环是地球上最重要、最活跃的物质循环之一，它实现了地球系统水量、能量和

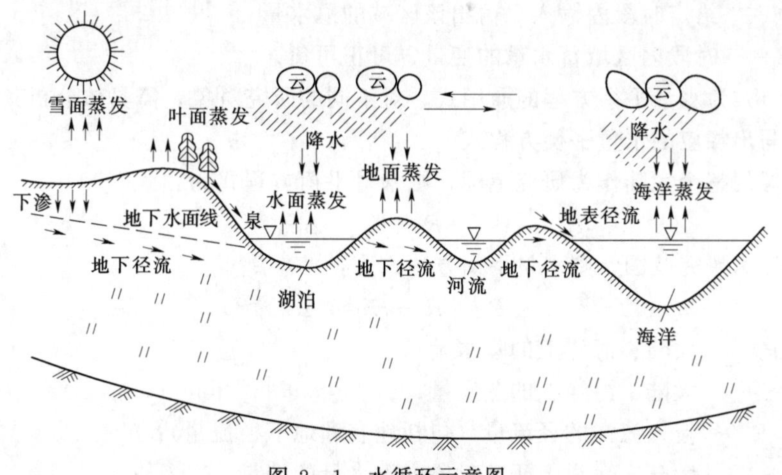


图 2-1 水循环示意图

地球生物化学物质的迁移与转换，构成了全球性的连续有序的动态大系统。水循环把海陆有机地连接起来，塑造着地表形态，制约着地球生态环境的平衡与协调，不断提供再生的淡水资源。因此，水循环对于地球表层结构的演化和人类可持续发展都具有重大意义。

(1) 水循环深刻地影响着地球表层结构的形成、演化和发展。它不仅将地球上各种水体组合成连续、统一的水圈，而且在循环过程中进入大气圈、岩石圈与生物圈。将地球上的四大圈层紧密地联系起来。水循环在地质构造的基底上重新塑造了全球的地貌形态，同时影响着全球的气候变迁和生物群类。

(2) 水循环的实质就是物质与能量的传输过程，水循环改变了地表太阳辐射能的纬度地带性，在全球尺度下进行高低纬、海陆间的热量再分配。水是一种良好的溶剂，同时具有搬运能力，水循环负载着众多物质不断迁移和聚集。

(3) 水循环是海陆间联系的纽带。水循环的大气过程实现了海陆上空的水汽交换，海洋通过蒸发源源不断地向陆地输送水汽，进而影响着陆地上一系列的物理、化学和生物过程；陆面通过径流归还海洋损失的水量，并源源不断地向海洋输送大量的泥沙、有机质和各种营养盐类，从而影响着海水的性质、海洋沉积及海洋生物等。

(4) 水循环是地球系统中各种水体不断更新的总和，这使得水成为可再生资源，水循环与人类关系密切，水循环强弱的时空变化，是制约一个地区生态平衡和可持续发展的关键。

## 二、地球上的水量平衡

根据物质不灭定律可知，在水循环过程中，对于任一区域，在任一时段内，进入的水量与输出的水量之差额必等于其蓄水量的变量，这就是水量平衡原理。根据水量平衡原理，可以列出水量平衡方程。水循环过程中水量平衡方程的基本因素为降水量和蒸发量。地表与地下径流量以及地表地下蓄水量的变量，也是水量平衡方程中经常要考虑的因素。

对某一区域，其水量平衡方程式为：

$$I - O = \Delta S \tag{2-1}$$

式中 $I$、$O$——给定时段内输入、输出该区域的总水量；

$\Delta S$——时段内区域蓄水量的变量，可正可负。

式 (2-1) 为水量平衡方程的通用式，对不同的研究对象，需具体分析其输入、输出量的组成，写出相应的水量平衡方程式。

若以地球的整个大陆作为研究范围，则水量平衡方程式为：

$$P_c - R - E_c = \Delta S_c \tag{2-2}$$

若以海洋为研究范围，则水量平衡方程式为：

$$P_0 + R - E_0 = \Delta S_0 \tag{2-3}$$

式中 $P_c$、$P_0$——大陆、海洋上的降水量；

$E_c$、$E_0$——大陆、海洋上的蒸发量；

$R$——流入海洋的径流量（包括地表和地下径流量）；

$\Delta S_c$、$\Delta S_0$——大陆、海洋上研究时段内蓄水量的变量。

对于长期平均情况而言，蓄水量的变量趋近于零，可不考虑。对于大陆多年平均情况，其水量平衡方程可改写为：

$$\overline{P}_c - \overline{R} = \overline{E}_c \tag{2-4}$$

对于海洋多年平均情况，其水量平衡方程可改写为：

$$\overline{P}_0 + \overline{R} = \overline{E}_0 \tag{2-5}$$

式中 $\overline{R}$——从大陆流入海洋的多年平均年径流量；

$\overline{P}_c$——大陆多年平均降水量；

$\overline{E}_c$——大陆多年平均蒸发量；

$\overline{E}_0$——海洋多年平均蒸发量；

$\overline{P}_0$——海洋多年平均降水量。

将以上二式合并，即得多年平均全球水量平衡方程为：

$$\overline{P}_c + \overline{P}_0 = \overline{E}_c + \overline{E}_0 \tag{2-6}$$

$$\overline{P} = \overline{E} \tag{2-7}$$

联合国教科文组织于 1978 年公布了当时最新的全球水量平衡数据，这些数值分别为：$\overline{E}_c=72000\text{km}^3$，$\overline{P}_c=119000\text{km}^3$，$\overline{R}=47000\text{km}^3$，$\overline{E}_0=505000\text{km}^3$，$\overline{P}_0=458000\text{km}^3$。

### 三、区域水量平衡

水资源的分析计算是针对某特定区域而言，需要研究区域内降水、蒸发、地表水、地下水之间的转化关系。

对某时段（年、月），区域的水量平衡方程如下：

$$P = R + E + U_g \pm \Delta V \tag{2-8}$$

式中 $P$——降水量；

$R$——河川径流量；

$E$——蒸散发总量；

$U_g$——地下潜流量；

$\Delta V$——区域内调蓄量总和。

对于多年平均情况，由于$\overline{\Delta V} = \frac{1}{n}\sum_{i=1}^{n}\Delta V \to 0$，则有：

$$\overline{P} = \overline{R} + \overline{E} + \overline{U}_g \tag{2-9}$$

区域水资源量为：

$$\overline{W} = \overline{P} - \overline{E} = \overline{R} + \overline{U}_g \tag{2-10}$$

区域内由于地表水与地下水补给之间有重复现象，估算水资源量时，对地表水和地下水既要分项计算，又要计算重复水量，所以，区域水资源量计算式一般形式为：

$$\overline{W} = \overline{R} + \overline{U} - \overline{D} \tag{2-11}$$

式中 $\overline{W}$——区域多年平均年水资源量；

$\overline{R}$——区域多年平均年河川径流量；

$\overline{U}$——区域多年平均年地下水总补给量；

$\overline{D}$——重复水量。

# 第二节 河 流 与 流 域

## 一、河流

（一）河流的形成与分段

降雨形成的地表水，在重力作用下，沿着陆地表面上的曲线形凹地流动，依其大小可分为江（河）、溪、沟等，其间并无精确分界，统称为河流。河流是水循环的一条主要路径。河流和人类的关系最密切。黄河与长江孕育了伟大的中华民族，埃及的尼罗河同样是古代文明的发祥地之一。河流的水量和水质是重要的自然资源，但是，河流也会给人们造成洪涝等灾害。

一条河流可分为河源、上游、中游、下游及河口五段。

河源：是河流的发源地，可以是泉、溪涧、沼泽、湖泊或冰川等。

上游：河流的上游连接河源，水流具有较高的位置势能，在重力作用下流动，受河谷地形的影响，水流湍急，落差大，冲刷强烈，奔流于深山峡谷之中，常有瀑布、急滩。

中游：随着河槽地势渐趋平缓，两岸逐渐开阔，河面增宽，水面比降减小，两岸常有滩地，冲淤变化不明显，河床较稳定。

下游：下游与河口相连，一般处于平原区，河床宽阔，河床坡度和流速都较小，淤积明显，浅滩和河湾较多。

河口：河流的终点，即河流注入海洋或内陆湖泊的地方，此段因流速骤减，泥沙大量淤积，往往形成三角洲。注入海洋的河流称为外流河，如长江、黄河等。流入内陆湖泊或消失在沙漠中的河流称为内陆河。如新疆的塔里木河和甘肃的石羊河等。

（二）河流的基本特征

1. 河流长度

自河源沿主河道至河口的距离称为河流长度，简称河长，以 km 表示。可在适当比例尺的地形图上量出。

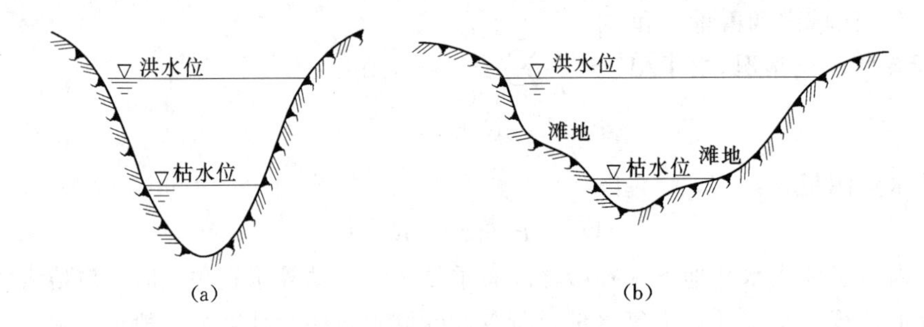


图 2-2 河流横断面

(a) 单式断面；(b) 复式断面

2. 河流断面

河流的断面分横断面和纵断面两种。横断面是指与水流方向相垂直的断面，两边以河岸为界，下面以河底为界，上界是水面。横断面又称过水断面，分单式断面和复式断面

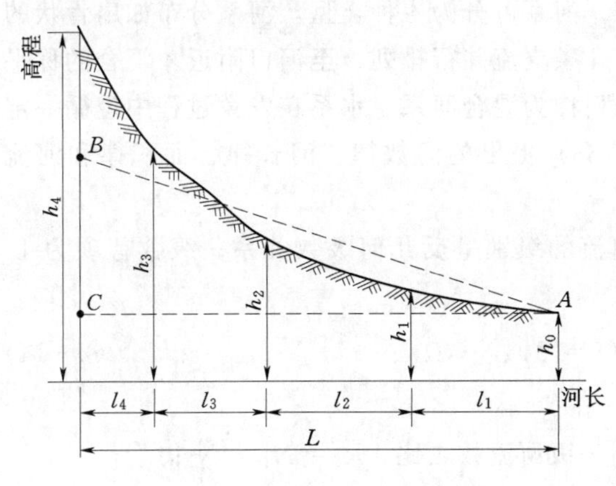


图 2-3　河道纵比降计算示意图

（见图 2-2）。

纵断面是指沿着河流溪线或中泓线的剖面，中泓线是河流中沿水流方向各断面最大水深点的连线。用测量方法测出该线上若干河底地形变化点的高程，以河长为横坐标，可绘出河流纵断面图（见图 2-3）。它表示河流纵坡与落差的沿程分布，是推算河流水能蕴藏量的主要依据。

3. 河道纵比降

任意河段两端的河底高程差 $\Delta h$ 叫做落差。单位河长的落差称为河道纵比降。比降常用小数表示，也可用千分数表示。

当河底近于直线时，比降可按下式计算：

$$J=\frac{h_1-h_0}{l}=\frac{\Delta h}{l} \tag{2-12}$$

式中　$J$——河段的纵比降；

$h_1$、$h_0$——河段上、下端河底高程，m；

$l$——河段的长度，m。

当河段纵断面呈折线时，可在纵断面图上，通过下游断面河底处作一斜线，使斜线以下的面积与原河底线以下的面积相等，此斜线的坡度即为河道的平均纵比降如图 2-3 所示。计算公式如下：

$$J=\frac{(h_0+h_1)l_1+(h_1+h_2)l_2+\cdots+(h_{n-1}+h_n)l_n-2h_0L}{L^2} \tag{2-13}$$

式中　$h_0$，…，$h_n$——自下游到上游沿程各点的河底高程，m；

$l_1$，…，$l_n$——相邻两点间的距离，m；

$L$——河段全长，m。

4. 河网密度

流域平均单位面积内的河流总长度称为河网密度。它表示一个地区河网的疏密程度，能综合反映一个地区的自然地理条件。

## 二、水系与流域

### （一）水系

各条河流构成脉络相通的系统，称为水系、河系或河网，如图 2-4 所示。与水系相通的湖泊也属于水系之内。水系中直接流入海洋、湖泊的河流，称为干流。为了区别干支流，按照斯特拉勒（Strahler）分级法进行分级。直接发源于河源的小河流为一级河流；两条同一级别的河流汇合而成的河流级别比原来高一级；两条不同级别的河流汇合而成的河流级别为两条河流中的较高者。依次类推至干流。干流是水系中

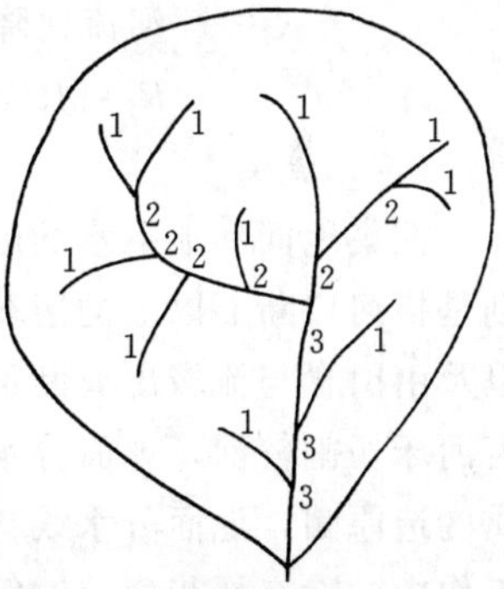

图 2-4　流域与水系示意图
1、2、3—河流的级别

最高级别的河流。根据河系干支流分布形态，河系可分为4种类型：河系分布如扇骨状的称为扇形河系；如羽毛状的称为羽状河系；几条支流并行排列，至河口附近才汇合的称平行河系；大河流多由以上两三种型式混合排列称为混合河系。水系在发育过程中遵循一定的规律，称为河流地貌定律。如霍顿（Horton）提出的河数律、河长律、面积律和河流比降律等。

河数律指水系中任一级河流数与该级河流的级别呈反几何级数关系，级数首项为1，公比近似于分叉比，即：

$$N_i = R_B^{\Omega-i} \quad (i = 2,3,\cdots,\Omega) \tag{2-14}$$

式中 $N_i$——第$i$级河流数；

$R_B$——分叉比，即某一级河流数与高一级河流数之比，$R_B=N_{i-1}/N_i$；

$\Omega$——水系中最高的河流级别。

河长律是指水系中各级河流的平均河长与该河流级别近似于正几何级数关系，级数的首项为第一级河流的平均河长。公比为河长比，即：

$$\overline{L}_i = \overline{L}_1 R_L^{i-1} \quad (i = 2,3,\cdots,\Omega) \tag{2-15}$$

式中 $\overline{L}_i$、$\overline{L}_1$——第$i$级、第1级河流的平均河长；

$R_L$——河长比，即某一级河流的平均长度与低一级河流的平均长度之比，$R_L=\overline{L}_i/\overline{L}_{i-1}$。

根据河长律可以导出面积律如下：

$$\overline{F}_i = \overline{F}_1 R_F^{i-1} \quad (i = 2,3,\cdots,\Omega) \tag{2-16}$$

式中 $\overline{F}_i$、$\overline{F}_1$——第$i$级、第1级河流的平均流域面积；

$R_F$——面积比，即某一级河流的平均流域面积与低一级河流的平均流域面积之比，$R_F=\overline{F}_i/\overline{F}_{i-1}$。

河流的比降律是指水系中任一级河流的平均比降与该河流级别呈正几何级数关系，级数的首项为第1级河流的平均比降。公比为河流的比降比，即：

$$\overline{J}_i = \overline{J}_1 R_j^{\Omega-i} \quad (i = 2,3,\cdots,\Omega) \tag{2-17}$$

式中 $\overline{J}_i$、$\overline{J}_1$——第$i$级、第1级河流的平均比降；

$R_j$——河流比降比，即任一级河流的平均比降与高一级河流的平均比降之比，$R_j=J_{i-1}/J_i$。

（二）流域

汇集地面和地下水的区域称流域，也就是分水线包围的区域。当不指明断面时，流域则是指河口断面以上的区域。流域的周界称为分水线。分水线通常是由流域四周的山脊线以及由山脊与流域出口断面的流线所组成。分水线有地面和地下之分，如图2-5所示。若河床切割较深，地面分水线与地下分水线相重合，这样的流域称为闭合流域。但由于地质构造原因，地面分水线与地下分水线并不完全一致，这种流域称为非闭合流域。在实际工作中，除有石灰岩溶洞等特殊的地质情况外，对于一般流域而言，当对所讨论的问题没有较大影响时，多按闭合流域考虑。

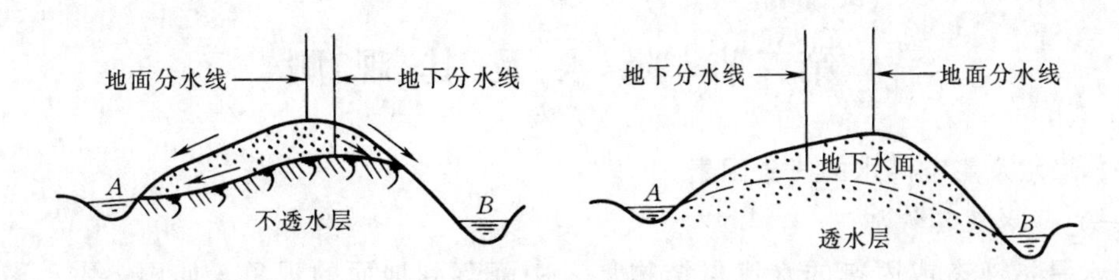


图 2-5　地面分水线与地下分水线示意图

（三）流域基本特征

1. 流域面积

流域面积是流域的主要几何特征。通常可在适当比例尺的地形图上定出流域分水线，然后用求积仪量出它所包围的面积。用 $F$ 表示，单位为 $km^2$。

2. 流域长度和平均宽度

流域长度也就是流域的轴长，以 $L$ 表示，以 km 计。流域长度可在地形图上量算，以流域出口为中心作同心圆。在同心圆与流域分水线相交处绘出许多割线，各割线中点的连线的长度即为流域长度。若流域形状不甚弯曲，也可采用河源到流域出口的直线来确定流域长度。流域面积 $F$ 与流域长度 $L$ 的比值称为流域平均宽度 $B$，单位为 km，即：

$$B = \frac{F}{L} \tag{2-18}$$

3. 流域形状系数

流域形状系数是流域的平均宽度 $B$ 与流域长度 $L$ 之比，以 $K$ 表示。它反映流域形状的特性，如扇形流域 $K$ 值大，羽形流域 $K$ 值小。$K$ 值按下式计算：

$$K = \frac{B}{L} = \frac{F}{L^2} \tag{2-19}$$

4. 流域平均高度与坡度

流域平均高度与坡度可用格点法计算，即将流域的地形图划分成 100 以上的正方格，依次定出每个方格交叉点上的高程以及与等高线正交方向的坡度，这些格点高程和坡度的平均值，即为流域平均高度和平均坡度。

5. 流域的自然地理特征

包括流域的地理位置、气候特征、下垫面条件等。

（1）流域的地理位置。流域的地理位置以流域所处的经纬度来表示。它反映流域的气候与地理环境的特性，说明流域距离海洋的远近，以及反映水文循环的强弱。

（2）流域的气候特征。包括降水、蒸发、湿度、气温、气压、风等要素。它们是决定流域水文特性的重要因素。将在本章第三节叙述。

（3）流域的下垫面条件。下垫面条件指流域的地形、土壤和岩石特性、地质构造、植被、湖泊及沼泽情况等，都是与流域水文特性密切相关的自然地理特征。山地的迎风坡，容易出现大暴雨。土壤和岩石特性、地质构造影响入渗和地下水的补给。植被能减缓地面径流，增加入渗和地下径流。湖泊、沼泽对洪水有调节作用。长期以来，人类采取兴修水利、水土保持、城市化等措施来改造自然，以满足人类的需要。人类的这些活动，在一定程度上改变了流域的下垫面条件，从而引起水文特性的变化。

# 第三节　降水及其观测

## 一、降水及影响降水的气象因素

### （一）降水及其特征

降水是指液态或固态的水汽凝结物从云中降落到地面的现象，如雨、雪、霰、雹、露、霜等。我国大部分地区，一年内降水以雨为主，雪只占少部分，这里降水主要指降雨。

降水特征常用降水量、降水历时、降水强度、降水面积及暴雨中心等来表示。降水量是指一定时段内降落在某一点或某一面积上的总水量，用水层深度表示，以 mm 计。一场降水的降水量是指该次降水全过程的总降水量。日降水量是指 1d 内的总降水量。降水量一般分为 7 级，见表 2-1。

表 2-1　　降水量等级表

| 24h 雨量（mm） | <0.1 | 0.1～10 | 10～25 | 25～50 | 50～100 | 100～200 | >200 |
|---|---|---|---|---|---|---|---|
| 等　级 | 微　量 | 小　雨 | 中　雨 | 大　雨 | 暴　雨 | 大暴雨 | 特大暴雨 |

凡日降水量达到和超过 50mm 的降水称为暴雨。暴雨又分为暴雨、大暴雨和特大暴雨 3 个等级。降水持续的时间称为降水历时，以 min、h 或 d 计。单位时间的降水量称为降水强度，以 mm/min 或 mm/h 计。降水笼罩的平面面积称为降水面积，以 $km^2$ 计。暴雨集中的较小的局部地区，称为暴雨中心。

### （二）与降水有关的气象因素

与降水有关的主要气象因素有：气温、气压、风、湿度等。

1. 气温

表示空气冷热程度的物理量称为气温，以℃计。气温的高低取决于空气吸收太阳辐射热能的多少。在对流层内，接近地表的大气温度较高，距地面越高，气温越低，高度平均每升高 100m，气温约下降 0.65℃，称为气温直减率。

2. 气压

大气的压强称为气压，以 hPa 计。某高度上的气压就是单位面积上所承受的该高度以上空气柱的重量，所以气压随高度增加而减小，如图 2-6 所示。气压与高度的关系可用大气静力方程来表示，即：

$$dP = -\rho g dZ \qquad (2-20)$$

式中　$\rho$——空气密度，$g/cm^3$；

$g$——重力加速度，$cm/s^2$；

$dZ$——微气块厚度，cm；

$dP$——气块上、下面气压差，hPa。

气压的空间分布叫作气压场。空间上气压相等的点组成的曲面，称为等压面，如图 2-7所示。等压面上各点的高度是不相同的，气象上用位势高度，即单位质量抬升 1m 所作的功，来表示位势大小，单位为位势米。

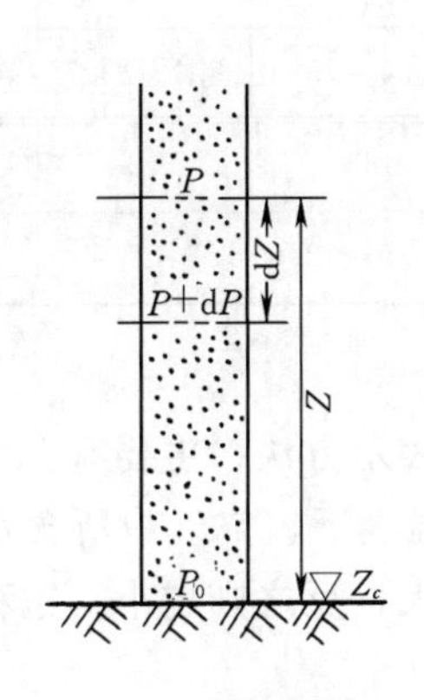


图 2-6　气压与高度关系示意图

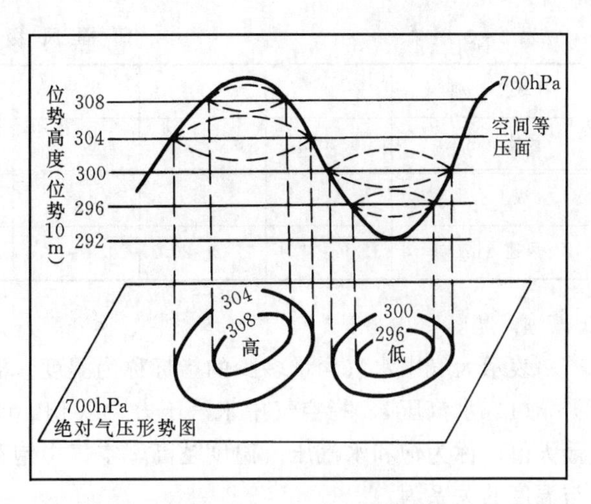


图 2-7　等压面上位势高度分布图

某等压面上的等位势高度线（等高线）的分布，可以反映等压面空间起伏的情况。如图 2-7 中高位势区与高压区相对应，低位势区与低压区相对应，且等高线的分布与等压线分布完全一致。这种图称为高空图，如 850、700、500、200hPa 高空图等。

地面气压场则用地面天气图表示。地面天气图是将各观测站在同一时刻测得的气压，经换算到海平面上的数值，再勾绘等压线来表示各地气压高低的情况。气压分布的基本形式，概括起来约有 5 种，如图 2-8 所示。①高气压，闭合等压线，如越往中心气压越高；②低气压，闭合等压线，越往中心气压越低；③高压脊，气压中间高两侧低，等压线不闭合；④低压槽，气压中间低两侧高，等压线不闭合，叫低压槽；⑤鞍形气压区，两高气压和两低气压相对组成的中间区域，叫鞍形气压区。上述 5 种气压分布的基本形式，统称为气压系统。在不同的气压系统中，天气情况是不同的。如高气压区天气晴朗，而低气压、低压槽和鞍形气压区都可能有降水。

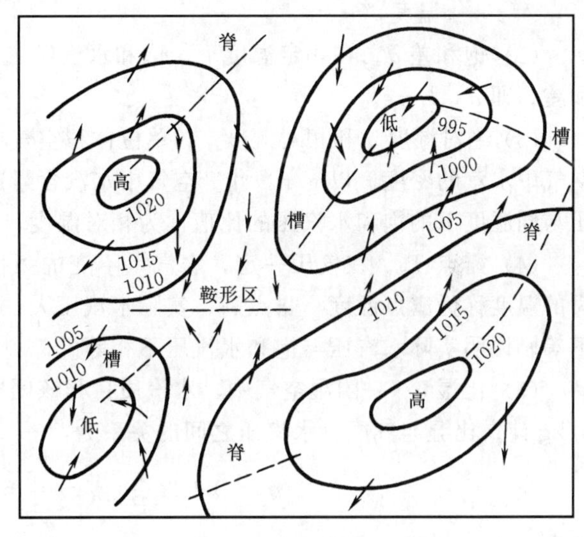


图 2-8　气压分布形式示意图

3. 风

大气相对于地面近乎水平的运动称为风。风是矢量，用风向、风速表示。风向指气流的来向，地面风向按十六方位定名，如北风、西南风等。风速以 m/s 计，风速越大，风力也越大。风速与风力的关系见表2-2蒲福风级表。

表2-2　　　　蒲福风级表

| 级　别 | 0 | 1 | 2 | 3 | 4 | 5 | 6 |
|---|---|---|---|---|---|---|---|
| 风速（m/s） | 0～0.2 | 0.3～1.5 | 1.6～3.3 | 3.4～5.4 | 5.5～7.9 | 8.0～10.7 | 10.8～13.8 |
| 级　别 | 7 | 8 | 9 | 10 | 11 | 12 | |
| 风速（m/s） | 13.9～17.1 | 17.2～20.7 | 20.8～24.4 | 24.5～28.4 | 28.5～32.6 | ＞32.6 | |

4. 湿度

表示大气中水汽含量多少的指标称为湿度。湿度有多种表示方法，主要有：

（1）水汽压 $e$。指空气中水汽压力，以hPa计。在一定温度下，空气中所含水汽量的最大值，称为饱和水汽压。温度越高，空气中饱和水汽压越大，反之则越小。饱和水汽压与温度的关系为：

$$E = E_0 \times 10^{\frac{at}{b+t}} \tag{2-21}$$

式中　$E$——$t$℃时的饱和水汽压，hPa；

$E_0$——0℃时水面的饱和水汽压，$E_0=6.11$hPa；

$a$、$b$——常数，由实验得出，在冰面上 $a=9.5$，$b=265.0$，在水面上 $a=7.45$，$b=237.0$；

$t$——温度，℃。

（2）饱和差 $d$。在一定温度下，饱和水汽压 $E$ 与空气中的实际水汽压 $e$ 之差，称为饱和差。即 $d=E-e$。

（3）绝对湿度 $a$ 和相对湿度 $f$。单位体积空气中所含水汽质量称为绝对湿度，也就是空气中水汽的密度，以g/m$^3$计。空气中水汽含量越多，绝对湿度就越大。空气中的水汽压与同温度下的饱和水汽压的比值称为相对湿度，即 $f=e/E\times100\%$。

（4）露点 $T_d$。在气压一定，水汽量不变的条件下，气温下降，空气达到饱和水汽压时的温度称为露点温度。露点高，实际水汽压大；露点低，实际水汽压小。若气温与露点不等，说明实际水汽压与饱和水汽压不相等。

（5）比湿 $q$。一团湿空气中，水汽质量与该团空气总质量之比，称为比湿，以g/g或g/kg计。比湿与气压、水汽压之间的关系为：

$$q = 0.622\frac{e}{P}(\text{g/g}) = 622\frac{e}{P}(\text{g/kg}) \tag{2-22}$$

式中　$P$——气压，hPa。

水汽是降水的必要条件，尤其是大暴雨，必须具备充沛的水汽条件。据分析，我国发生大暴雨时，在700hPa高度上，比湿大多数大于8g/kg。比湿小于5g/kg，一次暴雨也没出现过。

## 二、降水的形成与分类

### （一）降水的形成

降水的形成主要是由于地面暖湿气团因各种原因而上升，体积膨胀做功，消耗内能，导致气团温度下降，称为动力冷却。气温降至其露点温度以下时，空气就处于饱和或过饱和状态。这时，空气里的水汽就要开始凝结成水滴或冰晶，在高空则成为云。由于水汽继续凝结，云粒相互碰撞合并，以及过冷水滴向冰晶转移等，云中的水滴或冰晶不断增大，直到不能为上升气流所顶托时，在重力作用下就形成雨、雪、霰、雹。这是最重要的降水形式。

由上述可知，水汽、上升运动和冷却凝结，是形成降水的 3 个因素。

(二) 降水的分类

降水常按照使空气抬升而形成动力冷却的原因分为对流雨、地形雨、锋面雨和气旋雨。现分述如下。

1. 对流雨

夏季天气酷热，蒸发强烈，水汽增多，近地表空气受热急剧增温，气温向上递减率过大，大气稳定性降低，因而发生垂直上升运动，形成动力冷却而降雨，称为对流雨。因对流上升速度较快，形成的云多为垂直发展的积状云，降雨强度大，但降雨面积不广，历时也较短。

2. 地形雨

暖湿气团在运移途中，因所经地面的地形升高而被抬升时，由于动力冷却而成云致雨称为地形雨。此外，山脉的形状对降雨也有影响，见图 2-9。如喇叭口、马蹄形地形，若它们的开口朝气流来向，则易使气流辐合上升，产生较大的降雨。地形雨多集中在迎风面山坡上，越过山脊的气团水汽减少，且下沉增温，背风的山坡雨量稀少。例如位于秦岭南麓的安康和汉中，年降水量都超过 800mm，而位于秦岭北侧的西安、宝鸡，年降水量不足 600mm。

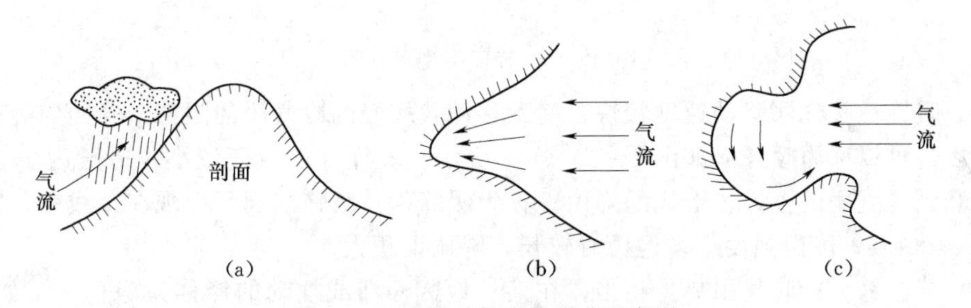


图 2-9 地形对气流的影响示意图

(a) 地形抬升；(b) 喇叭口地形内气流辐合；(c) 马蹄形地形内气流辐合

3. 锋面雨

在较大范围内存在着水平方向的物理特性（温度、湿度）较均匀，并在气压场作用下向共同方向移动的大气团，称为气团。气团有冷暖之分，冷气团和暖气团相遇时，在其接触处由于性质不同来不及混合而形成一个不连续面，称为锋面。锋面实际上是一个过渡带，有时又称为锋区。锋面与地面的交线称为锋线。锋面和锋线统称为锋，锋面的长度从数百公里到数千公里不等，锋面伸展高度，低的离地 1～2km，高的可达 10km 以上。由于冷暖气团密度不同，暖空气总是位于冷空气的上方。在地转偏向力的作用下，锋面向冷空气一侧倾斜。我国锋面坡度一般在 1/50～1/300 之间。由于锋面两侧温度、湿度、气压等气象要素差别明显，锋面附近常伴有云、雨、大风等天气现象。锋面活动产生的降水，统称为锋面雨。锋面分为冷锋、暖锋、静止锋及锢囚锋等。

（1）冷锋。冷暖气团相遇时，冷气团沿锋面楔进暖气团，并占据原属暖气团的地区，这种锋称为冷锋，如图 2-10（a）所示。暖气团被楔形的冷空气抬升，发生动力冷却而成雨，称为冷锋雨。由于冷锋移动快，锋面坡度陡，暖空气上升快，降雨强度大，历时较短，雨区窄，一般仅数十公里。

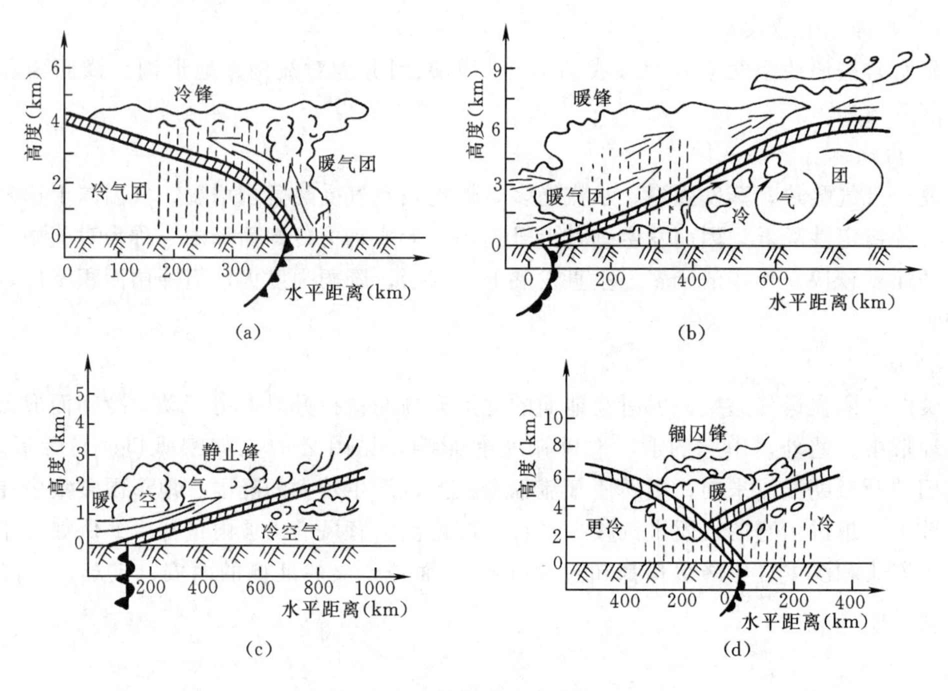


图 2-10　锋面类型示意图

（2）暖锋。暖气团移动速度较快，受到移动较缓慢的冷气团的阻挡，锋面向冷气团方面移动，这种锋称为暖锋。如图 2-10（b）所示。暖锋锋面坡度较小，一般为 1/50，暖空气爬升到冷气团的上方，形成的降雨，称为暖锋雨。暖锋的雨区出现在锋线前，宽度常在 300～400km，降雨强度小，但历时较长，降雨面积大。

（3）静止锋。冷暖气团势力相当，在某一地区停滞或摆动的锋称为静止锋。如图 2-10（c）所示。静止锋坡度小，约为 1/200～1/300，暖空气沿锋面上滑伸展距离远，云、雨区范围广，降雨强度小，常是细雨绵绵。但持续时间长，连日不断，可达 10d 或半月，甚至 1 个月。

（4）锢囚锋。如冷锋追上暖锋或两条冷锋相遇，将暖空气抬离地面，锢囚在高空，则称为锢囚锋。如图 2-10（d）所示，由于锢囚锋是两条移动的锋相遇合并而成，所以，它不仅保留了原来锋面的降水特性，而且锢囚锋后暖空气被抬升到锢囚点以上，上升运动进一步发展，使云层变厚，降水量增加，雨区扩大。

4. 气旋雨

气旋是一个低气压区，中心气压最低。由于地转力的影响，北半球辐合气流是沿逆时针方向流入的。气流自四周向中心辐合后，再转向高层，上升气流中的水汽因动力冷却凝结成云致雨，称为气旋雨。

在低纬度的海洋上形成的气旋，称为热带气旋。我国气象部门过去曾根据气旋地面中心附近风速大小，将其分为3类：热带低压（近中心最大风速为6～7级）；台风（近中心最大风速为8～11级）；强台风（近中心最大风速大于12级）。1988年我国气象部门正式采用热带气旋名称，共分5级：①低压区，气旋中心位置不能精确测定，平均最大风力小于8级；②热带低压，气旋中心位置能确定，但中心附近平均最大风力小于8级；③热带风暴，中心附近平均最大风力8～9级；④强热带风暴，气旋中心附近平均最大风力10～11级；⑤台风，气旋中心附近平均最大风力在12级以上。我国还对出现在150°E以西的太平洋面上的台风（包括南海台风），按每年出现的先后顺序进行编号。大多数台风的直径范围为600～1000km。最大的可达2000km，最小的仅100km。台风中心附近，由于气流抬升剧烈，水汽供应充分，常发展成为浓厚的云区，降水多属阵性暴雨。

## 三、我国降水量及时空分布

### （一）年降水量及其特性

#### 1. 年降水量地理分布

由于我国大部分地区受到东南和西南季风的影响，因而形成东南多雨、西北干旱的特点。全国多年平均降水量648mm，低于全球陆面平均降水量800mm，也低于亚洲陆面平均降水量740mm。按年降水量多少，全国大致可划分为5个区。

（1）多雨区。年降水量大于1600mm，年降水日数平均在160d以上的地区。包括：广东、海南、福建、台湾、浙江大部、广西东部、云南西南部、西藏东南部、江西和湖南山区、四川西部山区。

（2）湿润区。年降水量在800～1600mm之间，年降水日数平均120～160d的地区。包括：秦岭—淮河以南的长江中下游区、云南、贵州、四川和广西大部分地区。

（3）半湿润区。年降水量在400～800mm之间，年降水日数平均80～100d的地区。包括：华北平原、东北、山西、陕西大部、甘肃、青海东南部、新疆北部、四川西北和西藏东部。

（4）半干旱区。年降水量在200～400mm之间，年降水日数平均60～80d的地区。包括：东北西部、内蒙、宁夏、甘肃大部、新疆西部。

（5）干旱区。年降水量在200mm以下，年降水日数低于60d的地区。包括：内蒙、宁夏、甘肃沙漠区、青海柴达木盆地、新疆塔里木盆地和准噶尔盆地、藏北羌塘地区。

#### 2. 降水量的年内分配

全国大部分地区降水的季节分配不均匀。长江以南地区，雨季较长，多雨期在3～6月或4～7月。正常年份，最大4个月雨量约占全年降水量的50%～60%。华北和东北地区，雨季在6～9月。正常年份最大4个月降水约占全年降水量的70%～80%。其中以华北的雨季最短，大部分集中在7、8两月，且多以暴雨形式出现。西南地区一般5～10月为雨季，11月～次年4月为旱季。四川、云南和青藏高原东部，6～9月的降水量约占全年的70%～80%，冬季则不到5%。新疆西部的伊犁河谷，准噶尔盆地西部以及阿尔泰地区，终年在西风气流控制下，水汽来自大西洋和北冰洋，虽因远离海洋，降水量不算丰沛，但四季分配尚均匀。

3. 降水量的年际变化

我国降水量的年际变化很大，且常有连续几年降水量偏多或连续几年降水量偏少的现象。年降水量越小的地区，年际变化越大。如以历年年降水量最大值与最小值之比值 $K$ 来表示年际变化，西北地区 $K$ 可达 8 以上；华北为 3～6；东北为 3～4；南方为 2～3，个别地方可达 4；西南最小，一般在 2 以下。

（二）我国大暴雨的时空分布

我国是暴雨较多的国家，暴雨分布受季风环流、地理纬度、距海远近、地势与地形的影响十分显著。不同的地理条件和气候区，暴雨类型、极值、强度、持续时间以及发生季节都不同。4～6 月，东亚季风初登东亚大陆，大暴雨主要出现在长江以南地区，是华南前汛期和江南梅雨期暴雨出现的季节。两湖盆地四周山地的迎风坡，是梅雨期暴雨相对高值区。7～8 月，西南和东南季风最为强盛，随西太平洋副高北抬西伸，江南梅雨结束，大暴雨移到川西、华北一带。同时，受台风影响，东南沿海多台风暴雨。在此期间，大暴雨分布范围很广，苏北、华南、黄河流域的太行山前、伏牛山东麓，都出现过特大暴雨。个别年份台风深入内陆，或在转向北上过程中，受高压阻挡停滞少动或打转，若再受中纬度冷锋、低槽等天气系统的影响，以及地形强迫抬升作用，常造成特大暴雨。例如 1975 年 8 月 5～7 日，7503 号台风在福建登陆后深入河南，由于在台风北面有一条高压坝，使台风停滞、徘徊达 20 多小时之久，林庄站 24h 降雨量达 1060.3mm，其中 6h 降雨量 830.1mm，是我国大陆强度最大的降雨记录。川西、川东北、华中、华北一带在此期间常受西南涡的影响，也发生过多次特大暴雨。例如 1963 年 8 月 2～8 日，华北海河流域连受 3 次低涡的影响，在太行山东侧山丘区，连降 7d 大暴雨，獐狐站降雨总量达 2051mm，其中最大 24h 降雨量 950mm。在此期间，北方黄土高原及干旱地区，夏季受东移低涡、低槽等天气系统的影响，也曾多次出现历时短，强度特大，但范围较小的强雷暴暴雨。例如 1977 年 8 月 1 日，内蒙、陕西交界的乌审召出现强雷暴，据调查，有 4 处在 8～10h 内降雨量超过 1000mm，最大 1 处超过 1400mm，强度之大为世界罕见。9～11 月，北方冷空气增强，雨区南移，但东南沿海、海南、台湾一带受台风和南下冷空气的影响而出现大暴雨。例如台湾新寮 1967 年 10 月 17～19 日曾出现 24h 降雨 1672mm，3d 总雨量达 2749mm 的特大暴雨，是我国迄今最大的暴雨记录。

## 四、降水量的观测

降水量以降落在地面上的水层深度表示，单位为 mm。降水量的观测可采用仪器观测、雷达探测和卫星云图估算。

（一）仪器观测

观测降水量的常用仪器有雨量器和自记雨量计。

1. 雨量器

雨量器的构造如图 2-11 所示。上部为一漏斗，口径为 20cm，漏斗下面放储水瓶，用于收集雨水。设置时其上口一般距地面 70cm，器口保持水平。降雨量的观测，通常在每天 8 时与 20 时（两段制）观测两次。雨季增加观测段次，如 4 段制，8 段制，雨大时还要加测。观测时用空的储水瓶将雨量筒中的储水瓶换出，在室内用特制的量杯量出降雨量。当遇降雪时，将雨量筒的漏斗和储水瓶取出，仅留外筒，作为承雪的器具。观测时，将带盖的外筒带至装置雨量筒的地点，调换外筒，并将筒盖盖在已用过的外筒上，取回室内加温融化后计算降水深度。

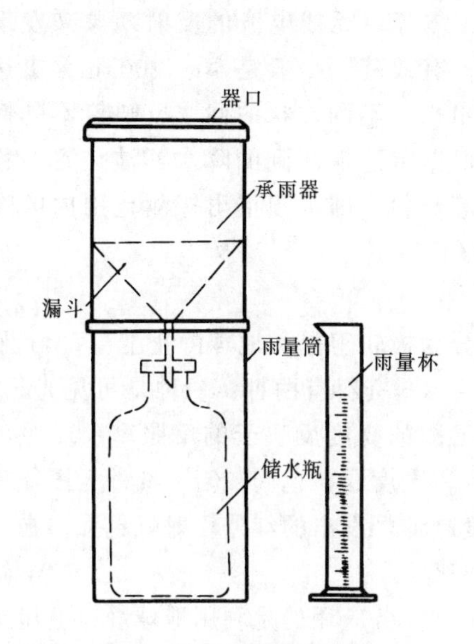


图 2-11　雨量器示意图

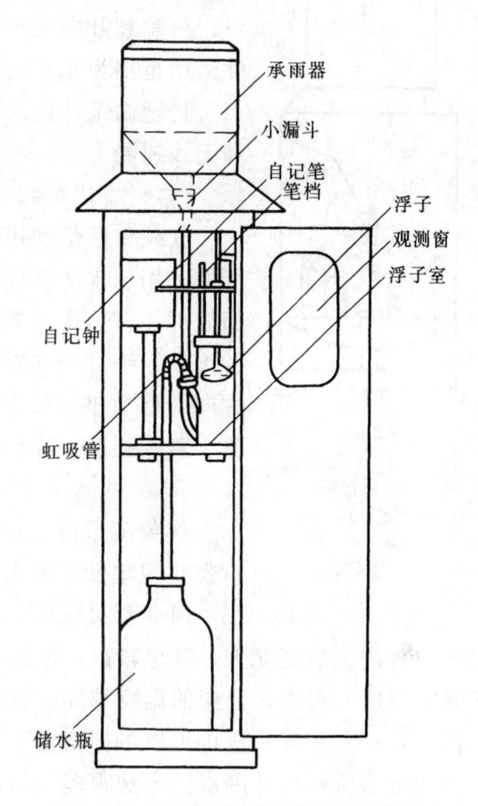


图 2-12　虹吸式自记雨量计示意图

2. 自记雨量计

常用的自记雨量计有称重式、虹吸式和翻斗式 3 种类型。

(1) 称重式。这种仪器可以连续记录接雨杯上的以及储积在其内的降水的重量。记录方式可以用机械发条装置或平衡锤系统，将全部降水量的重量如数记录下来，并能够记录雪、冰雹及雨雪混合降水。

(2) 虹吸式。虹吸式自记雨量计如图 2-12 所示。雨水从承雨器流入浮子室，浮子随注入雨水的增加而上升，并带动自记笔在附在时钟控制的转筒上的记录纸上画出曲线。当雨量达到 10mm 时，浮子室内的水面升至虹吸管的顶端，浮子室内的水就通过虹吸管排至储水瓶。同时，自记笔亦下落至原点，后再随着降雨量增加而上升，往复记录降雨过程。

自记雨量计记录纸上的雨量曲线，是累积曲线，纵坐标表示雨量，横坐标由自记钟驱动，表示时间。

这种曲线既表示了雨量的大小，又表示了降雨过程的变化情况。曲线的坡度表示降雨强度。虹吸式自记雨量计的分辨率为 0.1mm，降雨强度适用范围为 0.01～4.0mm/min。

(3) 翻斗式。翻斗式自记雨量计由感应器及信号记录器组成，如图 2-13 所示。观测时，雨水经承雨器进入对称的小翻斗的一侧，当接满 0.1mm 的降雨量时，小翻斗向一侧倾倒，水即注入储水箱内。同时，另一侧处于进水状态，当小翻斗倾倒一次，即接通一次

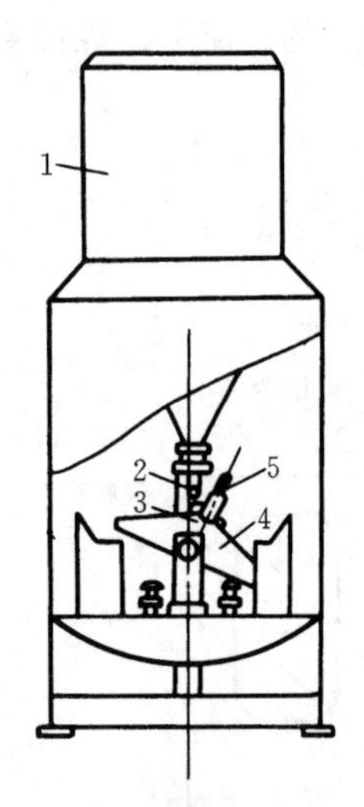


图 2-13 翻斗式自记雨量计

1—承雨器；2—浮球；3—小钩；4—翻斗；5—舌簧管

电路，向记录器输送一个脉冲信号，记录器控制自记笔将雨量记录下来。自记笔记录 100 次后，将自动从上到下落到自记纸的零线位置，再重新开始记录。翻斗式自记雨量计分辨率为 0.1mm，降雨强度适用范围为 4.0mm/min 以内。

自记雨量计记录可远传到控制中心的接收器内，实现有线远传和无线遥测。

（二）雷达探测

气象雷达是利用雨、云、雪等对无线电波的反射现象来发现目标的。用于水文方面的雷达，有效范围一般是 40～200km。雷达的回波可在雷达显示器上显示出来。不同形状的回波反映着不同性质的天气系统、云和降水等。根据雷达探测到的降水回波位置、移动方向、移动速度和变化趋势等资料，即可预报出探测范围内的降水量、降水强度及降水开始和终止时刻。

（三）气象卫星云图

气象卫星按其运行轨道分为极轨卫星和地球静止卫星。目前地球静止卫星发回的高分辨数字云图资料有两种：一种是可见光云图；另一种是红外云图。可见光云图的亮度反映云的反照率。反照率强的云，云图上的亮度大，颜色较白；反照率弱的云，亮度弱，色调灰暗。红外云图能反映云顶的温度和高度，云层的温度越高，云层的高度越低，发出的红外辐射就越强。在卫星云图上，一些天气系统也可以根据特征云型分辨出来。

用卫星资料估计降水的方法很多，目前投入水文业务应用的是利用地球静止卫星短时间间隔云图图像资料，再用某种模型估算。这种方法可以引入人—机交互系统，自动进行数据采集、云图识别、降水量计算、雨区移动预测等工作。

在水文年鉴中，一般都按站给出逐日降水量（使用日降水量资料，应注意查明其日分界）。此外，还有年内各种历时的最大降水量的统计成果。在汛期降水量摘录表中，给出较详细的降水过程的资料。

## 第四节　土壤水、下渗与地下水

陆地上普遍存在着 3 种水体，即地表水、土壤水和地下水。降雨落到地表之后，一部分渗入土壤中，另一部分形成地表（面）水，直接汇入河流。渗入土层的水量，一部分被土壤吸收成为土壤水，而后通过蒸发返回大气，另一部分渗入地下补给地下水，再以地下径流的形式汇入河流。下渗和土壤水的运动影响径流形成过程，本节着重阐述它们的形成、储存、运动等概念，并扼要介绍分析计算方法。

### 一、包气带和饱和带

地表土层是能吸收、储存和向任何方向输送水分的多孔介质。流域上沿垂向的土柱结构，如图 2-14 所示，以地下水面为界，土层可分为两个不同的土壤含水带。在地下水面以上，土壤含水量未达饱和，是土粒、水分和空气同时存在的 3 相系统，称为包气带。在地下水面以下，土壤处于饱和含水状态，是土粒和水分组成的2相系统，称为饱和带或饱水带。

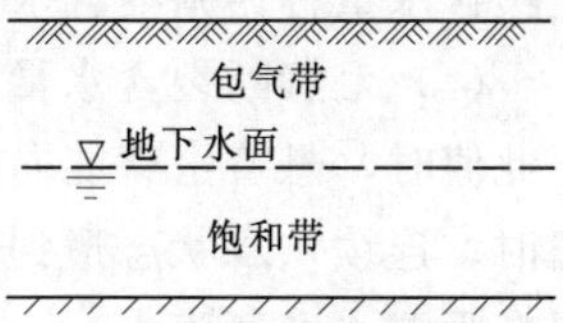

包气带

地下水面

饱和带

图 2-14 包气带和饱和带示意图

## 二、土壤水

通常把存于包气带中的水称为土壤水。土壤水是指吸附于土壤颗粒和存在于土壤孔隙中的水。当水分进入土壤后，在分子力、毛管力或重力的作用下，形成不同类型的土壤水。

### (一) 土壤水分的存在形式

液态的土壤水有以下几种存在形式。

1. 吸湿水

由土粒表面的分子吸力所吸附的水分子称为吸湿水。它被紧紧地束缚在土粒表面，不能流动也不能被植物利用。

2. 薄膜水

由土粒剩余分子力所吸附在吸湿水层外的水膜称为薄膜水。薄膜水受分子吸力作用，不受重力的影响，但能从水膜厚的土粒（分子引力小）向水膜薄的土粒（分子引力大）缓慢移动。

3. 毛管水

土壤孔隙中由毛管力所保持的水分称为毛管水。毛管水又分为支持毛管水和毛管悬着水。支持毛管水（毛管上升水）是地下水面以上由毛管力所支持而存在于土壤孔隙中的水分。由于孔隙大小分布不均匀，毛管水上升高度也不相同。孔隙越细，毛管水上升高度越大。毛管悬着水是依靠毛管合力（向上和向下的毛管力之差）支持的一部分水。这部分水悬吊于孔隙之中而不与地下水面接触，称为毛管悬着水。

4. 重力水

土壤中在重力作用下沿着土壤孔隙自由移动的水分称为重力水。它能传递压力，在任何方向只要静水压力差存在，就可以产生水流运动。渗入土中的重力水，到达不透水层时，就会聚集使一定厚度的土层饱和形成饱和带。当它到达地下水面时，补充了地下水使地下水面升高。重力水在水文学中有重要的意义。

### (二) 土壤含水量和水分常数

1. 土壤含水量（率）

土壤含水量（率）又称为土壤湿度，它表示一定量的土壤中所含水分的数量，为了便于同降雨、径流及蒸发量进行比较与计算，将某个土层所含的水量以相应水层深度来表示，以 mm 计。土壤含水量还可用土壤重量含水率和土壤容积含水率来表示。

2. 土壤水分常数

土壤水分常数是反映土壤水分形态和性质的特征值。水文学中常用的有以下几种：

(1) 最大吸湿量。在饱和空气中，土壤能够吸附的最大水汽量称为最大吸湿量。它表示土壤吸附气态水的能力。

(2) 最大分子持水量。由土粒分子力所结合的水分的最大量称为最大分子持水量。此时薄膜水厚度达到最大值。

(3) 凋萎含水量（凋萎系数）。植物根系无法从土壤中吸收水分，开始凋萎，此时的土壤含水量称为凋萎含水量。

(4) 毛管断裂含水量。毛管悬着水的连续状态开始断裂时的含水量。若土壤含水量大于此值时，悬着水就能向土壤水分的消失点或消失面（被植物吸收或蒸发）运行。低于此值时，连续供水状态遭到破坏，这时，水分交换将以薄膜水和水汽的形式进行，土壤水分只有吸湿水和薄膜水。

(5) 田间持水量。指土壤中所能保持的最大毛管悬着水时的土壤含水量。当土壤含水量超过这一限度时，多余的水分不能被土壤所保持，以自由重力水的形式向下渗透。

(6) 饱和含水量。指土壤中所有孔隙都被水充满时的土壤含水量，它取决于土壤孔隙的大小。介于田间持水量到饱和含水量之间的水量，就是在重力作用下向下运动的自由重力水分。

(三) 土壤水分布特征

土壤水蕴藏于包气带中，包气带按其水分分布特征，可分为3个明显不同的水分带：毛管悬着水带、毛管水上升带和中间带，如图2-15所示。

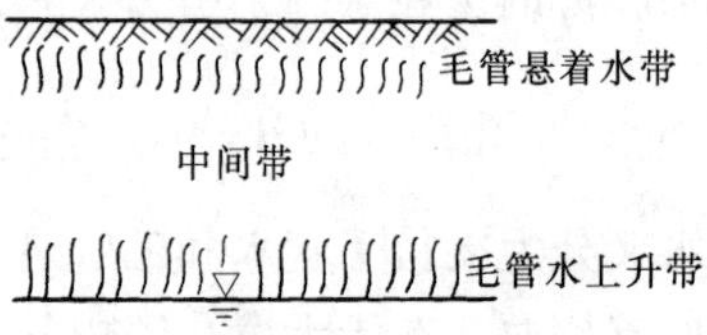

图2-15　包气带的分带示意图

(1) 毛管悬着水带。包气带上部靠近地表面的土壤，具有吸附空气中的水汽和液态水分子的性能，称为毛管悬着水带，简称悬着水带。它直接或间接与外界进行水分交换。水文上，通常称毛管悬着水带为影响土层。

在降水和下渗过程中，土壤在分子力作用下首先吸附水分产生吸湿水和薄膜水，然后形成毛管悬着水。当毛管悬着水达到饱和时，过剩的水分在重力作用下沿孔隙向下渗透。重力水在渗透过程中，根据不同透水层情况，形成表层流或称壤中流、潜水或承压水。在一般情况下，土壤水分增长于降水的下渗，而消退于土壤蒸发和植物散发。

(2) 毛管水上升带。在地下水面以上，因土壤毛管力的作用，一部分水分沿着土壤孔隙侵入地下水面以上的土壤中，形成一个水分带称为毛管水上升带或支持毛管水带，简称毛管水带。一般在毛管水带最大活动范围内，土壤含水量自下而上逐渐减小，由饱和含水量减至与中间包气带下端相衔接的含水量。对干旱的土壤则以最大分子持水量为下限。而且对给定的土壤，这种分布具有相对稳定的性质。由于毛管水带下端与地下水面相接，有充分的水分来源，故其分布较稳定。但它的位置却随地下水位的升降而变化，由此决定了包气带的厚度和变化。

(3) 中间带。中间带是处于毛管悬着水带和毛管上水升带之间的水分过渡带，它本身不直接与外界进行水分交换，而是水分蓄存及输送带。它的水分沿深度变化小，且时程上也相对稳定。

## 三、下渗

下渗是指降落到地面上的雨水从地表渗入土壤内的过程。下渗直接决定地面径流量的大小，同时也影响土壤水分的增长，以及表层流与地下径流的形成。因此，分析下渗的物理过程和规律，对认识径流形成的物理机制有重要的意义。

(一) 下渗的物理过程

下渗的物理过程可分为3个阶段。

1. 渗润阶段

在分子力的作用下，下渗的水分被干燥土壤颗粒吸收而形成薄膜水的阶段，称为渗润阶段。

2. 渗漏阶段

在毛管力、重力作用下，下渗水分沿土壤孔隙向下作不稳定流动，并逐步充填土壤孔隙直至饱和，此时毛管力消失。一般将以上两个阶段统称渗漏阶段。渗漏属于非饱和水流运动。

3. 渗透阶段

当土壤孔隙被水充满达到饱和时，水分在重力作用下呈稳定流动。此阶段称渗透阶段。渗透属于饱和水流的稳定运动。

(二) 下渗率和下渗能力

下渗率是指单位时间内渗入单位面积土壤中的水量，或称为下渗强度，以 $f$ 表示，以 mm/min 或 mm/h 计。在充分供水条件下的下渗率称为下渗能力。下渗能力随时间的变化过程线，称为下渗能力曲线，简称下渗曲线，如图 2-16 中 $f \sim t$ 曲线所示。图中 $f_0$ 为起始下渗率，初始，下渗的水分被土壤颗粒吸收，并充填土壤孔隙，下渗率很大，随着时间的增长，土壤含水量逐渐增大，下渗率逐渐递减。当土壤孔隙被下渗水充满，下渗趋于稳定，此时的下渗率称为稳定下渗率，记为 $f_c$。这样把下渗曲线划分为不稳定下渗（渗漏）和稳定下渗（渗透）两个阶段，下渗曲线这两个阶段与下渗物理过程的机制是一致的。下渗的水量用累积下渗量 $F$ 随时间的增长来表示，如图 2-16 中 $F(t) \sim t$ 曲线，累积曲线上任一点切线的斜率即为该时刻的下渗率。上述下渗率的变化规律，可用霍顿 (Horton) 公式表示，即：

$$f(t) = f_c + (f_0 - f_c)e^{-\beta t} \tag{2-23}$$

式中 $f_0$、$f_c$、$\beta$（系数）——与土壤性质有关，需根据实测资料或实验资料分析确定。

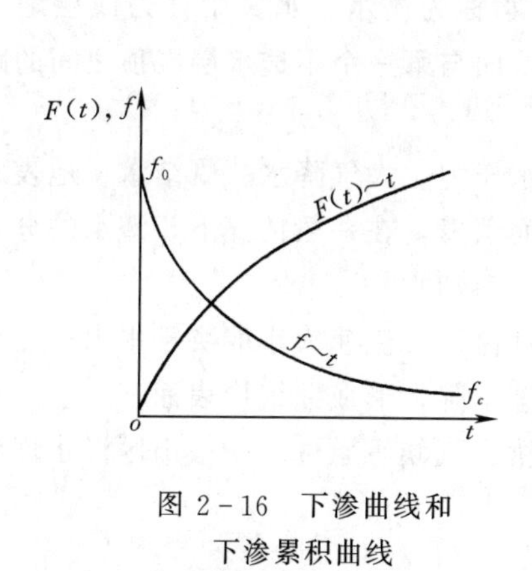


图 2-16　下渗曲线和下渗累积曲线

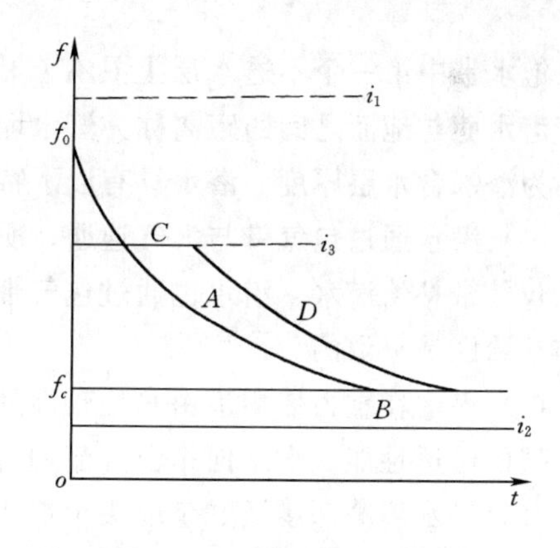


图 2-17　天然降雨条件下的下渗过程

(三) 自然条件下的下渗

1. 下渗与雨强的关系

天然状态下的降雨复杂且多变，实际降雨强度 $i$ 与下渗强度 $f_p$，可能有如下 3 种情况：

（1）当 $i_1 \geqslant f_p$ 时，此时相当于充分供水条件，各时刻均按下渗能力下渗，其过程如图 2-17 中 $A$ 线所示。

（2）当 $i_2 \leqslant f_p$，此时下渗率取决于降雨强度，下渗过程与降雨过程完全相同，如图 2-17 中 $B$ 线。

（3）当 $f_p > i_3 > f_c$，这种情况开始时，雨强小于下渗能力，全部降雨渗入土壤，如图 2-17 中 $C$ 线。随着下渗水量增加，土壤含水量也增加，下渗率随之递减，到某时刻，雨强大于下渗率，此时将按下渗能力下渗，如图 2-17 中 $D$ 线。

以上为降雨强度均匀的理想情况，天然状态下的降雨过程千变万化，实际的下渗随降雨强度及该时刻的下渗能力而变。

2. 下渗的空间分布

对一个流域而言，其下渗过程要比单点复杂得多。在实际工作中不可能设立许多观测点进行观测，所以多采用概化的方法来描述下渗的空间变化。

**四、地下水的类型及特征**

地下水是指埋藏在地表以下饱和岩土孔隙、裂隙及溶洞中的各种状态的水。据 2003 年我国第 3 次地下水资源评价结果，全国地下水天然资源量多年平均值为 9235 亿 $m^3$，其中地下水淡水资源量为 8837 亿 $m^3$，约占全国水资源总量的 33%。全国地下水淡水资源多年平均可开采量为 3527 亿 $m^3$。按埋藏条件，地下水可划分为包气带水、潜水和承压水 3 个基本类型。

1. 包气带水

埋藏于地表以下、地下水面以上的包气带中，包括吸湿水、薄膜水、毛管水、渗透的重力水等，已在土壤水中介绍。

2. 潜水

饱水带中第一个不透水层上具有自由水面的地下水称为潜水，水文中称为浅层地下水。潜水面与地面之间的距离称为潜水埋藏深度，潜水面与第一个不透水层层顶之间的距离称为潜水含水层厚度。潜水具有以下特征：

（1）潜水通过包气带与大气连通，所以不承受静水压力。大气降水、凝结水、地表水渗入包气带补给潜水，潜水也通过包气带或植物吸收而蒸发，在一般情况下，潜水的分布区与补给区是一致的。

（2）潜水在重力作用下由水位较高处向水位较低处流动，流速大小取决于水力坡度和含水层的渗透性能。潜水向排泄处流动时，其水位逐渐下降，形成曲线形表面。

（3）潜水埋藏深度及贮量取决于地质、地貌、土壤、气候等条件。一般山区潜水埋藏较深，平原区较浅，有的甚至仅几米深。

3. 承压水

埋藏于饱和带中，处于两个不透水层之间，具有压力水头的地下水，水文中称为深层地下水。承压水的主要特性是，一般不直接受气象、水文因素的影响，具有动态变化较稳定的特点。承压水的水质不易遭受污染，水量较稳定，是河川枯水期水量的主要来源。

# 第五节　蒸散发及其观测

## 一、水循环中的蒸散发

蒸散发是水循环及水量平衡的基本要素之一，陆地上一年的降水约66%通过蒸散发返回大气。水由液态或固态转化为气态的过程称为蒸发，被植物根系吸收的水分，通过植物茎叶散逸到大气中的过程称为散发或蒸腾。具有水分子的物体表面称为蒸发面。蒸发面为水面称为水面蒸发；蒸发面为土壤表面称为土壤蒸发；蒸发面为植物茎叶则称为植物散发。土壤蒸发和植物散发合称陆面蒸发。流域内各类蒸发的总和称为流域总蒸发。单位时间内的蒸发量称为蒸发率。在充分供水条件下，某一蒸发面的蒸发量，就是在同一气象条件下可能达到的最大蒸发率，称为可能最大蒸发率或蒸发能力，记为$EM$。一般情况下，蒸发面上的蒸发量只能小于或等于蒸发能力。

## 二、水面蒸发

### （一）水面蒸发的物理过程

水面蒸发是最简单的蒸发方式，是水分子运动的结果。克服了分子间吸引力的水分子，跃离水面，逸入空中成为水汽。另一方面，进入空中的水分子，在其运动过程中有部分重新回到水中。对于一水体而言，若逸入空中成为水汽的水分子数多于回到水中的水分子数，则称此水体处于蒸发过程之中。影响水面蒸发过程的主要因素有水温（或土温）、空气饱和差、风速等，它们分别影响到水分子的运动速度以及逸入空中后水分子向外扩散的速度。

### （二）水面蒸发的观测方法

水面蒸发量常用蒸发水层的深度（mm）来表示。水面蒸发量常用蒸发器进行观测。常用的蒸发器有20cm直径蒸发皿，口径为80cm带套盆的蒸发器，口径为60cm的埋在地表下的带套盆的E－601型蒸发器（见图2－18）。E－601型蒸发器观测条件比较接近天然水体，代表性和稳定性都较好。但这3者都属于小型蒸发器皿，观测到的蒸发量，与天然水体水面上的蒸发量仍有显著差别。观测资料表明，当蒸发器的直径超过3.5m时，蒸发器观测的蒸发量与天然水体的蒸发量才基本相同。因此，用上述设备观测的蒸发量数据，都应乘一折算系数，才能作为天然水体蒸发量的估计值，即：

$$E = KE_{器} \tag{2-24}$$

式中　$E$——天然水面蒸发量，mm；

$E_{器}$——蒸发器实测水面蒸发量，mm；

$K$——蒸发器折算系数。

折算系数一般通过与大型（如面积为100m²）蒸发池的对比观测资料确定，即：

$$K = E_{池} / E_{器} \tag{2-25}$$

折算系数随蒸发皿（器）的直径而异，且与月份及所在地区有关。在实际工作中，应根据当地的分析资料采用。

表2－3为SL278—2002《水利水电工程水文计算规范》推荐的E－601型蒸发器水面蒸发折算系数表，可供参照选用。

表 2-3　　　　E-601型蒸发器水面蒸发折算系数表

| 气候区 | 省（自治区、直辖市） | 站名 | 标准蒸发池面积（$m^2$） | 月份 | | | | | | | | | | | | 全年 | 统计年份 |
|---|---|---|---|---|---|---|---|---|---|---|---|---|---|---|---|---|---|
| | | | | 1 | 2 | 3 | 4 | 5 | 6 | 7 | 8 | 9 | 10 | 11 | 12 | | |
| 中温带 | 吉林 | 丰满 | 20 | | | | | 0.74 | 0.81 | 0.91 | 0.97 | 1.03 | 1.04 | | | | 1965～1979 |
| | 辽宁 | 营盘 | 20 | | | | | 0.88 | 0.89 | 0.95 | 1.06 | 1.10 | 1.12 | | | | 1965～1979 |
| | 黑龙江 | 二龙山 | 20 | | | | | 0.83 | 0.87 | 0.92 | 0.99 | 1.03 | | | | | 1991～1993 |
| | 内蒙古 | 红山 | 20 | | | | | 0.73 | 0.76 | 0.77 | 0.85 | 0.88 | 0.85 | | | | 1980～1982 |
| | | 巴彦高勒 | 20 | 0.73 | 0.73 | 0.74 | 0.80 | 0.76 | 0.77 | 0.81 | 0.86 | 0.91 | 0.92 | 0.80 | 0.73 | 0.81 | 1984～1993 |
| | 新疆 | 哈地坡 | 20 | | | | 0.82 | 0.80 | 0.81 | 0.82 | 0.84 | 0.85 | 0.91 | | | | 1964～1965 |
| 南温带 | 北京 | 官厅 | 20 | | | | 0.82 | 0.81 | 0.86 | 0.95 | 1.02 | 1.01 | 0.97 | | | | 1964～1970 |
| | 山东 | 南四湖二级湖闸 | 20 | | | 0.93 | 0.89 | 0.92 | 0.94 | 1.00 | 1.04 | 1.08 | 1.05 | 1.08 | | | 1985～1990 |
| | 河南 | 三门峡 | 20 | | | | 0.84 | 0.84 | 0.88 | 0.87 | 0.97 | 1.02 | 0.96 | 1.06 | | | 1965～1967 |
| 北亚热带 | 湖北 | 宜昌 | 20 | 1.03 | 0.87 | 0.84 | 0.80 | 0.91 | 0.93 | 0.92 | 0.97 | 1.05 | 1.03 | 1.00 | 1.02 | 0.95 | 1984～1994 |
| | | 东湖 | 10 | 0.98 | 0.97 | 0.88 | 0.92 | 0.93 | 0.95 | 0.98 | 0.99 | 1.04 | 1.05 | 1.06 | 1.04 | 0.98 | 1960～1961<br>1965～1977 |
| | 江苏 | 太湖 | 20 | 1.02 | 0.94 | 0.90 | 0.86 | 0.88 | 0.92 | 0.95 | 0.97 | 1.01 | 1.03 | 1.06 | 1.09 | 0.97 | 1957～1966 |
| | | 宜兴 | 20 | 1.09 | 1.02 | 0.90 | 0.87 | 0.91 | 0.93 | 0.93 | 0.97 | 1.05 | 1.03 | 1.10 | 1.10 | 0.97 | 1961～1969 |
| | 浙江 | 东溪口 | 20 | 0.92 | 0.85 | 0.78 | 0.83 | 0.87 | 0.89 | 0.91 | 0.94 | 0.97 | 0.96 | 0.94 | 0.93 | 0.90 | 1966～1973 |
| 中亚热带 | 重庆 | 重庆 | 20 | 0.84 | 0.80 | 0.78 | 0.80 | 0.89 | 0.90 | 0.90 | 0.92 | 0.97 | 1.02 | 1.00 | 0.97 | 0.90 | 1961～1968 |
| | 福建 | 古田 | 20 | 1.04 | 0.96 | 0.92 | 0.87 | 0.95 | 0.94 | 0.99 | 1.01 | 1.03 | 1.07 | 1.10 | 1.07 | 0.99 | 1963～1979 |
| | 云南 | 滇池 | 20 | 0.91 | 0.89 | 0.89 | 0.87 | 0.90 | 0.97 | 0.95 | 0.96 | 1.04 | 1.02 | 1.01 | 0.98 | 0.93 | 1984～1989 |
| 南亚热带 | 广东 | 广州 | 20 | 0.91 | 0.87 | 0.84 | 0.89 | 0.96 | 0.99 | 1.03 | 1.03 | 1.05 | 1.05 | 1.02 | 0.97 | 0.97 | 1963～1977 |
| 高原气候区 | 西藏 | 白地 | 20 | | | | | 0.87 | 0.86 | 0.92 | 0.93 | 0.96 | 1.03 | | | | 1977 |
| | | 拉萨大桥 | 20 | 0.74 | 1.03 | 0.90 | 0.85 | 0.88 | 0.84 | 0.89 | 0.94 | 0.97 | 1.00 | 0.99 | 0.80 | 0.90 | 1976～1981 |

## 三、土壤蒸发

### （一）土壤蒸发及其影响因素

土壤蒸发即土壤中所含水分以水汽的形式逸入大气的现象。湿润的土壤，蒸发过程一般可分为三个阶段。第一阶段，当土壤含水量大于田间持水量时，土壤中存在自由重力水，且土层中毛管上下沟通，水分从表面蒸发后，能得到下层的充分供应。土壤蒸发主要发生在表层，蒸发速度稳定。其蒸发量等于或接近相同气象条件下的蒸发能力。此时，气象条件是影响蒸发的主要因素。随着蒸发的继续，土壤水分不断损耗，土壤含水量降至其田间持水量以下，土层中毛管连续状态逐渐破坏，毛管水不能升至地表，便进入第二阶段。此阶段内，随着土壤水分的减少，供水条件越来越差，土壤表面局部地方开始干化。影响此阶段土壤蒸发的主要因素是土壤含水量。附在土层内部土粒上的水分变为水汽后，

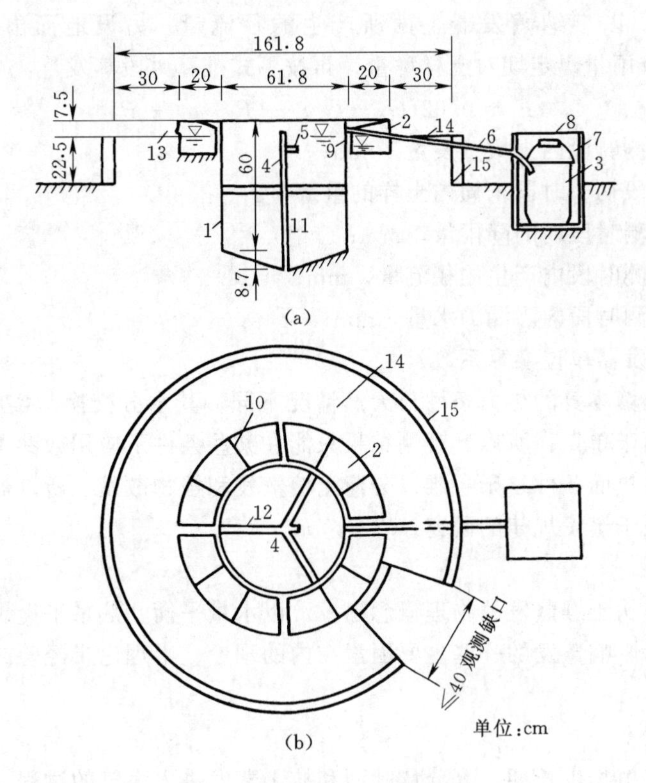


图 2-18　E-601型蒸发器

(a) 剖面图；(b) 平面图

1—蒸发圈；2—水圈；3—溢流桶；4—测针桩；5—器内水面指示针；6—溢流用胶管；7—放溢流桶的箱；8—箱盖；9—溢流嘴；10—水圈外缘的撑挡；11—直管；12—直管支撑；13—排水嘴；14—土圈；15—土圈外围的防塌设施

气象因素的影响退居其次。当土壤含水量减至毛管断裂含水量时，土壤蒸发便进入第三阶段，此阶段中，土壤水分蒸发主要发生在土壤内部，蒸发的水汽由分子扩散作用通过表面的干涸层逸入大气，蒸发速度极其缓慢。这种情况下，不论是气象因素还是土壤含水量对土壤蒸发均不起明显作用。

(二) 土壤蒸发的测定和估算

土壤蒸发量的确定一般有两种途径：器测法和间接计算法。

1. 器测法

土壤蒸发器种类很多，如图 2-19 所示为目前常用的 ГГИ-500 型土壤蒸发器。蒸发器有内外两个铁筒。内筒用来切割土样和装填土样，内径 25.2cm，面积 500cm$^2$，高 50cm，筒下有一个多孔活动底，以便装填土样。外筒内径 26.7cm，高 60cm，筒底封闭，埋入地面以下，供置入内筒用。内筒下有一集水器承受蒸发器内土样渗漏的水量。内筒上接一排水

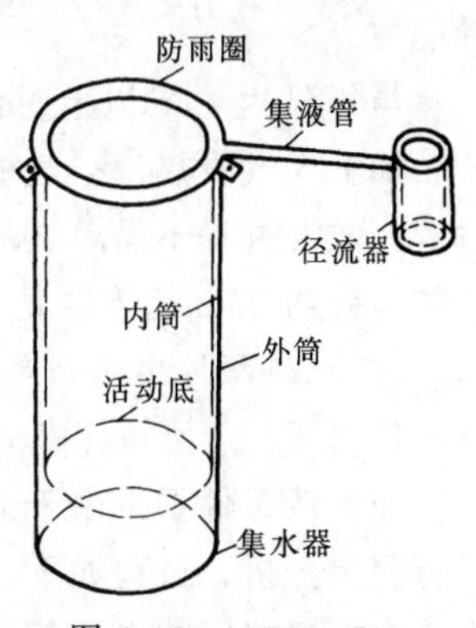


图 2-19　ГГИ-500 型土壤蒸发器

管与径流筒相通，以接纳蒸发器上面所产生的径流量。另设地面雨量器，器口面积 $500cm^2$，以观测降雨量。定期对土样称重，再按下式推算时段蒸发量：

$$E = 0.02(G_1 - G_2) - (R + q) + P \tag{2-26}$$

式中 $E$——观测时段内土壤蒸发量，mm；

$G_1$、$G_2$——时段初、时段末筒内土样的重量，g；

$P$——观测时段内的降雨量，mm；

$R$——观测时段内产生的径流量，mm；

$q$——观测时段内渗漏的水量，mm；

0.02——蒸发器单位换算系数。

由于器测时土壤本身的热力条件与天然情况不同，其水分交换与实际情况差别较大，并且器测法只适用于单点，所以，观测结果只能在某些条件下应用或参考。对于较大面积的情况，因流域下垫面条件复杂，难以分清土壤蒸发和植物散发，所以器测法很少在生产上具体应用，多用于蒸发规律的研究。

2. 间接计算法

间接计算法是从土壤蒸发的物理概念出发，以水量平衡、热量平衡、乱流扩散等理论为基础，建立包括影响蒸发的一些主要因素在内的理论、半理论半经验或经验公式来估算土壤的蒸发量。

**四、植物散发**

植物散发指在植物生长期，水分从叶面和枝干蒸发进入大气的过程，又称蒸腾。植物散发比水面蒸发及土壤蒸发更为复杂，它与土壤环境、植物的生理结构以及大气状况有密切的关系。

（一）植物散发过程

植物根细胞液的浓度和土壤水的浓度存在较大的差异，由此可产生高达10多个大气压的渗压差，促使土壤水通过根膜液渗入根细胞内。进入根系的水分，受到根细胞生理作用产生的根压和蒸腾拉力的作用通过茎干输送到叶面。叶面上有许多气孔，当叶面气孔打开，水分通过开放的气孔逸出，这就是散发过程。叶面气孔能随外界条件变化而收缩，控制散发的强弱，甚至关闭气孔。但气孔的这种调节作用，只有在气温40℃以内才具有这种能力。

当气温达40℃以上时便失去了这种能力，此时气孔全开，植物由于散发消耗大量水分，加上天气炎热，空气极端干燥，植物就会枯萎死亡。由此可知，植物本身参与了散发过程，散发过程不是单纯的物理过程，而是一种生物物理过程。植物散发的水分很大，吸收的水分约90％耗于散发。

（二）植物散发的测定和估算

1. 器测法

在天然条件下，由于无法对大面积的植物散发进行观测，只能在实验条件下对小样本进行测定分析，过程如下：用一个不漏水圆筒，里面装满足够植物生长的土，种上植物，土壤表面密封以防土壤蒸发，水分只能通过植物叶面逸出。视植物生长需水情况，随时灌水。试验期内，测定时段始末植物及容器重量和注水重量，按下式求散发量：

$$E = G + (G_1 - G_2) \tag{2-27}$$

式中　　$E$——时段散发量，$m^3$；

$G$——时段注水量，$m^3$；

$G_1$、$G_2$——时段初、时段末圆筒内土壤的水量，$m^3$。

器测法不可能模拟天然条件下的植物散发，上述方法只能在理论研究时应用，实际工作中难以直接采用。

2. 水量平衡法

根据水量平衡原理，测定出一块样地或流域的整片植物群落生长期始末的土壤含水量、土壤蒸发量、降雨量、径流量和渗漏量，再用水量平衡方程即可推算出植物生长期的散发量。

此外，还可以用热量平衡法或数学模型进行估算。

**五、流域总蒸发及其计算方法**

流域总蒸发包括流域水面蒸发、土壤蒸发、植物截留蒸发和植物散发。一个流域的下垫面极其复杂，从现有技术条件看，要精确求出各项蒸发量是有困难的。通常是先对全流域进行综合研究，再用流域水量平衡法或模式计算法分析求出。

（一）水量平衡法

用水量平衡法推求流域总蒸发量，一般是对多年平均情况而言，根据水量平衡原理，闭合流域多年平均水量平衡方程为：

$$\overline{E} = \overline{P} - \overline{R} \tag{2-28}$$

式中　$\overline{E}$、$\overline{P}$、$\overline{R}$——流域多年平均年蒸发量、多年平均年降水量和多年平均年径流量。

利用式（2-28），就可推算出流域的总蒸发量。

我国许多省区利用中小流域的降水量与径流量观测资料，用水量平衡公式推算出各地的流域总蒸发量，并绘制了多年平均蒸发量等值线图，可供使用。

（二）模式计算法

由流域蒸散发基本规律可知，流域的蒸散发量与蒸散发能力及土壤含水量有着密切的关系，在不考虑蒸散发在流域上不均匀的情况下，根据土壤含水量的垂直分布，可采用多层（1层、2层、3层）模式进行计算（参见第七章）。

**六、我国蒸发量概况**

（一）年蒸发量的地理分布

我国年蒸发量为364mm，地理分布与年降水量地区分布大体相当，总的趋势由东南向西北递减。淮河以南，云贵高原以东广大地区年蒸发量大都为700～800mm；海南岛东部和西藏东南隅年蒸发量可达1000mm以上，是我国年蒸发量最大的地区；华北平原大部分地区年蒸发量为400～600mm；东北平原为400mm左右；大兴安岭以西地区、内蒙古高原、鄂尔多斯高原、阿拉善高原以及西北广大地区，都小于300mm，是我国大陆蒸发量最小的地区，其中塔里木盆地，柴达木盆地和新疆若羌以东地区，年蒸发量不到25mm。

（二）年蒸发量的年内变化

年蒸发量的年内变化与气象要素及太阳辐射的年内变化趋势一致。全年最小蒸发量一般出现在12月及1月，以后随太阳辐射量的增加而增加，夏季明显增强。蒸发量最大的月份因地而异，云贵高原东南部常在4～5月；华北地区和西南地区西北部常在5～6月；长江中下游及东南沿海地区常在7～8月。蒸发量峰值期间若少雨，即形成旱期，例如，华北和西南多春旱，长江中下游多伏旱等。一年中连续最大4个月蒸发量约占全年总蒸发量的50%～60%。

## 第六节 径流形成过程

### 一、径流及径流形成过程

降落到流域表面上的降水，由地面及地下汇入河川、湖泊等形成的水流称为径流。自降雨开始至水流汇集到流域出口断面的整个物理过程，称为径流形成过程。为了便于分析，一般把它概括为产流过程和汇流过程。

（一）产流过程

降落到流域表面的雨水，除去损失，剩余的部分形成径流，也称为净雨。通常把降雨扣除损失成为净雨的过程称为产流过程。净雨量称为产流量，降雨不能形成径流的部分雨量称为损失量。径流的形成过程，如图2-20所示。

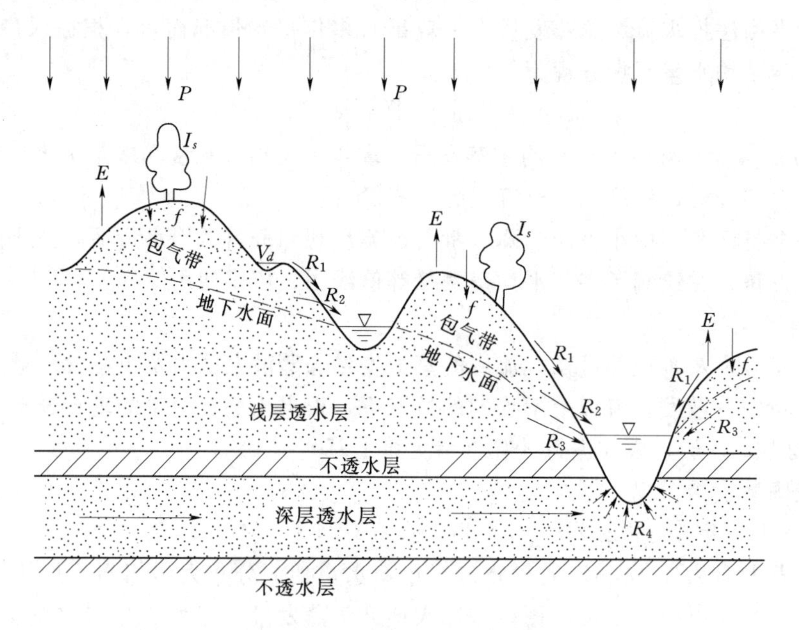


图2-20 径流形成过程示意图

$P$—降雨；$E$—土壤蒸发；$I_s$—植物散发；$f$—下渗；$V_d$—填洼；$R_1$—地面径流；$R_2$—壤中流；$R_3$—浅层地下径流；$R_4$—深层地下径流

降雨开始后，除少量降落到河流水面的降雨直接形成径流外，一部分被植物枝叶所拦截，称为植物截留，并耗于雨后蒸发。降落到地面上的雨水，部分渗入土壤。当降雨强度小于下渗强度时，雨水全部下渗。若降雨强度大于下渗强度时，雨水按下渗能力下渗，超出下渗能力的雨水称为超渗雨。超渗雨会形成地面积水，先填满地面的坑洼，称为填洼。

填洼的雨量最终耗于下渗和蒸发。随着降雨的持续，满足了填洼的地方开始产生地面径流。下渗到土壤中的雨水，除补充土壤含水量外，并逐步向下层渗透。当土壤含水量达到田间持水量后，下渗趋于稳定。继续下渗的雨水，一部分从坡侧土壤空隙流出，注入河槽，形成表层流或壤中流。另一部分继续向深层下渗，到达地下水面后，以地下水的形式汇入河流，则成为地下径流。位于第一个不透水层之上的冲积层地下水，称为潜水或浅层地下水。在两个不透水层之间的地下水，称为深层地下水或承压水。

流域产流过程对降雨进行了一次再分配。

（二）汇流过程

净雨沿坡面汇入河网，然后经河网汇集到流域出口断面，这一过程称为流域汇流过程。为了便于分析，将全过程分为坡地汇流和河网汇流两个阶段。

1. 坡地汇流

地面净雨沿坡面流到附近河网，称坡面漫流。坡面漫流是由无数股彼此时分时合的细小水流所组成，通常无明显固定沟槽，雨强很大时形成片流。坡面漫流的流程一般不长，约为数米至数百米。地面净雨经坡面漫流注入河网，形成地面径流。大雨时地面径流形成河流洪水。表层流净雨注入河网，形成表层流径流。表层流与坡面漫流互相转化，常并入地面径流。地下净雨下渗到潜水或深层地下水体后，沿水力坡降最大方向汇入河网，称为地下汇流。深层地下水流动缓慢，降雨后地下水流可以维持很长时间，较大河流终年不断流，是河川基本径流，常称为基流。

在径流形成过程中，坡地汇流过程对净雨在时程上进行第一次再分配。降雨结束后，坡地汇流仍将持续一定的时间。

2. 河网汇流

进入河网的水流，从支流向干流，从上游向下游汇集，最后全部流出流域出口断面，这个汇流过程称为河网汇流过程。显然，在此过程中，沿途不断有坡面漫流、表层流及地下径流汇入，使河槽水量增加，水位升高，为河流涨水阶段。在涨水阶段，由于河槽贮蓄一部分水量，所以，对于任一河段，下断面流量总是小于上断面流量。随降雨和坡面漫流量逐渐减少直至完全停止，河槽水量减少，水位降低，这就是退水阶段。这种现象称为河槽的调蓄作用。河槽调蓄是对净雨在时程上进行的第二次再分配。

流域上一次降雨形成径流的整个过程，可用径流形成框图表示（见图 2－21）。

一次降雨，经植物截留、填洼、入渗和蒸发等损失后，进入河网的水量自然比降雨总量小，而且经过坡面漫流及河网汇流两次再分配的作用，使出口断面的径流过程比降雨过程变化缓慢、历时增长、时间滞后。

**二、径流的表示方法和度量单位**

（1）流量 $Q$。流量是指单位时间内通过河流某一断面的水量，单位为 $m^3/s$。流量随时间的变化过程，可用流量过程线来表示（见图 2－22）。该图中的流量是各时刻的瞬时流量。此外，常用日平均流量、月平均流量、年平均流量等表示指定时段的平均流量。

（2）径流总量 $W$。径流总量是指时段 $T$ 内通过某一断面的总水量，常用的单位为 $m^3$、万 $m^3$、亿 $m^3$。有时也用其时段平均流量与时段的乘积表示，则其单位为（$m^3/s$）·M 或（$m^3/s$）·d 等。

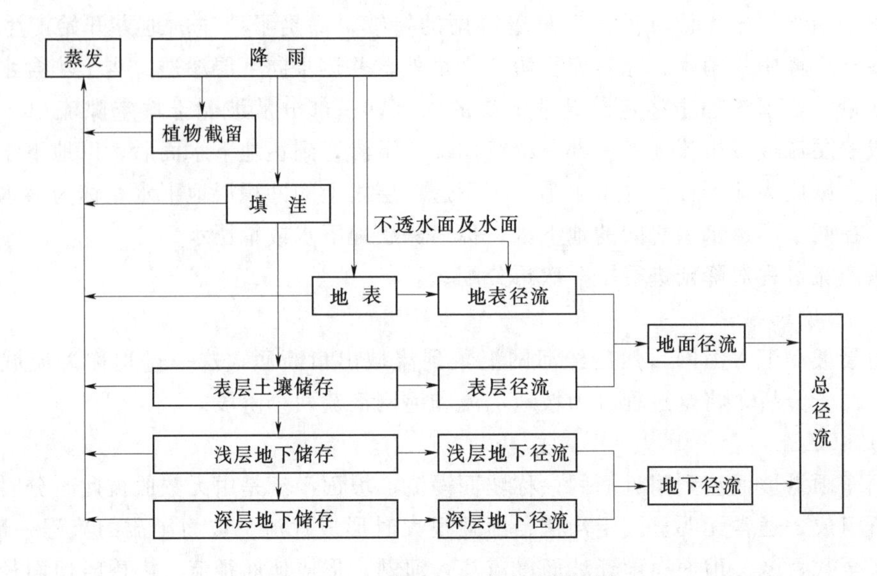


图 2-21 降雨径流形成过程框图

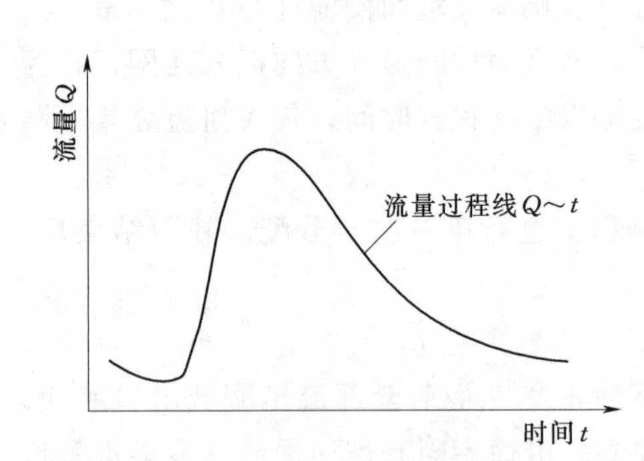


图 2-22 流量过程线

(3) 径流深 $R$。径流深是指将径流总量平铺在整个流域面积上所得的水层深度，以 mm 计。若时段流量为 $Q$ ($m^3/s$)，流域面积为 $F$ ($km^2$)，时段径流量为 $W$ ($m^3$)，则径流深 $R$ (mm) 可由下列公式计算：

$$R = \frac{W}{1000F} = \frac{\overline{Q}T}{1000F} \tag{2-29}$$

(4) 径流模数 $M$。径流模数是流域出口断面流量与流域面积 $F$ 的比值，记为 $M$。随着对 $Q$ 赋予的意义不同，径流模数也有不同的含义。如 $Q$ 为洪峰流量，相应的 $M$ 为洪峰流量模数；$Q$ 为多年平均流量，相应的 $M$ 为多年平均流量模数。$M$ 常用的单位为 L/ (s·$km^2$)。$M$ 的计算公式为：

$$M = \frac{1000Q}{F} \tag{2-30}$$

(5) 径流系数 $\alpha$。径流系数是某一时段的径流深度 $R$ 与相应的降雨深度 $P$ 之比值，即

$$\alpha = R/P \tag{2-31}$$

因 $R<P$，故 $\alpha<1$。

## 复习思考题与习题

1. 何谓自然界的水循环？产生水循环的原因是什么？

2. 何谓水量平衡原理？水量平衡方程中经常考虑的因素有哪些？

3. 比较大的河流自上而下可分为哪几段？各段有什么特点？如何确定河流某一指定断面控制的流域面积？

4. 河流与流域有哪些主要特征？

5. 在非岩溶地区，为什么大、中流域常被视为闭合流域？小流域常被视为非闭合流域？

6. 形成降水的充分和必要条件是什么？

7. 简述我国年降水量的时空分布特性。

8. 按照使空气抬升而形成动力冷却的原因，降水可分为哪几种类型？

9. 比较各种降水量观测方法的优缺点。

10. 何谓包气带？何谓饱水带？土壤水有哪几种存在形式？

11. 下渗过程分为哪几个阶段？影响下渗有哪些因素？

12. 什么叫水面蒸发？什么叫土壤蒸发？什么叫植物散发？怎样用器测法观测这 3 种蒸发量？

13. 水面蒸发的蒸发器折算系数 $K$ 值与哪些因素有关？

14. 流域总蒸发包括哪几部分？如何估算流域总蒸发量？

15. 简述河川径流形成过程。常用什么方法表示径流？径流常用什么单位度量？

16. 某水库设计断面控制的流域面积 $F=43402\text{km}^2$，由 1950～1972 年 23 年降水量及径流量资料求得：多年平均流量 $\overline{Q}_{年}=\dfrac{\sum_{i=1}^{n}Q_i}{n}=66.2\text{m}^3/\text{s}$，多年平均降水量 $\overline{P}_{年}=\dfrac{\sum_{i=1}^{n}P_i}{n}=420\text{mm}$。试求：多年平均年径流总量、多年平均年径流深、多年平均年径流模数、多年平均年径流系数。

17. 某流域的流域面积为 $500\text{km}^2$，多年平均降水量为 1000mm，多年平均流量为 $6\text{m}^3/\text{s}$。试求该流域多年平均蒸发量。

18. 将全球的海洋作为研究对象，设海洋面上的多年平均降水量为 $458000\text{km}^3$、多年平均蒸发量为 $505000\text{km}^3$，试求多年平均情况下每年从陆地流入海洋的径流量是多少？

# 第三章　水文资料的观测、收集与处理

## 第一节　水文测站与站网

### 一、水文测站、站网

水文测站是进行水文观测的基层单位，也是收集水文资料的基本场所。水文测站在地理上的分布网称水文站网，它按照统一的规划而合理布局。

河流水文要素的观测项目有水位、流量、泥沙、降水、蒸发、地下水、水温、冰情、水质等。一个测站应根据设站目的，确定其中的某些观测项目，对指定地点（或断面）的水文要素进行系统观测与资料整编。为工程设计和国民经济建设提供可靠的水文资料，这就是水文测站的主要任务。

根据测站的性质和作用，水文测站可分为基本站、专用站和实验站。

（1）基本站。水文主管部门为掌握全国各地的水文情况而设立，要求以最经济的测站数目，满足内插任何地点水文特征值的需要，各站之间应有密切联系，测站的工作内容必须根据《水文测验规范》的规定进行，观测资料需整编刊布。基本站按其观测的主要项目不同，可分为流量站、水位站、雨量站、泥沙站等。

（2）专用站。为某种专门目的或某项特定工程的需要而设立。测站位置、观测项目和观测期限等由设站部门自行规定。

（3）实验站。为了对某种水文现象的变化规律进行深入研究而设立，如径流实验站、湖泊（或水库）实验站等。由有关科研单位等设立。

### 二、水文测站的布设

#### （一）选择测验河段

设立水文站时，首先应选择好测验河段。测验河段应符合两个条件：①满足设站的目的、要求；②在保证成果有必要精度的前提下，有利于简化观测和资料整理工作。前者决定了测验河段要在站网规划规定的河段范围内选择；后者要尽可能使所选择的河段的水位流量关系稳定，以便用水位资料推算流量。这就要求测验河段具有较好的控制条件。对于平原河流，应尽量选择顺直、稳定、水流集中，便于布设测验设施的河段，顺直长度一般不少于洪水主槽宽度的3～5倍。对于山区河流，在保证测验工作安全的前提下，尽可能选在急滩、石梁、卡口等的上游处，且河道顺直匀整。至于闸坝站和水库站，一般设置在建筑物的下游，并且要避开水流紊动的影响。

#### （二）布设断面

各种水文要素的观测都是在测验河段内的各个断面上进行的，这种断面称为测验断面。按照不同的用途，测验断面可分为基本水尺断面、流速仪测流断面、浮标测流断面和比降断面。流速仪测流断面应尽可能与基本水尺断面重合。浮标测流断面包括上、中、下三个断面，中断面一般也应与基本水尺断面重合，上、下断面的间距 $L_F$ 不小于断面最大平均流速的 50～80 倍。比降断面有上、下两个断面，应布设在基本水尺断面的上、下游，其间距 $L_s$ 应视河道水面比降大小，参考《水文测验规范》确定。各种断面关系如图 3－1 所示。

（三）布设基线

在测验河段上进行水文测验和断面测量时，需在岸边布设基线。作为基本测量线段，用来通过三角测量确定测点在测流断面上的平面位置（起点距），基线通常要与测流断面垂直，且起点恰在测流断面线上（见图 3－1）。为满足起点距测量的精度要求，基线长度应不小于河宽的 0.6 倍。

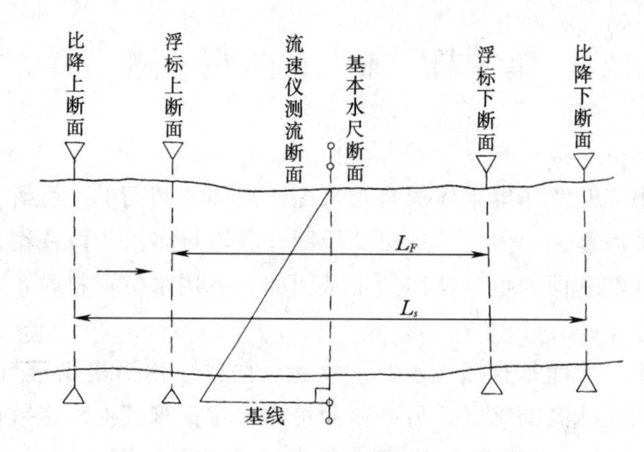


图 3－1　水文站测验断面与基线布设示意图

此外，测站布设还要设置水准点，水准点分基本和校核两种。基本水准点是测定测站高程的主要依据，一般设置在测站附近基础稳固处。校核水准点用来引测断面、水尺的高程，通常设在历年最高洪水位以上牢固的地方。

**三、收集水文资料的基本途径**

1. 驻测

对于为了探索各种水文特征值在时间上的变化规律和防汛需要而设立的基本水文站，特别是对于大河干流控制站，要求水文观测人员常驻水文观测站点，对流量等水文要素进行较长时期的连续观测。这是我国目前水文测验工作的主要方式。

2. 巡测

水文观测人员以巡回流动的方式，定期或不定期地对一个地区或流域内各观测点进行流量等水文要素的观测。如有些水文站一年内的水位流量关系呈单一曲线形式，或利用建筑物测流采用水力学公式推算流量，以及枯水期流量变化不大或枯水期采用定期测流等情况，均可采用巡测方式。

3. 间测

某些水文站在取得多年实测资料以后，经分析证明其水位与流量关系稳定，或其变化在允许误差范围之内，对其中某一水文要素（如流量）采取停测一个时期再行校测的测验方式。停测期间，其值可由另一水文要素（如水位）的实测值来推求。

4. 自动测报系统

随着电子计算机技术、通信技术及传感器的发展，我国已建成不同形式的水文自动测报系统。该系统通常由传感器、编码器、转输系统和资料接收设备等部分组成。遥测站的传感器将感应的水文变量（如水位、雨量等）转换成电信号，经过编码、调制、发射，直接或通过中继站、卫星将信息传送到资料接收中心。经解调、译码、鉴别，还原水文变量，并对搜集到的数据及时地进行适当处理。自动测报系统具有效率高，速度快，节省人力的特点。可以实时地获取水文信息，有效地提高预报精度和增长预见期，对防洪、工程管理和水利调度发挥巨大作用。

水文测验工作的内容较多，本章只对水位和流量两个基本测验项目的观测和资料整理方法作简要介绍。

## 第二节　水　位　观　测

### 一、水位

河流、湖泊、水库及海洋等水体的自由水面距离固定基面的高程称为水位，以 m 计。目前全国统一采用黄海基面，但由于历史的原因，各流域多沿用以往使用的基面，如大沽基面、吴淞基面、珠江基面，也有使用假定基面的。使用水位资料时，对这些不同基面的水位，要作相应的订正。

水位观测的作用一方面是直接为水利、水运、防洪、治涝提供资料，如堤防、坝高、桥梁及涵洞、公路路面标高的确定。另一方面可用水位推求其他水文数据，如推求流量 $Q=f(Z)$，水面比降 $S=(Z_1-Z_2)/L$ 等。其中 $Q$ 为流量，以 $m^3/s$ 计；$S$ 为比降，以千分率或万分率表示；$Z_1$、$Z_2$ 分别为上、下比降断面的水位，以 m 计；$L$ 为上、下比降断面的间距，以 m 计。

### 二、水位观测方法

观测水位的设备有水尺和自记水位计。

水尺有直立式、倾斜式、矮桩式与悬锤式等，其中直立式水尺是最基本的类型。水位的数值是由水面在水尺上的读数加上水尺零点的高程而得。为了保证水位观测精度，要定期根据测站的校核水准点对各水尺的零点高程进行校核。

自记水位计能将水位变化的连续过程自动记录下来，并能将所观测的数据以数字或图像的形式远传至室内，使水位观测工作趋于自动化和远传化。自动化和远传化是国内外水文信息采集方法发展的必然趋势。我国黄河兰州水文站水位观测已采用远传自动测报系统。在荷兰水文信息服务中心，从计算机屏幕上可直接调看或用电话直接询问全国范围内各测站当时的水位，而这些又几乎都是无人驻守的测站。

水位的观测包括基本水尺和比降水尺的水位。基本水尺的观测，当水位变化缓慢时（日变幅在 0.12m 以内），每日 8 时和 20 时各观测一次（称 2 段制观测，8 时是基本时）；枯水期日变幅在 0.06m 以内，用 1 段制观测；日变幅在 0.12～0.24m 时，用 4 段制观测；还有 8 段、12 段制等。有峰谷出现时，还要加测。比降水尺观测的目的是计算水面比降，分析河床糙率等。其观测次数，视需要而定。

### 三、水位资料整理

水位观测数据整理工作，包括计算日平均水位、编制“逐日平均水位表”和“洪水要素摘录表”等。

（一）日平均水位的计算

若一日内水位变化缓慢，或水位变化较大，但系等时距人工观测或从自记水位计上摘录，可采用算术平均法计算；若一日内水位变化较大、且系不等时距观测或摘录，应采用面积包围法，即将当日 0～24h 内水位过程线所包围的面积，除以一日时间求得（见图 3-2），其计算公式为：

$$\overline{Z}=\frac{1}{48}[Z_0\Delta t_1+Z_1(\Delta t_1+\Delta t_2)+Z_2(\Delta t_2+\Delta t_3)+\cdots+Z_{n-1}(\Delta t_{n-1}+\Delta t_n)+Z_n\Delta t_n] \quad (3-1)$$

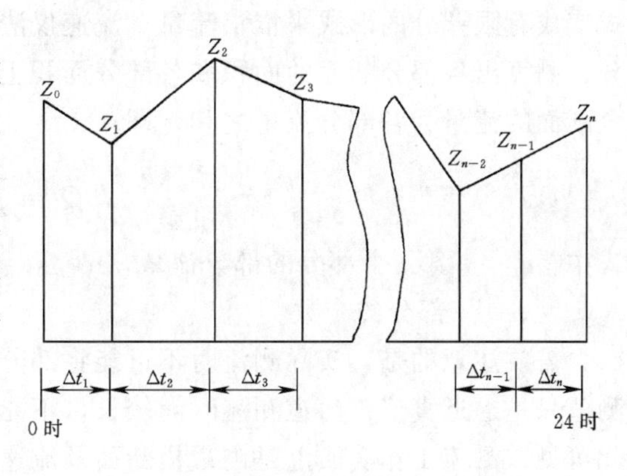


图 3-2　面积包围法计算水位示意图

（二）编制“逐日平均水位表”及“洪水要素摘录表”

把计算所得的日平均水位，填表可得“逐日平均水位表”。表中包括年、月最高水位、最低水位、平均水位和各种历时（保证率）水位等。将汛期实测水位按观测时刻顺序填表，可得“洪水要素摘录表”（有关水位记载部分）。

凡基本站历年水位资料，均载于《水文年鉴》中可供查用。

## 第三节　流　量　测　验

### 一、概述

单位时间内流过江河某一横断面的水量称为流量，以 $m^3/s$ 计。流量是反映江河、湖泊、水库等水体水量变化的基本资料，也是河流最重要的水文特征值。在水文站上长期连续进行流量测验取得数据，经过分析、计算和整理而得的资料，为水利工程的规划设计、施工、管理运行及国民经济各部门服务。

测流方法很多，在天然河道中测流一般采用流速仪法和浮标法。

### 二、流速仪法测流及流量计算

（一）测流原理

由于天然河流受边界条件的影响，过水断面的流速分布很不均匀。流速随水平及垂直方向的位置不同而变化，即 $v=f(b,h)$。其中 $v$ 为断面上某一点的流速；$b$ 为该点至水边的水平距离；$h$ 为该点至水面的垂直距离。通过全断面的流量 $Q$ 为：

$$Q=\int_0^A v\cdot \mathrm{d}A=\int_0^B\cdot\int_0^H f(b,h)\mathrm{d}h\cdot\mathrm{d}b \quad (3-2)$$

式中　$A$——水道断面面积，$\mathrm{d}A$ 为 $A$ 内的单元面积（其宽为 $\mathrm{d}b$，高为 $\mathrm{d}h$），$m^2$；

$v$——垂直于 $\mathrm{d}A$ 的流速，m/s；

$B$——水面宽度，m；

$h$——水深，m。

因为 $f(b,h)$ 的关系复杂，目前尚不能用式（3－2）计算，实际工作中把上述积分式变成有限差分的形式来推求流量。流速仪法测流，就是将测流断面用垂线划分为若干部分，测算出各部分断面的面积和各部分面积上的平均流速，两者的乘积，称为部分流量；全断面的流量为各部分流量之和，即：

$$Q = \sum_{i=1}^{n} q_i \tag{3-3}$$

式中 $q_i$——第 $i$ 个部分的部分流量，$m^3/s$；

$n$——部分的个数。

需要注意的是，实际测流时不可能将部分面积分成无限多，而是分成有限个部分，实测值只是逼近真值；河道测流时间较长，不能在瞬时完成，实测流量是时段的平均值。由此可见，测流工作实质上是测量横断面及流速两部分工作。

（二）断面测量

河道断面测量的目的，是绘出测流断面的横断面图。断面测量分水道断面和大断面测量，水道断面与流速测量同时施测。大断面是指高出历年最高洪水位以上 0.5～1.0m 的河道断面，一般在设站时测一次，每年汛前复测一次。水道断面测量，首先根据河宽在断面上布设一定数量的测深垂线，施测各条测深垂线的水深和起点距，用施测时的水位减去水深，即得各测深垂线处的河底高程。有了河底高程和相应的起点距，便可绘出测流断面的横断面图。

测深垂线布设于河床变化的转折处，要求主槽部分较密，滩地较稀。水深一般用测深杆、测深锤、测深铅鱼以及超声波回声测声仪来施测。

起点距是指该测深垂线至基线上的起点桩之间的水平距离。测定起点距的方法有断面索法和仪器测角交会法。当河流宽度不大，有条件在断面上架设过河索道时，用索上的量距标志直接读出起点距，此法称为断面索法。大河上常用仪器测角交会法，常用仪器为经纬仪，平板仪、六分仪等。如用经纬仪测量，则在基线的另一端（起点距是一端）架设经纬仪，观测测深垂线与基线之间的夹角。因基线长度已知，即可算出起点距。目前最先进的是用全球定位系统（GPS）定位的方法，它是利用全球定位仪接收天空中的 3 颗人造定点卫星的特定信号来确定其在地球上所处位置的坐标，其优点是不受任何天气气候的干扰，24h 均可连续施测，且快速、方便、准确。

（三）流速测量

用流速仪法测定水流的速度，是国内外广泛使用的基本方法。在一定条件下，此法测流精度最高，常作为鉴定其他测流方法的标准，图 3－3（a）为旋杯式流速仪，图 3－3（b）为旋桨式流速仪。它们由感应水流的旋转器（旋杯或旋桨）、记录信号的计数器和保持仪器正对水流的尾翼 3 部分组成。

1. 测速垂线及测点

流速测量时，要根据河流宽度、水深以及精度要求，在测流断面上布设足够数量的测速垂线，为求得垂线平均流速，要在各条测速垂线上，将流速仪放置在不同的水深点测速。每条测速垂线上测点的多少，也应根据测流精度的要求、水深、悬吊流速仪的方式等情况而定。测速垂线的数目可参考表 3－1 选用，精测法测速点分布见表 3－2。

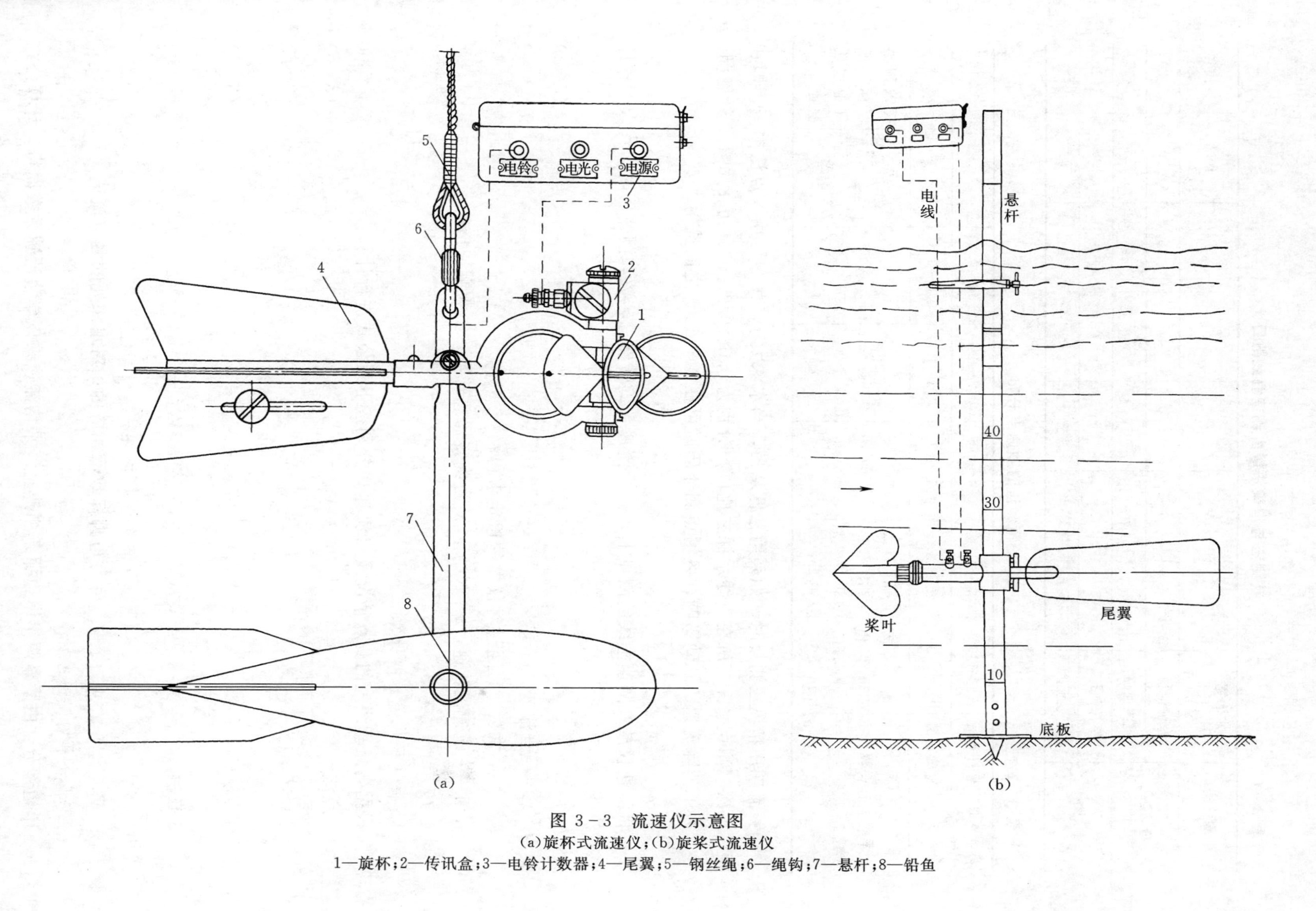


图 3-3 流速仪示意图

(a)旋杯式流速仪;(b)旋桨式流速仪

1—旋杯;2—传讯盒;3—电铃计数器;4—尾翼;5—钢丝绳;6—绳钩;7—悬杆;8—铅鱼

表 3-1　　　　　　　　　　精测法与常规法最少测速垂线数目

| 施测方法 | 水面宽(m) | <5 | 5 | 50 | 100 | 300 | 1000 | >1000 |
|---|---|---|---|---|---|---|---|---|
| 精测法 | 窄深河道 | 5 | 6 | 10 | 12 | 15 | 20 | >20 |
| | 宽浅河道 | — | — | 10 | 15 | 20 | 25 | >25 |
| 常规法 | 窄深河道 | 3~5 | 5 | 6 | 7 | 8 | 9 | >10 |
| | 宽浅河道 | — | — | 8 | 9 | 11 | 13 | >15 |

表 3-2　　　　　　　　　　精测法的测速点分布

| 水深或有效水深(m) | 悬杆悬吊 | >1.0 | 0.6~1.0 | 0.4~0.6 | 0.2~0.4 | 0.16~0.20 | | <0.16 |
|---|---|---|---|---|---|---|---|---|
| | 悬索悬吊 | >3.0 | 2.0~3.0 | 1.5~2.0 | 0.8~1.5 | 0.6~0.8 | <0.6 | |
| 垂线上测点数目和位置 | | 5点法：0.0h，0.2h，0.6h，0.8h，1.0h | 3点法：0.2h，0.6h，0.8h或2点法：0.2h，0.8h | 2点法：0.2h，0.8h | 1点法：0.6h | 1点法：0.5h | 改用悬杆悬吊或其他方法测速 | 改用小浮标法或其他方法测速 |

畅流期用精测法测流时，如采用悬杆悬吊，当水深大于1.0m可用5点法测流，即在相对水深（测点水深与所在垂线水深之比值）分别为0.0、0.2、0.6、0.8和1.0处施测。

为了消除流速的脉动影响，各测点测速历时可在60~100s之间选用。

2. 点流速测算

将流速仪放在测速垂线的测点上，记录流速仪旋转器总转数和测速历时，代入下式计算点流速：

$$V = kn + c \tag{3-4}$$

式中　$V$——点流速，m/s；

$k$、$c$——常数，可通过对仪器的检定求得；

$n$——流速仪转速，$n=N/T$，$N$ 为旋转器总转数，$T$ 为测速历时，s。

（四）流量计算

1. 垂线平均流速的计算

根据各条垂线上的测点情况及点流速，分别按下列公式进行计算：

1点法
$$V_m = V_{0.6} \tag{3-5}$$

2点法
$$V_m = \frac{1}{2}(V_{0.2} + V_{0.8}) \tag{3-6}$$

3点法
$$V_m = \frac{1}{3}(V_{0.2} + V_{0.6} + V_{0.8}) \tag{3-7}$$

5点法
$$V_m = \frac{1}{10}(V_{0.0} + 3V_{0.2} + 3V_{0.6} + 2V_{0.8} + V_{1.0}) \tag{3-8}$$

式中　$V_m$——垂线平均流速；

$V_{0.0}$、$V_{0.2}$、$V_{0.6}$、$V_{0.8}$、$V_{1.0}$——与脚标数值相应的相对水深处的测点流速。

2. 部分平均流速的计算

岸边部分：由紧靠两岸岸边那条测速垂线平均流速乘以岸边流速系数而得，计算公式如下：

$$V_1 = \alpha V_{m1} \tag{3-9}$$

$$V_{n+1} = \alpha V_{m_n} \tag{3-10}$$

式中 $\alpha$——岸边流速系数，其值视岸边情况而定，斜坡岸边，$\alpha$=0.67～0.75，一般取0.70；陡岸 $\alpha$=0.80～0.90；死水边 $\alpha$=0.60。

中间部分：由相邻两条测速垂线与河底及水面所组成的部分，部分平均流速为相邻两垂线平均流速的平均值，按下式计算：

$$V_1 = \frac{1}{2}(V_{m_{i-1}} + V_{m_i}) \tag{3-11}$$

3. 部分面积计算

岸边部分按三角形面积公式计算（左、右岸各一个）。中间部分断面面积按梯形面积公式计算。若断面上布设的测深垂线数目比测速垂线的数目多时，首先计算测深垂线间的断面面积，然后以测速垂线划分部分。若两条测速垂线间有几块测深垂线间的断面面积，则将其相加得出部分面积。若两条测速垂线（同时也是测深垂线）间无另外的测深垂线，则该部分面积就是这两条测深（同时是测速垂线）间的面积。

4. 部分流量的计算

部分流量等于部分平均流速与部分面积之积，即：

$$q_i = V_i A_i \tag{3-12}$$

式中 $q_i$、$V_i$、$A_i$——第 $i$ 个部分的流量、平均流速、断面面积。

部分面积 $A_i$、部分流速 $V_i$ 及部分流量 $q_i$ 的计算参见图 3-4。

5. 断面流量及其他水力要素的计算

断面流量 $$Q = \sum_{i=1}^{n} q_i$$

断面平均流速 $$\overline{V} = Q/A \tag{3-13}$$

断面平均水深 $$\overline{h} = A/B \tag{3-14}$$

在一次测流过程中，与该次实测流量值相等的某一瞬时流量所对应的水位称相应水位。根据测流时水位涨落情况不同可分别采用平均或加权平均计算。

（五）冰期测流

冰期施测流量时，测流断面情况如图 3-5 所示，流量计算方法和畅流期的计算方法基本相同，其有关特点如下。

1. 垂线平均流速的计算

6 点法 $$V_m = \frac{1}{10}(V_{0.0} + 2V_{0.2} + 2V_{0.4} + 2V_{0.6} + 2V_{0.8} + V_{1.0}) \tag{3-15}$$

3 点法 $$V_m = \frac{1}{3}(V_{0.15} + V_{0.5} + V_{0.85}) \tag{3-16}$$

2 点法 $$V_m = \frac{1}{2}(V_{0.2} + V_{0.8}) \tag{3-17}$$

1 点法 $$V_m = KV_{0.5} \tag{3-18}$$

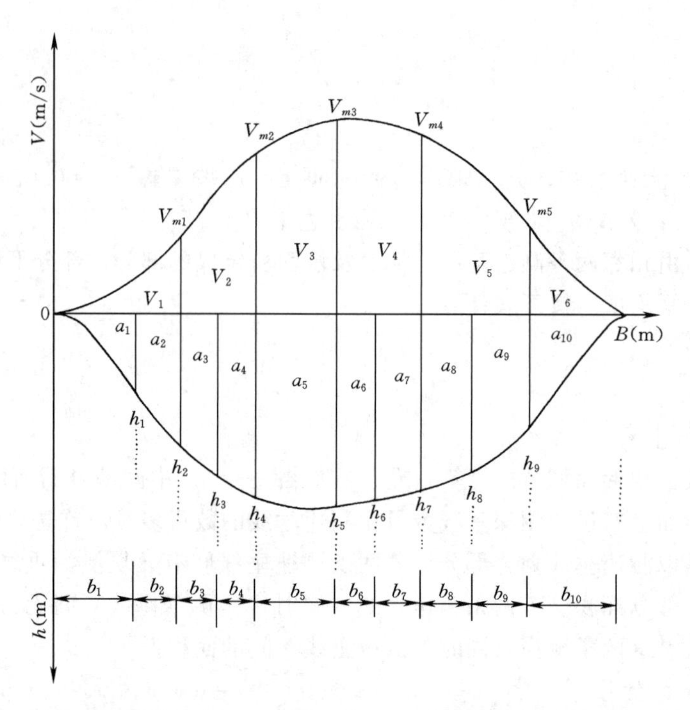


图 3-4 部分面积 $A_i$、部分流速 $V_i$ 及部分流量 $q_i$ 计算示意图

$$a_1=\frac{1}{2}h_1b_1,\ a_{10}=\frac{1}{2}h_9b_{10},a_i=\frac{1}{2}(h_{i-1}+h_i)b_i,i=2、3、\cdots、9$$

$$A_1=a_1+a_2,A_2=a_3+a_4,A_3=a_5,A_4=a_6+a_7,A_5=a_8+a_9,$$

$$A_6=a_{10},V_1=\alpha V_{m1},V_6=\alpha V_{m5},V_i=\frac{1}{2}(V_{mi-1}+V_{mi}),$$

$$i=2、3、\cdots、5,q_i=V_iA_i,i=1、2、\cdots、6,Q=\sum_{i=1}^{6}q_i$$

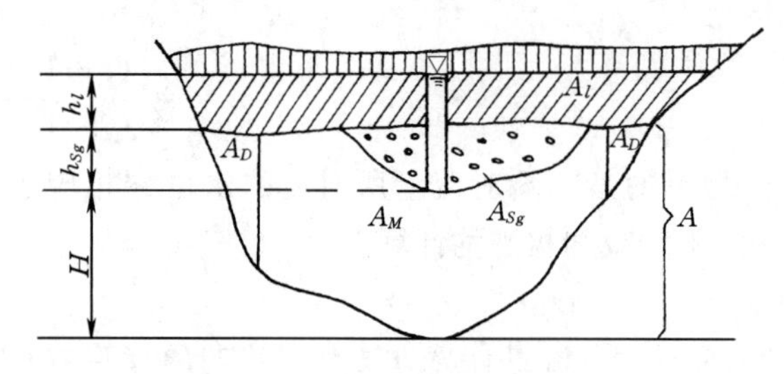


图 3-5 冰期测流断面示意图

$A$—水道断面面积；$A_M$—流水断面面积；$A_D$—死水面积；$A_l$—水浸冰面积；$A_{Sg}$—冰花面积；$h_l$—水浸冰厚；$h_{Sg}$—冰花厚；$H$—有效水深

式（3-15）～式（3-18）中测点流速的脚标，分别为各测点对于所在测线有效水深（自冰底或冰花底至河底的垂直距离）的相对深度；$K$ 为冰期半深流速系数，根据6点法或3点法测速资料分析确定，一般为 0.88～0.90。

2. 部分面积的计算

与畅流期相同，冰期的水深 $h$，应为在有水浸冰的垂线上的有效水深。在有岸冰或清沟存在时，盖面冰与畅流期交界处同一垂线上的水深用两种数值：当计算盖面冰以下的那一部分面积时，采用有效水深；当计算畅流部分的面积时，采用实际水深（从水面算起的水深）。

3. 流量的计算

也是先求各部分流量后再求和。但此时应将断面总面积、水浸冰面积、冰花面积与水道断面面积一并算出。在有岸冰或清沟时，应区分计算。这些面积，一般均先分区按梯形公式计算出部分面积，再求总和。

**三、浮标法测流**

当使用流速仪测流有困难时（如发生大洪水），可采用浮标法测流。水面浮标常用木板、稻草等材料做成十字形、井字形，上插小旗以便观测。在夜间或雾天测流时，可用电池、电珠或棉球火炬做成夜明浮标。浮标法测流时，在上游浮标投放断面（参见图 3-1），沿断面均匀投放浮标，投放的浮标数目大致与流速仪测流时的测速垂线数目相当。用秒表测定各浮标流经浮标上、下断面间的运行历时 $T_i$，用经纬仪测定各浮标流经浮标中断面（测流断面）的位置（定起点距），上、下浮标断面的距离 $L$ 除以 $T_i$，即得该浮标水面流速。若不能实测断面，可借用最近施测的断面资料，绘出沿河宽的水面虚流速分布图。从水面虚流速分布图上内插出相应各测深垂线处的水面虚流速；再按式（3-9）～式（3-13），求得断面虚流量 $Q_f$ 乘以浮标系数 $K_f$，即得断面流量 $Q$。

$K_f$ 值的确定有实验比测法、经验公式法和水位流量关系曲线法。在未取得浮标系数试验数据之前，可根据下列范围选用浮标系数：一般水深较大的河流取 0.85～0.90；小河取 0.75～0.85。

## 第四节　水文调查与水文遥感

**一、水文调查**

为弥补水文基本站网定位观测之不足或为某个特定的目的，采用勘测、调查、考证等方式收集某些水文要素等有关资料的工作，称为水文调查。

水文调查的内容可分为：流域调查、水量调查、洪水与暴雨调查、其他专项调查等。本节主要介绍洪水与暴雨调查。

（一）洪水调查

洪水调查工作，包括调查洪水痕迹、洪水发生的时间和灾情；测量洪水痕迹的高程；了解调查河段的河槽冲淤情况；了解流域自然地理情况；测量调查河段的纵横断面，必要时应在调查河段进行简易地形测量；对调查成果进行分析，推算洪水总量、洪峰流量、洪水过程及重现期，最后写出调查报告。

1. 洪峰流量估算

计算洪峰流量时，若调查的洪痕靠近某一水文站，可先推求水文站基本水尺断面处的洪水位，通过延长该站的水位流量关系曲线，推求洪峰流量。

在调查河段无水文站情况下，调查洪水的洪峰流量，可采用下列公式估算。

（1）比降法。

1）匀直河段洪峰流量计算公式：

$$Q = KS^{\frac{1}{2}} \tag{3-19}$$

式中　$Q$——洪峰流量，$m^3/s$；

　　$S$——水面比降，‰；

$K$——河段平均输水率，$K=\frac{1}{n}AR^{\frac{2}{3}}$；

$n$——糙率；

$A$——河段平均断面积，$m^2$；

$R$——河段平均水力半径，m。

2）非匀直河段洪峰流量计算公式：

$$Q = KS_e^{\frac{1}{2}} \tag{3-20}$$

$$S_e = \frac{h_f}{L} = \frac{h+\left(\frac{\overline{V}_{上}^2}{2g}-\frac{\overline{V}_{下}^2}{2g}\right)}{L} \tag{3-21}$$

式中 $S_e$——断面比降；

$h_f$——两断面间的摩阻损失，$h$ 为上、下两断面的水面落差，m；

$\overline{V}_{上}$、$\overline{V}_{下}$——上、下两断面的平均流速，m/s；

$L$——两断面间距，m。

3）若考虑扩散及弯道损失时洪峰流量推算公式：

$$Q = K\sqrt{\frac{h+(1-\alpha)\left(\frac{\overline{V}_{上}^2}{2g}-\frac{\overline{V}_{下}^2}{2g}\right)}{L}} \tag{3-22}$$

式中 $\alpha$——扩散、弯道损失系数，一般取 0.5。

可根据不同情况，选用以上公式估算洪峰流量。

确定糙率 $n$，可根据实测成果绘水位糙率曲线备查，或查糙率表，或参考附近水文站的糙率资料。对复式断面，应对主槽和滩地的流量分别计算，再取其和。

（2）用水面曲线法推算洪峰流量。当所调查的河段较长且洪痕较少，各河段河底坡降及断面变化较大，不宜用比降法计算，应采用水面曲线法推求洪峰流量。

水面曲线法的原理是：假定一个流量 $Q$，由所估定的各段河道糙率 $n$，自下游一已知的洪水水面点起，向上游逐段推算水面线，然后检查该水面线与各洪痕的符合程度。如大部分符合，表明所假定流量正确；否则，重新假定 $Q$ 值，再推算水面线，直至使大部分洪痕符合为止。

2. 洪峰流量的检查和洪水过程的推求

（1）洪峰流量的检查。由于水文现象十分复杂，水文调查工作又受到各种条件的限制，洪水调查访问资料及洪峰流量计算成果可能存在一些问题，甚至有错误之处，因此，必须通过合理性检查和综合分析。洪峰流量计算成果合理性检查和综合分析，一般有以下方法：

1）与上下游、干支流邻近地区的相同因素对照比较。将需要检查的项目列成单项，如洪水发生的年份，同次洪水各地点的洪峰流量及洪水大小顺位进行比较，如发现问题，加以改正。

2）绘制 $Q_m \sim F$ 关系图检查。将同一地区调查及实测成果，以洪峰流量为纵坐标，以流域面积为横坐标，在双对数纸上点出 $Q_m \sim F$ 关系图，可得出下列关系式：

$$Q_m = C_p F^n \tag{3-23}$$

式中 $n$——指数，一般为2/3，但不同的暴雨洪水、不同的地区，$n$值是变动的，变化范围在0.5～0.8之间。

对偏离地区$Q_m \sim F$关系的调查洪峰流量，应作深入分析。

(2) 洪水过程推求。

1) 由调查的洪水位过程线估算。当通过调查或文献考证能够绘出历史洪水位过程线时，可通过该调查河段所建立的水位流量关系推求出流量过程线。有了流量过程线，可推求洪水总量。

2) 由调查的洪水类型估算。当在有水文站的河段调查早期历史洪水时，如不能确切调查到洪水位过程，可以概略地调查其洪水类型。例如，是长历时降雨还是集中的短历时暴雨；是陡涨陡落还是有几次连续洪水，是何种地区来源的洪水。再对实测的洪水进行特性分析，则可以判别其调查的早期历史洪水属于实测洪水哪一种洪水类型，在进行了这样一些类型分析以后，可通过相应类型的峰量关系查出调查洪水的洪水总量；或者以某一类型的洪水过程放大。

3. 重现期的确定

洪水调查资料用于设计洪水计算，除了取得调查洪水的流量数值外，还要确定调查洪水的重现期或者经验频率。洪水重现期的确定，将在第六章中讲述。

(二) 暴雨调查

暴雨调查的主要内容有：暴雨成因、暴雨量、暴雨起讫时间、暴雨变化过程及前期雨量情况、暴雨走向及当时主要风向风力变化等。

对历史暴雨的调查，一般通过群众对当时雨势的回忆或与近期发生的某次大暴雨对比，得出定性概念；也可通过群众对当时地面坑塘积水、露天水缸或其他器皿承接雨量作定量估计，并对一些雨量记录进行复核，对降雨的时、空分布做出估计。

## 二、水文遥感

把遥感技术应用于水文科学领域称为水文遥感。水文遥感具有以下特点：如动态遥感，从定性描述发展到定量分析，遥感遥测遥控的综合应用，遥感与地理信息系统相结合。

遥感技术在水文水资源领域的应用，概括起来，有如下几方面。

(1) 流域调查。根据卫星相片可以准确查清流域范围、流域面积、流域覆盖类型、河长、河网密度、河流弯曲度等。

(2) 水文水资源调查。使用不同波段、不同类型的遥感资料，容易判读各类地表水，如河流、湖泊、水库、沼泽、冰川、冻土和积雪的分布；还可分析饱和土壤面积、含水层分布以估算地下水储量。

(3) 水质监测。包括分析识别热水污染、油污染、工业废水及生活污水污染、农药化肥污染以及悬移质泥沙、藻类繁殖等情况。

(4) 洪涝灾害的监测。包括洪水淹没范围的确定，决口、滞洪、积涝的情况、泥石流及滑坡的情况。

(5) 河口、湖泊、水库的泥沙淤积及河床演变，古河道的变迁等。

（6）降水量的测定及水情预报。通过气象卫星传播器获取的高温和湿度间接推求降水量或根据卫星相片的灰度定量估算降水量。根据卫星云图与天气图配合预报洪水及旱情监测。

此外，还可利用遥感资料分析处理测定某些水文要素，如水深、悬移质含沙量等。利用卫星传输地面自动遥测水文站资料，具有投资低，维护量少，使用方便的优点，且在恶劣天气下安全可靠，不易中断。对大面积人烟稀少地区更加适合。

## 第五节　水文数据处理

水文测站测得的原始数据，要按科学的方法和统一的格式整理、分析、统计、提炼成为系统、完整，有一定精度的水文资料，供有关国民经济部门应用。水文数据的加工整理过程，称为水文数据处理。

水文数据处理的工作内容包括：收集校核原始数据；编制实测成果表；确定关系曲线，推求逐时、逐日值，编制逐日表及洪水水文要素摘录表；合理性检查；编制处理说明书。本节主要介绍流量资料整编。

### 一、水位流量关系曲线的确定

流量的测算比较复杂，不可能也没有必要通过连续观测来直接点绘流量过程线，而水位的观测比较容易，且水位随时间的变化过程较易获得。水文站一般是通过一定次数的流量测验，根据实测的水位和流量的对应资料建立水位与流量的关系曲线。通过水位流量关系曲线，可以把水位变化过程转换成相应的流量变化过程，并计算出日、月、年平均流量及各种统计特征值。

#### （一）稳定的水位流量关系曲线

稳定的水位流量关系，当河床稳定，测站控制性能良好的情况下，河道的水流状态比较平稳。将水位与流量的观测值一一对应地点绘于坐标上，得到较密集的带状点据，通过点群中心可以绘出单一的水位流量关系曲线，如图 3－6 所示。为了用来校核水位流量关系曲线中的流量，通常在水位流量关系曲线图上，同时绘制水位面积与水位流速关系曲线。水位流量关系稳定时，相同水位下流速与面积的乘积应等于流量。

#### （二）不稳定的水位流量关系曲线

天然河道中，受洪水涨落、变动回水等的影响，河床冲淤、结冰以及水草丛生等，都会使水位流量关系点据分布散乱，无法定出单一的关系曲线。例如，当受冲淤影响时，断面面积发生变化，受冲时断面面积增大，同一水位流量关系点据将会偏离原曲线的右下方，受淤时相反，如图 3－7 所示。当受洪水涨落影响时，水面比降发生变化，水位流量关系成绳套形曲线，如图 3－8 所示。当受变动回水影响时，因受回水顶托，使水面比降变小，水位流量关系点据都要偏向原稳定曲线的左边。在这些情况下，需对各种影响因素进行分析，分别加以处理和修正。

### 二、水位流量关系曲线的延长

水文计算中，常常需要求得水位和流量的特大值或特小值，但在测流时，由于受施测条件限制或其他原因，致使最高水位或最低水位的流量无法测得，水位流量关系曲线两端

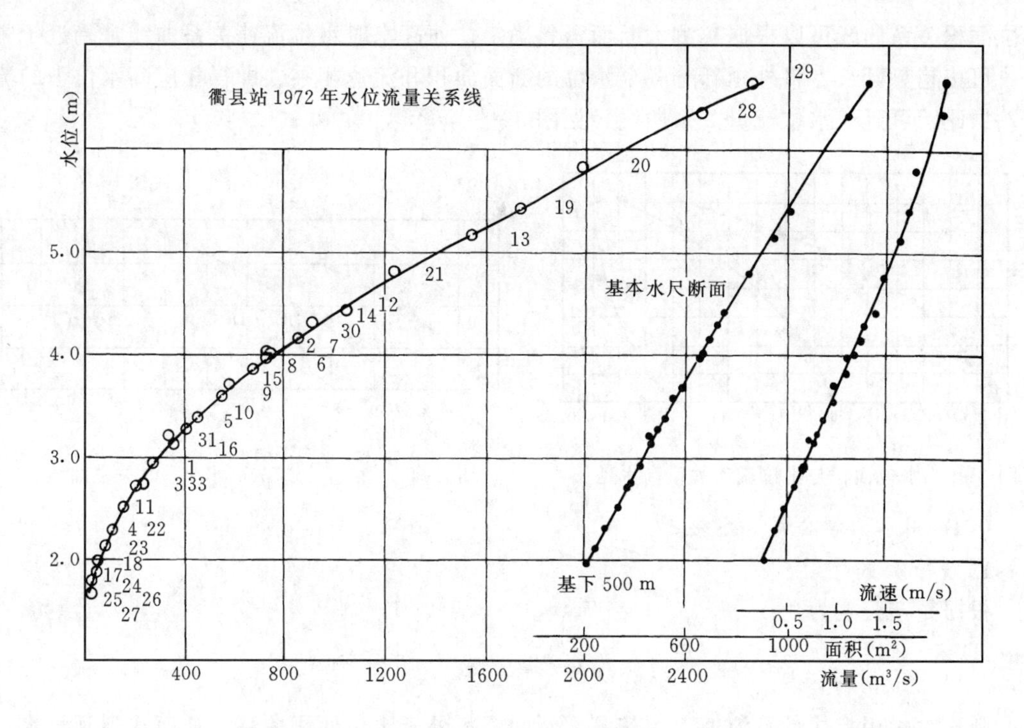


图 3-6 衢江衢县水文站水位与流量、水位与面积、水位与流速关系曲线

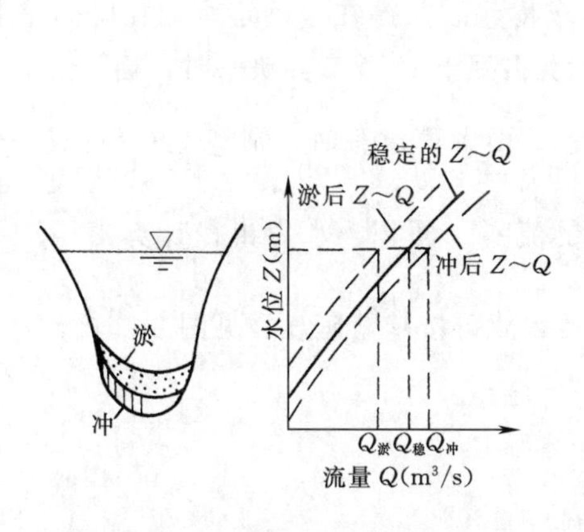


图 3-7 受冲淤影响的水位流量关系

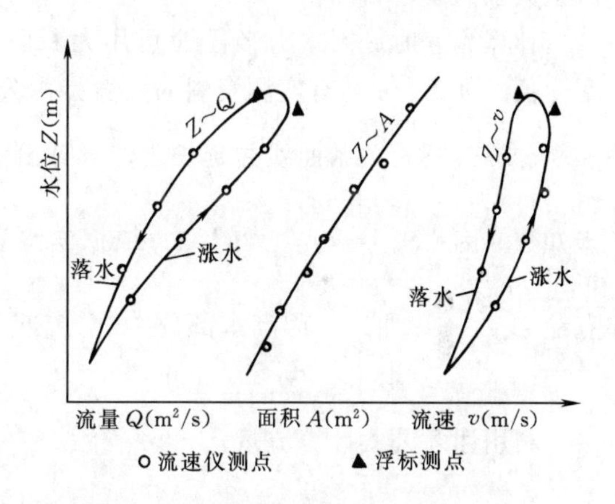


图 3-8 受洪水涨落影响的水位流量关系

因缺少实测流量资料而无法绘制。为取得全年完整的流量过程，需要进行高、低水时水位流量关系的延长。高水延长的结果，对洪水期流量过程的主要部分，包括洪峰流量在内，有重大的影响。低水流量虽小，但如延长不当，相对误差可能较大且影响历时较长。因此对延长工作均需慎重。高水部分的延长幅度一般不应超过当年实测流量所占水位变幅的30%；低水部分延长的幅度一般不应超过10%。对稳定的水位流量关系高低水延长，常用的方法有以下几种。

（一）由水位面积和水位流速关系作高水位延长

一般河床稳定的测站，水位面积、水位流速关系点据集中，曲线趋势明显。高水时的水位面积关系曲线可以根据实测大断面资料确定，而高水时水位流速关系曲线常趋近于常数，可按趋势延长。将外延部分各个水位的断面面积和流速相乘，即得相应高水位下的流量。据此，可延长水位流量关系曲线，见图 3-9。

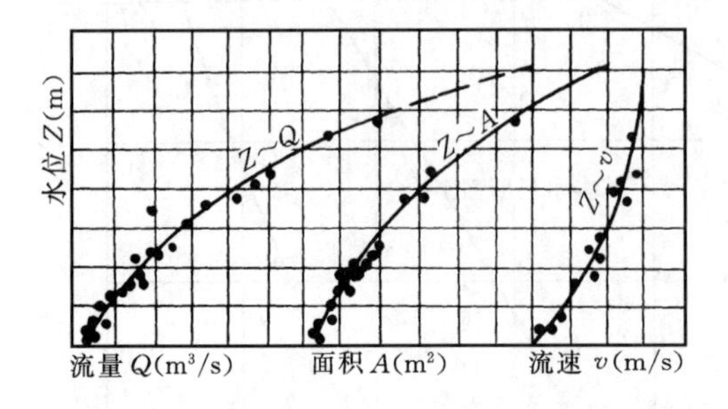


图 3-9 水位面积与水位流速关系高水延长

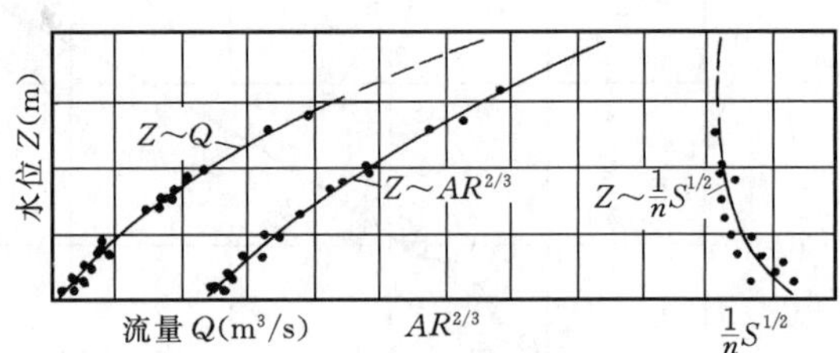


图 3-10 曼宁公式法高水 $Z \sim Q$ 关系曲线

（二）用水力学公式高水延长

1. 曼宁公式外延

根据曼宁公式为：

$$v = \frac{1}{n} R^{2/3} S^{1/2} \tag{3-24}$$

延长时，用上式计算流速，用实测大断面资料外延水位面积关系，从而达到延长水位流量关系曲线的目的。

计算流速时，因水力半径 $R$ 可用大断面资料求得，故关键在于确定水面比降 $S$ 和糙率 $n$ 值。如 $S$、$n$ 均有实测资料时，直接由公式计算并延长；当二者缺一时，通过点绘 $Z \sim n$（或 $Z \sim S$）关系曲线并延长之，再算出 $v$ 来；如两者都没有时，则将 $\frac{1}{n}S^{1/2}$ 看成一个未知数，因 $\frac{1}{n}S^{1/2} = Q/(AR^{2/3})$，依据实测资料的流量、面积、水力半径计算出 $\frac{1}{n}S^{1/2}$，点绘 $Z \sim \frac{1}{n}S^{1/2}$ 曲线，因高水部分 $\frac{1}{n}S^{1/2}$ 接近于常数，故可按趋势延长，见图 3-10。

2. 斯蒂文斯（Stevens）法

利用谢才公式计算流量：

$$Q = CA\sqrt{RS} \tag{3-25}$$

式中 $C$——谢才系数；

其余符号意义同前。

对断面无明显冲淤、水深不大但水面较宽的河槽，以断面平均水深 $\bar{h}$ 代替水力半径 $R$，则式（3-25）可改写为：

$$Q = CA\sqrt{RS} = KA\,\bar{h}^{1/2} \tag{3-26}$$

式中，$K = C\sqrt{S}$，高水时其值接近常数。故高水时 $Q \sim A\,\bar{h}^{1/2}$ 呈线性关系，可据此外延。由大断面资料计算 $A\sqrt{\bar{h}}$，并点绘不同高水位 $Z \sim A\sqrt{\bar{h}}$，在 $Z \sim A\sqrt{\bar{h}}$ 曲线上查得 $A\sqrt{\bar{h}}$ 值，并在 $Q \sim A\sqrt{\bar{h}}$ 曲线上查得 $Q$ 值，根据对应的（$Z$，$Q$）点据，便可实现水位与流量关系曲

线的高水延长。见图 3-11。

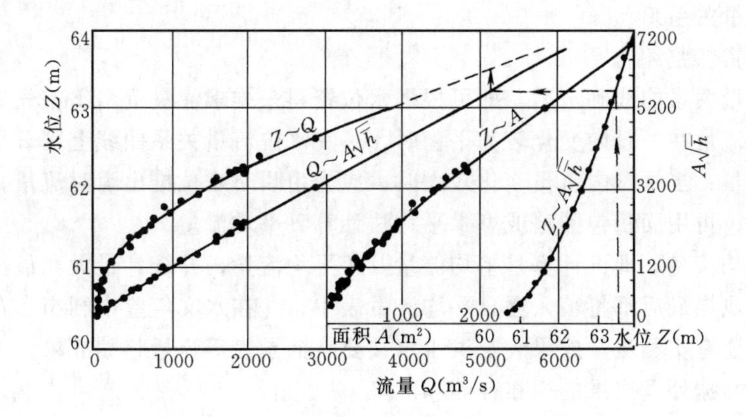


图 3-11 斯蒂文斯法外延 $Z \sim Q$ 关系曲线

（三）水位流量关系曲线的低水延长法

低水延长一般是以断流水位作控制进行水位流量关系曲线向断流水位方向所作的延长。断流水位是指流量为零时的相应水位。假定关系曲线的低水部分用以下的方程式来表示：

$$Q = K(Z - Z_0)^n \tag{3-27}$$

式中 $Z_0$——断流水位；

$n$、$K$——固定的指数和系数。

在水位流量曲线的中、低水弯曲部分，依次选取 $a$、$b$、$c$ 三点，它们的水位和流量分别为 $Z_a$、$Z_b$、$Z_c$ 及 $Q_a$、$Q_b$、$Q_c$。若 $Q_b^2 = Q_a Q_b$，代入式（3-27），求解得断流水位为：

$$Z_0 = \frac{Z_a Z_c - Z_b^2}{Z_a + Z_c - 2Z_b} \tag{3-28}$$

求得断流水位 $Z_0$ 后，以坐标（$Z_0$，0）为控制点，将关系曲线向下延长至当年最低水位即可。

**三、水位流量关系曲线的移用**

在规划设计工作中，常常遇到设计断面处缺乏实测数据的情况。这时需要考虑将邻近水文站的水位流量关系移用到设计断面上。当设计断面与水文站相距不远且两断面间的区间流域面积不大，河段内无明显的出流与入流的情况下，在设计断面设立临时水尺，与水文站同步观测水位。因两断面中、低水时同一时刻的流量大致相等，所以可用设计断面的水位与水文站断面同时刻水位所得的流量点绘关系曲线，再将高水部分进行延长，即得设计断面的水位流量关系曲线。

当设计断面距水文站较远，且区间入流、出流近乎为零，则必须采用水位变化中位相相同（如洪峰起涨）的水位来移用。

若设计断面的水位观测数据不足，或甚至等不及设立临时水尺进行观测后再推求其水位流量关系，则用计算水面曲线的方法来移用。方法是在设计断面和水文站之间选择若干个计算断面，假定若干个流量，分别从水文站基本水尺断面起计算水面曲线，从而求出各个计算流量相对应的设计断面水位。

而当设计断面与水文站的河道有出流或入流时，则主要依靠水力学的办法来推算设计断面的水位流量关系。

**四、流量资料整编**

在水位流量关系曲线确定后，即可根据水位资料来推求流量资料。首先应推求日平均流量。当水位流量在一日内变化较为平稳时，可在水位流量关系曲线上用日平均水位直接查出日平均流量；当一日内流量变化较大时，应先由瞬时水位推出瞬时流量，得出一日内流量变化过程，再用面积包围法或算术平均法计算日平均流量。

有了日平均流量，即可计算月平均流量及年平均流量，并统计最大和最小流量等特征值。这些统计成果最后都将填入逐日平均流量表中，并在水文年鉴中刊布、存储。在水文年鉴中刊布的还有实测流量成果表及洪水水文要素摘录表等流量整编成果。

**五、水文数据处理成果的刊布存储和汇集**

（一）水文年鉴

水文站网观测的水文成果，按全国统一规定的格式，分流域和水系进行整编，作为正式水文资料，每年刊布一次，称水文年鉴，为资料使用者提供很大的方便。中国《水文年鉴》共分10卷74册，见表3－3。

**表3－3　全国各流域水文资料卷、册表**

| 卷号 | 流　域 | 分册数 | 卷号 | 流　域 | 分册数 |
|---|---|---|---|---|---|
| 1 | 黑龙江 | 5 | 6 | 长江 | 20 |
| 2 | 辽河 | 4 | 7 | 浙闽台河流 | 6 |
| 3 | 海河 | 6 | 8 | 珠江 | 10 |
| 4 | 黄河 | 9 | 9 | 藏南滇西河流 | 2 |
| 5 | 淮海 | 6 | 10 | 内陆河湖 | 6 |

水文年鉴中载有：测站分布图，水文站说明表及位置图，各站的水位、流量、泥沙、水温、冰凌、水化学、地下水、降水量、蒸发量等资料。1976年我国部分流域开始采用电子计算机整编水文年鉴。从20世纪90年代初开始，全国水文年鉴的所有项目和内容均使用电子计算机整编存储。

当需要使用近期尚未刊布的资料，或需查阅更详细的原始记录时，可向各有关机构收集。水文年鉴中不刊布专用站和实验站的观测数据及处理、分析成果，需要时可向有关部门收集。

（二）水文数据库

由于水文资料的积累和水文科学技术的发展，传统的水文资料整编方法和水文年鉴刊印储存形式，难以适应防汛、调度等方面的要求，因此随着电子计算机和数据库技术的发展，出现了水文数据库。水文数据库是以电子计算机为基础的水文数据存储检索系统。

水文数据库按系统设置形式可分为集中式水文数据库和分布式水文数据库两类。根据中国国情并借鉴外国经验，我国水文数据库采用分布式数据库系统。即在北京建立全国水文资料咨询中心，各流域和省、自治区、直辖市相应建立水文数据库，逐步连成全国性计算机网络，进行远程检索及信息交换。

（三）水文手册和水文图集

水文年鉴仅刊布各水文测站的基本资料。各地区水文部门编制的水文手册、水文图集以及历史洪水调查、暴雨调查、历史枯水调查等调查资料，是在分析研究该地区所有水文站的数据基础上编制出来的。它载有该地区的各种水文特征值等值线图及计算各种径流特征值的经验公式。利用水文手册和水文图集，便可以估算无水文观测数据地区的水文特征值。由于编制各种水文特征值的等值线图及各径流特征值的经验公式时，依据的小流域数据少，当利用手册及图集估算小流域的径流特征值时，应根据实际情况作必要的修正。

当上述水文年鉴、水文数据库、水文手册、水文图集所载资料不能满足要求时，可向其他单位收集。例如，有关水质方面更详细的资料，可向环境监测部门收集；有关气象方面的资料，可向气象台站收集。

## 复习思考题与习题

1. 水文测站观测的项目有哪些？

2. 根据测站的性质，水文测站可分为哪些类型？

3. 收集水文资料，有哪些基本途径？试比较其优缺点。

4. 水文测验河段的选择，主要需考虑什么原则？

5. 水文站布设的断面一般有几种？

6. 什么是水位？观测水位有何意义？如何计算日平均水位？

7. 什么是流量？观测流量有何意义？断面流量的确定，关键是什么？

8. 简述流速仪测流的步骤及流量计算方法。

9. 浮标法测流适用于什么条件？简述浮标法测流的原理。

10. 水文调查包括哪几个方面的内容？进行水文调查的目的是什么？

11. 天然河道中，影响水位～流量关系不稳定的主要因素有哪些？简述水位～流量关系曲线的高、低水延长方法。

12. 何谓水文年鉴？何谓水文数据库？何谓水文图集？简述其作用。

13. 根据图 3-12 所给资料，试计算断面流量和断面平均流速。

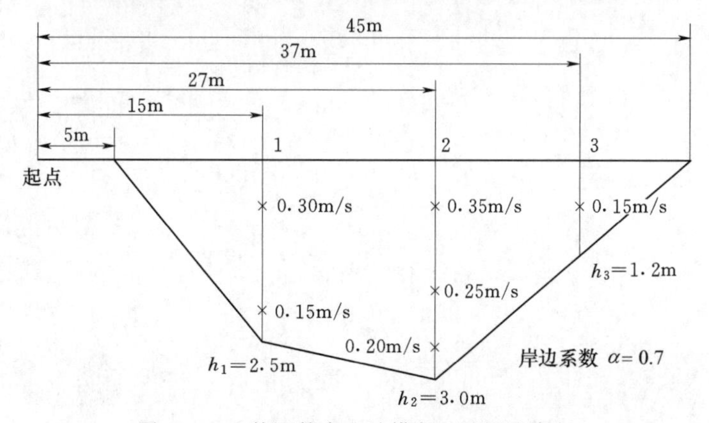


图 3-12　某河某水文站横断面及测流资料

14. 某水文站测得某日水位变化过程如图 3-13 所示，试采用面积包围法推求该日平均水位。

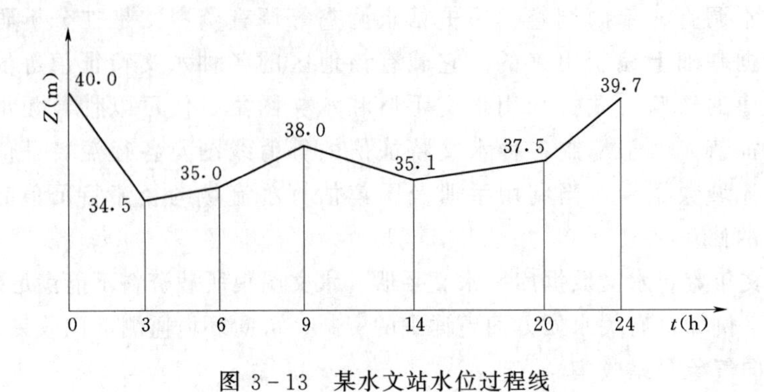


图 3-13 某水文站水位过程线

# 第四章　水文统计基本知识

## 第一节　概　述

自然界中的现象在其运动变化过程中可以分为两种类型：一类是确定性现象，即必然现象；另一类是随机现象，即偶然现象。必然现象表现为在特定条件下，某种结果一定会发生。例如，在标准大气压下，水温达到100℃时，水会沸腾；偶然现象表现为在相同条件下，有多种结果可能发生，事先不知道哪种结果会发生。例如，抛一枚硬币，有时正面朝上有时反面朝上，从表面上看杂乱无章，没有规律。但如果抛的次数逐渐增加到足够多，正面朝上与反面朝上出现的次数会趋近于1/2。这种通过对某一随机现象作大量的观测或试验，揭示出来的规律称为统计规律。

水文现象具有必然性的特点，如汛期流域降雨量增加，河道水位就会上涨；枯水期降雨量减少，河道水位就会下降。水文现象又具有偶然性的特点，如某地区的年降水量的取值是随机的，事先无法确定，但某地区的多年平均降水量是一个较稳定的数值，显示了年降水量的统计规律。

研究随机现象统计规律的学科称为概率论，而由随机现象的一部分试验资料去研究总体现象的数学特征和规律的学科称为数理统计学。因为水文现象是一种具有明显随机性的自然现象，而且水文现象的总体是无限的，水文观测资料仅仅是总体的随机样本，样本的特征在某种程度上反映了总体的特征，所以可以通过对实测资料的研究来推测和预估未来的水文情势，即把数理统计方法应用在水文学上，称为水文统计。

水文现象的高度复杂性和水文观测资料的有限性，使得水文统计方法在工程水文中应用非常广泛。例如，在水文测验中，观测资料的质量分析；在水文预报中，某些预报方案的制定、误差分析；在水利水电工程规划设计阶段和运营管理阶段，设计水文数据的推求和校核等，都离不开水文统计方法。本章主要介绍水文统计的基本理论和方法，重点介绍频率计算和相关分析。

## 第二节　概率的基本概念和定理

### 一、事件

人们要研究某种现象，通常要对其进行观察、观测或进行各种实验，我们称为试验。在概率论中，对随机现象的观测叫做随机试验，随机试验的结果称为事件。事件可以是数量性质的，如某地多年平均降雨量；也可以是属性性质的，如抛硬币出现正面。

根据事件发生的可能性，可将事件分为3类：

(1) 必然事件。在一定试验条件下，在试验结果中必然会发生的事件。

(2) 不可能事件。在一定试验条件下，在试验结果中决不会发生的事件。

(3) 随机事件。在一定试验条件下，在试验结果中可能发生也可能不发生的事件。例如，某地区的年降水量，可能大于某一个数值，也可能小于某一个数值，事先不能确定，因而它是随机事件。通常把随机事件简称为事件，并用大写字母 $A$、$B$ 等符号表示。

## 二、概率

在同等可能的条件下，随机事件在一次试验中可能出现也可能不出现，但在一次试验中，不同事件发生的可能性大小则不同。例如，在一个盒子里装有 1 个白球和 2 个黑球，从盒子中任取一球，取到黑球的可能性比取到白球的可能性大。为了比较随机事件出现的可能性大小，必须有个数量标准，把描述随机事件出现的可能性大小的数量指标称为概率。

如果某试验可能发生的结果总数是有限的，并且所有结果出现的可能性是相等的，称之为古典概型事件。在古典概型中，如果可能发生的结果总数为 $n$，而事件 $A$ 由其中的 $m$ 个可能结果构成，则随机事件 $A$ 发生的概率 $P(A)$ 为：

$$P(A) = \frac{m}{n} \tag{4-1}$$

可见随机事件的概率介于 0 与 1 之间。为研究方便，通常称必然事件的概率等于 1，不可能事件的概率等于 0。式 (4-1) 只适用于古典概型事件，而水文事件一般不能归结为古典概型事件。例如，某地区年降水量可能取值的总数是无限的，年降水量大于 100mm 的可能性与该地区年降水量大于 1000mm 的可能性显然也不相等。为了计算非古典概型随机事件的概率，下面引入频率的概念及其计算方法。

## 三、频率

设事件 $A$ 在 $n$ 次重复试验中出现了 $m$ 次，则比值：

$$W(A) = \frac{m}{n} \tag{4-2}$$

称为事件 $A$ 在 $n$ 次试验中出现的频率。频率在一定程度上反映了事件出现的可能性大小。事件 $A$ 发生的概率是理论值，而频率是经验值，在试验中事件发生的频率通常不等于概率。但当试验次数逐渐增加到足够大时，频率会越来越明显地趋近于概率。水文上通常用事件发生的频率作为概率的近似值。

## 四、概率加法定理和乘法定理

### 1. 概率加法定理

事件 $(A+B)$ 表示事件 $A$ 与 $B$ 的和事件，指事件 $A$ 发生或事件 $B$ 发生，则：

$$P(A+B) = P(A) + P(B) - P(AB) \tag{4-3}$$

式中 $P(A+B)$——事件 $A$ 与 $B$ 的和事件发生的概率；

$P(A)$——事件 $A$ 发生的概率；

$P(B)$——事件 $B$ 发生的概率；

$P(AB)$——事件 $A$ 与 $B$ 同时发生的概率。

若事件 $A$ 与 $B$ 不可能同时发生，则称互不相容事件。例如，抛一枚硬币，“正面朝上”与“反面朝上”是互斥事件。若 $A$ 与 $B$ 为互斥事件，则 $P(AB)=0$，概率加法定理表示为：

$$P(A+B)=P(A)+P(B) \tag{4-4}$$

2. 概率乘法定理

事件（$AB$）表示事件 $A$ 与 $B$ 的积事件，指事件 $A$ 与 $B$ 同时发生，则：

$$P(AB)=P(A)P(B/A)=P(B)P(A/B) \tag{4-5}$$

式中　$P(AB)$——事件 $A$ 与 $B$ 同时发生的概率，即积的概率；

$P(B/A)$——事件 $A$ 发生的条件下事件 $B$ 发生的概率；

$P(A/B)$——事件 $B$ 发生的条件下事件 $A$ 发生的概率。

如果事件 $A$ 是否发生与事件 $B$ 是否发生相互没有影响，则称事件 $A$ 与 $B$ 为独立事件。例如，同时抛两枚硬币，一枚硬币正面朝上与另一枚硬币正面朝上相互独立。若事件 $A$ 与 $B$ 为独立事件，则事件 $A$ 的发生对事件 $B$ 发生的概率没有影响，即：

$$P(B/A)=P(B) \tag{4-6}$$

$$P(A/B)=P(A) \tag{4-7}$$

若事件 $A$ 与 $B$ 为独立事件，则概率乘法定理可用下式表示：

$$P(AB)=P(A)P(B) \tag{4-8}$$

**【例 4-1】**　某地区位于甲、乙两河的汇合点附近。若任一河流泛滥，则该地区就会被淹没。设在某个时期内，甲河泛滥的概率为 0.3，乙河泛滥的概率为 0.2；在甲河泛滥的条件下乙河泛滥的概率为 0.3。求：(1) 这个时期该地区被淹没的概率；(2) 当乙河泛滥时，甲河泛滥的概率。

解　(1) 设事件 $A$ 表示甲河泛滥，$B$ 表示乙河泛滥，由概率加法定理和乘法定理，该地区被淹没的概率为：

$$P(A+B)=P(A)+P(B)-P(AB)=P(A)+P(B)-P(A)P(B/A)=0.41$$

(2) 由概率乘法定理，$P(A)P(B/A)=P(B)P(A/B)$，代入已知数据，得 $P(A/B)=0.45$。

# 第三节　随机变量及其概率分布

## 一、随机变量

若随机试验的所有结果，可以用一个变量 $X$ 来表示，$X$ 随试验结果的不同而取得不同的数值，将这种随试验结果不同而发生变化的变量 $X$ 称为随机变量。许多水文变量是随机变量，例如某站的年降水量、年径流量、洪峰流量等。

为叙述方便，通常用大写字母表示随机变量，用相应的小写字母表示它的可能取值。例如，某随机变量 $X$，它的可能取值记为 $x_i$，则 $X=x_1$，$X=x_2$，…，$X=x_n$。水文上一般将 $x_1$，$x_2$，…，$x_n$，称为水文系列。

随机变量可分为两大类型：离散型随机变量和连续型随机变量。

1. 离散型随机变量

若某随机变量只能取得有限个或可列无穷多个离散数值，则称此随机变量为离散型随机变量。例如，掷一颗骰子，用一个变量 $X$ 来表示出现的点数，则 $X$ 的可能取值为有限个数 1、2、3、4、5、6，不能取得相邻两数间的任何中间值。

2. 连续型随机变量

若某随机变量可以取得一个有限或无限区间内的任何数值，则称此随机变量为连续型随机变量。水文变量大多属于连续型随机变量。例如年降水量、洪峰流量，可以取0和极限值之间的任何数值。

3. 总体与样本

在数理统计中，把研究对象的个体集合称为总体。从总体中随机地抽取 $n$ 个个体称为总体的一个随机样本。简称样本。样本中的个体数 $n$ 称为样本容量。水文系列的总体通常是无限的。例如，某地区的年降水量，其总体是自古迄今乃至将来极其长远岁月的每一年的年降水量，我们无法得到，在有限期内观测得到的水文系列仅仅是一个样本。水文分析中概率分析的目的就是要由样本的统计规律来估计总体的规律。

**二、随机变量的概率分布**

1. 概率分布

随机变量可以取得所有可能取值中的任何一个值，但是取各个可能值的机会是不同的，有的机会大，有的机会小。随机变量的取值与其概率有一定的对应关系，一般将这种对应关系称为随机变量的概率分布。

对于离散型随机变量 $X$，将其可能取值 $x_i$ 以及与之相对应的概率 $P_i$ 列成下表：

| $X$ | $x_1$ | $x_2$ | … | $x_n$ |
|---|---|---|---|---|
| $P(X=x_i)$ | $p_1$ | $p_2$ | … | $p_n$ |

又称此表为离散型随机变量的分布列。其中 $p_i$ 为随机变量 $X$ 取值 $x_i(i=1,2,\cdots)$ 的概率，它满足下列两个条件：

(1) $p_i \geqslant 0$ ($i=1$，2，…)；

(2) $\sum_{i=1}^{n} P_i = 1$ 。

2. 区间概率

对于连续型随机变量来说，由于它的所有可能取值有无限多个，而取任何个别值的概率为零，因此，只能研究随机变量取值在某个区间的概率。如，$P(X \geqslant x)$、$P(X \leqslant x)$、$P(x_1 \geqslant X \geqslant x_2)$。

3. 概率分布曲线与概率密度曲线

随机变量 $X$ 取值大于等于某数值 $x$ 的概率 $P(X \geqslant x)$ 是 $x$ 的函数，水文上称之为随机变量 $X$ 的分布函数，记为 $F(x)$，即：

$$F(x) = P(X \geqslant x) \tag{4-9}$$

如果用纵坐标表示随机变量取值 $x$，横坐标表示分布函数的值 $F(x)$，则其对应关系曲线称为随机变量 $X$ 的概率分布曲线。如图4-1 (b) 所示。在水文学中，通常称此概率分布曲线为累积频率曲线，简称频率曲线。水文变量中除水位以外不可能出现负值，所以 $F(0)=1$。

随机变量概率分布函数的导数的负值，刻画了概率密度的性质，叫做概率密度函数，简称密度函数，记为 $f(x)$。密度函数 $f(x)$ 的几何曲线称为概率密度曲线，如图4-1 (a)

所示。概率分布函数与密度函数的关系可以表示为：

$$f(x)=-F'(x)=-\frac{\mathrm{d}F(x)}{\mathrm{d}x} \tag{4-10}$$

或

$$F(x)=P(X\geqslant x)=\int_{x}^{\infty}f(x)\mathrm{d}x \tag{4-11}$$

概率分布函数与密度函数的对应关系如图 4-1 所示。

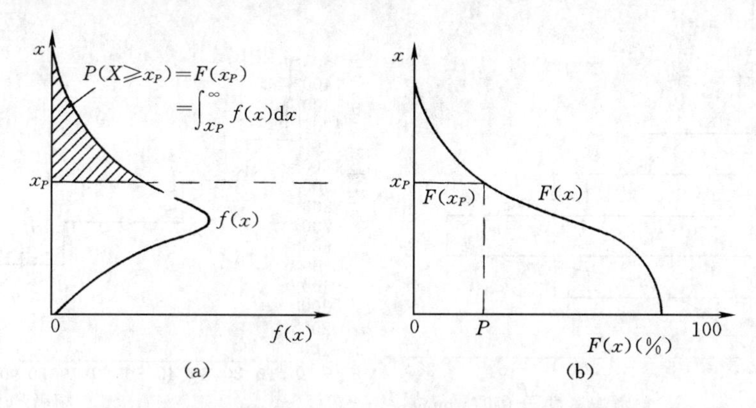


图 4-1 密度函数 $f(x)$ 与分布函数 $F(x)$ 关系示意图

**【例 4-2】** 某水文站具有 104 年实测年降水量资料，现按下列步骤进行统计分析。

(1) 分组距离 $\Delta x$ 取 200mm，统计不同区间年降水量出现次数和累积次数，将结果列于表 4-1 中的 (1)、(2)、(3)、(4) 栏。第 (4) 栏累积次数，表示年降水量大于或等于该组下限值 $x$ 出现的次数。

表 4-1 某水文站年降水量分组频率计算表

| 序号 | 年降水量区间 | 出现次数（年） | | 频率（%） | | 组内平均频率密度 $\frac{\Delta P}{\Delta x}$ ($10^{-4}$/mm) |
|---|---|---|---|---|---|---|
| | | 组内 | 累积 | 组内 $\Delta P$ | 累积频率 $P$ | |
| (1) | (2) | (3) | (4) | (5) | (6) | (7) |
| 1 | 1500～1300.1 | 1 | 1 | 0.95 | 0.95 | 0.475 |
| 2 | 1300～1100.1 | 1 | 2 | 0.95 | 1.90 | 0.475 |
| 3 | 1100～900.1 | 13 | 15 | 12.50 | 14.40 | 6.250 |
| 4 | 900～700.1 | 21 | 36 | 20.20 | 34.60 | 10.100 |
| 5 | 700～500.1 | 39 | 75 | 37.50 | 72.10 | 18.750 |
| 6 | 500～300.1 | 25 | 100 | 24.00 | 96.10 | 12.000 |
| 7 | 300～100.1 | 4 | 104 | 3.90 | 100.00 | 1.950 |
| 8 | 合计 | 104 | | 100.00 | | |

(2) 计算各组出现的频率、累积频率及组内平均频率密度。将表 4-1 中第 (3)、(4) 栏数值除以总次数 104，即得 (5)、(6) 栏中的相应频率；将第 (5) 栏中的组内频率 $\Delta P$，除以组距 $\Delta x$ 得第 (7) 栏，它表示频率沿 $x$ 轴上各组所分布的密集程度。

(3) 绘图。以各组平均频率密度 $\frac{\Delta P}{\Delta x}$ 为横坐标，以年降水量 $x$ 为纵坐标，由表 4-1 中的（2）、（7）栏数值，按组绘成直方图，如图 4-2（a）实线所示。各个长方形面积表示各组的频率，所有长方形面积之和等于 1。这种频率密度随机变量取值 $x$ 变化的图形，称为频率密度图。如果资料年数无限增多，分组组距无限缩小，频率密度直方图就会变成光滑的连续曲线（频率趋于概率），并称之为随机变量的概率密度曲线，如图 4-2（a）中用虚线所表示的曲线。

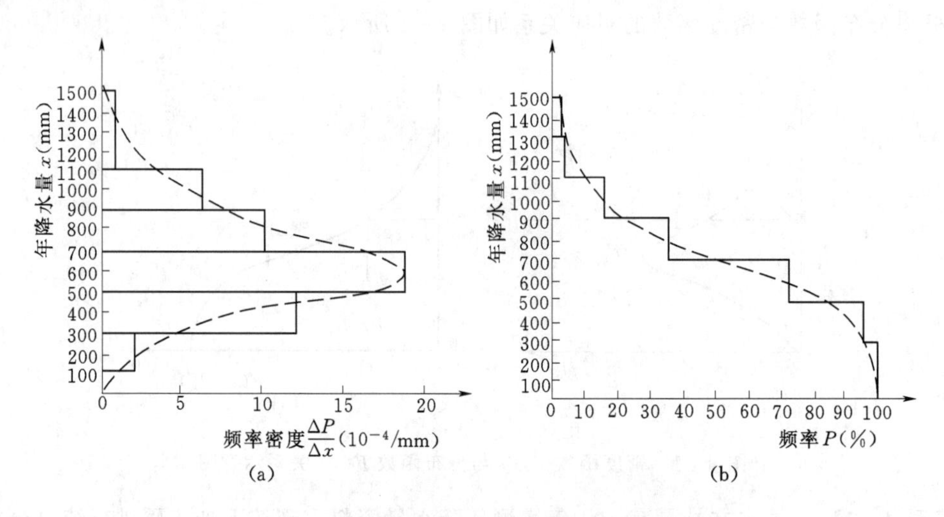


图 4-2　某站年降水量频率密度图和频率分布图

（a）频率密度图；（b）频率分布图

以累积频率 $P$ 为横坐标，以年降水量 $x$ 为纵坐标，由表 4-1 中（2）、（6）栏数值，绘制成如图 4-2（b）所示的阶梯形实折线。这种图形表示大于等于 $x$ 的累积频率，随取值 $x$ 而变化。同样，如资料年数无限增多，组距无限缩小，实折线就会变成 S 形的光滑连续曲线（频率趋于概率），即为随机变量的概率分布曲线。如图 4-2（b）中虚线所示。

概率密度曲线和概率分布曲线从不同的角度完整地描述了水文变量的概率分布规律。从年降水量的分布规律中可知，特别大或特别小的年降水量出现的机会较少，而中等大小的年降水量出现的机会较多。此外，其他水文要素，如年径流量等，也都具有这种特性。

### 三、随机变量的统计参数

在许多实际问题中，不一定需要用完整的函数形式来说明随机变量，而只用随机变量的某些参数即可说明其主要特征。例如，用抽测产品的合格率说明该产品的质量情况；用多年平均降水量反映该地区年降水量的概括情况等。能说明随机变量统计规律某些特征的数字称为随机变量的统计参数。

水文现象的总体通常是无限的，只能通过有限的样本资料（即实测资料）的统计参数来估计总体的统计参数。

水文计算中常用的样本统计参数有：

#### （一）均值 $\overline{x}$

设某水文变量的观测系列为 $x_1$，$x_2$，…，$x_n$，则其均值 $\overline{x}$ 为：

$$\overline{x}=\frac{x_1+x_2+\cdots+x_n}{n}=\frac{1}{n}\sum_{i=1}^{n}x_i \tag{4-12}$$

均值表示系列的平均情况，可以说明这一系列总水平的高低。例如，甲河多年平均流量为 2460$m^3/s$，乙河多年平均流量为 126$m^3/s$，说明甲河流域的水资源比乙河流域丰富。均值不仅是频率曲线方程中一个重要参数，而且是水文现象的一个重要特征值。令 $K_i=\frac{x_i}{\overline{x}}$，则

$$\overline{K}=\frac{1}{n}\sum_{i=1}^{n}K_i=1 \tag{4-13}$$

$K_i$ 称为模比系数，模比系数组成的系列，其均值等于 1。这是水文统计中的一个重要特征，即对于以模比系数所表示的随机变量，在其频率曲线的方程中，可以减少一个参数即均值。

（二）均方差 $\sigma$

均方差 $\sigma$ 又称标准差，用它反映系列中各数值的离散程度。研究离散程度是以均值 $\overline{x}$ 为中心来考查的，即离散特征参数是用相对于分布中心的离差（$x_i-\overline{x}$）来计算。例如，有两个系列：

系列 1　49，50，51；

系列 2　1，50，99。

这两个系列的均值都等于 50，但系列 1 的（$x_i-\overline{x}$）$=\pm1$，系列 2 的（$x_i-\overline{x}$）$=\pm49$，系列 2 的离散程度大于系列一的离散程度。但离差有正有负，为了使离差的正值和负值不致相互抵消，一般取 $(x_i-\overline{x})^2$ 的平均值再开方表示离散程度大小，称为均方差，即

$$\sigma=\sqrt{\frac{\sum_{i=1}^{n}(x_i-\overline{x})^2}{n}} \tag{4-14}$$

如果系列的均值相等，则 $\sigma$ 越大，表示系列离散程度越大。按上式计算上述两个系列的均方差为 $\sigma_1=0.82$，$\sigma_2=40.0$，显然，系列 2 比系列 1 的离散程度大。

（三）变差系数 $C_v$

如果两个系列的均值不相等，则不能用均方差直接比较系列的离散程度，要用变差系数 $C_v$ 来比较。例如，有两个系列：

系列 1　5，10，15；

系列 2　995，1000，1005。

经计算，系列 1 与系列 2 的均值为：$\overline{x}_1=10$；$\overline{x}_2=1000$。它们的（$x_i-\overline{x}$）均为 $\pm5$，按式（4－14）计算它们的均方差为：$\sigma_1=\sigma_2=4.08$。为了比较均值不相等的系列的离散程度，引入了变差系数 $C_v$，又称离差系数或离势系数。计算公式如下：

$$C_v=\frac{\sigma}{\overline{x}}=\sqrt{\frac{\sum_{i=1}^{n}(K_i-1)^2}{n}} \tag{4-15}$$

由式（4－5）计算上述两个系列的变差系数 $C_{v_1}=\frac{4.08}{10}=0.408$，$C_{v_2}=\frac{4.08}{1000}=0.00408$，可见系列 1 的离散程度大于系列 2。变差系数越大，表示系列的离散程度越大。例如，南方降水量比北方降水量充沛，丰水年和枯水年的年径流量变化相对较小，一般南

方河流年径流量的 $C_v$ 比北方河流小。同理大流域年径流的 $C_v$ 比小流域年径流的 $C_v$ 小。

（四）偏态系数 $C_s$

偏态系数 $C_s$ 是反映系列在均值两边对称程度的参数，计算式为：

$$C_s = \frac{\frac{1}{n}\sum_{i=1}^{n}(x_i - \overline{x})^3}{\sigma^3} \tag{4-16}$$

公式两边同除以 $(\overline{x})^3$，得：

$$C_s = \frac{\sum_{i=1}^{n}(K_i - 1)^3}{nC_v^3} \tag{4-17}$$

式中　$K_i$——模比系数。

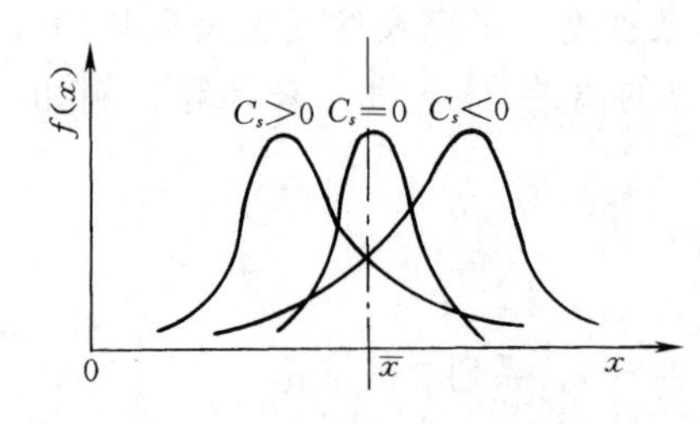


图 4-3　$C_s$ 对密度曲线的影响

一般 $|C_s|$ 越大，随机变量分布越不对称；$|C_s|$ 越小，随机变量分布越接近对称。若 $C_s=0$，分布关于均值完全对称，称为正态分布；若 $C_s>0$，表示正离差的立方占优势，称为正偏分布；若 $C_s<0$，称负偏分布。$C_s$ 的变化对密度曲线的影响如图 4-3 所示。

水文现象大多属于正偏分布，即水文变量取值大于均值的机会比取值小于均值的机会少。虽然系列中大于均值的项数少，但其值却比均值大得多，所以正离差的立方占优势。如系列 300，200，185，165，150，属正偏情况。

（五）矩

在水文上，常用矩来描述随机变量的分布特征，矩分为原点矩和中心矩两种。

1. 原点矩

随机变量 $X$ 对原点离差的 $k$ 次幂的数学期望 $E(X^k)$ 称为 $X$ 的 $k$ 阶原点矩，记为

$$V_k = E(X^k) \qquad (k = 1,2,\cdots) \tag{4-18}$$

当 $k=1$ 时，$V_1=E(X^1)$，即数学期望是一阶原点矩，也就是算术平均数。

2. 中心矩

随机变量 $X$ 对数学期望离差的 $k$ 次幂的数学期望 $E\{[X-E(X)]^k\}$，称为 $X$ 的 $k$ 阶中心矩，记为：

$$\mu_k = E\{[X - E(X)]^k\} \qquad (k = 1,2,\cdots) \tag{4-19}$$

当 $k=2$ 时，$\mu_2=E\{[X-E(X)]^2\}=\sigma^2$，可见，均方差的平方 $\sigma^2$ 是二阶中心矩。

当 $k=3$ 时，$\mu_3=E\{[X-E(X)]^3\}$。由式（4-16）可知，$C_s=\frac{\mu_3}{\sigma^3}$。

综上所述，均值（又称算术平均数）、变差系数、偏态系数都可以用各阶矩表示。常用的原点矩与中心矩之间的转换公式有：

$$\mu_2 = V_2 - V_1^2 \tag{4-20}$$

$$\mu_3 = V_3 - 3V_2V_1 + 2V_1^3 \tag{4-21}$$

# 第四节 水文频率曲线线型

水文上把随机变量的概率分布曲线称为水文频率曲线，我国水文统计中广泛应用的水文频率曲线有两种线型，即正态分布和皮尔逊Ⅲ型分布。

## 一、正态分布

1. 正态分布的概率密度函数式

$$f(x)=\frac{1}{\sigma\sqrt{2\pi}}\mathrm{e}^{-\frac{(x-\overline{x})^2}{2\sigma^2}} \tag{4-22}$$

式中 $\overline{x}$——平均数；

$\sigma$——标准差；

e——自然对数的底。

正态分布的概率密度函数只包含参数均值和均方差，因此，若某个随机变量服从正态分布，只要求出它的 $\overline{x}$ 和 $\sigma$，则其分布便完全确定了。

正态分布的密度曲线如图 4-4 所示，有以下特点：

(1) 单峰。

(2) 对于均值两边对称，即 $C_s=0$。

(3) 曲线两端趋于 $\pm\infty$，并以 $x$ 轴为渐近线。

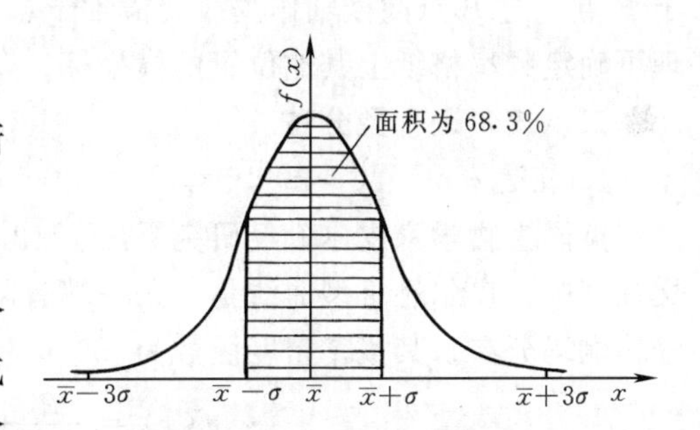


图 4-4 正态分布的密度曲线

2. 正态分布的密度曲线与 $x$ 轴所围面积

利用正态分布的概率密度函数，经定积分计算可知，正态分布的密度曲线与 $x$ 轴所围成的面积应等于 1。$\overline{x}\pm\sigma$ 区间所对应的面积占全面积的 68.3%，$\overline{x}\pm3\sigma$ 区间所对应的面积占全面积的 99.7%，如图 4-4 所示。

3. 正态分布曲线在水文中的应用

正态分布在水文上应用非常广泛。水文计算中常用的“频率格纸”的横坐标的划分就是它在水文上的重要应用。如果在频率计算时把频率曲线画在普通方格纸上，频率曲线的两端特别陡，对于特小或特大频率，很难把频率点据 $P(X\geqslant x_i)\sim x_i$ 点在图上。所以水文上进行频率计算时常用频率格纸。这种频率格纸纵坐标是等分格，横坐标中间分隔密，越往两端分格越稀，其间距在 $P=50\%$ 的两端是对称的。横坐标是按照把标准正态分布的频率曲线拉成一条直线的原理计算出来的。现以频率格纸的一半（0～50%）为例，说明横坐标的确定。

首先以随机变量取值 $x$ 为纵坐标，$P(X\geqslant x)$ 为横坐标，在方格纸上绘出标准正态分布频率曲线（图 4-5 中①线）。通过积分计算可知，该曲线通过（50%，0）、（0.01%，3.72）两点。连接两点并适当延长，即为绘在频率格纸上的标准正态分布频率曲线（见图 4-5 中②线）。利用图 4-5 中①线和②线就可以划分频率格纸的横坐标。通过横轴上任意一点（$P_i$，0）做垂线，与曲线（①线）相交于 $A$ 点，过 $A$ 点作水平线交直线（②线）

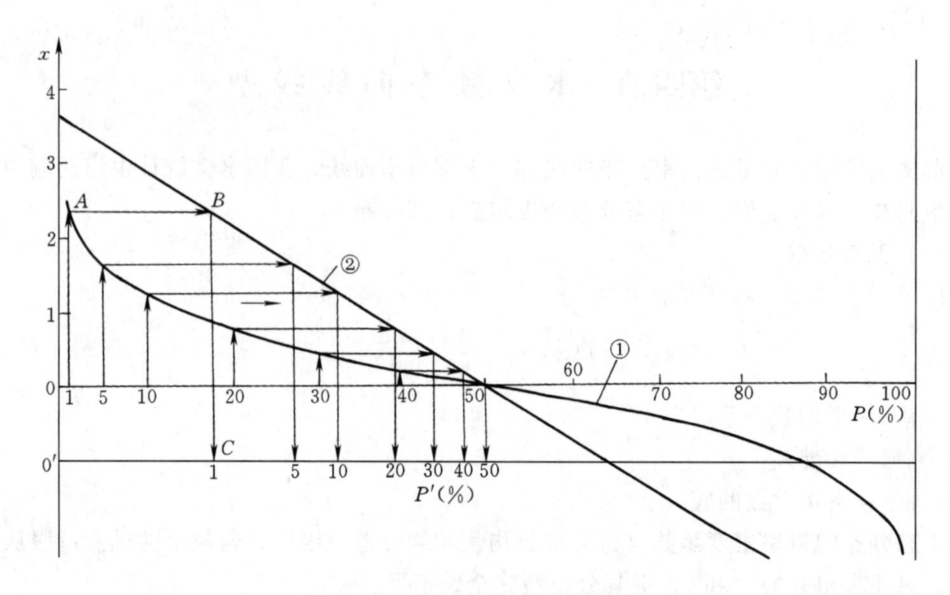


图 4-5 频率格纸横坐标的划分

于 $B$ 点，过 $B$ 点向横轴作垂线交横轴于 $C$ 点，则 $C$ 点在频率格纸上的横坐标即为 $P_i$。同理可确定频率格纸上其他位置的横坐标。

## 二、皮尔逊Ⅲ型分布

### 1. 表达式

英国生物学家皮尔逊经研究提出了 13 种分布曲线的类型，其中第Ⅲ种曲线被引入水文计算中。皮尔逊Ⅲ型曲线是一条一端有限，一端无限的不对称单峰、正偏曲线，数学上常称伽玛分布，其概率密度函数为：

$$f(x)=\frac{\beta^{\alpha}}{\Gamma(\alpha)}(x-a_0)^{\alpha-1}\mathrm{e}^{-\beta(x-a_0)} \tag{4-23}$$

式中 $\Gamma(\alpha)$——$\alpha$ 的伽玛函数；

$\alpha$、$\beta$、$a_0$——表征皮尔逊Ⅲ型分布的形状、尺度和位置的 3 个参数，$\alpha>0$，$\beta>0$。

显然，参数 $\alpha$、$\beta$、$a_0$ 一旦确定，该密度函数随之确定。可以推证，这 3 个参数与总体的 3 个统计参数 $\overline{x}$、$C_v$、$C_s$ 具有下列关系：

$$\left.\begin{aligned}\alpha&=\frac{4}{C_s^2}\\ \beta&=\frac{2}{\overline{x}C_vC_s}\\ a_0&=\overline{x}\left(1-\frac{2C_v}{C_s}\right)\end{aligned}\right\} \tag{4-24}$$

### 2. 皮尔逊Ⅲ型累积频率 $P(x>x_P)$ 的查算

水文计算中，一般需推求随机变量 $X$ 取值大于等于某一数值 $x_P$ 的概率 $P(x>x_P)$。由分布函数和密度函数之间的关系可知：

$$P(x\geqslant x_P)=\frac{\beta^{\alpha}}{\Gamma(\alpha)}\int_{x_P}^{\infty}(x-a_0)^{\alpha-1}\mathrm{e}^{-\beta(x-a_0)}\mathrm{d}x \tag{4-25}$$

由式（4-24）可知，参数 $\overline{x}$、$C_v$、$C_s$ 一经确定，则 $P(x>x_P)$ 仅与 $x_P$ 有关。但是

直接由式（4－25）计算 $P(x>x_P)$ 非常麻烦，实际做法是通过变量转换，将计算成果制成专用表格，直接查用，使计算工作大大简化，令：

$$\Phi=\frac{x-\overline{x}}{\overline{x}C_v} \tag{4-26}$$

则 $\Phi$ 的均值为 0，均方差为 1，水文中称为离均系数。这样经标准化变换后，公式（4－25）中被积分的函数中就只含一个待定参数 $C_s$，$\overline{x}$、$C_v$ 都包含在 $\Phi$ 中，即：

$$P(\Phi>\Phi_P)=\int_{\Phi_P}^{\infty}f(\Phi,C_s)\mathrm{d}\Phi \tag{4-27}$$

只要假定一个 $C_s$ 值，便可求出一组 $P$ 与 $\Phi_P$ 的对应值。假定不同的 $C_s$ 值，便可求出多组 $P$ 与 $\Phi_P$ 的对应值，从而可以制成皮尔逊Ⅲ型分布的 $\Phi_P$ 值表（见附表 1）。

由式（4－26），可知：

$$x_P=(\Phi_P C_v+1)\overline{x} \tag{4-28}$$

如果已知参数 $\overline{x}$、$C_v$、$C_s$，则 $P$ 与 $x_P$ 一一对应。令 $K_p=\frac{x_P}{\overline{x}}$，$K_p$ 即模比系数，则由式（4－28）可得：

$$K_p=\Phi_P C_v+1 \tag{4-29}$$

因此，由皮尔逊Ⅲ型曲线的 $\Phi_P$ 值表可进一步制成模比系数 $K_p$ 值表（见附表 2）。

在频率计算时，已知 $\overline{x}$、$C_v$、$C_s$，利用式（4－28）或式（4－29）及相应查算表，计算出各种 $P_i$ 相应的 $x_{Pi}$ 值，即可绘制皮尔逊Ⅲ型频率曲线。

### 三、皮尔逊Ⅲ型频率曲线统计参数的估算

水文频率曲线线型选定以后，为了具体确定出概率分布函数，就需估计出有关统计参数。由于水文现象的总体通常是无限的，人们无法取得，这就需要用有限的样本观测资料去估计总体分布线型中的参数，称为参数估计。

由样本参数估计总体参数有很多方法，例如矩法、极大似然法、权函数法、概率权重矩法、数值积分双权函数法和适线法等。我国工程水文计算，通常采用适线法，其他方法估计的参数，一般作为适线法的初试值。

1. 矩法

根据第三节矩的概念可知，矩与随机变量的统计参数有一定的关系，可以用矩来表示随机变量的统计参数。对于样本，其 $k$ 阶原点矩 $\hat{V}_k$ 与 $k$ 阶中心矩 $\hat{\mu}_k$ 分别为：

$$\hat{V}_k=\frac{1}{n}\sum_{i=1}^{n}x_i^k\quad(k=1,2,\cdots) \tag{4-30}$$

$$\hat{\mu}_k=\frac{1}{n}\sum_{i=1}^{n}(x_i-\overline{x})^k\quad(k=2,3,\cdots) \tag{4-31}$$

式中　$n$——样本容量。

由此可见，样本均值就是样本的一阶原点矩，均方差为二阶中心矩开方，偏态系数的分子则为三阶中心矩。称式（4－14）、式（4－16）～式（4－18）为矩法公式。根据矩法公式计算的样本统计参数与总体的同名参数不一定相等，为了使样本的统计参数能更好地代表总体的统计参数，需要对上述矩法公式加以修正，得到所谓的无偏估值公式或渐近无偏估值公式。

对式（4－12)、式（4－15）和式（4－17）进行修正后，可得到样本$\bar{x}$、$C_v$、$C_s$的无偏估值公式，即：

$$\bar{x} = \frac{1}{n}\sum_{i=1}^{n} x_i \tag{4-32}$$

$$C_v = \sqrt{\frac{n}{n-1}}\sqrt{\frac{\sum_{i=1}^{n}(K_i-1)^2}{n}} = \sqrt{\frac{\sum_{i=1}^{n}(K_i-1)^2}{n-1}} \tag{4-33}$$

$$C_s = \frac{n^2}{(n-1)(n-2)}\frac{\sum_{i=1}^{n}(K_i-1)^3}{nC_v^3} \approx \frac{\sum_{i=1}^{n}(K_i-1)^3}{(n-3)C_v^3} \tag{4-34}$$

但并不是说对于某个具体样本，用上述无偏估值公式算出来的参数就代表总体参数，而是说有很多个相同容量的样本资料，用上述公式计算出来的统计参数的均值，可望等于总体的同名参数。在现行水文频率计算中，一般用矩法公式计算的参数作为适线法的参考数值。

用样本资料来估计总体的统计参数，一定会产生误差，这种误差是由随机抽样引起的，称为抽样误差。例如，用样本的均值$\bar{x}_i$来估计总体的均值$\bar{x}$。从某随机变量的总体中随意抽取$n$个容量相同的样本，分别算出各个样本的均值$\bar{x}_i$（$i=1$，2，…，$n$），该均值的大小随着样本的不同而不同，为随机变量，具有一定的概率分布，称之为样本均值的抽样分布。而$(\bar{x}_i-\bar{x})$则称为样本均值的抽样误差，它只与样本的均值只相差一个$\bar{x}$，故也为随机变量，我们称其分布为样本均值的抽样误差分布。由于总体的均值$\bar{x}$是未知的，对于某一特定的样本，其均值的抽样误差无法准确求得，只能在概率意义下作出某种估计。

由误差分布理论可知，样本的均值及其抽样误差均近似服从正态分布。可以证明，当样本个数较多时，均值抽样分布的数学期望正好是总体的均值。因此，可以用衡量抽样分布离散程度的均方差$\sigma_{\bar{x}}$来衡量抽样误差的大小，为了说明它是衡量均值误差的指标，我们称其为样本均值的均方误。根据正态分布的性质，随机抽取一个样本，以此样本的均值估计总体的均值时，有68.3%的可能性误差不超过$\sigma_{\bar{x}}$，有99.7%的可能性误差不超过$3\sigma_{\bar{x}}$。上述讨论同样适用于样本的其他统计参数，$C_v$、$C_s$的抽样误差可以用它们的均方误$\sigma_{C_v}$和$\sigma_{C_s}$来表示。

根据统计理论，当总体为皮尔逊Ⅲ型分布且用矩法公式(4－14)、式(4－16)～式(4－18)估算参数时，样本参数的均方误公式如下：

$$\sigma_{\bar{x}} = \frac{\sigma}{\sqrt{n}} \tag{4-35}$$

$$\sigma_\sigma = \frac{\sigma}{\sqrt{2n}}\sqrt{1+\frac{3}{4}C_s^2} \tag{4-36}$$

$$\sigma_{C_v} = \frac{C_v}{\sqrt{2n}}\sqrt{1+2C_v^2+\frac{3}{4}C_s^2-2C_vC_s} \tag{4-37}$$

$$\sigma_{C_s} = \sqrt{\frac{6}{n}\left(1+\frac{3}{2}C_s^2+\frac{5}{16}C_s^4\right)} \tag{4-38}$$

上述误差公式，只是许多容量相同的样本误差的平均情况，至于某个实际样本的误差，可能小于，也可能大于这些误差，不是公式所能估算的。样本实际误差的大小要看样本对总体的代表性高低而定。

2. 三点法

皮尔逊Ⅲ型频率曲线的绘制要基于3个待定的统计参数 $\overline{x}$、$C_v$、$C_s$。从数学的角度来说，如果能在待求的P—Ⅲ曲线上选取3个点（$P_1$，$x_{P_1}$）、（$P_2$，$x_{P_2}$）、（$P_3$，$x_{P_3}$），将它们代入该曲线方程 $x_P=\overline{x}+\sigma\Phi(P,C_s)$ 中，可建立3个方程，联立求解，便可得到3个统计参数。

但是，由于P—Ⅲ曲线为待求曲线，无法直接取得以上三点。因此，三点法直接在经验频率曲线上选取，并假定它们就在待求的P—Ⅲ曲线上，将其代入曲线方程，得到如下方程组：

$$\left.\begin{aligned}x_{P_1}&=\overline{x}+\sigma\Phi(P_1,C_s)\\x_{P_2}&=\overline{x}+\sigma\Phi(P_2,C_s)\\x_{P_3}&=\overline{x}+\sigma\Phi(P_3,C_s)\end{aligned}\right\}\tag{4-39}$$

解联立方程组（4-39），可得

$$\frac{x_{P_1}+x_{P_3}-x_{P_2}}{x_{P_1}-x_{P_3}}=\frac{\Phi(P_1,C_s)+\Phi(P_3,C_s)-2\Phi(P_2,C_s)}{\Phi(P_1,C_s)-\Phi(P_3,C_s)}\tag{4-40}$$

令

$$S=\frac{x_{P_1}+x_{P_3}-x_{P_2}}{x_{P_1}-x_{P_3}}\tag{4-41}$$

并定名 $S$ 为偏度系数。当 $P_1$、$P_2$、$P_3$ 已取定时，偏度系数 $S$ 仅是 $C_s$ 的函数。$S$ 与 $C_s$ 的关系已根据离均系数 $\Phi$ 值表预先制定，见附表3。由式（4-41）求得 $S$ 后，即可查附表3得到 $C_s$ 值。

由方程组（4-39）可解得

$$\sigma=\frac{x_{P_1}-x_{P_3}}{\Phi(P_1,C_s)-\Phi(P_3,C_s)}\tag{4-42}$$

及

$$\overline{x}=x_{P_2}-\sigma\Phi(P_2,C_s)\tag{4-43}$$

上两式中 $\Phi(P_1,C_s)-\Phi(P_3,C_s)$ 及 $\Phi(P_2,C_s)$ 可由 $C_s$ 查附表4得到。由式（4-42）及式（4-43）即可求得 $\sigma$ 和 $\overline{x}$，则 $C_v=\sigma/\overline{x}$ 亦可算出。

式（4-41）～式（4-43）就是应用三点法计算参数的基本公式。从理论上讲，$P_1$、$P_2$、$P_3$ 可以任取，但在实际工作中常取 $P_2=50\%$；$P_1$ 和 $P_3$ 取对应值，即 $P_1+P_3=100\%$，例如取 $P_1=5\%$，$P_3=95\%$或 $P_1=3\%$，$P_3=97\%$等。

可见，当资料系列较长时，与矩法相比，三点法计算简单，工作量较小。但其缺点是：在目估的经验频率曲线上选区三点，有一定的任意性，也很难保证其就在待求的P-Ⅲ曲线上。因此，三点法在实际中很少单独使用，与矩法一样，一般都与配线法相结合。

3. 权函数法

权函数法是对矩法的重要改进，因为用矩法公式计算的 $C_s$ 抽样误差较大，为提高参数 $C_s$ 的计算精度，黄河水利委员会马秀峰于1984年提出了权函数法，该法的实质是用一、二阶权函数矩来推求 $C_s$。实践证明，该法有较好的精度。

本法引入的权函数为：

$$\varphi(x)=\frac{1}{\sigma\sqrt{2\pi}}\mathrm{e}^{-\frac{1}{2}\left(\frac{x_i-\overline{x}}{\sigma}\right)^2}\tag{4-44}$$

由式（4－39）可知，所选取的权函数为一正态分布的密度函数。

经过推导可得出 $C_s$ 计算公式如下：

$$C_s = -4\sigma \frac{E}{G} \tag{4-45}$$

$$E \approx \frac{1}{n} \sum_{i=1}^{n} (x_i - \overline{x}) \varphi(x_i) \tag{4-46}$$

$$G \approx \frac{1}{n} \sum_{i=1}^{n} (x_i - \overline{x})^2 \varphi(x_i) \tag{4-47}$$

式中　$\varphi(x_i)$——权函数；

　　$E$、$G$——一阶和二阶加权中心矩。

根据样本系列 $x_i$（$i=1$，2，…，$n$），用矩法公式可求出 $\overline{x}$、$\sigma$，代入上述公式可求出 $C_s$。由于估算 $C_s$ 用了二阶矩，故权函数法提高了 $C_s$ 的计算精度，但没有解决 $\overline{x}$、$C_v$ 的计算精度问题。

为了提高 $C_v$ 的计算精度，河海大学刘光文于 1990 年提出了数值积分双权函数法，该法通过用数值积分公式计算权重函数矩，并引入第二个权重函数提高了变差系数 $C_v$ 的计算精度，改进了权函数法。

4. 概率权重矩法

概率权重矩法是格林伍德等人于 1979 年提出的参数估计方法。该法要求分布函数的反函数为显函数，对于皮尔逊Ⅲ型分布不适用。1988 年宋德敦、丁晶证明了“分布函数的反函数必须为显函数”并非应用概率权重矩法的必要条件，从而将概率权重矩法应用于皮尔逊Ⅲ型分布的参数估计。1989 年，他们又与杨荣富一起提出了改进关系式并制成 $C_s$～$R$～$H$ 专用表，完善了概率权重矩法在皮尔逊Ⅲ型分布中的应用。在估算参数时，首先通过样本序列计算概率权重矩 $M_0$、$M_1$、$M_2$，然后利用概率权重矩估算统计参数 $\overline{x}$、$C_v$、$C_s$。其计算式如下：

$$\left.\begin{aligned} \overline{x} &= M_0 \\ C_v &= H(R)\left(\frac{M_1}{M_0} - \frac{1}{2}\right) \\ C_s &= C_s(R) \\ R &= \frac{M_2 - \frac{1}{3}M_0}{M_1 - \frac{1}{2}M_0} \end{aligned}\right\} \tag{4-48}$$

$$\left.\begin{aligned} M_0 &= \frac{1}{n} \sum_{i=1}^{n} x_i \\ M_1 &= \frac{1}{n} \sum_{i=1}^{n} x_i \frac{n-i}{n-1} \\ M_2 &= \frac{1}{n} \sum_{i=1}^{n} x_i \frac{(n-i)(n-i-1)}{(n-1)(n-2)} \end{aligned}\right\} \tag{4-49}$$

由此可知，本法也是一种矩法，在求矩时加入了概率权重，由于它充分利用样本信息，减少了估算统计参数的误差。

# 第五节　水文频率计算适线法

水文频率计算是以水文变量的样本资料为依据，探求其总体的统计规律，对未来的水文情势作出概率预估。主要内容是根据样本资料点绘经验频率点据或者绘制一条经验频率曲线，以此为依据，选配一条与之拟合最好的理论频率曲线，用来估计水文要素总体的统计规律，并优选出统计参数 $\bar{x}$、$C_v$、$C_s$。

## 一、经验频率曲线

### （一）经验频率计算公式

设某水文系列共有 $n$ 项，按由大到小的次序排列为：$x_1$，$x_2$，…，$x_m$…，$x_n$，则系列中大于等于 $x_m$ 的经验频率可按下式计算

$$P=\frac{m}{n}\times 100\% \tag{4-50}$$

对于系列中的最末项，按上式计算其经验频率为 100%，也就是说样本末项 $x_m$（样本的最小值）就是总体中的最小值，显然与事实不符，所以要对此公式进行修正。现行的经验频率修正公式主要有：

数学期望公式

$$P=\frac{m}{n+1}\times 100\% \tag{4-51}$$

切哥达也夫公式

$$P=\frac{m-0.3}{n+0.4}\times 100\% \tag{4-52}$$

海森公式

$$P=\frac{m-0.5}{n}\times 100\% \tag{4-53}$$

目前水文上广泛应用的是数学期望公式。

### （二）经验频率曲线的绘制

首先将水文系列从大到小进行排序，再按数学期望公式计算每一项的经验频率，然后以水文变量 $x$ 为纵坐标，以经验频率 $P$ 为横坐标，根据 $x_i \sim P_i$ 的对应值在频率格纸上点绘经验频率点据，徒手目估通过点群中心连成一条光滑曲线，即为该水文变量的经验频率曲线。

### （三）经验频率曲线存在的问题

因为实测资料是有限的，当水文变量的设计频率较大或较小时，可能无法从经验频率曲线上直接查得相应的设计水文数据，所以要对曲线下端或上端进行外延，但因为上端和下端没有实测点据控制，外延具有相当大的主观性。另外，水文要素的统计规律有一定的地区性，利用这种地区性规律可以解决无实测资料时小流域的水文计算问题，但这种地区性规律很难直接用经验频率曲线综合出来，为此，水文频率计算引入了理论频率曲线。

### （四）频率与重现期

所谓重现期是指某随机变量的取值在长时期内平均多少年出现一次。频率 $P$ 与重现期 $T$ 的关系如下：

（1）当研究暴雨洪水问题时，一般设计频率 $P$ 小于 50%，则：

$$T=\frac{1}{P} \tag{4-54}$$

式中　$T$——重现期，以年计；

$P$——频率，以小数或百分数计。

例如，某河流断面设计洪水的频率 $P=10\%$，则重现期 $T=10$ 年，表示该河流断面大于或等于这样的洪水在长时期内平均 10 年发生一次。

（2）当研究枯水问题时，设计频率 $P$ 常采用大于 50%，则：

$$T=\frac{1}{1-P} \tag{4-55}$$

例如，某河流断面灌溉设计保证率 $P=90\%$，则 $T=10$ 年，表示该河流断面小于这样的年来水量在长时期内平均 10 年发生一次。

重现期 $T$ 是指水文现象在长时期内平均 $T$ 年出现一次，而不是每隔 $T$ 年必然发生一次。例如百年一遇的洪水，是指大于或等于这样的洪水在长时期内平均 100 年发生一次，对于某具体的 100 年来说，超过这样大的洪水可能出现几次，也可能一次都不出现。

## 二、理论频率曲线

为了综合反映水文变量的地区性规律，克服经验频率曲线外延的主观性，水文频率计算引入了能用数学方程式表示的频率曲线来配合经验频率点据，称为理论频率曲线。迄今为止，国内外采用的理论线型有 10 多种，根据我国水文计算规范，理论频率曲线采用皮尔逊Ⅲ型曲线。

由上一节皮尔逊Ⅲ型分布可知，如果已知参数 $\overline{x}$、$C_v$ 和 $C_s$，由频率 $P$ 和 $C_s$ 查 $\Phi_P$ 值表，得到 $\Phi_P$ 值，利用式（4-28）可求出与 $P$ 值相对应的 $x_P$，将 $P\sim x_P$ 对应值点绘在频率格纸上，即得到一个理论频率点。取不同的 $P$ 值，可得到多个理论频率点，通过点群中心绘制一条光滑的曲线，即为理论频率曲线。同理，利用 $K_P$ 值表也可以绘制理论频率曲线。改变参数 $\overline{x}$、$C_v$ 或 $C_s$ 值，理论频率曲线的位置高低、坡度或曲率会发生变化，就会得到不同的理论频率曲线。

**【例 4-3】**　根据某地区年降水量资料，求得统计参数 $\overline{x}=1000$mm，$C_v=0.5$，$C_s=2C_v$，若该地区的年降水量服从皮尔逊Ⅲ型分布，试求 $P=1\%$的年降水量。

由 $C_s=1.0$，$P=1\%$查 $\Phi_P$ 值表，得 $\Phi_P=3.02$，由式（4-28）得：

$$x_P=(\Phi_P C_v+1)\overline{x}=(3.02\times0.5+1)\times1000=2510\ (\text{mm})$$

如果其他参数不变，将 $C_s$ 改为 $C_s=2.5C_v=1.25$，则根据 $P=1\%$查 $\Phi_P$ 值表，$C_s=1.2$ 时，$\Phi_P=3.15$，$C_s=1.3$ 时，$\Phi_P=3.21$，利用直线内插法求得：$C_s=1.25$ 时，$\Phi_P=3.18$。然后将各参数代入式（4-28）计算 $x_P$。

## 三、水文频率计算适线法

适线法又称配线法，该法以经验频率点距为基础，求与经验频率曲线配合最好的理论频率曲线及其统计参数。

### （一）适线法步骤

（1）将实测系列 $x_i$ 由大到小排序，计算各项的经验频率 $P_i$。以变量的取值为纵坐标，以频率为横坐标，在频率格纸上点绘经验频率点距 $x_i \sim P_i$。

（2）选定水文频率分布线型（一般选皮尔逊Ⅲ型）。

（3）用矩法、权函数法或概率权重矩法求参数 $\overline{x}$、$C_v$ 和 $C_s$ 的初始计值。用矩法估计时，因 $C_s$ 的抽样误差太大，一般根据经验假定 $C_s/C_v$ 来估计 $C_s$。

（4）根据 $\overline{x}$、$C_v$、$C_s$ 的初始值，由不同的频率 $P_i$ 查 $\Phi_P$ 值表或 $K_P$ 值表，计算得 $x_{Pi}$。将 $P_i \sim x_{Pi}$ 对应值（即理论频率点）点绘在同一张频率格纸上，通过点群中心画光滑的理论频率曲线。根据与经验频率点据配合的情况，调整统计参数，从而得到几条理论频率曲线。适线时主要调整 $C_v$ 和 $C_s$。

（5）选择一条与经验频率点据配合较好的曲线作为采用曲线，相应于该曲线的参数便看作是总体参数的估计值。

（6）求指定频率的水文变量设计值。

适线法图像显明，操作容易，在水文计算中被广泛采用。

（二）统计参数对频率曲线的影响

为了避免配线时修改参数的盲目性，需要了解统计参数对频率曲线的影响。假设水文变量总体服从皮尔逊Ⅲ型分布，现在讨论 $\overline{x}$、$C_v$ 和 $C_s$ 对频率曲线的影响。

1. 均值 $\overline{x}$ 对频率曲线的影响

如果 $C_v$ 和 $C_s$ 不变，增大 $\overline{x}$，频率曲线的位置就会升高，坡度会变陡。例如，把 $C_v=0.5$，$C_s=1.0$，$\overline{x}$ 分别为 50、75、100 的 3 条皮尔逊Ⅲ型频率曲线绘于图 4-6 中。由图可见，均值大的频率曲线位于均值小的频率曲线之上；均值大的频率曲线比均值小的频率曲线陡。

2. 变差系数 $C_v$ 对频率曲线的影响

为了消除均值的影响，以模比系数 $K$ 为变量绘制频率曲线，如图 4-7 所示（图中 $C_s=1.0$）。当 $C_v=0$ 时，随机变量的取值都等于均值；$C_v$ 越大，随机变量相对于均值越离散，频率曲线变得越来越陡。

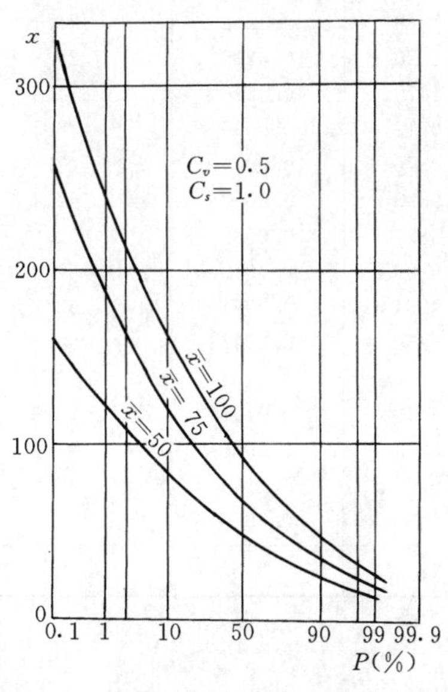

图 4-6 均值对频率曲线的影响示意图

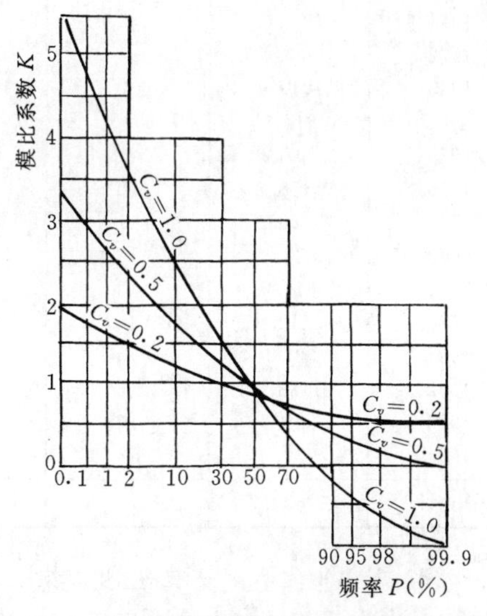

图 4-7 变差系数对频率曲线的影响示意图

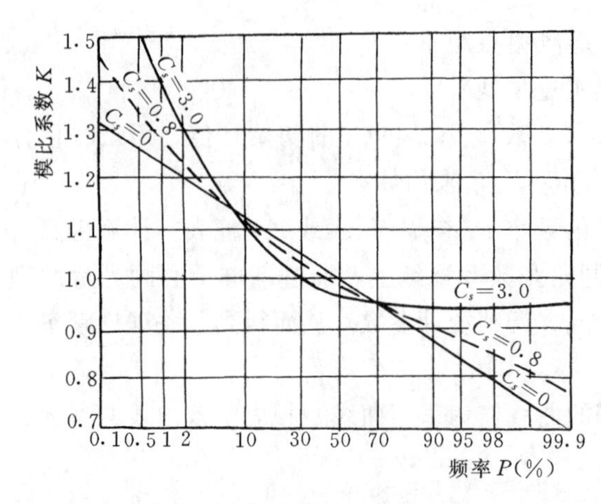


图 4-8 偏态系数对频率曲线的影响示意图

3. 偏态系数 $C_s$ 对频率曲线的影响

如果 $C_v$ 和 $\overline{x}$ 不变，在正偏情况下增大 $C_s$，则 $C_s$ 愈大，频率曲线曲率越大，即频率曲线的上段愈陡、下段愈平缓、中部愈向左偏，如图 4-8 所示。

（三）适线法实例

频率计算在水利水电工程规划设计中的主要作用是求相应于某一设计频率 $P$ 的设计水文数据 $x_P$。下面用实例说明适线法的计算步骤。

**【例 4-4】** 某水文站有 18 年的实测年径流资料，如表 4-2 中第（1）、（2）栏。试根据该资料用矩法初选参数，用适线法推求 10 年一遇的设计年径流量。

1. 点绘经验频率曲线

将原始资料由大到小排列，列入表 4-2 中第（4）栏。用式（4-51）计算经验频率，列入表中第（7）栏，并将第（4）栏与第（7）栏的对应数值点绘于频率格纸上（见图 4-9）。

**表 4-2　　某水文站年径流量频率计算表**

| 年　份 | 年径流量 $Q$ ($m^3/s$) | 序　号 | 由大到小排列 $Q_i$ ($m^3/s$) | 模比系数 $K_i$ | $(K_i-1)^2$ | 经验频率 $P=\frac{m}{n+1}\times100\%$ |
|---|---|---|---|---|---|---|
| (1) | (2) | (3) | (4) | (5) | (6) | (7) |
| 1967 | 1500.0 | 1 | 1500.0 | 1.5469 | 0.2991 | 5.3 |
| 1968 | 959.8 | 2 | 1165.3 | 1.2017 | 0.0407 | 10.5 |
| 1969 | 1112.3 | 3 | 1158.9 | 1.1951 | 0.0381 | 15.8 |
| 1970 | 1005.6 | 4 | 1133.5 | 1.1689 | 0.0285 | 21.1 |
| 1971 | 780.0 | 5 | 1112.3 | 1.1470 | 0.0216 | 26.3 |
| 1972 | 901.4 | 6 | 1112.3 | 1.1470 | 0.0216 | 31.6 |
| 1973 | 1019.4 | 7 | 1019.4 | 1.0512 | 0.0026 | 36.8 |
| 1974 | 847.9 | 8 | 1005.6 | 1.0370 | 0.0014 | 42.1 |
| 1975 | 897.2 | 9 | 959.8 | 0.9898 | 0.0001 | 47.4 |
| 1976 | 1158.9 | 10 | 957.6 | 0.9875 | 0.0002 | 52.6 |
| 1977 | 1165.3 | 11 | 901.4 | 0.9296 | 0.0050 | 57.9 |
| 1978 | 835.8 | 12 | 898.3 | 0.9264 | 0.0054 | 63.2 |
| 1979 | 641.9 | 13 | 897.2 | 0.9252 | 0.0056 | 68.4 |
| 1980 | 1112.3 | 14 | 847.9 | 0.8744 | 0.0158 | 73.7 |
| 1981 | 527.5 | 15 | 835.8 | 0.8619 | 0.0191 | 78.9 |
| 1982 | 1133.5 | 16 | 780.0 | 0.8044 | 0.0383 | 84.2 |
| 1983 | 898.3 | 17 | 641.9 | 0.6620 | 0.1143 | 89.5 |
| 1984 | 957.6 | 18 | 527.5 | 0.5440 | 0.2080 | 94.7 |
| 总　计 | 17454.7 |  | 17454.7 | 18 | 0.8652 |  |

2. 按无偏估值公式计算统计参数

（1）计算年径流量的均值$\overline{Q}$。由式（4-32）计算可得：

$$\overline{Q}=\frac{1}{n}\sum_{i=1}^{n}Q_i=\frac{17454.7}{18}=969.7\ (\mathrm{m^3/s})$$

（2）计算变差系数。由式（4-33）计算可得：

$$C_v=\sqrt{\frac{\sum_{i=1}^{n}(K_i-1)^2}{n-1}}=\sqrt{\frac{0.8652}{18-1}}=0.23$$

3. 选配理论频率曲线

（1）选定$\overline{Q}=969.7\mathrm{m^3/s}$，$C_v=0.25$，并假定$C_s=3C_v$，查$K_P$值表，得出相应于不同频率$P$的$K_P$值，列入表4-3中第（2）栏，$K_P$乘以$\overline{Q}$得相应的$Q_P$值，列入表4-3中第（3）栏。

将表4-3中第（1）、（3）两栏的对应数值点绘在频率格纸上，发现理论频率曲线的中段与经验频率点据配合较好，但头部和尾部在经验频率点的上方。

（2）改变参数，重新配线。根据第一次适线结果，均值和$C_v$不变，减小$C_s$值。取$C_s=2C_v$，再查$K_P$值表，计算$Q_P$值，将$K_P$、$Q_P$列于表4-3中第（4）、（5）栏，再次点绘理论频率曲线，发现理论频率曲线与经验点据配合较好，即作为最后采用的理论频率曲线（见图4-9）。

4. 推求10年一遇的设计年径流量

由图4-9或表4-3，查得$P=10\%$对应的设计年径流量为$Q_P=1290\mathrm{m^3/s}$。

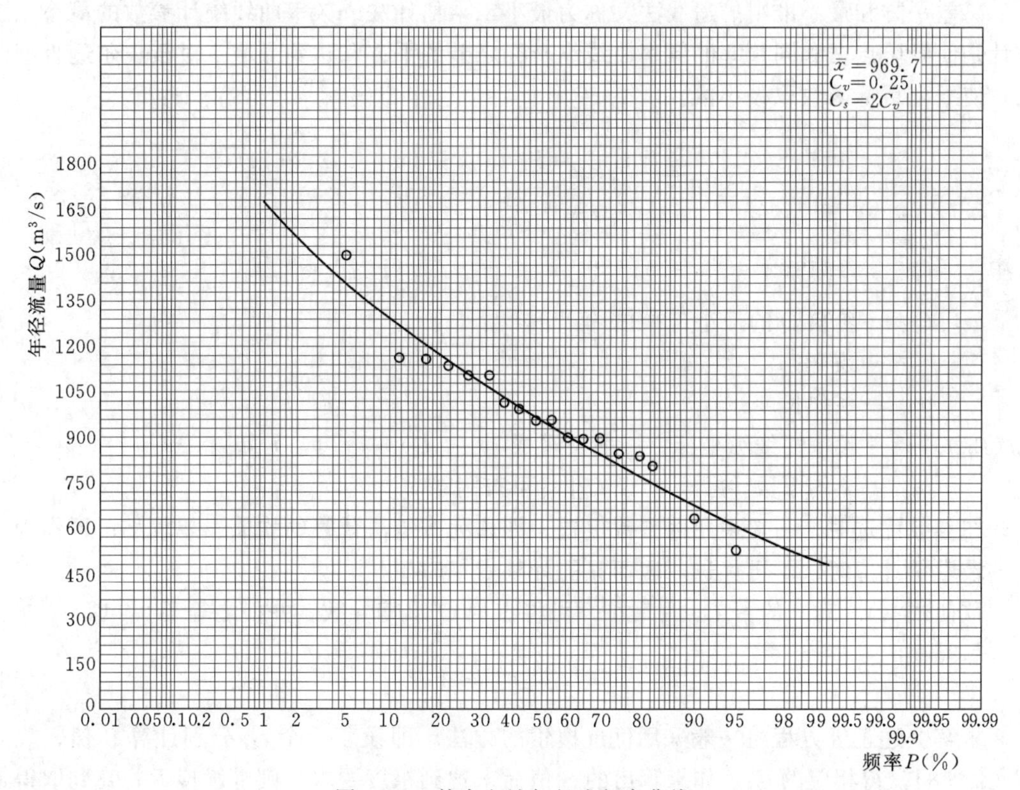


图4-9　某水文站年径流频率曲线

表 4-3　　理论频率曲线选配计算表

| 频　率 | 第一次适线 | | 第二次适线 | |
|---|---|---|---|---|
| | $\overline{Q}$=969.7，$C_v$=0.25，$C_s$=3$C_v$=0.75 | | $\overline{Q}$=969.7，$C_v$=0.25，$C_s$=2$C_v$=0.5 | |
| | $K_P$ | $Q_P$ | $K_P$ | $Q_P$ |
| (1) | (2) | (3) | (4) | (5) |
| 1 | 1.72 | 1667.9 | 1.67 | 1619.4 |
| 5 | 1.46 | 1415.8 | 1.45 | 1406.1 |
| 10 | 1.34 | 1299.4 | 1.33 | 1289.7 |
| 20 | 1.20 | 1163.6 | 1.20 | 1163.6 |
| 50 | 0.97 | 940.6 | 0.98 | 950.3 |
| 75 | 0.82 | 795.2 | 0.82 | 795.2 |
| 90 | 0.71 | 688.5 | 0.70 | 678.8 |
| 95 | 0.65 | 630.3 | 0.63 | 610.9 |
| 99 | 0.56 | 543.0 | 0.52 | 504.2 |

## 四、优化适线法

前面讲的适线法是目估适线法，还有一类适线法是优化适线法。优化适线法是随着计算机的普及而采用的方法，该方法是在一定的适线准则（即目标函数）下，求解与经验频率曲线配合最优的理论频率曲线的统计参数。优化适线法的适线准则有：离差平方和最小准则（OLS）、离差绝对值和最小准则（ABS）、相对离差平方和最小准则（WLS）。下面简要介绍一下离差平方和最小准则。

离差平方和最小准则的适线法又称为最小二乘估计法。频率曲线统计参数的最小二乘估计是使经验点据和同频率的频率曲线纵坐标之差的平方和达到最小。对于皮尔逊Ⅲ型曲线，使下列目标函数取极小值：

$$S(Q)=\sum_{i=1}^{n}[x_i-f(P_i,Q)]^2 \quad (i=1,2,\cdots,n) \tag{4-56}$$

即

$$S(\hat{Q})=\min S(Q) \tag{4-57}$$

式中　$Q$——参数（$\overline{x}$，$C_v$，$C_s$）；

$\hat{Q}$——参数 $Q$ 的最小二乘估计；

$P_i$——频率；

$n$——系列长度；

$f(P_i,Q)$——频率曲线纵坐标，一般可写成 $f(P_i,Q)=\overline{x}(1+C_v\Phi)$；

$\Phi$——离均系数，$\Phi_i=f(C_s,P_i)$，可查附录 1 。

在参数优选时，一般采用两参数优选，即认为按矩法计算的均值误差较小，可作为均值的最后估计值时，不再优选，因而只需计算 $C_v$ 和 $C_s$。

欲使式（4-56）的 $S(Q)$ 为最小，可将 $S$ 对 $Q$ 求偏导数，并使之等于 0，即

$$\frac{\partial S(\hat{Q})}{\partial Q}=0 \tag{4-58}$$

求解上述正规方程组一般采用优选搜索的方法，即设若干个 $C_s$ 分别计算 $S$ 值，代入式（4-58），得相应的 $C_v$，如果算出的 $S$ 值尚未达到精度要求，则继续搜索，直到取得最小值为止。

# 第六节　相　关　分　析

## 一、相关关系

### （一）两个变量之间的关系

自然界中的许多现象之间都存在着一定的联系，例如降水与径流之间，水位与流量之间等。分析和研究两个或两个以上随机变量之间的关系，称为相关分析。进行相关分析时，变量之间一定要有成因联系，不能只凭数字上的巧合。在水文计算中，经常会遇到某一水文要素的实测资料系列很短，而另一要素的实测资料却比较长的情况。如果二者之间有物理成因上的联系，就可以通过相关分析延长短期系列。

两个变量之间的关系一般可以有 3 种情况：

（1）完全相关。两个变量 $x$ 与 $y$ 之间，如果每给定一个 $x$ 值，就有一个完全确定的 $y$ 值与之对应，则两个变量之间的关系就是完全相关（又称函数关系）。其相关的形式可为直线关系或曲线关系（见图 4-10）。

（2）零相关。如果两变量之间毫无联系，即相互独立，这两个变量之间的关系为零相关或没有关系（见图 4-11）。

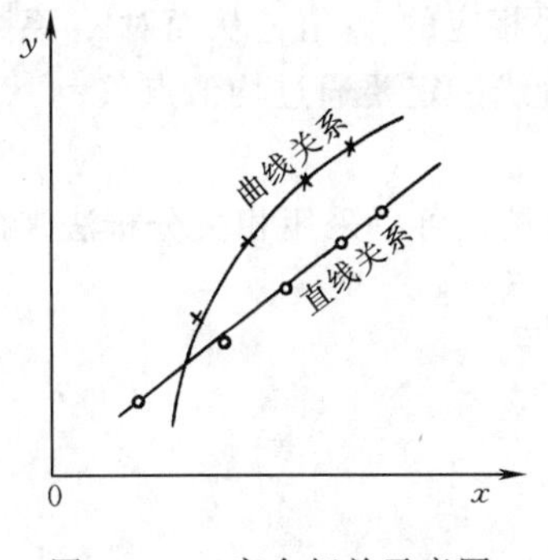


图 4-10　完全相关示意图

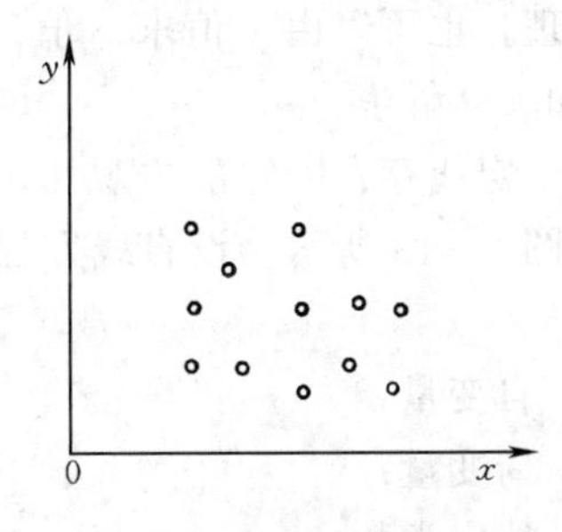


图 4-11　零相关示意图

（3）相关关系。若两个变量之间的关系界于完全相关和零相关之间，则称为相关关系。在水文计算中，由于影响水文现象的因素错综复杂，有时为简便起见，只考虑其中最主要的一个因素而略去其他的次要因素，例如径流与相应的降雨量之间的关系，或同一断面的流量与相应水位之间的关系等。如果把它们的对应数值点绘在方格纸上，便可看出这些点子的分布有一个总体趋势，就是均匀地分布在曲线或直线周围，如图 4-12 所示，这便是简单的相关关系。

### （二）相关的种类

研究两个变量的相关关系，一般称为简单相关。若研究 3 个及 3 个以上变量的相关关系，则称为复相关。在相关关系的图形上可分为直线相关和曲线相关两类。相关关系包括简单直线相关、简单曲线相关、复直线相关和复曲线相关。

本节主要介绍简单直线相关。

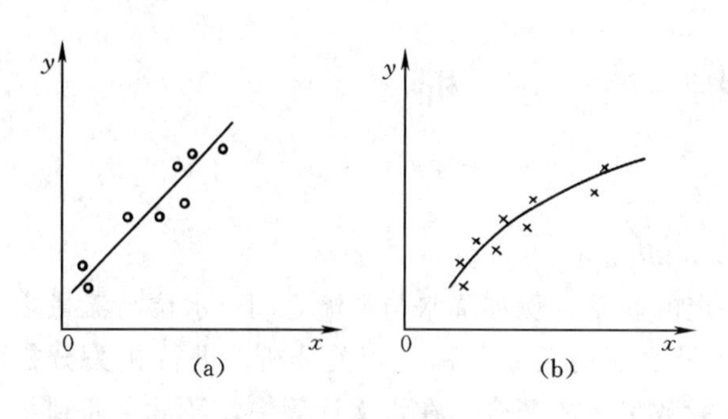

图 4-12　相关关系示意图

(a) 直线相关；(b) 曲线相关

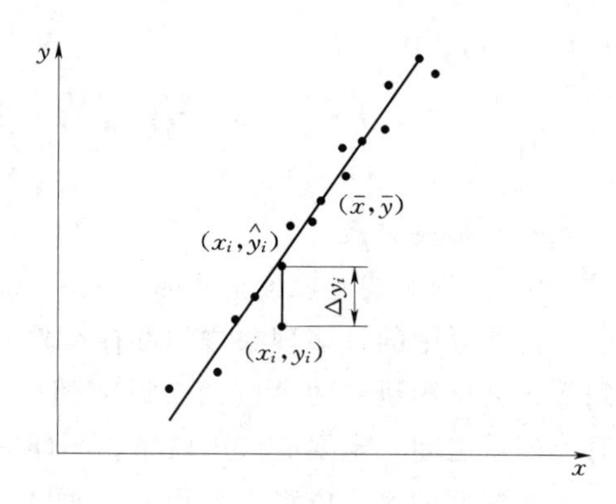

图 4-13　相关分析法示意图

## 二、简单直线相关

### (一) 相关图解法

设 $x_i$ ($i=1\sim m$)、$y_i$ ($i=1\sim n$) 分别代表 $x$、$y$ 系列的观测值，且 $m>n$。把相同长度的观测值 ($x_i$，$y_i$) ($i=1\sim n$) 点绘于方格纸上，如果点据的分布趋势近似于直线，则可用直线方程 $y=a+bx$ 来近似地表示这种相关关系。直线方程的求解可用图解法和相关分析法。图解法的作法是通过均值点 ($\bar{x}$，$\bar{y}$) 及点群中间目估绘出一条直线，然后在图上任取一点 ($x'$，$y'$)，由点 ($\bar{x}$，$\bar{y}$) 和点 ($x'$，$y'$) 的坐标可求得相关直线方程。如果将任一 $x_i$ ($i=n+1\sim m$) 代入相关直线方程即可得相应的 $y_i$ 值，从而对 $y_i$ 系列进行插补或延长。同理，也可以由 $y$ 值求 $x$ 值。注意相关直线一定要通过均值点 ($\bar{x}$，$\bar{y}$)。

### (二) 相关分析法

因为目估定线存在一定的主观性，为了精确起见，可以采用相关分析法来确定相关线的方程，如图 4-13 所示。设直线方程的形式为：

$$y = a + bx \tag{4-59}$$

式中　$x$——自变量；

$y$——倚变量；

$a$、$b$——待定常数。

假设点 ($x_i$，$y_i$) 为实测点，点 ($x_i$，$\hat{y}_i$) 为最佳拟合直线上的理论点，则从图4-13可以看出，观测点与理论点在纵轴方向的离差为：

$$\Delta y_i = y_i - \hat{y}_i = y_i - a - bx_i$$

要使直线拟合“最佳”，需使离差 $\Delta y_i$ 的平方和为“最小”，即使：

$$\sum_{i=1}^{n}(\Delta y_i)^2 = \sum_{i=1}^{n}(y_i - \hat{y}_i)^2 = \sum_{i=1}^{n}(y_i - a - bx_i)^2 \tag{4-60}$$

最小。欲使上式取得极小值，则其对 $a$、$b$ 的一阶偏导数必须等于零，即：

$$\left.\begin{aligned} \frac{\partial \sum_{i=1}^{n}(y_i - a - bx_i)^2}{\partial a} = 0 \\ \frac{\partial \sum_{i=1}^{n}(y_i - a - bx_i)^2}{\partial b} = 0 \end{aligned}\right\}$$

求解上述方程组可得：

$$b=\frac{\sum_{i=1}^{n}(x_i-\overline{x})(y_i-\overline{y})}{\sum_{i=1}^{n}(x_i-\overline{x})^2}=r\frac{\sigma_y}{\sigma_x} \tag{4-61}$$

$$a=\overline{y}-b\overline{x}=\overline{y}-r\frac{\sigma_y}{\sigma_x}\overline{x} \tag{4-62}$$

$$r=\frac{\sum_{i=1}^{n}(x_i-\overline{x})(y_i-\overline{y})}{\sqrt{\sum_{i=1}^{n}(x_i-\overline{x})^2\sum_{i=1}^{n}(y_i-\overline{y})^2}}=\frac{\sum_{i=1}^{n}(K_{x_i}-1)(K_{y_i}-1)}{\sqrt{\sum_{i=1}^{n}(K_{x_i}-1)^2\sum_{i=1}^{n}(K_{y_i}-1)^2}} \tag{4-63}$$

式中 $\overline{x}$、$\overline{y}$——$x$、$y$ 系列的均值；

$\sigma_x$、$\sigma_y$——$x$、$y$ 系列的均方差；

$r$——相关系数，表示 $x$、$y$ 之间关系的密切程度。

将式（4-61）、式（4-62）代入式（4-59）中，得：

$$y-\overline{y}=r\frac{\sigma_y}{\sigma_x}(x-\overline{x}) \tag{4-64}$$

此式称为 $y$ 倚 $x$ 的回归方程式，它的图形称为 $y$ 倚 $x$ 的回归线，如图 4-13 所示。

$r\frac{\sigma_y}{\sigma_x}$是回归线的斜率，一般称为 $y$ 倚 $x$ 的回归系数，并记为 $R_{y/x}$，即：

$$R_{y/x}=r\frac{\sigma_y}{\sigma_x} \tag{4-65}$$

必须注意，由回归方程所定的回归线只是观测资料平均关系的配合线，观测点不会完全落在此线上，而是分布于两侧，说明回归线只是在一定标准情况下与实测点据的最佳配合线。

以上讲的是 $y$ 倚 $x$ 的回归方程，即 $x$ 为自变量，$y$ 为倚变量，应用于由 $x$ 求 $y$。若以 $y$ 求 $x$，则要应用 $x$ 倚 $y$ 的回归方程。同理，可推得 $x$ 倚 $y$ 的回归方程为：

$$x-\overline{x}=R_{x/y}(y-\overline{y}) \tag{4-66}$$

$$R_{x/y}=r\frac{\sigma_x}{\sigma_y} \tag{4-67}$$

### （三）相关分析的误差

#### 1. 回归线的误差

回归线仅是观测点据的最佳配合线，因此回归线只反映两变量之间的平均关系，利用回归线来插补延长系列时，总有一定的误差。这种误差有大有小，根据误差理论，其分布一般服从正态分布。为了衡量这种误差的大小，常采用均方误来表示，如用 $S_y$ 表示 $y$ 倚 $x$ 回归线的均方误，$y_i$ 为观测点据的纵坐标，$\hat{y}_i$ 为由 $x_i$ 通过回归线求得的纵坐标，$n$ 为观测项数，则 $y$ 倚 $x$ 回归线的均方误为：

$$S_y=\sqrt{\frac{\sum_{i=1}^{n}(y_i-\hat{y}_i)}{n-2}} \tag{4-68}$$

同样，$x$ 倚 $y$ 回归线的均方误 $S_x$ 为：

$$S_x = \sqrt{\frac{\sum_{i=1}^{n}(x_i - \hat{x}_i)}{n-2}} \tag{4-69}$$

式（4－63）、式（4－64）皆为无偏估值公式。

回归线的均方误 $S_y$、$S_x$ 与变量的均方差 $\sigma_y$、$\sigma_x$，从性质上讲是不同的。前者是由观测点与回归线之间的离差求得，而后者则由观测点与它的均值之间的离差求得。根据统计学上的推理，可以证明两者具有下列关系：

$$S_y = \sigma_y \sqrt{1-r^2} \tag{4-70}$$

$$S_x = \sigma_x \sqrt{1-r^2} \tag{4-71}$$

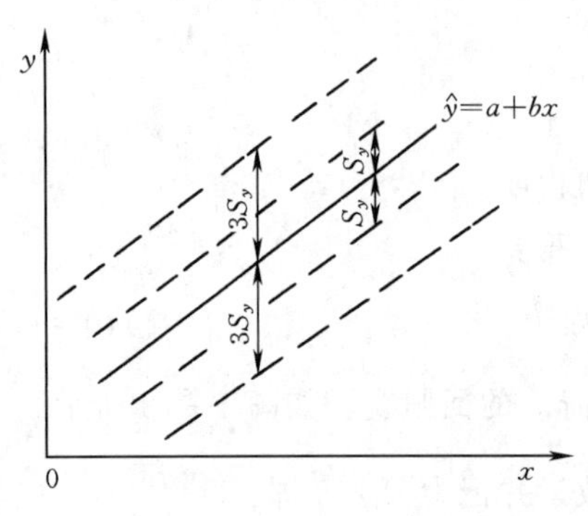

图 4－14　$y$ 倚 $x$ 回归线的误差范围

如上所述，由回归方程式算出的 $\hat{y}_i$ 值，仅仅是许多 $y_i$ 的一个“最佳”拟合或平均趋势值。按照误差原理，这些可能的取值 $\hat{y}_i$ 应落在回归线的两侧一个均方误范围内的概率为 68.3%，落在 3 个均方误范围内的概率为 99.7%，如图 4－14 所示。

必须指出，在讨论上述误差时，没有考虑样本的抽样误差。事实上，只要用样本资料来估计回归方程中的参数，抽样误差就必然存在。可以证明，这种抽样误差在回归线的中段较小，而在上下段较大，在使用回归线时，对此必须给予注意。

2. 相关系数及其误差

式（4－65）、式（4－66）给出了 $S$ 与 $\sigma$、$r$ 的关系。令 $y$ 倚 $x$ 时的相关系数记为 $r_{y/x}$，$x$ 倚 $y$ 时的相关系数记为 $r_{x/y}$，则：

$$r_{y/x} = \pm\sqrt{1-\frac{S_y^2}{\sigma_y^2}} \tag{4-72}$$

$$r_{x/y} = \pm\sqrt{1-\frac{S_x^2}{\sigma_x^2}} \tag{4-73}$$

由式（4－72）、式（4－73）可以看出 $r^2 \leqslant 1$，而且：

（1）若 $r^2=1$，说明所有观测点都位于一直线上，均方误 $S_y$ 或 $S_x$ 等于 0，两变量间具有函数关系，即完全相关。

（2）若 $r^2=0$，说明两变量间不具有直线相关关系，均方误达到最大值，$S_y=\sigma_y$（或 $S_x=\sigma_x$）。

（3）若 $0<r^2<1$，说明两变量间具有直线相关关系。$r$ 的绝对值愈大，其相关程度愈密切，均方误 $S_y$ 或 $S_x$ 的值愈小。

需要说明的是，相关系数 $r$ 反映的是两变量之间直线相关的密切程度，如果 $r=0$，表示两变量间无直线相关关系，但可能存在曲线相关关系。相关系数是根据有限的样本资料计算出来的，必然会有抽样误差，用相关系数的均方误 $\sigma_r$ 来表示，$\sigma_r$ 可由下列公式计算：

$$\sigma_r = \frac{1-r^2}{\sqrt{n}} \tag{4-74}$$

在进行相关分析计算时，首先应分析两种变量是否存在物理成因上的联系，参证系列要有足够长的观测资料，并且两系列之间同期观测资料不能太少，一般要求样本容量大于12。对于相关系数 $|r| \geqslant 0.8$，回归线的均方误 $S_y$ 小于 $\bar{y}$ 的15%，相关系数的均方误 $\sigma_r$ 小于 $r$ 的5%的相关分析成果方能采用。在插补延长系列时，应注意回归线外延不应过长。

（四）简单直线相关分析实例

相关分析的目的是以某一变量较长期的资料延长另一变量较短期的资料，下面举实例说明回归方程的建立与应用。

**【例4-5】** 已知某站1975～1994年降水量与1980～1994年径流量资料，试利用如表4-4第（2）、（3）栏所示的同期观测资料进行相关计算，展延短系列的年径流量资料。

**表4-4　　某水文站年降水量与年径流量相关计算表**

| 年份 | 年降水量 $x$（mm） | 年径流量 $y$（$m^3/s$） | $K_x$ | $K_y$ | $K_x-1$ | $K_y-1$ | $(K_x-1)^2$ | $(K_y-1)^2$ | $(K_x-1)(K_y-1)$ |
|---|---|---|---|---|---|---|---|---|---|
| (1) | (2) | (3) | (4) | (5) | (6) | (7) | (8) | (9) | (10) |
| 1980 | 1200 | 760 | 1.252 | 1.445 | 0.252 | 0.445 | 0.0637 | 0.1977 | 0.1122 |
| 1981 | 689 | 300 | 0.719 | 0.570 | −0.281 | −0.430 | 0.0789 | 0.1847 | 0.1207 |
| 1982 | 870 | 536 | 0.908 | 1.019 | −0.092 | 0.019 | 0.0085 | 0.0000 | (0.0017) |
| 1983 | 904 | 392 | 0.943 | 0.745 | −0.057 | −0.255 | 0.0032 | 0.0649 | 0.0144 |
| 1984 | 1139 | 715 | 1.189 | 1.359 | 0.189 | 0.359 | 0.0356 | 0.1290 | 0.0678 |
| 1985 | 725 | 275 | 0.757 | 0.523 | −0.243 | −0.477 | 0.0592 | 0.2278 | 0.1162 |
| 1986 | 997 | 466 | 1.040 | 0.886 | 0.040 | −0.114 | 0.0016 | 0.0130 | (0.0046) |
| 1987 | 853 | 334 | 0.890 | 0.635 | −0.110 | −0.365 | 0.0121 | 0.1333 | 0.0401 |
| 1988 | 1341 | 788 | 1.399 | 1.498 | 0.399 | 0.498 | 0.1596 | 0.2479 | 0.1989 |
| 1989 | 900 | 541 | 0.939 | 1.028 | −0.061 | 0.028 | 0.0037 | 0.0008 | (0.0017) |
| 1990 | 707 | 289 | 0.738 | 0.549 | −0.262 | −0.451 | 0.0687 | 0.2031 | 0.1181 |
| 1991 | 1033 | 688 | 1.078 | 1.308 | 0.078 | 0.308 | 0.0061 | 0.0948 | 0.0240 |
| 1992 | 1201 | 868 | 1.253 | 1.650 | 0.253 | 0.650 | 0.0642 | 0.4225 | 0.1647 |
| 1993 | 1006 | 534 | 1.050 | 1.015 | 0.050 | 0.015 | 0.0025 | 0.0002 | 0.0008 |
| 1994 | 808 | 405 | 0.843 | 0.770 | −0.157 | −0.230 | 0.0246 | 0.0530 | 0.0361 |
| 合　计 | 14373 | 7891 | 15.000 | 15.000 | 0.000 | 0.000 | 0.5922 | 1.9727 | 1.0059 |
| 平　均 | 958.20 | 526.07 | | | | | | | |

因为年降水量系列长，故以年降水量为自变量 $x$，年径流量为倚变量 $y$。计算结果列于表4-4。由表4-4的计算成果，可得：

（1）均值：

$$\bar{x} = \frac{14373}{15} = 958.20(\text{mm})；\quad \bar{y} = \frac{7891}{15} = 526.07(\text{mm})$$

（2）均方差：

$$\sigma_x = \bar{x}\sqrt{\frac{\sum_{i=1}^{n}(K_{xi}-1)^2}{n-1}} = 958.20\sqrt{\frac{0.5922}{15-1}} = 197.07(\text{mm})$$

$$\sigma_y = \bar{y}\sqrt{\frac{\sum_{i=1}^{n}(K_{yi}-1)^2}{n-1}} = 526.07\sqrt{\frac{1.9727}{15-1}} = 197.47(\text{mm})$$

(3) 相关系数：

$$r=\frac{\sum_{i=1}^{n}(K_{xi}-1)(K_{yi}-1)}{\sqrt{\sum_{i=1}^{n}(K_{xi}-1)^{2}\sum_{i=1}^{n}(K_{yi}-1)^{2}}}=\frac{1.0059}{\sqrt{0.5922\times1.9727}}=0.931$$

(4) 回归系数：

$$R_{y/x}=r\frac{\sigma_y}{\sigma_x}=0.931\times\frac{197.47}{197.07}=0.933$$

(5) $y$ 倚 $x$ 的回归方程：

$$y=\overline{y}+R_{y/x}(x-\overline{x})=0.933x-367.5$$

(6) 回归直线的均方误：

$$S_y=\sigma_y\sqrt{1-r^2}=197.47\sqrt{1-0.931^2}=72.25(\text{mm})$$

$S_y$ 占 $\overline{y}$ 的 13.7%（小于 15%）。

(7) 相关系数的误差：

$$\sigma_r=\frac{1-r^2}{\sqrt{n}}=\frac{1-(0.931)^2}{\sqrt{15}}=0.034$$

$\sigma_r$ 占 $r$ 的 3.7%（小于 5%）。

把 1975～1979 年降水量代入回归方程中，可以算出对应年的年径流量（见表 4－5），从而使年径流量资料系列与年降水量资料系列具有同样的长度（1975～1994 年）。

**表 4－5　某水文站由年降水量展延长年径流量计算成果表**

| 年　份 | 1975 | 1976 | 1977 | 1978 | 1979 |
|---|---|---|---|---|---|
| 年降水量（mm） | 716 | 672 | 519 | 1276 | 818 |
| 年径流量（$m^3/s$） | 301 | 259 | 117 | 823 | 396 |

## 三、曲线选配

如果两变量的关系不是直线相关关系，而是曲线相关关系，如水位～流量关系，流域面积～洪峰流量关系等，水文上多采用曲线选配方法，通过函数变换，使其成为直线关系。最常用的方法有幂函数选配和指数函数选配。

### 1. 幂函数选配

幂函数的一般形式为：

$$y=ax^n \tag{4-75}$$

式中　$a$、$n$——待定常数。

对上式两边取对数，并令 $\lg y=Y$，$\lg a=A$，$\lg x=X$，则：

$$Y=A+nX \tag{4-76}$$

即 $X$ 和 $Y$ 是直线关系。因此，如果对随机变量各点取对数，在方格纸上点绘（$\lg x_1$，$\lg y_1$），（$\lg x_2$，$\lg y_2$），…，（$\lg x_n$，$\lg y_n$）各点，或者在双对数格纸上点绘（$x_1$，$y_1$），（$x_2$，$y_2$），…，（$x_n$，$y_n$）各点，这样，就可以按照上面所讲述的方法，作直线相关分析。

2. 指数函数选配

指数函数的一般形式为：

$$y = ae^{bx} \tag{4-77}$$

式中 $a$、$b$——待定常数。

对式（4-77）两边取对数，已知 lge=0.4343，所以：

$$\lg y = \lg a + 0.4343bx \tag{4-78}$$

因此，在半对数格纸上以 $y$ 为对数纵坐标，$x$ 为普通横坐标，式（4-78）在图纸上呈直线形式，也可以做直线相关分析。

## 四、复相关

研究3个及3个以上变量的相关，称为复相关，又称多元相关。若某变量的主要影响因素不止一个，且都不容忽视，则要进行复相关分析。复相关的计算，在工程上多用图解法选配相关线。如果变量 $z$ 受变量 $x$ 和 $y$ 的影响，可以根据实测资料在方格纸上点绘出 $z$ 和 $x$ 的对应值，并在点旁注明 $y$ 值，还可以在图上绘出 $y$ 的"等值线"，这样点绘出来的图，就是复相关关系图。这里 $z$ 值随 $x$ 和 $y$ 的变化而变化，因此在使用此图插补延长 $z$ 值时，应先在 $x$ 轴上找出 $x_i$ 值，并向上引垂线至相应的 $y_i$ 值，然后便可查得与 $x_i$ 和 $y_i$ 对应的 $z_i$ 值，如图4-15所示。该图是复直线相关图，还有复曲线相关图，如降雨径流相关图等。有关复相关方面的内容，请参考有关书籍，这里不再赘述。

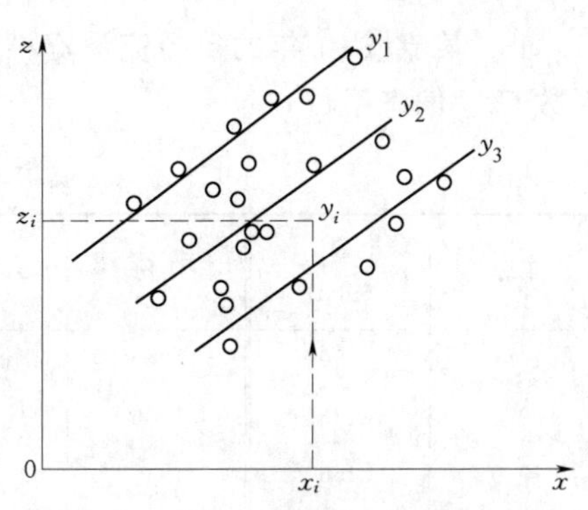


图4-15 复直线相关示意图

## 复习思考题与习题

1. 试举例说明偶然现象和必然现象。
2. 概率与频率有什么区别与联系？水文学中为什么要引入频率的概念？
3. 分布函数与密度函数有什么区别和联系？
4. 怎样计算随机变量的统计参数 $\overline{x}$、$\sigma$、$C_v$ 和 $C_s$？
5. 统计参数 $\overline{x}$、$C_v$、$C_s$ 对频率曲线有什么影响？
6. 什么叫总体？什么叫样本？为什么能用样本的频率分布去推估总体的概率分布？
7. 皮尔逊Ⅲ型概率密度曲线有何特点？
8. 何谓离均系数 $\Phi$？如何利用皮尔逊Ⅲ型频率曲线的 $\Phi$ 值表绘制频率曲线？
9. 何谓经验频率？如何绘制经验频率曲线？
10. 重现期（$T$）和频率（$P$）有何关系？
11. 在频率计算中，为什么要给经验频率曲线选配一条"理论"频率曲线？我国水文计算常用什么频率曲线作为理论频率曲线？
12. 何谓抽样误差？如何减小抽样误差？
13. 简述应用适线法进行频率计算的主要步骤。
14. 相关分析在水文计算中有什么作用？用相关分析法如何插补、展延短系列资料？

15. 已知某水文站年平均流量$\overline{Q}_1=1500\text{m}^3/\text{s}$，变差系数 $C_{v_1}=0.75$，偏态系数 $C_{s_1}=1.5$ 的 P—Ⅲ型曲线各频率流量见表 4-6。

表 4-6　　$Q_{1p}$ 与 $P$ 关系表

| $P$（%） | 1 | 5 | 10 | 20 | 50 | 75 | 90 | 95 |
|---|---|---|---|---|---|---|---|---|
| $Q_{1p}$（$\text{m}^3/\text{s}$） | 5250 | 3690 | 3000 | 2280 | 1230 | 674 | 360 | 225 |

试计算$\overline{Q}_2=1800\text{m}^3/\text{s}$，$C_{v_2}=0.75$，$C_{s_2}=2C_{v_2}$ 的流量频率曲线。

16. 某流域 31 年的年径流深资料见表 4-7，试采用矩法计算均值$\overline{R}$、均方差 $\sigma$、变差系数 $C_v$、偏态系数 $C_s$。

表 4-7　　某流域实测年径流深资料表

| 年份 | $R$ (mm) | 年份 | $R$ (mm) | 年份 | $R$ (mm) | 年份 | $R$ (mm) |
|---|---|---|---|---|---|---|---|
| 1977 | 450 | 1985 | 314 | 1993 | 343 | 2001 | 105 |
| 1978 | 438 | 1986 | 490 | 1994 | 413 | 2002 | 311 |
| 1979 | 456 | 1987 | 492 | 1995 | 493 | 2003 | 367 |
| 1980 | 430 | 1988 | 380 | 1996 | 372 | 2004 | 420 |
| 1981 | 407 | 1989 | 214 | 1997 | 219 | 2005 | 423 |
| 1982 | 520 | 1990 | 196 | 1998 | 502 | 2006 | 461 |
| 1983 | 402 | 1991 | 260 | 1999 | 480 | 2007 | 444 |
| 1984 | 350 | 1992 | 396 | 2000 | 280 | | |

17. 已知某流域的年径流深 $R$ 与年降雨量 $P$ 呈直线相关，并求得年降雨量均值$\overline{P}=950\text{mm}$，年径流深均值$\overline{R}=460\text{mm}$，回归系数 $R_{R/P}=0.85$。

（1）试列出 $R$ 倚 $P$ 的回归方程；

（2）试求年降雨量为 1500mm 时的年径流深。

# 第五章　设计年径流及径流随机模拟

## 第一节　概　　述

### 一、年径流量及其特性

一年内通过河流某断面的水量，叫做该断面以上流域的年径流量。如上所述，年径流量可用年平均流量（$m^3/s$）、年径流深（mm）、年径流总量（$m^3$）或年径流模数［$L/s \cdot km^2$］表示。

我国水文年鉴中提供的年径流量是按照日历年统计的，还有按水文年或水利年统计的。所谓水文年是以水文现象的循环周期作为一年，即从每年的汛期开始到第二年的枯水期结束为一年（对于春汛河流，应以春汛开始作为水文年的起点）；而水利年是以水库的蓄泄循环周期作为一年，即从水库蓄水开始到第二年水库供水结束为一年。

1. 径流量的年内变化

我国绝大部分河流年径流量年内分配主要取决于年降水量的季节变化。①12月～次年2月，大部分河流径流量仅占年径流量的4%～6%。南方河流可占6%～10%，台湾河流占10%～12%，黑龙江流域北部的一些河流不足1%。②3～5月，北方地区、西南大部分地区和四川盆地，径流量占年径流量的6%～10%，新疆西北部阿尔泰山区，一般为20%，长江、南岭之间的两湖盆地可达40%。③6～8月，黄淮海平原及辽宁沿海，径流量占年径流量的60%～90%，长江以南和云贵高原以东的大部分地区可达60%。④9～11月，我国大部分地区径流量占年径流量的20%～30%。海南岛是我国此时期径流量最丰富的地区，可达50%，最少的干旱半干旱地区，只占10%以下。

2. 径流量的年际变化

年径流量在年际间存在丰水年和枯水年的现象，有些河流丰水年径流量可达平水年的2～3倍，而枯水年径流量仅为平水年的1/10～1/5，可见不同年份年径流量的变化较大。此外，我国一些河流的年径流量在多年变化中有丰水年组和枯水年组交替出现的现象，参见表5-1。表中松花江哈尔滨站曾出现12年（1916～1927年）的枯水年组，这一段的平均年径流量比正常年份少43%，也出现过连续7年（1960～1966年）的丰水年组，这一段的平均年径流量比多年平均值多32%。

年径流量的年际变化可以用变差系数$C_v$来表示。我国年径流量的变差系数$C_v$的地区分布大致如下：江淮丘陵和秦岭一线以南，$C_v$在0.5以下，其中两湖盆地以南一般在0.3～0.4之间，湖北西部山区、贵州大部和广西北部地区，$C_v$在0.3以下。云南中部四川盆地，一般超过0.5。淮河流域大部分地区在0.6～0.8之间。华北平原可超过1.0，部分河流达1.4以上，是我国年径流$C_v$值最大的地区。东北地区山地$C_v$较小，一般在0.5以下，而松辽平原、三江平原则较大，在0.8以上。黄河流域（除甘肃北部、宁夏及内蒙境内）$C_v$一般均在0.6以下。内陆河流域，天山西段、祁连山区$C_v$最小，在0.2左右；天山东段、阿尔泰山在 0.3～0.5。内蒙古高原西部一般大于 1.0。

表 5-1　　我国一些河流连续枯水年段统计表

| 流域 | 控制断面 | 多年平均流量 $Q_N$ ($m^3/s$) | 连续枯水年 | | |
|---|---|---|---|---|---|
| | | | 起讫年份 | 年数 | 平均流量 $Q_n$ ($m^3/s$) |
| 松花江 | 哈尔滨 | 1190 | 1916～1927 | 12 | 678 |
| 黄河 | 三门峡 | 1350 | 1922～1932 | 11 | 994 |
| 鸭绿江 | 云峰 | 278 | 1939～1950 | 12 | 236 |
| 嫩江 | 尼尔基 | 338 | 1967～1977 | 11 | 258 |
| 淮河 | 蚌埠 | 788 | 1970～1979 | 10 | 703 |
| 长江 | 汉口 | 23400 | 1955～1963 | 9 | 21322 |
| 沅江 | 五强溪 | 2060 | 1955～1966 | 12 | 1771 |
| 新安江 | 新安江 | 388 | 1956～1968 | 13 | 265 |
| 郁江 | 西津 | 1620 | 1952～1962 | 11 | 1314 |
| 闽江 | 竹岐 | 1750 | 1963～1972 | 10 | 1388 |
| 修水 | 柘林 | 254 | 1956～1965 | 10 | 210 |
| 汉江 | 安康 | 608 | 1965～1973 | 9 | 525 |
| 泯江 | 高场 | 2840 | 1969～1979 | 11 | 2570 |

年径流极值比（最大年径流量与最小年径流量之比）$K$ 也可反映年径流多年变化的幅度。长江以南各河一般在 5 以下，北方达 10 以上，如海河流域潮白河苏庄站 $K$ 值为 19.3。以冰川融水为主要补给的河流年径流的 $K$ 值则很小，如伊犁河雅马渡站为 1.8。大江大河的 $K$ 值有随面积增大而减小的趋势。

3. 径流量的地区变化

我国年径流量分布的总趋势是，自东南向西北递减，近海多于内陆，山地大于平原。

径流的地区分布与纬度、地形和天气形势等因素有关。我国东南沿海地区，年降水量大，径流量也大。我国的气候以南岭和秦岭为界，南岭以南，年平均气温高，年降水量大，年径流量也大，属亚热带地区；秦岭以北属北温带，年平均温度低，年降水量较小，年径流量也小；南岭至秦岭之间为过渡带。我国的年径流量既有一定的地理变化和垂直变化，也有局部地区的特殊变化。按年径流深等值线图可将全国划分为 5 个带，即丰水带、多水带、过渡带、少水带和干涸带。

（1）丰水带。年径流深在 800mm 以上，包括浙江、福建、台湾、广东、海南的大部分，湖南、江西、广西南部及部分山地，西藏东南部和云南西南部。

（2）多水带。年径流深为 800～200mm，包括东北东部山地，淮河至秦岭以南的长江中下游地区，云南、广西大部，西藏东部。

（3）过渡带。年径流深为 200～50mm，包括松嫩平原一部分，三江平原，辽河下游平原，华北平原，山西、陕西大部，青藏高原中部，祁连山区，新疆西部山区。

（4）少水带。年径流深为50～10mm，包括松辽平原中部，辽河上游，内蒙古高原南缘，黄土高原大部，青藏高原北部、西部的部分低山丘陵区。

（5）干涸带。年径流深小于10mm，包括内蒙古高原，阿拉善高原，河西走廊，柴达木盆地，准噶尔盆地，塔里木盆地，吐鲁番盆地等。

## 二、设计年径流分析计算的任务

### （一）水利工程的兴利作用

如前所述，河川径流在年内和年际的变化是很大的，往往不能满足人们对水量的需求。为了解决水量供需之间的矛盾，必须修建水利工程（如水库等），对天然径流进行人工调节，按需水要求泄放。例如，年径流量（年来水量）在年内的变化与用水量的年内变化在时间上不协调而产生缺水量，需要水库工程丰水期蓄水，枯水期供水；当连续枯水年出现时，缺水问题更严重，要求水库工程在丰水年蓄水，枯水年供水。这就是水利工程的兴利作用。

### （二）工程规模与来水、用水、保证率的关系

对于季或年调节水库，在同样的干旱年份，即使年来水量相近，但年内分配不同，水库工程的规模也不同，如图5-1所示。

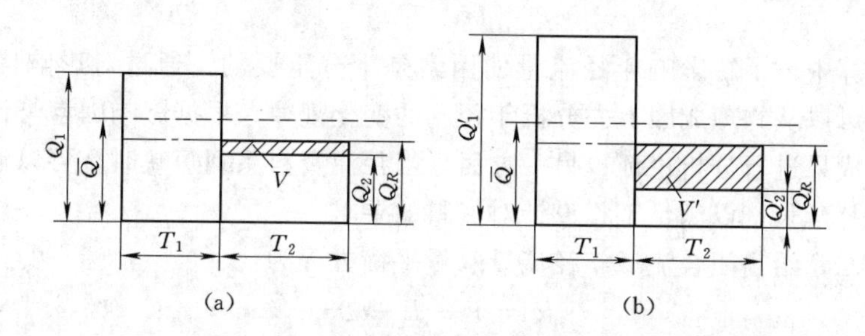


图5-1　水库库容与径流过程关系示意图

图5-1为某河某断面以上流域某年径流和灌溉用水的简化示意图。图中$\overline{Q}$代表年平均流量，$Q_R$代表灌溉用水量，在洪水时段$T_1$内天然来水过剩（$Q_1>Q_R$），而在枯水时段$T_2$内天然来水不足（$Q_2<Q_R$）。为保证后一时段能充分供水，必须将前一时段内部分过剩水量存蓄在水库里以备后一时段之用。显然，水库的库容等于：

$$V=(Q_R-Q_2)T_2 \tag{5-1}$$

该式表明，为保证用水所需要的水库库容$V$的大小决定于径流的天然过程和用水过程之间的差别。如果用水过程已定，库容就只决定于天然径流的年内分配过程。图5-1（a）径流年内分配比图5-1（b）径流年内分配均匀，所需水库库容$V<V'$。若有20年年径流量资料，在用水量相同情况下，按公式（5-1）可求得20个大小不同的库容值。那么，到底用哪一个库容值来设计水库呢？库容大些用水的保证程度（保证率）就高些，但投资要多；反之，库容小些，投资少，但用水保证程度就低些。这里牵涉到一个设计标准问题，也就是设计保证率问题。设计保证率就是用水量在多年期间能够得到充分满足的概率。

由上可知，在水利工程的规划设计阶段，要分析工程规模、来水、用水、保证率四者

之间的关系，经过技术经济的综合比较来确定工程规模。其中，设计保证率由用水部门(如灌溉、航运、发电、工业及民用供水等)根据规范，并结合实际情况综合确定；工程的规模，要依据来水与用水的平衡分析，由水利计算来确定；有关灌溉、发电等用水量的计算将在有关专业课中介绍；而其中的来水问题(包括来水量大小和来水量的时间变化)要靠水文计算来解决。

(三) 设计年径流计算的任务

设计年径流计算的主要任务是分析研究年径流量的变化(年际变化和年内分配)规律，提供工程设计需要的来水资料，作为确定工程规模的主要依据。

水利工程调节性能和采用的水利计算方法不同，设计年径流分析计算的任务也有所不同。对于无调节性能的引水工程，要求提供历年(或代表年)的逐日流量过程资料；对于有调节性能的蓄水工程，则要求提供历年(或代表年)的逐月(旬)流量过程资料或各种时段径流量的频率曲线。例如对年调节工程而言，设计年径流的任务通常是指推求设计保证率情况下的年径流量及其年内分配过程。

## 第二节 影响年径流的因素

在水文计算中，了解影响年径流量的因素是十分重要的。通过对影响因素的分析研究，一方面，可以从物理成因上去分析年径流的变化规律，根据影响因素与设计变量之间的关系对计算成果进行分析论证；另一方面，当径流资料系列短缺时，可以通过相关分析对系列进行插补延长，以满足工程设计对资料的要求。

本教材第二章给出闭合流域年径流量水量平衡方程为：

$$R = P - E - \Delta S$$

式中，流域的年降水量和蒸发量 $P$、$E$ 属气候因素，而流域的年蓄水量变量 $\Delta S$ 属下垫面因素及人类活动因素。

### 一、气候因素对年径流量的影响

作为气候因素的年降水量和年蒸发量，对年径流量的影响程度随流域所处的地理位置不同而不同。在湿润地区，降水量较多，在径流的形成过程中损失较少，降水大部分形成径流，年降水量与年径流量之间关系比较密切，亦即对年径流量起决定性作用的是年降水量，而年蒸发量的作用则较小。在干旱地区，年降水量少，并且大部分耗于蒸发，年降水量与年径流量之间的关系不像湿润地区那样密切，年降水量和年蒸发量对径流的影响都很大。以冰川积雪补给为主的河流，年径流量与降雪量和气温关系密切。

### 二、下垫面因素对年径流量的影响

下垫面因素包括：地形、植被、土壤、地质、湖泊、沼泽、流域大小等。下垫面因素一方面通过流域蓄水量变量 $\Delta S$ 的变化直接影响年径流量，另一方面通过它对气候因素的影响而间接地影响年径流量。

(一) 地形

地形通过对气候因素——降水、蒸发、气温等产生影响，间接地对年径流量产生影响。山地对水汽的运移有阻碍和抬升作用，因而产生地形雨，山地迎风坡的降雨量大于背风坡的降雨量。年降水量随地面高程的增加而增加。而气温一般随高程增加而降低，使蒸发量减少。

综上分析，由于地形对降水和蒸发的作用，导致年径流量随地面高程的增加而增加。但当地面高程增加到一定程度时，由于降水量不再增加，年径流量变化不明显。

（二）植被

植被可以截留部分雨水，而后耗于蒸发，成为径流形成过程中的损失量；植物根系吸收大量的雨水，使植物的散发量增大。另外，植被的增加可以减少地面径流，增大入渗量，从而增大了地下径流量，使径流过程变缓。

因此，一般情况下，由于植被对径流的调蓄作用，年径流量的年内分配趋于均匀。

（三）土壤和地质

土壤的结构和透水岩层的厚度，直接影响地下水储量的大小和调节能力的大小，从而影响年径流的年内分配过程。对于含水层较厚且土壤渗透能力较强的大流域，地下水库的调节作用较大；反之，则较小。地下岩溶的存在也会对年径流量产生影响，它除了有地下水库的作用外，还可成为相邻流域水量交换的通道而影响年径流量的大小和年内分配。

（四）湖泊和沼泽

流域内存在湖泊和沼泽，一方面增大了流域的水面面积，使蒸发量增大，从而使年径流量减少；另一方面，由于湖泊和沼泽对径流的调蓄作用，使径流的年内、年际变化减小。

（五）流域大小

随着流域面积的增大，增加了流域的水面和陆面面积，从而增强了流域对径流的调蓄能力，使径流的年内、年际变化趋于均匀。

**三、人类活动因素对年径流量的影响**

人类活动是指人类对流域的开发利用等各种活动，如为了某种目的所采取的工程措施和非工程措施。这些活动对年径流量的影响包括直接和间接两方面。直接影响包括跨流域调水、水库蓄泄水、植树造林等。跨流域调水将本流域的水调至另一流域，直接影响两流域的年径流量及其空间分布；水库蓄泄也会直接影响到下游断面的径流量及其时程分配；植树造林则改变了地面径流和地下径流的比例，减缓了径流过程。间接影响指包括水面的增加或减少，从水循环上对年径流量产生的影响。

**四、影响径流年内分配的因素**

以月为时段的闭合流域水量平衡方程可写为：$R_{月}=P_{月}-E_{月}-\Delta S_{月}$，表明月径流量的变化仍取决于气候因素的变化和流域蓄水变量的变化，月降水量与月蒸发量的变化是引起月径流量变化的主要原因。下垫面因素如地下含水层厚度、地面水库、湖泊的调节作用，都可使径流的年内分配趋于均匀。

## 第三节　具有长期实测径流资料时设计年径流量及其年内分配的分析计算

在水利工程规划设计阶段，为了确定工程规模，要求水文计算提供未来工程运行期间的径流过程。水利工程的使用年限一般长达几十年甚至上百年，要通过成因分析的途径确切地预报未来长期的径流过程是不可能的。目前是用当地过去的长期径流变化过程来代表未来的径流变化过程。研究认为，年径流量是简单的独立随机变量，年径流量系列可作为随机系列。把 $n$ 年实测年径流量系列（样本容量为 $n$）作为年径流量总体的随机样本，如图 5-2 所示。如果实测系列具有较好的代表性，能够反映总体分布规律，那么可以由 $n$ 年实测年径流系列求得的样本分布函数 $Fn(x)$ 去推断总体分布函数 $F(x)$，以此来作为未来工程运行期间（$K$ 年）年径流量的分布规律。

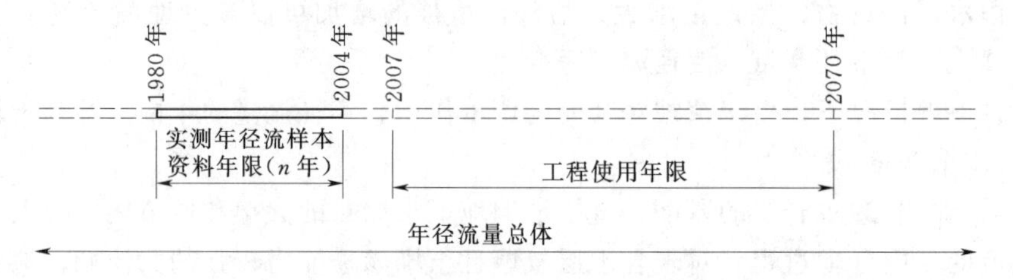


图 5-2　年径流量总体和样本示意图

所谓具有长期实测径流资料，一般指 $n \geqslant 30$ 年，而且这些资料必须具备“三性”：可靠性、一致性和代表性。下面介绍水文资料的“三性”审查方法。

## 一、水文资料的审查

水文资料是水文分析计算的依据，它直接影响着工程设计的精度。因此。对于所使用的水文资料必须慎重地进行审查。这里所谓审查就是审查实测年径流量系列的可靠性、一致性和代表性。

### （一）资料的可靠性审查

可靠性审查是对原始资料可靠程度的检验。径流资料通常是以“水文年鉴”的方式刊发，一般情况下是比较可靠的，但可能存在个别错误，应对其测验及整编方法进行审查。一般应注意以下几种情况。

（1）水位观测的方法、精度，水位过程线有无反常情况。

（2）流速测验及流量计算的方法。如高水测流时采用的浮标系数过高或过低，均会导致汛期流量偏大或偏小。

（3）水位流量关系曲线的绘制及延长方法，历年水位流量关系曲线受河道变迁引起的变化情况。

（4）上、下游站的水量应符合水量平衡原则。例如可用下式检验：

$$\sum_{i=1}^{n} W_i + \Delta W = W_{下游} \tag{5-2}$$

式中　$W_i$——上游干支流各站年径流总量；

$\Delta W$——区间年径流总量；

$W_{下游}$——下游站年径流总量。

### （二）资料的一致性审查

#### 1. 一致性分析的必要性

应用数理统计方法的前提之一，是要求统计系列具有一致性，即组成统计系列的每一个资料具有同一物理成因，不同成因的资料不能作为一个统计系列。

对于年径流量来说，其一致性是建立在气候条件和下垫面条件稳定的基础上的。如影响年径流量的因素长期没有显著的变化，则说明其成因是一致的。否则，资料的一致性便遭到了破坏。一般认为气候的变化是极其缓慢的，因而可以认为气候条件是相对稳定的。而下垫面条件由于人类活动而迅速变化，致使资料一致性受到破坏，必须对受到人类活动影响的水文资料进行还原计算，使之还原到天然状态。所谓“天然状态”，系指流域内径流在形成过程中没有受到人为影响（包括农田灌溉、跨流域引水、分洪决口、水库蓄泄、工业及生活用水等）。在这些因素的影响下，径流量将会发生显著的变化。例如永定河官厅站多年平均还原水量占天然水量的20%，枯水年的还原水量竟高达50%以上，不能忽视。还原后的若干年径流量资料再加入历史上未受人类活动影响的资料，组成基本上具有一致性的系列，即可进行统计分析。径流还原的方法有分项调查法、降雨径流模式法及蒸发差值法等。分项调查法是还原计算的基本方法，现介绍如下。

2. 分项调查法径流还原计算

（1）还原计算的基本原理。根据水量平衡原理可以写出以下公式：

$$W_{天然}=W_{实测}+W_{还原} \tag{5-3}$$

$$W_{还原}=W_{农业}+W_{引水}+W_{蒸发}+W_{调蓄}+W_{工业}+W_{渗漏}+W_{生活}+W_{水保}+W_{分洪}+W_{其他} \tag{5-4}$$

式中 $W_{天然}$——还原后的天然径流量，$10^4m^3$；

$W_{实测}$——实测径流量，$10^4m^3$；

$W_{还原}$——还原总水量，$10^4m^3$；

$W_{农业}$——农业灌溉净耗水量，$10^4m^3$；

$W_{引水}$——跨流域引水量（引出为正，引入为负），$10^4m^3$；

$W_{蒸发}$——水面面积扩大增加的蒸发量，$10^4m^3$；

$W_{调蓄}$——计算时段始末蓄水工程的蓄水变量（增加为正，减少为负），$10^4m^3$；

$W_{工业}$——工业净耗水量，$10^4m^3$；

$W_{渗漏}$——水库渗漏水量，$10^4m^3$；

$W_{生活}$——生活净耗水量，$10^4m^3$；

$W_{水保}$——水土保持措施对径流的影响水量，$10^4m^3$；

$W_{分洪}$——河道分洪水量（分出为正，分入为负），$10^4m^3$；

$W_{其他}$——包括城市化、地下水开发等对径流的影响，$10^4m^3$。

各项计算可按要求采取总量还原法或过程还原法，前者适用于只要求年总量还原，后者适用于要求分时段（汛期、非汛期或逐月）还原。

（2）总量还原法。

总量还原法是先计算各分项还原水量，各分项还原水量仍主要按水量平衡原理计算。有农业灌溉净耗水量、跨流域引水量、水面面积扩大增加的蒸发量、水库蓄水量的变化量、工业和生活净耗水量和水库渗漏量等，再加实测径流量即为天然径流量。

（3）过程还原法。

在径流分析计算中，有时需要径流量的年内分配过程，如按汛期、非汛期或逐月计算。当还原水量不太大时，对于水源为引水或提水工程的农业灌溉净耗水量和跨流域引入水量，可按灌溉需水过程的比例分配到年内各月。工业和生活净耗水量则平均分配。如水源为蓄水工程，其农业灌溉水量、跨流域引出水量、水库水面增加耗水量、水库蓄水量的变化量、工业和生活净耗水量则可根据典型水库的实测资料，计算出拦蓄量分配百分数，然后将总还原水量乘以分配百分数求得年内分配过程。水库渗漏量可按月平均水位分配。

（三）资料的代表性审查

$n$ 年实测年径流量，只是总体的一部分，用它来反映总体的分布规律，不可避免地存在着抽样误差。抽样误差的大小，取决于 $n$ 年年径流量系列代表性的高低。样本对总体代表性的高低，可以理解为所抽取的样本分布参数与总体分布参数的接近程度。由于年径流量总体分布参数是未知的，样本分布参数的代表性不能就其本身获得检验，通常只能通过与更长系列的分布参数作比较来衡量。具体方法如下。

在气候一致区或水文相似区内，以观测期更长的水文站或气象站的年径流量系列或年降水量系列作为参证变量，系列长度为 $N$ 年，与设计代表站 $n$ 年径流系列有 $n$ 年同步观测期。如果参证变量的 $N$ 年系列的统计参数（主要是均值和变差系数）与参证变量的 $n$ 年系列的统计参数接近，则说明参证变量的 $n$ 年系列在 $N$ 年系列中具有较好的代表性，从而可说明设计代表站 $n$ 年的年径流系列也具有较好的代表性。反之，说明代表性不足。如果经过审查后，发现长、短系列的统计参数相差较大，说明短系列的代表性不好，此时应设法对短系列进行插补延长以提高其代表性。

**【例 5-1】** 设计站 $A$ 具有 30 年（1970～1999 年）年径流量系列，为了检验这一系列的代表性，选择与设计变量有成因联系，具有 50 年长系列（1950～1999 年）的邻近流域 $B$ 站为参证站，将 $B$ 站的年径流量作为参证变量。经分析 $A$、$B$ 两站年径流量的时序变化具有较好的同步性（$A$ 站的年径流量随时间的变化基本上与 $B$ 站是同步的），因此认为 $B$ 站作为参证站是合适的。首先计算参证变量长系列 $N$ 年（1950～1999 年）的统计参数，再计算短系列 $n$ 年（1970～1999 年）的统计参数，得$\overline{R}_N=210\text{mm}$，$C_{vN}=0.3$，$C_{sN}=2C_{vN}$；$\overline{R}_n=218\text{mm}$，$C_{vn}=0.3$，$C_{sn}=2C_{vn}$。长、短系列统计参数甚为接近，说明参证站年径流量短系列在长系列中具有代表性。又因为 $A$ 站与 $B$ 站年径流量具有同步性，故推估 $A$ 站的短系列年径流系列在其本身的长系列中也具有代表性，近似地认为在其总体中也具有代表性。

还可采用下列方法检验资料的代表性。$n$ 年径流系列中每年的径流值都在其均值的上下跳动，并有丰、枯水年组交替出现的现象。对于 $n$ 年径流系列，如果包括了丰水段、平水段和枯水段，且丰、枯水段又大致对称分布，则代表性较好，否则代表性较差。一般地说，径流系列愈长，代表性愈好，但也不尽然。如果系列中丰水段数多于枯水段数，则年径流可能偏丰，反之可能偏枯。若减少其中一个丰水段或枯水段，其代表性可能更好，对此必须做认真、细致的分析。

例如，长江宜昌站 1878～1985 年共 108 年系列中，年径流丰枯交替出现，大致有 5 个丰枯水循环周期，每个循环周期为 13～31 年不等，平均约 20 年，每个循环周期年平均流量在 14200～14900$\text{m}^3/\text{s}$ 之间，变幅为多年平均值的 1.5%，$C_v$ 变化在 0.106～0.112 之间，说明宜昌站 108 年径流系列具有较好的代表性。

1949 年以前的资料，观测精度相对较差。20 世纪 50 年代初期，由于资料短缺，曾大量使用这类观测成果。但随着观测期的不断增长，有时不用这些资料，代表性可能更好。这类问题需慎重对待，必须经充分论证以决定取舍。

一个较长的水文周期，往往长达几十年甚至几百年的时间，而一般水文站，目前尚无如此长的径流系列。在条件许可时，可以在水文相似区内，进行综合性年径流量或年降水量的周期分析，并结合历史旱涝分析，作出合理的判断。

**二、设计年、月径流系列的选取**

对实测径流系列经过审查和分析后，再按水利年度排列为一个新的年、月径流系列。然后，从这个长系列中选出代表段。代表段中应包括有丰、平、枯水年，并且有一个或几个完整的调节周期；代表段的年径流量均值、变差系数应与长系列的相近，也就是这个代表段在长系列中具有代表性。就可以用这个代表段的年、月径流量过程来代表未来工程运行期间的年、月径流量变化。这个代表段就是水利计算所要求的所谓“设计年、月径流系列”，如表 5-2 所示。

**表 5-2　　某站年、月径流量表**

| 年　份 | 月平均流量（$m^3/s$） | | | | | | | | | | | | 年平均流量（$m^3/s$） |
|---|---|---|---|---|---|---|---|---|---|---|---|---|---|
| | 3 | 4 | 5 | 6 | 7 | 8 | 9 | 10 | 11 | 12 | 1 | 2 | |
| 1958～1959 | 16.5 | 22.0 | 43.0 | 17.0 | 4.63 | 2.46 | 4.02 | 4.84 | 1.98 | 2.47 | 1.87 | 21.6 | 11.9 |
| 1959～1960 | 7.25 | 8.69 | 16.3 | 26.1 | 7.15 | 7.50 | 6.81 | 1.86 | 2.67 | 2.73 | 4.20 | 2.03 | 7.78 |
| 1960～1961 | 8.21 | 19.5 | 26.4 | 26.4 | 7.35 | 9.62 | 3.20 | 2.07 | 1.98 | 1.90 | 2.35 | 13.2 | 10.0 |
| 1961～1962 | 14.7 | 17.7 | 19.8 | 30.4 | 5.20 | 4.87 | 9.10 | 3.46 | 3.42 | 2.92 | 2.48 | 1.62 | 9.64 |
| 1962～1963 | 12.9 | 15.7 | 41.6 | 50.7 | 19.4 | 10.4 | 7.48 | 2.79 | 5.30 | 2.67 | 1.79 | 1.80 | 14.4 |
| 1963～1964 | 3.20 | 4.98 | 7.15 | 16.2 | 5.55 | 2.28 | 2.13 | 1.27 | 2.18 | 1.54 | 6.45 | 3.87 | 4.73 |
| 1964～1965 | 9.91 | 12.5 | 12.9 | 34.6 | 6.90 | 5.55 | 2.00 | 3.27 | 1.62 | 1.17 | 0.99 | 3.06 | 7.87 |
| 1965～1966 | 3.90 | 26.6 | 15.2 | 13.6 | 6.12 | 13.4 | 4.27 | 10.5 | 8.21 | 9.03 | 8.35 | 8.48 | 10.4 |
| 1966～1967 | 9.52 | 29.0 | 13.5 | 25.4 | 25.4 | 3.58 | 2.67 | 2.23 | 1.93 | 2.76 | 1.41 | 5.30 | 10.2 |
| 1967～1968 | 13.0 | 17.9 | 33.2 | 43.0 | 10.5 | 3.58 | 1.67 | 1.57 | 1.82 | 1.42 | 1.21 | 2.36 | 10.9 |
| 1968～1969 | 9.45 | 15.6 | 15.5 | 37.8 | 42.7 | 6.55 | 3.52 | 2.54 | 1.84 | 2.68 | 4.25 | 9.00 | 12.6 |
| 1969～1970 | 12.2 | 11.5 | 33.9 | 25.0 | 12.7 | 7.30 | 3.65 | 4.96 | 3.18 | 2.35 | 3.88 | 3.57 | 10.3 |
| 1970～1971 | 16.3 | 24.8 | 41.0 | 30.7 | 24.2 | 8.30 | 6.50 | 8.75 | 4.25 | 7.96 | 4.10 | 3.80 | 15.1 |
| 1971～1972 | 5.08 | 6.10 | 24.3 | 22.8 | 3.40 | 3.45 | 4.92 | 2.79 | 1.76 | 1.30 | 2.23 | 8.76 | 7.24 |
| 1972～1973 | 3.28 | 11.7 | 37.1 | 16.4 | 10.2 | 19.2 | 5.75 | 4.41 | 4.53 | 5.59 | 8.47 | 8.89 | 11.3 |
| 1973～1974 | 15.4 | 38.5 | 41.6 | 57.4 | 31.7 | 5.86 | 6.56 | 4.55 | 2.59 | 1.63 | 1.76 | 5.21 | 17.7 |
| 1974～1975 | 3.28 | 5.48 | 11.8 | 17.1 | 14.4 | 14.3 | 3.84 | 3.69 | 4.67 | 5.16 | 6.26 | 11.1 | 8.42 |
| 1975～1976 | 22.4 | 37.1 | 58.0 | 23.9 | 10.6 | 12.4 | 6.26 | 8.51 | 7.30 | 7.54 | 3.12 | 5.56 | 16.9 |

注　～～～表示供水期。

有了设计条件下的历年逐月径流过程（来水）和历年逐月的用水过程，就可以逐年进行来水、用水平衡计算，求得逐年所需的库容值。例如，某一水利枢纽有 $n$ 年径流资料，可以求得各年的库容值 $V_1$，$V_2$，…，$V_n$。将库容值由小到大重新排列，并计算各项的经验频率，点绘在频率格纸上，作出库容频率曲线。于是，可以由设计用水保证率 $P$，在频率曲线上查得相应的设计库容值 $V_P$，用以确定工程规模。这种推求设计库容值 $V_P$ 的方法，在水利计算中称为长系列操作法或时历法。

运用长系列操作法，保证率的概念比较明确。但对水文资料要求较高，必须提供设计年、月径流量系列。在实际工作中，一般不具备上述条件；同时，在规划设计阶段需要多方案进行比较，计算工作量太大。因此，在规划设计中小型水利工程时，广泛采用下述的代表年法（设计代表年法或实际代表年法）。

**三、设计代表年法设计年径流量及其年内分配计算**

设计代表年年径流量及年内分配的计算步骤为：①根据审查分析的长期实测径流量资料，按工程要求确定计算时段，对各种时段径流量进行频率计算，求出指定频率的各种时段的设计流量值；②在实测径流资料中，按一定的原则选取各种代表年，对灌溉工程只选枯水年为代表年，对水电工程一般选丰水、平水、枯水 3 个代表年；③求设计时段径流量与代表时段径流量的比值，对代表年的径流过程按此比值进行缩放，即得设计的年径流过程线。

（一）设计时段径流量的计算

1. 计算时段的确定

计算时段的确定与工程要求有关。对灌溉工程来说，一般取灌溉期作为计算时段，也可取灌溉期内主要需水期为计算时段。如某双季稻灌区灌溉期为 4～10 月，而主要需水期为 7～9 月，可以取 7 个月和 3 个月两种计算时段来统计时段径流量。对水电工程来说，枯水期水量和年水量决定发电效益，因此，可取枯水期或年作为计算时段。

2. 频率计算

当计算时段确定后，就可根据历年逐月径流资料统计时段径流量。若计算时段为年，则按水利年度统计年、月径流量。水利年度的起讫时间可能每年不同，一般按多年平均情况，以每年某月 1 日为固定起点。将实测年、月径流量按水利年度排列后，计算每一年度的年平均径流量，并按大小次序排列，即构成年径流量计算系列。若选定的计算时段为 3 个月（或其他时段），则根据历年逐月径流量资料，统计历年最枯 3 个月的水量，不固定起讫时间，可以不受水利年度分界的限制。同样，把历年最枯 3 个月的水量按大小次序排列，即构成计算系列。

有了年径流量系列或时段径流量系列，即可用前面讲述的适线法，推求指定频率的设计年径流量或指定频率的设计时段径流量。

适线时要考虑全部经验点据。如点据与曲线拟合不佳时，应侧重考虑中、下部点据，适当照顾上部点据。年径流频率计算中，$C_s/C_v$ 值按具体适线情况而定，一般可采用2～3。

3. 成果的合理性分析

分析的主要内容是对径流系列的均值、变差系数及偏态系数进行审查，分析工作的主要依据是水量平衡原理和径流的地理分布规律。

（1）多年平均年径流量的检查。如前所述，影响多年平均年径流量的因素是气候因素，而气候因素是具有地理分布规律的，所以多年平均年径流量也具有地理分布规律。将设计站与上下游站和邻近流域的多年平均径流量进行比较，便可判断所得成果是否合理。若发现不合理现象，应检查其原因，作进一步分析论证。

（2）年径流量变差系数的检查。反映径流年际变化程度的年径流量的 $C_v$ 值也具有一定的地理分配规律。我国许多省、区编制的《水文图集》中绘有年径流量 $C_v$ 等值线图，可据此检查年径流量 $C_v$ 值的合理性。但是，这些 $C_v$ 值等值线图，一般是根据大中流域的资料绘制的，与某些有特殊下垫面条件的小流域年径流量 $C_v$ 值可能并不协调，在分析检查时应进行深入分析。一般说来，小流域的调蓄能力较小，它的 $C_v$ 值比大流域大些。

(3) 年径流量偏态系数的检查。有人认为可以利用 $C_s/C_v$ 值的地理分布规律，来检查 $C_s$ 的合理性。但 $C_s/C_v$ 值是否真正具有地理分布规律还有待进一步研究。$C_s$ 值的合理性检查尚无公认的适当办法。

**【例 5-2】** 拟兴建一水利水电工程，某河某断面有 18 年（1958～1976 年）的流量资料，见表 5-2。试求 $P=10\%$的设计丰水年、$P=50\%$的设计平水年、$P=90\%$的设计枯水年的设计年径流量。

(1) 进行年、月径流量资料的审查分析，认为 18 年实测系列具有较好的可靠性、一致性和代表性。

(2) 将表 5-2 中的年平均径流量组成统计系列，按照适线法进行频率分析，从而求出指定频率的设计年径流量，频率计算结果如下：

均值 $\overline{Q} = 11\text{m}^3/\text{s}$，$C_v = 0.32$，$C_s = 2C_v$

$P = 10\%$ 的设计丰水年 $Q_{丰P} = K_{丰}\overline{Q} = 1.43 \times 11 = 15.7\ (\text{m}^3/\text{s})$

$P = 50\%$ 的设计平水年 $Q_{平P} = K_{平}\overline{Q} = 0.97 \times 11 = 10.7\ (\text{m}^3/\text{s})$

$P = 90\%$ 的设计枯水年 $Q_{枯P} = K_{枯}\overline{Q} = 0.62 \times 11 = 6.82\ (\text{m}^3/\text{s})$

### (二) 设计年径流量的年内分配计算

根据工程要求，求得设计频率的设计年径流量后，还必须进一步确定月径流过程。目前常用的方法是：先从实测年、月径流量资料中，按一定的原则选择代表年。然后依据代表年的年内径流过程，将设计年径流量按一定比例进行缩放，求得所需的设计年径流年内分配过程。

#### 1. 代表年的选择

代表年从实测径流资料中选取，应遵循下述两条原则：

(1) 选取年径流量与设计值相接近的年份。

(2) 选取对工程不利的年份。在实测径流资料中水量接近的年份可能不止一年，为了安全起见，应选用水量在年内的分配对工程较为不利的年份作为代表年。如对灌溉工程而言，应选灌溉需水期径流量比较枯，而非灌溉期径流量又相对较丰的年份，这种年内分配经调节计算后，需要较大的库容才能保证供水，以这种代表年的年径流分配形式代表未来工程运行期间的径流过程，所确定的工程规模对供水来说具有一定的安全保证程度。对水电工程而言，则应选取枯水期较长、枯水期径流量又较枯的年份。

水电工程一般选丰水、平水和枯水 3 个代表年，而灌溉工程只选枯水 1 个代表年。

#### 2. 年径流年内分配计算

按上述原则选定代表年径流过程线后，求出设计年径流量与代表年年径流量之比值 $K_{年}$ 或求出设计供水期水量与代表年的供水期水量之比值 $K_{供}$：

$$K_{年} = \frac{Q_{年,P}}{Q_{年,代}} \quad \text{或} \quad K_{供} = \frac{Q_{供,P}}{Q_{供,代}} \tag{5-5}$$

然后，以 $K_{年}$ 或 $K_{供}$ 值乘代表年的逐月平均流量，即得设计年径流的年内分配过程。

**【例 5-3】** 接前例，求设计丰水年、设计平水年及设计枯水年的设计年径流的年内分配。

（1）代表年的选择。

$P=10\%$的设计丰水年，$Q_{年,10\%}=15.7\text{m}^3/\text{s}$，按水量接近、分配不利（汛期水量较丰）原则，选1975～1976年为丰水代表年，$Q_{年,代}=16.9\text{m}^3/\text{s}$。

$P=50\%$的设计平水年，$Q_{年,50\%}=10.7\text{m}^3/\text{s}$，按能反映汛期、枯水期的起讫月份和汛期、枯水期水量百分比满足平均情况的年份的原则，选1960～1961年作为平水代表年。

$P=90\%$的设计枯水年，$Q_{年,90\%}=6.82\text{m}^3/\text{s}$，与之相近的年份有1971～1972年（$Q=7.24\text{m}^3/\text{s}$）、1964～1965年（$Q=7.87\text{m}^3/\text{s}$），1959～1960年（$Q=7.78\text{m}^3/\text{s}$）、1963～1964年（$Q=4.73\text{m}^3/\text{s}$）4年。考虑分配不利，即枯水期水量较枯，选取1964～1965年作为枯水代表年，1971～1972年作比较用。

（2）以年水量控制求缩放倍比$K$。

设计丰水年 $$K_{丰}=\frac{Q_{年,P}}{Q_{年,代}}=\frac{15.7}{16.9}=0.929$$

设计平水年 $$K_{平}=\frac{10.7}{10.0}=1.07$$

设计枯水年 $$K_{枯}=\frac{6.82}{7.87}=0.866 \quad (1964\sim1965\text{年代表年})$$

$$K_{枯}=\frac{6.82}{7.24}=0.942 \quad (1971\sim1972\text{年代表年})$$

（3）设计年径流年内分配计算。

以缩放倍比$K$乘以各自代表年的逐月径流，即得设计年径流年内分配，结果见表5-3。

**表5-3　某站以年水量控制，同倍比缩放的设计年、月径流量**　流量单位：$\text{m}^3/\text{s}$

| 月 | 3 | 4 | 5 | 6 | 7 | 8 | 9 |
|---|---|---|---|---|---|---|---|
| 枯水代表年（1964～1965年） | 9.91 | 12.50 | 12.90 | 34.60 | 6.90 | 5.55 | 2.00 |
| P=90%设计枯水年 | 8.59 | 10.80 | 11.20 | 29.90 | 5.97 | 4.82 | 1.73 |
| 枯水代表年（1971～1972年） | 5.08 | 6.10 | 24.30 | 22.80 | 3.40 | 3.45 | 4.92 |
| P=90%设计枯水年 | 4.80 | 5.76 | 22.80 | 21.48 | 3.20 | 3.25 | 4.63 |
| 平水代表年（1960～1961年） | 8.21 | 19.50 | 26.40 | 24.60 | 7.35 | 9.62 | 3.20 |
| P=50%设计平水年 | 8.78 | 20.90 | 28.20 | 26.30 | 7.86 | 10.30 | 3.42 |
| 丰水代表年（1975～1976年） | 22.40 | 37.10 | 58.00 | 23.90 | 10.60 | 12.40 | 6.26 |
| P=10%的设计丰水年 | 20.80 | 34.50 | 53.90 | 22.20 | 9.85 | 11.50 | 5.82 |

| 月 | 10 | 11 | 12 | 1 | 2 | 全年 | |
|---|---|---|---|---|---|---|---|
| | | | | | | 总量 | 平均 |
| 枯水代表年（1964～1965年） | 3.27 | 1.62 | 1.17 | 0.99 | 3.06 | 94.50 | 7.87 |
| P=90%设计枯水年 | 2.83 | 1.40 | 1.02 | 0.86 | 2.67 | 81.80 | 6.82 |
| 枯水代表年（1971～1972年） | 2.79 | 1.76 | 1.30 | 2.23 | 8.76 | 86.90 | 7.24 |
| P=90%设计枯水年 | 2.63 | 1.66 | 1.22 | 2.10 | 8.25 | 81.80 | 6.82 |
| 平水代表年（1960～1961年） | 2.07 | 1.98 | 1.90 | 2.35 | 1.32 | 120.40 | 10.00 |
| P=50%设计平水年 | 2.21 | 2.12 | 2.03 | 2.51 | 1.41 | 128.80 | 10.70 |
| 丰水代表年（1975～1976年） | 8.51 | 7.30 | 7.54 | 3.12 | 5.56 | 202.70 | 16.90 |
| P=10%的设计丰水年 | 7.90 | 6.78 | 7.00 | 2.90 | 5.17 | 188.30 | 15.70 |

这种推求设计年径流过程的方法，称为同倍比缩放法。该方法简单易行，计算出来的年径流过程仍保持原代表年的径流分配形式，但求出的设计年径流过程，只是计算时段（年或某一时段）的径流量符合设计频率的要求。有时需要几个时段和全年的径流量同时满足设计频率，则需用同频率缩放法。具体计算方法与由流量资料推求设计洪水中的“同频率放大法”相同。

**四、实际代表年法的年、月径流量计算**

实际代表年法就是从实测年、月径流量系列中，选取出一个实际的干旱年作为代表年，用其年径流分配过程直接与该年的用水过程相配合而进行调节计算，求出调节库容，来确定工程规模。选出的年份称为实际代表年，其年、月径流量，就是实际代表年的年、月径流量。用这种方法求出的调节库容，不一定符合规定的设计保证率。但由于曾经发生的干旱年份给人以深刻的印象，认为只要这样年份的供水得到保证，就达到修建水库工程的目的。实际代表年法概念清楚，比较直观，在小型灌溉工程设计中应用较广。

## 第四节　具有短期实测径流资料时设计年径流量及其年内分配的分析计算

当实测年径流量系列不足30年，或虽有30年，但系列代表性不足，应进行插补延长。然后，根据展延后的系列进行频率计算。在实际工作中这种情况是经常遇到的。具有短期径流资料时，设计年、月径流量计算的关键是系列的展延。本节主要讲述径流系列的展延方法。在水文计算中，通常应用图解相关法或相关分析法来展延系列。

**一、参证变量的选择**

参证变量应具备下列几个条件：

（1）参证变量与设计变量在成因上有密切联系。

（2）参证变量与设计变量要有一段较长的同步观测资料，以便建立相关关系。

（3）参证变量应具有充分长的实测资料，并具有较好的代表性。

根据上述条件，结合具体的资料情况，可以选择不同的参证资料（如流域降水资料或上、下游站径流资料）来展延设计站的年、月径流量，不同的年份可用不同的参证资料来展延，同一年份可用两种以上参证资料来展延时，从中选用精度高者的成果，如图5-3所示。

在水文计算中，通常用径流量或降水量作为参证变量，有时也用其他变量（例如气温）作为参证变量。下面重点讲述利用径流量和降水量资料展延系列的方法。

**二、相关法展延系列**

（一）利用径流量资料展延系列

当设计站上游或下游站有充分实测年径流量时，往往可以利用上、下游站的年径流量资料来展延设计站的年径流量系列。如果设计站与参证站所控制的流域面积相差不多，一般可获得良好的结果。当自然地理条件和气候条件在地区上的变化很大时，两站年径流量间的相关关系可能不好。这时，可以在相关图中引入反映区间径流量（或区间年降水量）的参变量，来改善相关关系。

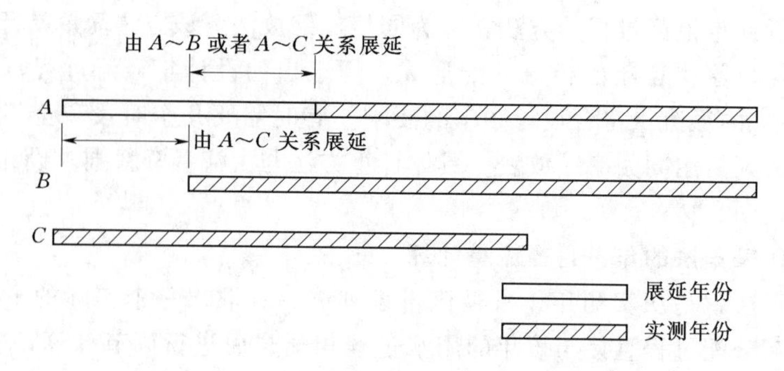


图 5-3　选用不同参证变量展延系列示意图

A—设计站年、月径流系列；B、C—参证站资料系列

当设计站上、下游无长期测站时，经过分析，可利用自然地理条件相似的邻近流域的年径流量作为参证变量。

当设计站实测年径流量系列过短，难以建立年径流量相关关系时，可以利用设计站与参证站月径流量（或季径流量）之间的关系来展延系列。由于影响月（季）径流量的因素远比影响年径流量的因素多，月（季）径流量的相关关系也就不如年径流量相关关系那样密切。用月（季）径流量关系来展延系列，一般误差较大。

选好参证变量并建立关系图后，即可根据实测的参证变量，从相关图上查出设计站年径流量的对应值，从而把设计站系列展延到一定长度。

（二）利用降水量资料展延系列

当不能利用径流量资料来展延系列时，可以利用流域内或邻近地区的降水量资料来展延。对于湿润地区，如我国长江流域及南方各省，年径流量与年降水量之间存在较密切的关系，如用流域平均年降水量作参证变量来展延年径流量系列，一般可得到良好的效果。对于干旱地区，年径流量与年降水量之间的关系不太密切，难以利用这个关系来展延年径流量系列。

当设计站的实测年径流量系列过短，不足以建立年降水量与年径流量的相关关系时，也可用月降水量与月径流量之间的关系来展延月、年径流量系列。

需要注意，按日历时间统计月降雨量和月径流量，有时月末的降雨量所产生的径流量在下月初流出，造成月降雨量与月径流量不相对应的情况。因此，二者之间的关系一般较弱，有时点据散乱而无法定相关关系线。解决的办法是，将月末降雨量的部分或全部计入下个月的降雨量中；或者将下月初流出的径流量计入上个月的径流量中，使月降雨量和月径流量相对应。可以使月降雨量和月径流量之间的关系得到改善。

当受流域蓄水量影响较大时，也会使月降雨量和月径流量不相对应，由于不同月份的流域蓄水量不同，即使是月降雨量相同，相应的月径流量也会相差较大，甚至是不降雨的月份，会有较大的径流量产生，这主要是流域前期蓄水造成的（比如枯水期的月径流量一般由地下水供给，几乎与本月少量的降雨量无关），此时不可利用月降雨径流关系来展延枯水期的月径流量。

有了经插补延长的年径流量系列，就可进行频率计算和年内分配计算，计算方法与有长期实测资料的完全相同。

## 第五节　缺乏实测径流资料时设计年径流量及其年内分配的分析计算

在中小型水利工程的规划设计中，经常遇到没有实测径流资料，或者有短期实测径流资料但又无法展延的情况。在这种情况下，只能通过间接途径来推求设计年径流量。目前常用的方法是水文比拟法和等值线图法。

**一、水文比拟法**

水文比拟法是将气候与自然地理条件一致的参证站的资料，移置到设计流域使用的方法。关键问题是选取恰当的参证流域。

（一）参证流域的选择原则

（1）参证流域应具有长期实测径流资料，且资料代表性好。

（2）参证流域与设计流域必须属同一气候区，且下垫面条件相似。

（3）参证流域与设计流域面积不能相差太大，最好不超过15%。

（二）多年平均年径流量的计算

1. 直接移用

当设计站与参证站处于同一河流的上、下游，且参证流域面积与设计流域面积相差不大时，或两站虽不在一条河流上，但气候与下垫面条件相似时，可以直接把参证流域的多年平均年径流深移用过来，作为设计流域的多年平均年径流深$\overline{R}_{设}$，即：

$$\overline{R}_{设} = \overline{R}_{参} \tag{5-6}$$

2. 修正移用

当两个流域面积相差较大，或气候与下垫面条件有一定差异时，要将参证流域的多年平均年径流量$\overline{Q}_{参}$修正后再移用过来，即：

$$\overline{Q}_{设} = K_R \overline{Q}_{参} \tag{5-7}$$

式中　$K_R$——考虑不同因素影响的修正系数。

如果只考虑面积不同的影响，则：

$$\overline{K}_R = \frac{\overline{F}_{设}}{F_{参}} \tag{5-8}$$

如果考虑设计流域与参证流域上多年平均降水量的不同，即$\overline{x}_{设}$不等于$\overline{x}_{参}$，但径流系数接近时，其修正系数为：

$$\overline{K}_R = \frac{\overline{x}_{设}}{\overline{x}_{参}} \tag{5-9}$$

式中　$\overline{F}_{设}$、$\overline{F}_{参}$——设计流域、参证流域的流域面积；

$\overline{x}_{设}$、$\overline{x}_{参}$——设计流域、参证流域的多年平均年降水量，可从水文手册中查得。

（三）年径流变差系数$C_v$的估算

移用参证流域的年径流量$C_v$值时要求：

（1）两站所控制的流域特征大致相似。

（2）两流域属于同一气候区。如果考虑影响径流的因素有差异，可采用修正系数$K$，则设计流域年径流深变差系数：

$$C_{cR设} = KC_{vR参} \quad (5-10)$$

式中　$K=\frac{C_{vx设}}{C_{vx参}}$；

$C_{vx设}$、$C_{vx参}$——设计流域、参证流域年降水量的变差系数，可从水文手册中查得；

$C_{vR参}$——参证流域年径流深的变差系数，可从水文手册中查得。

（四）年径流量偏态系数 $C_s$ 的估算

年径流量的 $C_s$ 值一般通过 $C_s$ 与 $C_v$ 的比值定出。可以将参证站 $C_s$ 与 $C_v$ 的比值直接移用或作适当的修正。在实际工作中，常采用 $C_s=2C_v$。

**二、等值线图法**

作为影响流域多年平均径流量主要因素的降水量和蒸发量，它们都具有地理分布规律。而流域下垫面因素，对多年平均径流量也有影响，这是非分区性因素。为消除非分区性因素的影响，通常将流域多年平均年径流量除以流域面积，得多年平均年径流深（mm）。将有资料流域的多年平均年径流深数据，点绘在流域面积的形心处（沿不同方向，将流域面积等分为二的直线的交点，该交点一般视为流域的形心。山区点绘在流域平均高程处）。根据众多测站的多年平均年径流深数据，即可绘制多年平均年径流深等值线图。

利用等值线图推求无资料流域多年平均年径流深，需首先在图上勾画出流域范围，定出流域形心。在流域面积较小，流域内等值线分布均匀的情况下，可由通过流域形心的等值线确定该流域的多年平均年径流深，或根据形心附近的两条等值线，按比例内插求得。如流域面积较大，或等值线分布不均匀时，可用等值线间的面积加权计算流域平均年径流深。如图 5-4 所示，流域多年平均年径流深可由下式求得：

$$R_{设} = \frac{0.5(R_1+R_2)f_1+0.5(R_2+R_2)f_2+\cdots+0.5(R_{n-1}+R_n)f_{n-1}}{F} \quad (5-11)$$

式中　$R_{设}$——设计站流域多年平均年径流深，mm；

$f_i$——两相邻等值线间的部分流域面积，$km^2$；

$F$——总流域面积，$km^2$；

$R_i$——等值线所代表的多年平均年径流深，mm。

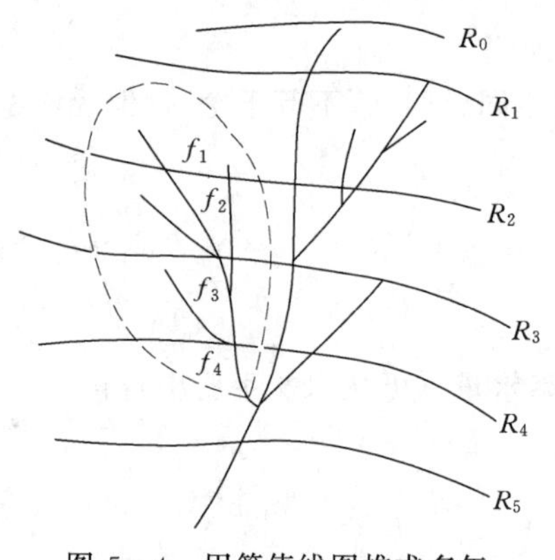


图 5-4　用等值线图推求多年平均年径流深示意图

利用等值线图查算多年平均年径流深的方法，适用于中等流域。对于小流域使用时需慎重。对小流域的年径流深，下垫面因素起主要作用，小流域内河槽下切深度一般不大，不能获取全部的地下径流，可出现枯水季长时期断流现象等。此时小流域的多年平均径流深比处于同一地区中等流域的为小。而等值线图多由中等流域水文站资料绘制而成，因此使用等值线图来推求小流域多年平均径流深，应根据流域实际情况适当加以修正。

年径流量 $C_v$ 值具有地理分布规律，也可以利用有资料流域的 $C_v$ 值，绘制年径流深 $C_v$ 值等值线图，供缺乏径流资料的流域查用。年径流深 $C_v$ 值等值线图绘制方法与多年平均年径流深等值线图的绘制方法相同，等值线图的精度，前者低于后者，用于查取缺乏资料的小流域年径流深的 $C_v$ 值，误差可能较大（一般由图上查得的 $C_v$ 值偏小）。

根据上述方法求得年径流量的 3 个统计参数后，可以通过频率计算求得设计枯水年或丰水、平水、枯水 3 个设计年径流量。

至于缺乏实测资料时设计年径流量的年内分配，广泛使用水文比拟法来推求。即直接移用参证流域各种代表年的月径流量分配比，乘以设计年径流量即得设计年径流量的年内分配。参证流域各种代表年的月径流量分配比，可由水文手册中查得。

## 第六节 流量历时曲线

径流的分配过程除用上述的流量过程表示外，还可用流量历时曲线来表示。这种曲线是按其时段内所出现的流量数值及其历时（或相对历时）而绘成的，说明径流分配的一种特性曲线（见图 5-5）。如不考虑各流量出现的时刻，而只关注所出现流量数值的大小，可以很方便地由曲线上求得在该时段内等于或大于某流量数值出现的历时。流量历时曲线在水力发电、航运和木材流放等工程设计的水利计算中有着重要的意义，因为这些工程的设计，不仅取决于流量的时序更替，而且还取决于流量的持续历时。

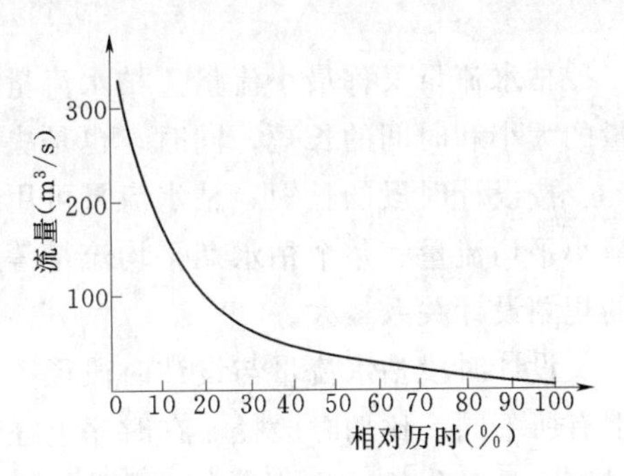

图 5-5 日流量历时曲线

根据工程设计的不同要求，历时曲线可以用不同的方法绘制，并具有各种不同的时段，因而有各种不同的名称。常见的有：

### 一、多年综合日流量历时曲线

多年综合日流量历时曲线是根据所有年份的实测日平均流量资料绘成的，它能反映流量在多年期间的历时情况。

在工程设计中，有时要求绘制丰水年（或枯水年）的综合日流量历时曲线，它是根据各丰水年（或枯水年）的实测日平均流量资料绘成的。

此外，还有所谓丰水期（或枯水期、灌溉期）的综合日流量历时曲线，它是根据各年的丰水期（或枯水期、灌溉期）的实测日平均流量资料绘成的。

### 二、代表年日流量历时曲线

代表年日流量历时曲线是根据某一年份的实测日平均流量资料绘成的。曲线的纵坐标为日平均流量或其相对值（模比系数），横坐标为历时或相对历时（占全年的百分数）。

在工程设计中，常常需要各种代表年（丰水年、平水年、枯水年）的日流量历时曲线。绘制这条曲线时，代表年的选择应按前述的原则来进行。

### 三、平均日流量历时曲线

平均历时曲线是以各年同历时的日平均流量的平均值为纵坐标，其相应历时为横坐标点绘的曲线。平均历时曲线是一种虚拟的曲线。与综合历时曲线相比，它的上部较低而下部较高，中间则大致与综合曲线重合。利用平均历时曲线的这种性质，有人建议一种根据平均历时曲线来绘制综合历时曲线的简化方法，即在历时为10%～90%的范围内，用平均曲线的作图方法作图；在历时<10%和历时>90%的两端，则根据实测年份中绝对最大和最小日流量数值目估定线。

在有实测径流资料时，日流量历时曲线的绘制方法如上所述。

当缺乏实测径流资料时，综合或代表年日流量历时曲线的绘制，可按水文比拟法来进行。即把相似流域以模比系数为纵坐标的日流量历时曲线直接移用过来，再以设计流域的多年平均流量（用间接方法求出）乘纵坐标的数值，可得出设计流域的日流量历时曲线。天然调节程度影响历时曲线的形状。天然调节程度较大的流域，历时曲线比较平直。而调节程度较小的流域，历时曲线比较陡峻。应用水文比拟法要注意选择气候条件和天然调节程度相似的流域作为参证流域。

## 第七节　设计枯水流量的分析计算

枯水流量又称最小流量。枯水流量制约着城市的发展规模、灌溉面积的大小、通航容量的大小和时间的长短，同时，也是决定水电站保证出力的重要因素。

按设计时段的长短，枯水流量可用年最小日平均流量、最小月平均流量、连续3个月最小平均流量、整个枯水期平均流量等来表示，其中以日、月最小流量与水资源利用工程的规划设计关系最大。

设计时段枯水流量与设计时段径流在计算方法上没有本质区别，主要在资料选择方法上有所不同。比如时段径流在时序上往往是固定的，而枯水流量是在一年中选最小值，在时序上是变化的。此外，在一些具体环节上也有一些差异。

### 一、有实测资料时设计枯水流量计算

当设计站有长系列实测径流资料时，可按年最小选样原则，选取一年中最小的时段径流量，组成样本系列。

枯水流量常采用不足概率$q$，即以小于和等于该径流的概率来表示，它和年最大选样的概率$P$有$q=1-P$的关系。因此在系列排队时需按由小到大排列。年枯水流量频率曲线的绘制方法与时段径流频率曲线的绘制方法基本相同，也常采用皮尔逊Ⅲ型频率曲线适线。图5-6为某水文站不同天数的枯水流量频率曲线。

年枯水流量频率曲线，在某些河流上，特别是在干旱半干旱地区的中小河流上，会出现时段径流量为零的现象，可参阅含零系列的频率分析方法。此处介绍一种实用的处理方法。

设系列的全部项数为$n$，其中非零项数为$k$，零值项数为$n—k$。首先把$k$项非零资料视作一个独立系列，按一般方法求出其频率曲线。然后通过下列转换，即可求得全部系列的频率曲线。转换关系为：

$$P_{设} = \frac{k}{n}P_{非} \tag{5-12}$$

式中　$P_{设}$——全部系列的设计频率；

$P_{非}$——非零系列的相应频率。

在枯水流量频率曲线上，往往会出现在两端接近 $P=20\%$ 和 $P=90\%$ 处曲线转折现象。在 $P=20\%$ 以下的部分是河网及潜水逐渐枯竭，径流主要靠深层地下水补给的结果；在 $P=90\%$ 以上部分，可能是某些年份有地表水补给，枯水流量偏大所致。

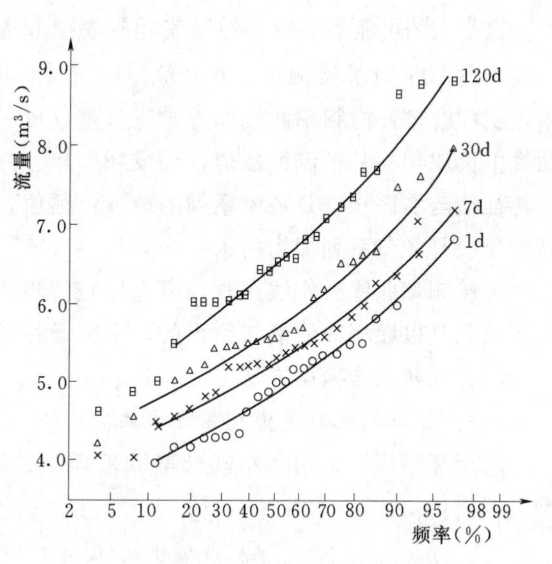

图 5-6　某水文站枯水流量频率曲线

**二、短缺资料时设计枯水流量估算**

当设计站短缺径流资料时，设计枯水流量主要需借助参证站资料来延长系列或移用参证站计算成果，计算方法与本章第五节所述方法基本相同。由于枯水流量比固定时段径流的时程变化更为稳定，因此，在与参证站建立枯水径流相关时，效果会更好一些。当设计站只有少数几年资料，与参证站的相似性较好时，也可建立较好的枯水流量相关关系。在这种情况下，甚至可以不必进行设计站的径流系列延长和频率分析，而直接移用参证站的频率计算成果，经上述相关关系，转化为本站相应频率的设计枯水流量。

在设计站完全没有径流资料的情况下，还可以考虑进行枯水流量观测，以应需要。如果能实测一个枯水季的流量过程，则对于建立 30d 以下时段的枯水流量关系，有很大用处；如只要求给出设计日最小流量，那么在枯水期实测几次流量（如 10 次），就可与参证站径流建立相关关系。

## 第八节　径流随机模拟

如本章第三节所述，水利工程所在地点的实测年径流系列长度往往远比工程使用年限为短，难于满足工程设计的要求。因此，《水利水电工程水文计算规范》SL278—2002 规定：根据设计要求，可采用随机模拟法模拟径流系列。随机模拟又称径流系列（资料）随机模拟生成。

径流随机模拟的基本思路是：水文现象本质上是随机的，它们的特性随时间的变化遵循概率理论以及现象发生的序贯关系，尽管通常实测径流系列很短，未来不可能完全重复，然而它包含了径流系列内在的主要统计特性和形成机制的一些基本信息，因此分析所有可以得到的历史径流系列资料，研制并拟合随机数学模型，即可生成未来的径流系列。当然随机生成的径流系列必须在一些重要的统计特征值如均值、均方差 $\sigma$、变差系数 $C_v$、偏态系数 $C_s$ 及相关系数 $r$ 和实测径流系列的相应特征值保持一致。

径流随机模拟方法有多种，本节只介绍 3 种。

## 一、经验频率曲线法

这是人们可能最早想到的径流随机模拟方法。此法大体计算步骤是：根据式（4-32）～式（4-34）计算实测年、月径流量的统计特征值如均值、$C_v$ 和 $C_s$，寻找一条与经验频率点据配合较好的频率曲线如皮尔逊Ⅲ型（皮—Ⅲ）曲线，然后按固定的 $\Delta P$ 值从皮—Ⅲ曲线上读取年、月径流量数值，构成新的年、月径流系列。分析新的年、月径流系列的统计特征值与实测年、月径流系列的统计特征值。如果两者基本保持一致，则用此法生成的新的年、月径流系列即为所求。

经验频率曲线法作法直观，概念比较清晰。缺点是结果可能因人而异，生成的年、月径流系列是以频率曲线形式给出的，未能满足时历法水库调节计算的要求。

## 二、随机数学模型方法

### （一）正态随机数学模型模拟方法

对于年径流，常用马尔柯夫单链来描绘径流过程，该模型实质上就是一阶自回归模型，即：

$$Q_i = \overline{Q} + r_1(Q_{i-1} - \overline{Q}) + t_i\sigma(1 - r_1^2)^{1/2} \tag{5-13}$$

式中 $Q_i$，$Q_{i-1}$——生成的第 $i$ 年及第 $i-1$ 年的年径流量；

$\overline{Q}$——实测年径流量的平均值；

$r_1$——相邻年径流量的自相关系数；

$\sigma$——年径流量的均方差；

$t_i$——均值为0、均方差为1的标准正态分布的随机数，简写为 $N$（0，1）。

对于月径流，水资源规划应用最早也最常见的是托马斯—费林模型，其基本形式为：

$$Q_{i,j} = \overline{Q}_j + b_j(Q_{i,j-1} - \overline{Q}_{j-1}) + t_{i,j}\sigma_j(1 - r_j^2)^{1/2} \tag{5-14}$$

式中 $Q_{i,j}$——生成的第 $i$ 年第 $j$ 月的月径流量（$i$ 为年序，$i=1$，2，…，$n$；$j$ 为日历月序，$j=1$，2，…，12，当 $j=12$ 时，$j+1=1$，$i=i+1$）；

$\overline{Q}_j$——第 $j$ 月径流量的平均值；

$b_j$——由 $j-1$ 月径流量估计 $j$ 月径流量时的回归系数，$b_j = r_j \dfrac{\sigma_j}{\sigma_{j-1}}$；

$\sigma_j$，$\sigma_{j-1}$——第 $j$ 月及第 $j-1$ 月径流量的均方差；

$r_j$——第 $j$ 月与第 $j-1$ 月径流量的相关系数；

$t_{i,j}$——第 $i$ 年第 $j$ 月标准正态分布的随机数，即 $N$（0，1）。

利用此数学模型来模拟生成月径流系列，需要 3×12 个参数，这些参数分别是：1～12 月平均径流量 $\overline{Q}_j$、1～12 月径流量的均方差 $\sigma_j$、1～12 月相邻月径流量之间的相关系数 $r_j$。

$\overline{Q}_j$、$\sigma_j$ 和 $r_j$ 可根据实测 $n$ 年月径流量资料计算而得，计算公式如下：

$$\overline{Q}_j = \sum_{i=1}^{n} Q_{i,j}/n \quad (j = 1,2,\cdots,12) \tag{5-15}$$

$$\sigma_j = \left[\sum_{i=1}^{n}(Q_{i,j} - \overline{Q}_j)^2/(n-1)\right]^{1/2} \tag{5-16}$$

$$r_j = \frac{\sum_{i=1}^{n}(Q_{i,j} - \overline{Q}_j)(Q_{i,j-1} - \overline{Q}_{j-1})}{\left[\sum_{i=1}^{n}(Q_{i,j} - \overline{Q}_j)^2\right]^{1/2}\left[\sum_{i=1}^{n}(Q_{i,j-1} - \overline{Q}_{j-1})^2\right]^{1/2}} \tag{5-17}$$

根据上述36个参数可以列出12个方程式，反复利用这12个方程式可以模拟生成任意长的月径流量系列。同样需要对生成的月径流量系列的统计特征值进行检验。

由于上述数学模型即式（5-14）采用了正态分布的随机数 $t_{i,j}$，所以模拟生成的月径流量系列也是正态分布的，这是托马斯—费林模型的主要缺陷，它歪曲了月径流量系列的偏态特性。需要对此数学模型进行修正。

（二）对正态随机数学模型的偏态修正方法

对正态随机数学模型的偏态修正有多种方法，这里只介绍 $W—H$ 变换法。此法将正态分布的随机数 $t_{i,j}$ 变换成偏态分布的随机数 $t'_{i,j}$，变换公式如下：

$$t'_{i,j} = \frac{2}{C'_{s,j}}\left[\left(1 + \frac{C'_{s,j}t_{i,j}}{6} + \frac{C'_{s,j}}{36}\right)^3 - 1\right] \tag{5-18}$$

$$C'_{s,j} = \frac{C_{s,j} - r_j^3 C_{s,j-1}}{(1 - r_j^2)^{3/2}} \tag{5-19}$$

式中　$t'_{i,j}$——经偏态修正的随机数；

$t_{i,j}$——标准正态分布的随机数；

$C'_{s,j}$——第 $j$ 月偏态随机数的偏态系数；

$C_{s,j}$，$C_{s,j-1}$——第 $j$ 月及第 $j-1$ 月的偏态系数；

$r_j$——第 $j$ 月与第 $j-1$ 月径流量的相关系数。

这里所有变量的下标 $j$ 表示日历月序，即 $j=1$，2，…，12，且当 $j=1$ 时，$j-1=12$。

将由式（5-18）得出的 $t'_{i,j}$ 代替式（5-14）中的 $t_{i,j}$，并利用式（5-19）即可按时序模拟生成任意长的月径流量系列，仍然需要对生成的月径流量系列进行统计特征值的检验。这种对正态分布模型进行修正的方法简称 $W—H$ 变换法。根据研究，该法适用于年、月径流量系列变化较小的情况，能够满足时历法水库调节计算的要求。

经验频率曲线法、正态随机数学模型（常简称为正态数学模型）模拟方法和 $W—H$ 变换法都可应用电子计算机进行计算。

**三、径流随机模拟计算举例**

这里以方乐润在《水资源工程系统分析》一书中给出的红水河径流随机模拟研究成果为例。红水河是珠江流域西江水系的干流，蕴藏着丰富的水能资源。现已确定以发电为主，兼顾防洪、灌溉、水产养殖等综合利用效益的开发方针，并采用10级开发方案，即兴建天生桥、龙滩等5座控制性骨干梯级水库工程。规划、设计和运行需要各梯级水库坝址所在水文站同步长系列的年、月径流量资料。但目前只有1946～1979年共34年同步年、月径流量资料。为了满足红水河水电开发的要求，采用各种方法模拟生成5个梯级水库坝址5000年的年、月径流量资料。现摘录其中3种随机模拟方法模拟计算的月径流量结果如表5-4和图5-7所示（为节省篇幅，表5-4只列出天生桥和龙滩两个梯级水库计算结果）。

表 5-4　　3种随机模拟方法生成的月径流量系列与实测月径流量系列的年统计特征值比较

| 年统计特征值<br>(1) | 水库坝址水文站名称<br>(2) | 实测系列计算值<br>(3) | 生成系列计算值 | | |
|---|---|---|---|---|---|
| | | | 经验频率曲线法<br>(4) | 正态数学模型模拟方法<br>(5) | $W—H$变换法<br>(6) |
| $\overline{Q}$ ($m^3/s$) | 天生桥 | 643.7 | 643.7 | 642.6 | 642.8 |
| | 龙滩 | 1651.8 | 1651.3 | 1649.8 | 1649.8 |
| $\sigma$ | 天生桥 | 149.2 | 73.4 | 77.9 | 78.0 |
| | 龙滩 | 385.9 | 201.5 | 211.8 | 220.2 |
| $C_v$ | 天生桥 | 0.23 | 0.11 | 0.12 | 0.12 |
| | 龙滩 | 0.23 | 0.12 | 0.13 | 0.13 |
| $C_s$ | 天生桥 | 0.21 | 0.30 | −0.02 | 0.35 |
| | 龙滩 | −0.22 | 0.11 | −0.04 | 0.15 |

注　表中第（4）、（5）、（6）栏系生成1～12月月径流量资料后，再计算年统计特征值。

由表5-4可见：①3种随机模拟方法（系列长度为5000年）得出的$\overline{Q}$值与实测系列（$n$=34年）计算的$\overline{Q}$值十分接近；②$W—H$变换法与正态数学模型模拟方法相比，前者的$\overline{Q}$、$\sigma$值更接近实测系列计算值，前者的$C_s$值大于实测系列计算值，后者的$C_s$值与实测系列计算值相比有大有小，两种方法的$C_v$值均小于实测系列计算值；③经验频率曲线法的$\overline{Q}$、$\sigma$、$C_v$值与正态数学模型模拟方法和$W—H$变换法相应特征值相近，$\sigma$、$C_v$值小于实测系列计算值，$C_s$值则大于实测系列计算值。方乐润认为，对随机模拟方法需要进一步研究改进，以便更好地使其年统计特征值与实测系列的年统计特征值保持一致。

图5-7是红水河龙滩水文站3种随机模拟方法生成的月径流量系列（系列长为5000年）与实测月径流量系列（$n$=34年）4种统计特征值对比图。由图5-7可见：①3种随机模拟方法得出的各月$\overline{Q}$值与实测系列的各月$\overline{Q}$值吻合最好；②正态数学模型模拟方法和$W—H$变换法的$\sigma$、$C_v$值与实测系列的$\sigma$、$C_v$值吻合较好，而经验频率曲线法吻合不够好；③正态数学模型模拟方法的$C_s$值与实测系列的$C_s$值出入甚大，$W—H$变换法则有很大改进，与实测系列的$C_s$值吻合最佳。而经验频率曲线法的$C_s$值与实测系列的$C_s$值相比普遍偏小。

鉴于龙滩水文站实测径流系列代表性较好，通过$W—H$变换法生成资料得出的统计特征值与实测系列的统计特征值基本保持一致，故推荐图5-7中的$W—H$变换法成果作为龙滩水库时历法水库调节计算采用的月径流量系列。

需要指出，各种径流随机模拟方法所依据的是实测径流资料，在模拟计算之前，必须要对实测径流资料的可靠性和代表性进行合理性的审查和分析。如果实测径流资料本身不精确或代表性较差，则不可进行模拟计算。因为模拟生成的径流资料依然带着实测径流资料的“烙印”，不可能提高模拟生成的径流资料的可靠性和代表性。

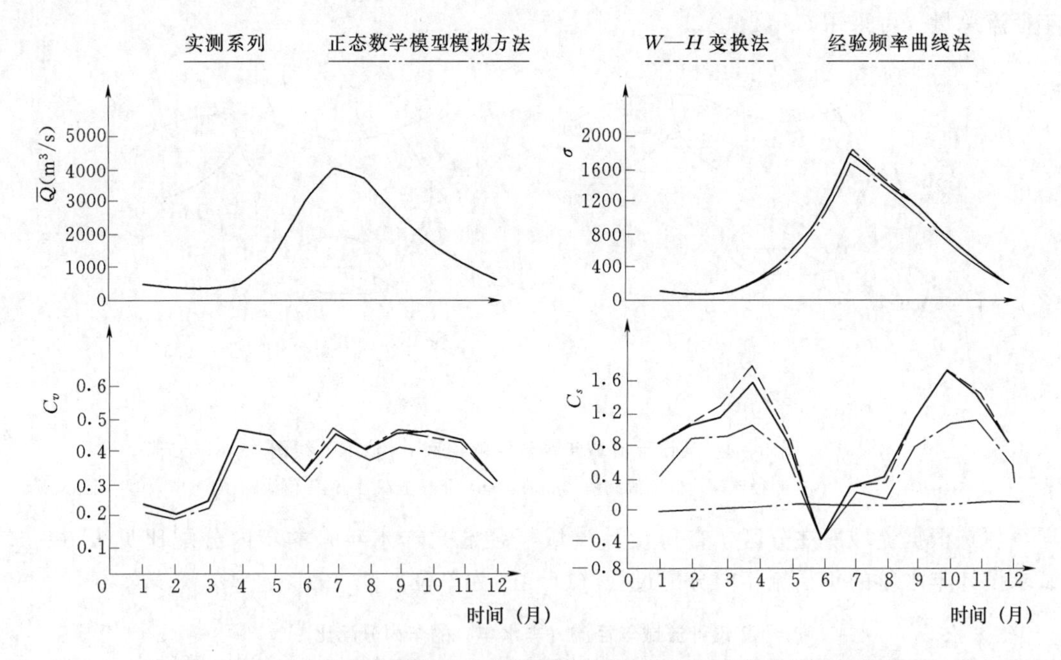


图 5-7　红水河龙滩水文站 3 种随机模拟方法生成的月径流量统计参数与实测月径流量统计参数比较图

## 复习思考题与习题

1. 何谓年径流量？何谓设计年径流量？

2. 日历年、水文年、水利年各有何含义？

3. 何谓保证率？何谓破坏率？

4. 简述年径流年内、年际变化的主要特性。

5. 推求设计年径流量之前，需要对水文资料进行哪几个方面的审查？

6. 怎样分析判别水文系列代表性的高低？怎样提高水文系列代表性？

7. 有充分实测径流资料时，怎样用设计代表年法推求设计年径流量及其年内分配？

8. 短缺实测径流资料时，设计年径流量计算的关键是什么？应用水文比拟法的关键是什么？

9. 利用参证变量展延年径流系列，应如何选择参证变量？

10. 多年综合日流量历时曲线、代表年日流量历时曲线和平均日流量历时曲线有何异同？

11. 设计枯水流量与设计年径流量在频率计算上有什么区别？

12. 简述径流随机模拟的基本思路和方法。

13. 某水库位于无资料地区，设计断面 $O$ 的位置如图 5-8 所示，$O$ 断面以上流域面积为 $284km^2$，设 $A$ 点为流域重心：

(1) 已知年径流深均值及 $C_v$ 值等值线。试推求 $P=10\%$，$P=50\%$，$P=90\%$ 的设计

年径流总量（可采用 $C_s=2C_v$）。

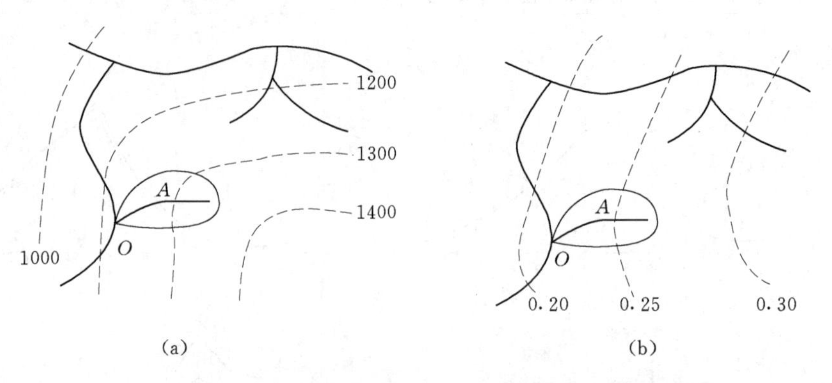


图 5-8　某设计流域年径流深均值和 $C_v$ 值等值线图

(a) 年径流深均值等值线图（mm）；(b) 年径流深 $C_v$ 值等值线图

（2）根据流域所在分区，查得设计流域年径流（丰水年）的年内分配比见表 5-5，试求设计丰水年的年径流年内分配过程（以 mm 为单位）。

**表 5-5　　某设计流域年径流（丰水年）的年内分配比**

| 月份 | 1 | 2 | 3 | 4 | 5 | 6 | 7 | 8 | 9 | 10 | 11 | 12 | 全年 |
|---|---|---|---|---|---|---|---|---|---|---|---|---|---|
| 分配比（%） | 1.0 | 3.3 | 10.5 | 13.2 | 13.7 | 36.6 | 7.3 | 5.9 | 2.1 | 3.5 | 1.7 | 1.2 | 100 |

14. 某以灌溉为主的水库，设计断面以上流域面积为 $497km^2$，无实测径流资料，但气候和下垫面条件都相似的相邻流域，流域面积为 $535km^2$，设计保证率 80%的年径流为 $8.5m^3/s$。试用水文比拟法推求设计流域保证率为 80%的设计年径流。

15. 某流域有甲、乙、丙 3 个水文站，如图 5-9 所示。各站年径流资料年限分别为：甲站：1963～2003 年；乙站：1976～2003 年；丙站：1976～2003 年。通过图解相关发现，甲站与丙站年径流的关系不密切，而甲站与乙站年径流的关系较密切，乙站与丙站年径流的关系尚密切。是否可以建立甲站与乙站年径流的相关关系来展延乙站年径流资料，再建立乙站与丙站年径流的相关关系来展延丙站年径流资料？如果甲、乙两站年径流资料都较长，如何展延丙站的年径流资料？

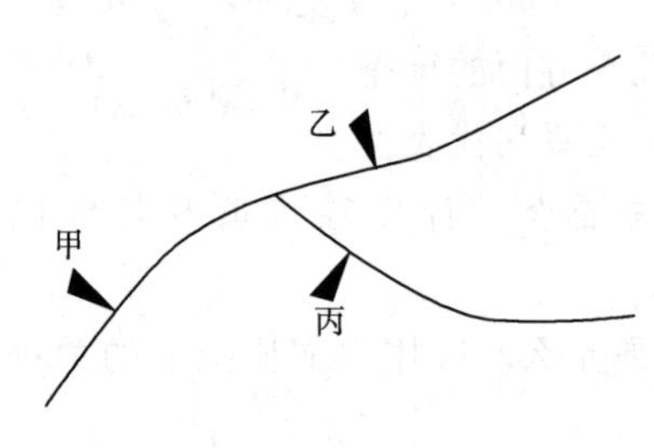


图 5-9　某流域测站分布图

# 第六章　由流量资料推求设计洪水

## 第一节　概　　述

### 一、设计洪水的定义

由于流域内降雨或融雪，大量径流汇入河道，导致流量激增，水位上涨，这种水文现象，称为洪水。在进行水利水电工程设计时，为了建筑物本身的安全和防护区的安全，必须按照某种标准的洪水进行设计，这种作为水工建筑物设计依据的洪水称为设计洪水。合理分析计算设计洪水，是水利水电工程规划设计中首先要解决的问题。

### 二、水工建筑物的等级和防洪标准

在河流上筑坝建库能在防洪方面发挥很大的作用，但是，水库本身却直接承受着洪水的威胁，一旦洪水漫溢坝顶，将会造成严重灾害。为了处理好防洪问题，在设计水工建筑物时，必须选择一个相应的洪水作为依据。若此洪水定得过大，会使工程造价增多而不经济，但工程却比较安全；若此洪水定得过小，虽然工程造价降低，但遭受破坏的风险增大。如何选择对设计的水工建筑物较为合适的洪水作为依据，涉及一个标准问题，称为防洪标准。确定防洪标准是一个非常复杂的问题，许多国家通过工程措施投资和防洪效益进行综合经济比较，并结合风险分析来确定防洪标准。中国根据工程效益、政治及经济各方面的综合考虑，颁布了按工程规模分类的工程等别和按建筑物划分的防洪标准，这就是国家GB50201—94《防洪标准》和水利部2000年颁发的编号为SL252—2000的《水利水电工程等级划分及洪水标准》。根据工程规模、效益和在国民经济中的重要性，将水利水电工程分为5等，其等别见表6-1。

表6-1　　水利水电枢纽工程的等别

| 工程等别 | 水库 | | 防洪 | | 治涝 | 灌溉 | 供水 | 发电 |
|---|---|---|---|---|---|---|---|---|
| | 工程规模 | 总库容（$10^8 m^3$） | 城镇及工矿企业的重要性 | 保护农田（万亩） | 治涝面积（万亩） | 灌溉面积（万亩） | 供水对象的重要性 | 装机容量（$10^4$kW） |
| Ⅰ | 大（1）型 | ≥10 | 特别重要 | ≥500 | ≥200 | ≥150 | 特别重要 | ≥120 |
| Ⅱ | 大（2）型 | 10～1.0 | 重要 | 500～100 | 200～60 | 150～50 | 重要 | 120～30 |
| Ⅲ | 中型 | 1.0～0.10 | 中等 | 100～30 | 60～15 | 50～5 | 中等 | 30～5 |
| Ⅳ | 小（1）型 | 0.10～0.01 | 一般 | 30～5 | 15～3 | 5～0.5 | 一般 | 5～1 |
| Ⅴ | 小（2）型 | 0.01～0.001 | | ＜5 | ＜3 | ＜0.5 | | ＜1 |

注　1. 水库总库容指水库最高水位以下的静库容。
2. 治涝面积和灌溉面积均指设计面积。

水利水电枢纽工程的水工建筑物，根据其所属枢纽工程的等别、作用和重要性分为5级，其级别见表6－2。

**表6－2　　水工建筑物的级别**

| 工程等别 | 永久性水工建筑物级别 | | 临时性水工建筑物级别 | 工程等别 | 永久性水工建筑物级别 | | 临时性水工建筑物级别 |
|---|---|---|---|---|---|---|---|
| | 主要建筑物 | 次要建筑物 | | | 主要建筑物 | 次要建筑物 | |
| Ⅰ | 1 | 3 | 4 | Ⅳ | 4 | 5 | 5 |
| Ⅱ | 2 | 3 | 4 | Ⅴ | 5 | 5 | |
| Ⅲ | 3 | 4 | 5 | | | | |

对不同地形条件的水利水电工程永久性建筑物所制定的各类水工建筑物的洪水标准分设计标准（正常运用）和校核标准（非常运用）两种情况，见表6－3、表6－4。

按正常运用标准算出的洪水称为设计洪水，用它来决定水利水电枢纽工程的设计洪水位、设计泄洪流量等。按非常运用标准算出的洪水称为校核洪水。宣泄校核洪水时，泄洪设备应保证泄量的要求，允许消能设施和次要建筑物部分被破坏，但不影响枢纽主要建筑物的安全或发生河流改道等重大灾害性后果。

**表6－3　　山区、丘陵区水利水电工程永久性水工建筑物洪水标准［重现期（年）］**

| 水工建筑物级别 | 山区、丘陵区 | | |
|---|---|---|---|
| | 设计 | 校核 | |
| | | 混凝土坝、浆砌石坝及其他水工建筑物 | 土坝、堆石坝 |
| 1 | 1000～500 | 5000～2000 | 可能最大洪水（PMF）或10000～5000 |
| 2 | 500～100 | 2000～1000 | 5000～2000 |
| 3 | 100～50 | 1000～500 | 2000～1000 |
| 4 | 50～30 | 500～200 | 1000～300 |
| 5 | 30～20 | 200～100 | 300～200 |

**表6－4　　平原区水利水电工程永久性水工建筑物洪水标准［重现期（年）］**

| 项目 | | 水工建筑物级别 | | | | |
|---|---|---|---|---|---|---|
| | | 1 | 2 | 3 | 4 | 5 |
| 水库工程 | 设计 | 300～100 | 100～50 | 50～20 | 20～10 | 10 |
| | 校核 | 2000～1000 | 1000～300 | 300～100 | 100～50 | 50～20 |
| 拦河水闸 | 设计 | 100～50 | 50～30 | 30～20 | 20～10 | 10 |
| | 校核 | 300～200 | 200～100 | 100～50 | 50～30 | 30～20 |

我国还规定水利水电枢纽工程下游防护对象的防洪标准。可根据防护对象的重要性来选取防洪标准。没有水利水电枢纽工程的安全，就谈不上下游防护对象的安全，因此，前者的防洪标准一般都高于后者的防洪标准。我国推求设计洪水采用过3种方法：

（1）历史最大洪水加成法：以历史上发生过的最大洪水再加一个成数作为设计洪水。

如葛洲坝枢纽工程，选用1788年洪水 $Q_m=8600m^3/s$ 作为设计洪水，选用1870年洪水 $Q_m=110000m^3/s$ 作为校核洪水。此法缺点：①没有考虑未来洪水超过历史最大洪水的可能性，使人们产生不安全感；②对大小不同、重要性不同的工程采用一个标准，显然不合理。

（2）频率计算法：以符合某一频率的洪水作为设计洪水，如百年一遇洪水、千年一遇洪水等。此法把洪水作为随机事件，根据概率理论由已发生的洪水来推估未来可能发生的符合某一频率标准的洪水作为设计洪水，它可以克服上法存在的缺点。根据工程的重要性和工程规模选择不同的标准，适用面较宽，在我国水利、电力、公路桥涵、航道、堤防设计中广泛应用。

（3）水文气象法：水文气象法从物理成因入手，根据水文气象要素推求一个特定流域在现代气候条件下，可能发生的最大洪水（PMF）作为设计洪水。此法适用于重要的和建筑物级别高的工程设计。

由表6-3、表6-4可见，除山丘区的土坝和堆石坝，如果失事将对下游造成特别重大灾害时，1级建筑物的校核洪水标准应取PMF（或万年一遇洪水）以外，其余山丘区、平原区各等级建筑物的防洪标准（设计和校核）均采用频率洪水来表示。

校核洪水大于设计洪水，但工程设计时，对两种情况采用不同的安全系数和不同的超高，有时设计洪水反而控制建筑物的尺寸，所以设计计算一般应考虑两种标准的洪水。

### 三、设计洪水计算的内容及方法

设计洪水计算包括推求设计洪峰流量、不同时段设计洪水总量及设计洪水过程线3个要素。推求设计洪水的途径有两种，即由流量资料推求设计洪水和由暴雨资料推求设计洪水。后者又分为由实测暴雨资料推求一定频率的设计暴雨，然后计算设计洪水以及由水文气象资料推求可能最大暴雨后计算可能最大洪水。

## 第二节　设计洪峰流量及设计洪水总量的推求

由流量资料推求设计洪峰流量和不同时段的设计洪水总量（简称洪量）时，要经过选样、资料审查、频率计算和成果合理性分析几个步骤。

### 一、洪水资料的审查

在应用水文资料之前，首先要对原始资料进行审查。与第五章相同，资料审查包括以下内容：

（1）资料可靠性的审查与改正。

（2）资料一致性的审查与还原。

（3）资料代表性的审查与插补延长。

样本对总体代表性的高低，可通过对二者统计参数的比较加以判断。但总体分布是未知的，无法直接进行对比，人们只能根据对洪水规律的认识，与更长的相关系列对比，进行合理性分析与判断。一般要求水利水电枢纽工程的坝址或其上、下游具有30年以上的洪水资料，并有特大洪水资料，即可用频率计算法推求设计洪水。

## 二、样本选取

选样就是在现有的洪水记录中，按一定的原则选取若干个洪峰流量或某一时段的洪量组成样本，作为频率计算的依据。河流上一年内要发生多次洪水，每次洪水具有不同历时的流量变化过程，如何从历年洪水系列资料中选取表征洪水特征值的样本，是洪水频率计算的首要问题。

1. 选样的原则

洪水资料的选样，应满足频率计算关于独立、随机选样的要求。当某些地区年内的洪水可明显分为不同的成因时，考虑到样本的一致性，可按不同的成因分别选样。

2. 洪峰流量的选样

洪峰流量的选样，根据不同的工程设计要求，采用不同的选样方法。

从破坏率的概念出发，认为对于大多数水利工程，因工程一旦遭到破坏，损失巨大，且洪灾造成的损失很难在一年内得到恢复，故定义在一年中只要某一瞬时工程遭到破坏，这一年就算作“破坏”；一年中即使遭到一次以上的破坏，也只算这一年是破坏。从这一点出发，只要在每一年中选出最大值（称为年最大值）作为样本，只计算年最大值出现概率，就可符合上述破坏率的概念。这种选样方法称为最大值选样法。

对少数城市或厂矿排水工程，由于出现超过设计频率的暴雨洪水所造成的损失能较快得到恢复，在一年内洪灾损失与洪水发生的超标准次数有关，故采用一年多次法或超定量法选样。

3. 洪量的选样

我国目前采用固定时段独立选取年最大值法选样。固定时段是指在选样时每年按相同的时段长度，如1d、3d、5d、7d、15d、30d等摘取洪量。在一年中许多次洪水的相同时段的洪量中选取最大值，组成样本。独立选样是指在选取年最大值时不考虑洪峰或其他时段洪量发生的时间和位置，洪峰和各时段洪量的年最大值可以来自不同次洪水，如图6-1中洪峰和最大1d洪量与3d、5d洪量不属于同一次洪水。

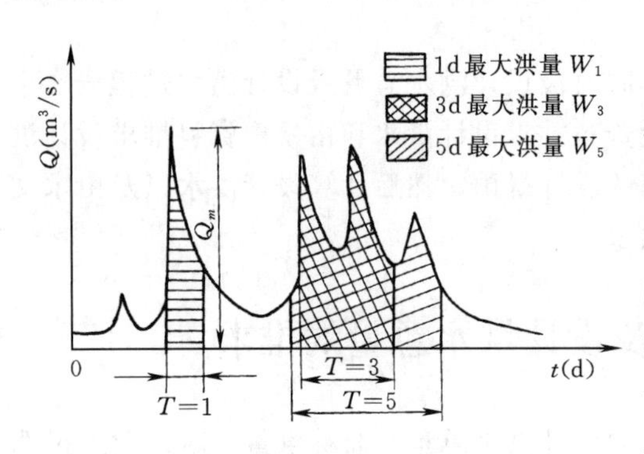


图6-1 年最大值法选样示意图

## 三、洪水资料的插补延长

若工程所在地点（一般称为设计断面或设计站）洪水资料较短或代表性不足，满足不了洪水计算的要求时，则应尽可能进行资料的插补延长，以便扩大样本容量，减少抽样误差。插补延长的方法一般有以下几种。

1. 根据上下游测站的洪水特征值相关关系进行插补延长

点绘同次洪水相应洪峰或洪量（一年可取一次或几次）的相关图，就可根据参证站的洪水数据，通过相关图推算出设计站的洪水数据。

如果设计站的洪水由其上游的几个干支流测站的洪水组成，则应将上游干支流测站的同次洪水错开传播时间叠加后，再与下游设计站的洪水点绘相关关系，进行插补延长。

若设计断面的资料很短，甚至完全没有实测资料，则无法建立与参证站的相关关系。如果设计站与参证站相距很近，可考虑直接移用，必要时可作适当的修正。具体方法如下：

(1) 如果设计断面上游或下游不远处有较长资料的流量站，两者集水面积不超过3%，且中间未进行天然和人为的分洪滞洪时，则可以将上游或下游站的洪水流量资料直接移用至设计断面。

(2) 如果设计断面与参证测站的集水面积相差超过3%，但不大于10%～20%，且暴雨分布较均匀时，则参证站的资料可按下式作流域面积改正后，移用至设计断面：

$$Q_{设} = \left(\frac{F_{设}}{F_{参}}\right)^n Q_{参} \tag{6-1}$$

式中 $Q_{参}$、$Q_{设}$——参证站、设计站的洪峰或洪量，$m^3/s$，$m^3$；

$F_{参}$、$F_{设}$——参证站、设计站的集水面积，$km^2$；

$n$——经验性指数。

参数 $n$ 值可根据本河流及附近河流上下游测站的实测和调查洪水资料按式 (6-1) 反推。对洪量，可取 $n=1$；对洪峰流量，大中河流的 $n$ 值为 0.5～0.7，较小河流的 $n$ 值可大于 0.7。

(3) 如果在设计断面的上下游不远处各有一参证站，并且都有实测资料，一般可假定洪峰及洪量随着集水面积呈线性变化，用下式进行内插：

$$Q_{设} = Q_{参,上} + (Q_{参,下} - Q_{参,上})\frac{F_{设} - F_{参,上}}{F_{参,下} - F_{参,上}} \tag{6-2}$$

式中 $Q_{参,上}$、$Q_{参,下}$——上、下游参证站的洪峰或洪量，$m^3/s$，$m^3$；

$F_{参,上}$、$F_{参,下}$——上、下游参证站的集水面积，$km^2$。

2. 根据本站峰量关系进行插补延长

通常根据调查到的历史洪峰或由相关法求得缺测年份的洪峰流量，利用峰量关系可以推求相应的洪水总量。也可以先由流域暴雨径流关系推求出洪量，再插补其相应得洪峰。

对于峰量关系不够密切的情况，可引入适当的参数，以改善其相关关系。常用的参数有峰形、暴雨中心位置、降雨历时等。

3. 利用暴雨径流关系进行插补延长

若流域内有长期暴雨资料时，可根据洪水缺测年份的流域最大暴雨量，通过产流、汇流计算，推求出相应的洪水过程，再在洪水过程中摘取洪峰流量和各时段洪量。简化的办法是建立某一定时段流域平均暴雨量与洪峰流量、时段洪量的相关关系，由暴雨资料插补洪水资料。

4. 根据相邻河流测站的洪水特征值进行延长

若有与设计流域自然地理特征相似、暴雨洪水成因一致的邻近流域，如果资料表明该流域同次洪水的各种特征值，与设计流域的洪水特征之间确实存在良好的相关关系，也可用来插补延长。

## 四、特大洪水的处理

1. 特大洪水的定义

比系列中一般洪水大得多，并且通过洪水调查或考证可以确定其量值大小及其重现期的洪水称为特大洪水。历史上的一般洪水没有文字记载，没有留下洪水痕迹，只有特大洪水才有文献记载或洪水痕迹可供查证，所以调查到的历史洪水一般就是特大洪水。

特大洪水可以发生在实测系列 $n$ 年之内，也可以发生在实测系列 $n$ 年之外，前者称资料内特大洪水，后者称资料外特大洪水（或历史特大洪水）。一般特大洪水流量 $Q_N$ 与 $n$ 年实测系列平均流量 $\overline{Q}_n$ 之比大于 3 时，$Q_N$ 可以考虑作为特大洪水处理。

2. 特大洪水重现期的确定

要准确地定出特大洪水的重现期 $N$ 是相当困难的，目前，一般是根据历史洪水发生的年代来大致推估。

（1）从发生年代至今为最大：$N$＝工程设计年份－发生年份 ＋ 1。

（2）从调查考证的最远年份至今为最大：$N$＝工程设计年份－调查考证期最远年份＋1。

这样确定特大洪水的重现期具有相当大的不稳定性，要准确地确定重现期就要追溯到更远的年代，但追溯的年代愈久，河道情况与当前差别愈大，记载愈不详尽，计算精度愈差，一般以明、清两代 600 年为宜。

**【例 6－1】** 确定特大洪水重现期实例。

经长江重庆～宜昌河段洪水调查，清同治九年（1870 年）川江发生特大洪水，沿江调查到石刻 91 处，推算得宜昌洪峰流量 $Q_m=110000\text{m}^3/\text{s}$。此次洪水为 1870 年以来为最大，1992 年进行工程设计，则 $N=1992-1870+1=123$（年），这么大的洪水平均 123 年就发生一次，可能性如何，还需作进一步的考证。后经调查，忠县东云乡长江岸石壁有两处宋代石刻，记述“绍兴二十三年癸酉六月二十六日水泛涨”。这是长江干流上发现最早的洪水题刻。宋绍兴二十三年为 1153 年。据实测洪痕，该年忠县洪峰水位为 155.6m，宜昌站洪峰水位为 58.06m，推算流量为 $92800\text{m}^3/\text{s}$，3d 洪量为 232.7 亿 $\text{m}^3$。该年洪水，小于 1870 年洪水，故认为自 1153 年以来 1870 年洪水为最大，1870 年洪水的重现期重新确定为：$N=1992-1153+1=840$（年）。如前所述，长江葛洲坝枢纽工程，即以接近千年一遇的 1870 洪水作为校核洪水。

3. 特大洪水处理的意义

目前我们所掌握的样本系列不长，抽样误差较大，若用于推求千年一遇、万年一遇的稀遇洪水，根据不足。如果能调查到 $N$ 年（$N\gg n$）中的特大洪水，等于在频率曲线的上端增加了一个控制点，提高了系列的代表性，将使计算成果更加合理、可靠。

**【例 6－2】** 1955年规划河北省滹沱河黄壁庄水库时，按当时掌握的 1919～1955 年期间 20 年实测洪水资料推求千年一遇设计洪峰流量为 $Q_m=7500\text{m}^3/\text{s}$。1956 年发生了一次洪峰流量为 $13100\text{m}^3/\text{s}$ 的特大洪水，显然原设计成果偏小。将 1956 年特大洪水直接加入实测系列组成 21 年的样本资料，直接进行频率计算是不合适的。后在滹沱河调查到 1794 年、1853 年、1917 年和 1939 年 4 次特大洪水，再将 1956 年洪水和历史调查洪水作为特大值处理，求得千年一遇设计洪峰 $Q_m=22600\text{m}^3/\text{s}$，比原设计值大 80%。1963 年又发生了一次大洪水，洪峰流量为 $12000\text{m}^3/\text{s}$，将其作为特大洪水也加入样本，求得千年一遇设计洪峰流量 $Q_m=23500\text{m}^3/\text{s}$。两次计算的洪峰流量只相差 4%，设计值已趋于稳定、合理。

4. 洪水经验频率的估算

特大洪水加入系列后成为不连序系列，即由大到小排位序号不连续，其中一部分属于漏缺项位，其经验频率和统计参数计算与连序系列不同。这样，就要研究有特大洪水时的频率计算方法，称为特大洪水处理。

考虑特大洪水时经验频率的计算，目前国内有两种计算方法。

（1）独立样本法：把实测系列与特大值系列都看作是从总体中独立抽出的两个随机样本，各项洪水可分别在各个系列中进行排位，实测系列的经验频率仍按连续系列的经验频率公式：

$$P_m=\frac{m}{n+1}\quad (m=l+1,\ l+2,\cdots,n) \tag{6-3}$$

计算。特大洪水系列的经验频率计算公式为：

$$P_M=\frac{M}{N+1}\quad (M=1,2,\ \cdots,a) \tag{6-4}$$

式中 $P_m$——实测系列第 $m$ 项的经验频率；

$m$——实测系列由大至小排列的序号；

$n$——实测系列的年数；

$l$——实测系列中抽出作特大值处理的洪水个数；

$P_M$——特大洪水第 $M$ 序号的经验频率；

$M$——特大洪水由大至小排列的序号；

$N$——自最远的调查考证年份至今的年数；

$a$——在 $N$ 年中连续顺位的特大洪水项数。

当实测系列内含有特大洪水时，该特大洪水应在实测系列中占序号。例如，实测资料为 30 年，其中有一个特大洪水，即 $l=1$，则一般洪水最大项应排在第二位，即 $m=l+1=1+1=2$，其经验频率 $P_2=2/(30+1)=0.0645$。

（2）统一样本法：将实测系列与特大值系列共同组成一个不连续系列，作为代表总体的一个样本，不连续系列各项可在历史调查期 $N$ 年内统一排位。

假设在历史调查期 $N$ 年中有特大洪水 $a$ 项，其中有 $l$ 项发生在 $n$ 年实测系列之内，$N$ 年中的 $a$ 项特大洪水的经验频率仍用式（6-4）计算。实测系列中其余的（$n-l$）项，则均匀分布在 $1-P_{Ma}$ 频率范围内，$P_{Ma}$ 为特大洪水第末项 $M=a$ 的经验频率，即：

$$P_{Ma}=\frac{a}{N+1} \tag{6-5}$$

实测系列第 $m$ 项的经验频率计算公式为：

$$P_m=P_{Ma}+(1-P_{Ma})\frac{m-l}{n-l+1} \tag{6-6}$$

上述两种方法，我国目前都在使用，一般来说，独立样本法把特大洪水与实测一般洪水视为相互独立的，这在理论上有些不合理，但比较简便，在特大洪水排位可能有错漏时，因不相互影响，从这方面讲则是比较合适的。当特大洪水排位比较准确时，理论上说，用统一样本法更好一些。

**五、频率曲线线型选择**

样本系列各项的经验频率确定之后，就可以在频率格纸上确定经验频率点据的位置。点绘时，可以不同符号分别表示实测、插补和调查的洪水点据，为首的若干个点据应标明其发生年份。通过点据中心，可以目估绘制出一条光滑的曲线，称为经验频率曲线。由于经验频率曲线是由有限的实测资料算出的，当求稀遇设计洪水数值时，需要对频率曲线进行外延，而经验频率曲线往往不能满足这一要求。为使设计工作规范化，便于各地设计洪水估计结果有可比性，世界上大多数国家根据当地长期洪水系列经验点据拟合情况，选择一种能较好地拟合大多数系列的理论线型，以供本国或本地区有关工程设计使用。

我国曾采用皮尔逊Ⅲ型和克里茨基—曼开里型作为洪水特征的频率曲线线型，为了使设计工作规范化，自20世纪60年代以来，一直采用皮尔逊Ⅲ型曲线，作为洪水频率计算的依据。在SL44—93中规定“频率曲线线型一般应采用皮尔逊Ⅲ型。特殊情况，经分析论证后也可采用其他线型”。从皮尔逊Ⅲ型频率曲线的特性来看，其上端随频率的减小迅速递增以至趋向无穷，曲线下端在$C_s>2$时趋于平坦，而实测值又往往很小，对于某些干旱半干旱的中小河流，即使调整参数，也很难得出满意的适线成果。对于这种特殊情况，经分析研究，也可采用其他线型。

有关皮尔逊Ⅲ型频率曲线的性质、数学模式、参数估计以及频率计算等问题，已在第四章中作了详细论述，本节不重复。

**六、频率曲线参数的估算**

考虑特大洪水时统计参数的估算仍采用适线法，参数值的初估可采用第四章介绍的几种方法。但无论用哪一种方法，最后都要根据适线成果来确定统计参数。

在用矩法初估参数时，对于不连序系列，假定$n-l$年系列的均值和均方差与除去特大洪水后的$N-a$年系列的相等，即$\overline{x}_{N-a}=\overline{x}_{n-l},\sigma_{N-a}=\sigma_{n-l}$，可以导出参数计算公式：

$$\overline{x}=\frac{1}{N}\left[\sum_{j=1}^{a}x_j+\frac{N-a}{n-l}\sum_{i=l+1}^{n}x_i\right] \tag{6-7}$$

$$C_v=\frac{1}{\overline{x}}\sqrt{\frac{1}{N-1}\left[\sum_{j=1}^{a}(x_j-\overline{x})^2+\frac{N-a}{n-l}\sum_{i=l+1}^{n}(x_i-\overline{x})^2\right]} \tag{6-8}$$

式中　$x_j$——特大洪水的洪峰流量或洪量，$j=1$、2、…、$a$；

$x_i$——一般洪水的洪峰流量或洪量，$i=l+1$、$l+2$、…、$n$；

其余符号意义同前。

偏态系数$C_s$属于高阶矩，用矩法算出的参数值及由此求得的频率曲线与经验点据往往相差较大，故一般不用矩法计算，而是参考附近地区资料选定一个$C_s/C_v$值。对于$C_v\leqslant0.5$的地区，可试用$C_s/C_v=3\sim4$进行适线；对于$0.5<C_v\leqslant1.0$的地区，可试用$C_s/C_v$

$=2.5 \sim 3.5$ 进行适线；对于 $C_v > 1.0$ 的地区，可试用 $C_s/C_v = 2 \sim 3$ 进行适线。

均值 $\bar{x}$、变差系数 $C_v$ 和偏态系数 $C_s$ 分别有一定的统计意义；$\bar{x}$ 表示洪水的平均数量水平；$C_v$ 代表洪水年际变化的剧烈程度；$C_s$ 表示洪水年际变化的不对称度。

在洪水频率计算中，我国规范统一规定采用适线法。为使洪水频率计算成果客观、合理，在适线时尽量通过调整参数使曲线与经验频率点据配合得最好，此时的参数就是所求的曲线线型的参数，从而可以计算设计洪水数值。适线法的原则是尽量照顾点群的趋势，使曲线通过点群中心，当经验点据与曲线线型不能全面拟合时，可侧重考虑上中部分的较大洪水点据，对调查考证期内为首的几次特大洪水，要作具体分析。一般说来，年代愈久的历史特大洪水加入系列进行适线，对合理选定参数的作用愈大，但这些资料本身的误差可能较大。因此，在适线时不宜机械地通过特大洪水点据，否则可能使曲线对其他点群偏离过大，但也不宜脱离大洪水点据过远，应考虑特大历史洪水数值和经验频率的可能误差范围。

## 七、推求设计洪峰、洪量

根据上述方法计算的参数初估值，用适线法求出洪水频率曲线，然后在频率曲线上求得相应于设计频率的设计洪峰和各统计时段的设计洪量。

有关水文频率曲线适线法的步骤、计算实例，以及适线时应考虑的事项，已在第四章作了具体介绍，但未涉及特大洪水处理问题，本节将用一个实例，考虑加入特大洪水，具体说明用三点法推求设计洪峰流量及设计洪量的方法。

**【例 6-3】** 某坝址断面有29年实测洪水资料，见表 6-5。经调查考证知，在 150 年中首位历史洪水洪峰流量为 $1640m^3/s$（1938 年），第二位洪峰流量为 $1450m^3/s$（1904 年）。根据工程规模等情况，拟定设计标准为 1%，校核标准为 0.1%。试用三点法推求设计洪峰流量及设计洪量。

**表 6-5　　某坝址断面年最大流量及洪量资料**

| 年　份 | 年最大流量 ($m^3/s$) | 年最大 1d 洪量 ($10^6m^3$) | 年最大 3d 洪量 ($10^6m^3$) | 年最大 7d 洪量 ($10^6m^3$) |
|---|---|---|---|---|
| 1938 | 1640 | 75.0 | 120 | 170 |
| 1904 | 1450 | 58.0 | 87.0 | 119 |
| 1974 | 757 | 40.1 | 68.0 | 89.00 |
| 1975 | 160 | 9.60 | 20.0 | 32.6 |
| 1976 | 369 | 17.8 | 36.0 | 54.3 |
| ⋮ | ⋮ | ⋮ | ⋮ | ⋮ |
| 2001 | 1066 | 46.0 | 75.0 | 95.0 |
| 2002 | 276 | 14.3 | 32.5 | 40.7 |

1. 设计洪峰流量的推求

（1）由资料知，实测系列 $n$ 为 29 年，调查考证期 $N$ 为 150 年，1938 年和 1904 年洪水为 $N$ 年中第一、第二大洪峰流量。用独立样本法计算经验频率，计算结果见表 6-6。

表 6-6　　某坝址断面年最大流量经验频率计算

| 年　份 | 流　量 ($m^3/s$) | 序　号 | | 经验频率 | |
|---|---|---|---|---|---|
| | | $M$（$N$=150 年） | $m$（$n$=29 年） | $P_M$ | $P_m$ |
| 1938 | 1640 | 1 | | 0.66 | |
| 1904 | 1450 | 2 | | 1.32 | |
| 2001 | 1066 | | 1 | | 3.33 |
| 1974 | 757 | | 2 | | 6.67 |
| 1981 | 750 | | 3 | | 10.0 |
| ⋮ | ⋮ | | ⋮ | | ⋮ |

（2）点绘洪峰流量经验频率曲线，从经验频率曲线上读取 3 点 $Q_{5\%}=975m^3/s$、$Q_{50\%}=250m^3/s$、$Q_{95\%}=75m^3/s$，按三点法公式计算洪峰系列的参数。求得 $S=0.611$。由附表 3 $S=f(C_s)$ 关系得 $C_s=2.17$，由附表 4 $C_s=f(\Phi)$ 关系得：$\Phi_{50\%}=-0.327$，$(\Phi_{5\%}-\Phi_{95\%})=2.90$。

$$\sigma=\frac{Q_{5\%}-Q_{95\%}}{\Phi_{5\%}-\Phi_{95\%}}=\frac{975-75}{2.90}=310m^3/s$$

$$\overline{Q}=Q_{50\%}-\sigma\Phi_{50\%}=250-310\times(-0.327)=351(m^3/s)$$

$$C_v=\frac{\sigma}{\overline{Q}}=\frac{310}{351}=0.88$$

（3）经多次适线，最后取 $\overline{Q}=351m^3/s$，$C_v=0.88$，$C_s=2.5C_v$，因该线与经验点据的配合最好，故采用之，如图 6-2 的实线所示。由此求得 $P=1\%$的设计洪峰流量 $Q_{1\%}=1460m^3/s$；$P=0.1\%$的校核洪峰流量 $Q_{0.1\%}=2250m^3/s$。

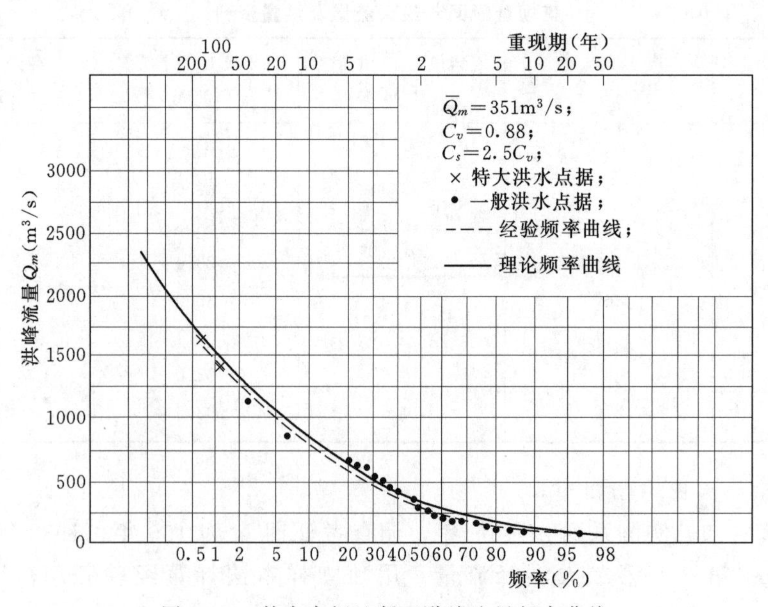


图 6-2　某水库坝址断面洪峰流量频率曲线

2. 设计洪量的推求

设计洪水的设计时段取为7d，并以1d和3d作为控制时段。历年年最大1d、3d和7d的洪量统计资料见表6-5。按照和洪峰流量同样的频率计算方法求得各时段的设计洪量、校核洪量见表6-7。

**表6-7　各时段设计洪量及校核洪量成果表**

| 频率 (%) | 洪峰流量$Q_p$ ($m^3/s$) | 最大1d洪量 $W_{1,p}$ ($10^6m^3$) | 最大3d洪量 $W_{3,p}$ ($10^6m^3$) | 最大7d洪量 $W_{7,p}$ ($10^6m^3$) |
|---|---|---|---|---|
| 1 | 1460 | 60.5 | 90.5 | 116 |
| 0.1 | 2250 | 102 | 180 | 240 |

## 八、设计洪水估计值的抽样误差

水文系列是一个无限总体，而实测洪水资料是有限样本，用有限样本估算总体的参数必然存在抽样误差。由于设计洪水值是一个随机变量，抽样分布的确切形式又难以获得，只能根据设计洪水估计值抽样分布的某些数字特征如抽样方差来表征它的随机特性。

样本特征值的方差开方称为均方误。频率计算中，统计参数的抽样误差与所选的频率曲线线型有关，当总体分布为皮尔逊Ⅲ型，根据$n$年连续系列，并用矩法估计参数时，样本参数的均方误计算公式为：

$$\left.\begin{aligned}\sigma_{\bar{x}}&=\frac{\bar{x}C_v}{\sqrt{n}}\\ \sigma_{C_v}&=\frac{C_v}{\sqrt{2\pi}}\sqrt{1+2C_v^2+\frac{3}{4}C_s^2-2C_vC_s}\\ \sigma_{C_s}&=\sqrt{\frac{6}{n}\left(1+\frac{3}{2}C_s^2+\frac{5}{16}C_s^4\right)}\end{aligned}\right\}\quad(6-9)$$

均值的相对误差为：

$$\sigma'_{\bar{x}}=\frac{C_v}{\sqrt{n}}\times100\%\quad(6-10)$$

设计洪水值$x_p$的均方误近似公式为：

$$\sigma_{x_p}=\frac{\bar{x}C_v}{\sqrt{n}}B$$

或 $$\sigma'_{x_p}=\frac{\sigma_{x_p}}{x_p}\times100\%=\frac{C_v}{K_p\sqrt{n}}B\times100\%\quad(\text{相对误差})\quad(6-11)$$

式中　$K_p$——指定频率$P$的模比系数；

$B$——$C_s$和$P$的函数，已制成诺模图，见图6-3。

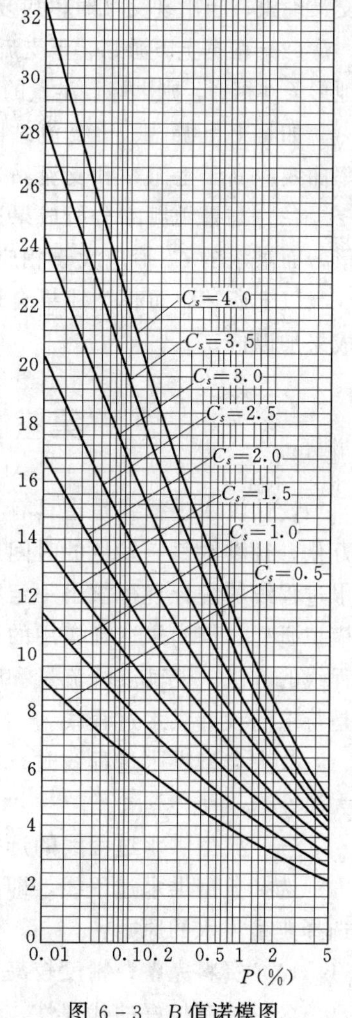


图6-3　B值诺模图

SL252—2000 规定，对大型工程或重要的中型工程，用频率分析计算的校核标准洪水，应计算抽样误差。经综合分析检查后，如成果有偏小的可能，应加安全修正值，该值一般不超过计算值的 20%。

**九、计算成果的合理性检查**

在洪水峰、量频率计算中，不可避免地存在着各种误差，为了防止因各种原因带来的差错，必须对计算成果进行合理性检查，以便尽可能地提高精度。检查工作一般从以下 3 个方面进行：

(1) 根据本站频率计算成果，检查洪峰、各时段洪量的统计参数与历时之间的关系，一般说来，随着历时的增加，洪量的均值也逐渐增大（时段平均流量的均值则随历时的增长而减小）。$C_v$、$C_s$ 在一般情况下随历时的增长而减小，但对于连续暴雨次数较多的河流，随着历时的增长，$C_v$、$C_s$ 反而加大，如浙江省新安江流域就有这种现象。参数的变化要和流域的暴雨特性和河槽调蓄作用等因素联系起来分析。

另外还可以从各种历时的洪量频率曲线作对比分析，要求各种曲线在使用范围内不应有交叉现象，当出现交叉时，应复查原始资料和计算过程有无错误，统计参数是否选择得当。

(2) 根据上下游站、干支流站及邻近地区各河流洪水的频率分析成果进行比较，如气候、地形条件相似，则洪峰、洪量的均值应自上游向下游递增，其模数则由上游向下游递减。

如将上下游站、干支流站同历时最大洪量的频率曲线绘在一起，下游站、干流站的频率曲线应高于上游站和支流站，曲线间距的变化也有一定的规律。

(3) 与暴雨频率分析成果进行比较。一般说来，洪水的径流深应小于相应天数的暴雨量，而洪水的 $C_v$ 值应大于相应暴雨量的 $C_v$ 值。

以上所述，可作为成果合理性检查的参考，如发现明显不合理之处，应分析原因，对成果加以修正。

## 第三节　设计洪水过程线的推求

设计洪水过程线是指具有某一设计标准的洪水过程线。但是，洪水过程线的形状千变万化，且洪水每年发生的时间也不相同，是一种随机过程。目前尚无完善的方法直接从洪水过程线的统计规律求出一定频率的过程线。尽管已有人从随机过程的角度，对过程线作模拟研究，但尚未达到实用的目的。为了适应工程设计要求，目前仍采用放大典型洪水过程线的方法，使其洪峰流量和时段洪量的数值等于设计标准的数值，即认为所得的过程线是待求的设计洪水过程线。

放大典型洪水过程线时，根据工程和流域洪水特性，可选用同频率放大法或同倍比放大法。

**一、典型洪水过程线的选择**

选择典型洪水过程线，即从实测洪水中选出和设计要求相近的洪水过程线作为典型。选择典型洪水的原则：

(1) 资料完整，精度较高，峰高量大的实测大洪水过程线。

(2) 具有较好的代表性，即在发生季节、地区组成、峰型、主峰位置、洪水历时及峰量关系等方面能代表设计流域大洪水的特性。

（3）选择对防洪不利的典型，如选择峰型比较集中、主峰靠后的典型洪水过程。

（4）如水库下游有防洪要求，应考虑与下游洪水遭遇的不利典型。

一般按上述原则初步选取几个典型，分别放大，并经调洪计算，取其中偏于安全的作为设计洪水过程线的典型。

## 二、典型洪水过程线的放大

目前采用的典型洪水放大方法有峰量同频率控制方法（简称同频率放大法）和按峰或按量同倍比控制方法（简称同倍比放大法）。

### 1. 同频率放大法

此法要求放大后的设计洪水过程线的峰和不同时段（1d、3d、…）的洪量均分别等于设计值。具体做法是先由频率计算求出设计洪峰 $Q_{mp}$ 和各种不同时段的设计洪量 $W_{1p}$、$W_{3p}$、…，并求典型过程线的洪峰 $Q_m$ 和各种不同时段的洪量 $W_{1d}$、$W_{3d}$、…，然后按洪峰、最大 1d 洪量、最大 3d 洪量、……的顺序，采用以下不同倍比值分别将典型过程进行放大。

洪峰放大倍比为：

$$K_{Q_m}=\frac{Q_{mp}}{Q_m} \tag{6-12}$$

最大 1d 洪量放大倍比为：

$$K_1=\frac{W_{1p}}{W_{1d}} \tag{6-13}$$

最大 3d 洪量中除最大 1d 以外，其余 2d 的放大倍比为：

$$K_{3-1}=\frac{W_{3p}-W_{1p}}{W_{3d}-W_{1d}} \tag{6-14}$$

以上说明，最大 1d 洪量包括在最大 3d 洪量之中，同理，最大 3d 洪量包括在最大 7d 洪量之中，得出的洪水过程线上的洪峰和不同时段的洪量，恰好等于设计值。时段划分视过程线的长度而定，但不宜太多，一般以 3 段或 4 段为宜。由于各时段放大倍比不相等，放大后的过程线在时段分界处出现不连续现象，此时可徒手修匀，修匀后仍应保持洪峰和各时段洪量等于设计值。如放大倍比相差较大，要分析原因，采取措施，消除不合理的现象。

**【例 6-4】** 经过对某水库实测和调查洪水的分析，初步确定1971年 8 月的一次洪水为典型洪水，其洪峰、各时段洪量及设计洪峰、洪量见表 6-8，洪水过程见表 6-9。要求用分时段同频率放大法，推求 $P=1\%$的设计洪水过程线。

**表 6-8　某水库典型及设计洪峰、洪量统计表**

| 项目 | 洪峰 $Q_m$ ($m^3/s$) | 洪量 $W$ ($10^6m^3$) | | |
|---|---|---|---|---|
| | | 1d | 3d | 7d |
| $P=1\%$的设计值 | 1460 | 60.5 | 90.5 | 116 |
| 典型洪水 | 1066 | 47.7 | 70.9 | 92.3 |

表 6-9　　设计洪水过程线计算表

| 典型洪水过程线 | | | 放大倍比 | 放大流量 ($m^3/s$) | 修匀后的流量 ($m^3/s$) | 典型洪水过程线 | | | 放大倍比 | 放大流量 ($m^3/s$) | 修匀后的流量 ($m^3/s$) |
|---|---|---|---|---|---|---|---|---|---|---|---|
| 时间 | | 流量 ($m^3/s$) | | | | 时间 | | 流量 ($m^3/s$) | | | |
| 日 | 时 | | | | | 日 | 时 | | | | |
| (1) | | (2) | (3) | (4) | (5) | (1) | | (2) | (3) | (4) | (5) |
| 3 | 0 | 30 | 1.19 | 35.7 | 35 | 6 | 5 | 130 | 1.29 | 168 | 168 |
| 3 | 12 | 40 | 1.19 | 47.6 | 48 | 6 | 16 | 82 | 1.29 | 106 | 106 |
| 4 | 0 | 60 | 1.19/1.27 | 71.4/76.2 | 72 | 6 | 19 | 80 | 1.29 | 103 | 103 |
| 4 | 4 | 130 | 1.27 | 165 | 160 | 6 | 20 | 82 | 1.29 | 106 | 106 |
| 4 | 12 | 894 | 1.27 | 1135 | 1135 | 7 | 0 | 135 | 1.29/1.19 | 174/161 | 171 |
| 4 | 14 | 980 | 1.27 | 1244 | 1244 | 7 | 1 | 140 | 1.19 | 167 | 167 |
| 4 | 15 | 1066 | 1.37 | 1460 | 1460 | 7 | 3 | 170 | 1.19 | 202 | 202 |
| 4 | 16 | 950 | 1.27 | 1206 | 1206 | 7 | 11 | 125 | 1.19 | 149 | 149 |
| 4 | 21 | 480 | 1.27 | 610 | 605 | 8 | 0 | 70 | 1.19 | 83.3 | 83 |
| 5 | 0 | 350 | 1.27/1.29 | 445/451 | 446 | 8 | 5 | 55 | 1.19 | 65.5 | 66 |
| 5 | 3 | 240 | 1.29 | 310 | 310 | 8 | 13 | 46 | 1.19 | 54.7 | 55 |
| 5 | 8 | 167 | 1.29 | 215 | 215 | 9 | 0 | 40 | 1.19 | 47.6 | 47 |
| 5 | 11 | 139 | 1.29 | 179 | 179 | 9 | 10 | 36 | 1.19 | 42.8 | 43 |
| 5 | 20 | 107 | 1.29 | 138 | 138 | 9 | 24 | 31 | 1.19 | 36.9 | 36 |
| 6 | 0 | 115 | 1.29 | 148 | 148 | | | | | | |

首先，计算洪峰和各时段洪量的放大倍比：

$$K_{Q_m}=\frac{1460}{1066}=1.37$$

$$K_1=\frac{60.5}{47.7}=1.27$$

$$K_{3-1}=\frac{90.5-60.5}{70.9-47.7}=1.29$$

$$K_{7-3}=\frac{116-90.5}{92.3-70.9}=1.19$$

其次，将这些放大倍比值按它们的放大时段填入表 6-9 中的第（3）栏中，然后分别乘以第（2）栏中的流量值，其值填入第（4）栏中。

最后，由于各时段放大倍比值不同，时段分界处出现不连续现象，经修匀后，其值填入第（5）栏中。

典型洪水过程线和设计洪水过程线如图 6－4 所示。

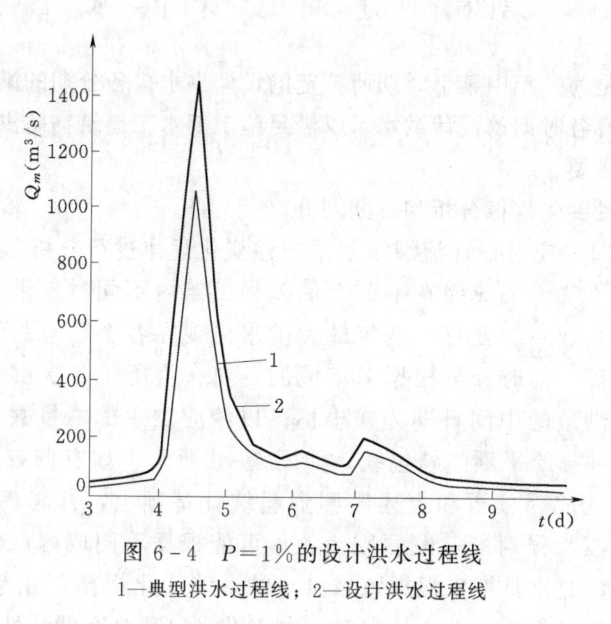


图 6－4　$P=1\%$的设计洪水过程线

1—典型洪水过程线；2—设计洪水过程线

2. 同倍比放大法

此法是按洪峰或洪量同一个倍比放大典型洪水过程线的各纵坐标值，从而求得设计洪水过程线。如果以洪峰控制，其放大倍比为：

$$K_{Q_m} = \frac{Q_{mp}}{Q_m} \tag{6-15}$$

式中　$K_{Q_m}$——以峰控制的放大系数；

其余符号意义同前。

如果以量控制，其放大倍比为：

$$K_{W_t} = \frac{W_{tp}}{W_t} \tag{6-16}$$

式中　$K_{W_t}$——以量控制的放大系数；

$W_{tp}$——控制时段 $t$ 的设计洪量；

$W_t$——典型过程线在控制时段 $t$ 的最大洪量。

采用同倍比放大时，若放大后洪峰或某时段洪量超过或低于设计值很多，且对调洪结果影响较大时，应另选典型。

3. 两种方法的比较

同频率放大法成果较少受所选典型不同的影响，常用于峰量关系不够好、洪峰形状差别大的河流，以及峰量均对水工建筑物的防洪安全起控制作用的工程。目前大中型水库的规划设计主要采用此法。

同倍比放大法计算简便，常用于峰量关系较好的河流，以及水工建筑物的防洪安全主要由洪峰流量或某时段洪量起控制作用的工程。对长历时、多峰型的洪水过程，或要求分析洪水地区组成时，同倍比放大法比同频率放大法更为适用。

## 第四节　分期设计洪水

分期设计洪水是为一年中某个时期所拟定的设计洪水。各分期的洪水成因和洪水大小不同，必须分别计算各时期的设计洪水，以满足施工期水工建筑物防洪和水工建筑物建成后管理调度的运用需要。

### 一、洪水季节性变化规律分析和分期划分

划定分期洪水时，应对设计流域洪水季节性变化规律进行分析，并结合工程的要求来考虑。分析时要了解天气成因在季节上的差异，年内不同时期洪水峰、量数值及特性（如均值、变差系数）的变化，全年最大洪水出现在各个季节的情况，以及不同季节洪水过程的形状等。同时，可根据本流域的资料，将历年各次洪水以洪峰发生日期或某一定历时最大洪量的中间日期为横坐标，以相应洪水的峰量数值为纵坐标，点绘洪水年内分布图，并描绘平顺的外包线，如图 6－5 所示，如有调查的特大洪水，也应点绘于图上。在天气成因分析和上述实测资料统计基础上，并考虑工程设计的要求，划定分期洪水的时段。分期的一般原则为：尽可能根据不同成因的洪水，把全年划分为若干分期。分期的起讫日期应根据流域洪水的季节变化规律，并考虑设计需要确定。分期不宜太短，一般以不短于 1 个月为宜。由于洪水出现具有偶然性，各年分期洪水的最大值不一定正好在所定的分期内，可能往前或往后错开几天，因此，在用分期年最大选样时，有跨期和不跨期两种选样方法。跨期选样时，为了反映每个分期的洪水特征，跨期选样的日期不宜超过 5～10d。

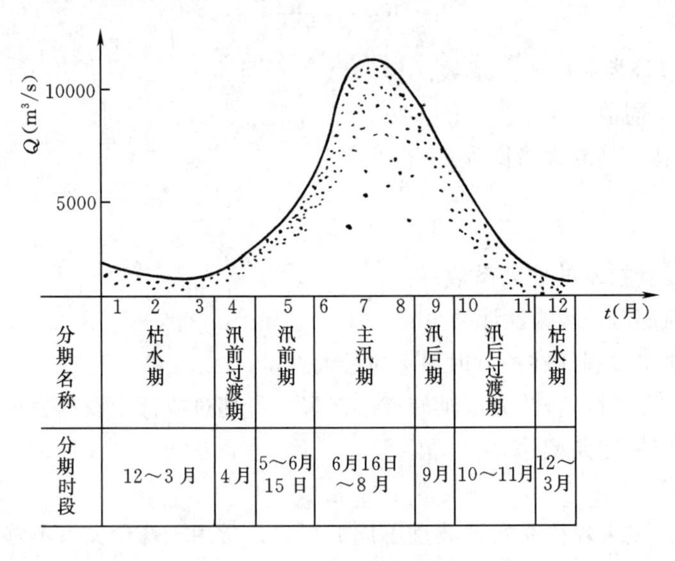


图 6－5　某站洪水年内分布图及分期

### 二、分期设计洪水的计算方法

（1）分期划定后，一般在规定时段内，分期洪水按年最大值法选择。当一次洪水过程位于两个分期时，视其洪峰流量或时段洪量的主要部分位于何期，就作为该期的样本，不

作重复选择，这种选样方法称为不跨期选样。

(2) 分期特大洪水的经验频率计算，应根据调查考证资料，结合实测系列分析，重新论证，合理调整。分期洪水的统计参数计算和适线方法与年最大洪水相同。对施工期洪水，由于设计标准较低，当具有较长资料时，一般可由经验频率曲线直接查取设计值。

(3) 分期设计洪水过程线仍可按本章第三节所述方法进行计算。但是，施工初期围堰往往以抗御洪峰为主，一般只要求推算设计洪峰流量；大坝合龙后，则以某个时段的设计洪量为主要控制，故要求推算设计洪峰和一定时段的设计洪量。如进行调洪计算，则需要设计洪水过程线。中小型工程的施工设计洪水，一般只需要推算分期设计洪峰。

(4) 将各分期洪水的峰、量频率曲线与全年最大洪水的峰、量频率曲线画在同一张频率格纸上，检查其相互关系是否合理。如果它们在设计频率范围内发生交叉现象，即稀遇频率的分期洪水大于同频率的全年最大洪水，这是不合理的。此时应根据资料情况和洪水的季节性变化规律予以调整。一般来说，由于全年最大洪水在资料系列的代表性、历史洪水的调查考证等方面，比分期洪水分析研究更为充分，其成果相对较可靠，故调整时一般应以全年或历时较长的洪水频率曲线为准。

## 第五节 入库设计洪水

### 一、入库洪水的概念

入库洪水是指水库建成后，通过各种途径进入水库回水区的洪水。入库洪水一般由 3 部分组成：

(1) 水库回水末端干支流河道断面的洪水。如图 6-6 中由 $A$、$B$、$C$ 断面汇入的上游干支流洪水（可能有实测资料）。

(2) 水库区间陆面洪水。即 $A$、$B$、$C$ 断面以下至水库周边的区间陆面上所产生的洪水（无观测资料）。

(3) 库面洪水。即库面降水直接转化为径流的洪水（无观测资料）。

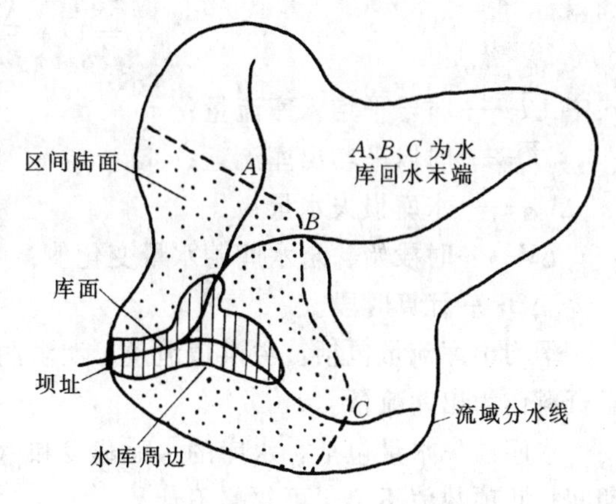

图 6-6 入库洪水示意图

由于建库后流域的产流、汇流条件都有所改变，入库洪水与坝址洪水相比就有所不同，其差异主要表现在：

(1) 库区产流条件改变，使入库洪水的洪量增大。水库建成后，水库回水淹没区由原来的陆面变为水面，产流条件相应发生了变化，在洪水期间库面由陆地产流变为水库水面直接承纳降水，由原来的陆面蒸发损失变为水面蒸发损失。

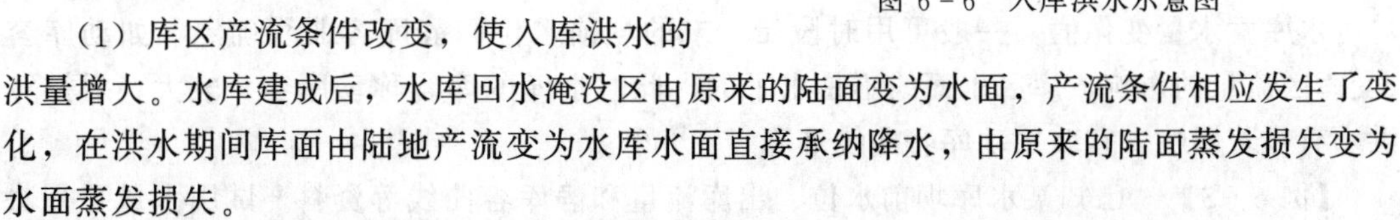

(2) 流域汇流时间缩短，入库洪峰流量出现时间提前，涨水段的洪量增大。建库后，

洪水由干支流的回水末端和水库周边入库，洪水在库区的传播时间比原河道的传播时间短。因此，流域总的汇流时间缩短，洪峰出现的时间相应提前，而库面降雨集中于涨水段，涨水段的洪量增大。

(3) 河道被回水淹没成为库区。河槽调蓄能力丧失，再加上干支流和区间陆面洪水常易遭遇，使得入库洪水的洪峰增高，峰形更尖瘦。

**二、入库洪水的计算方法**

建库前，水库的入库洪水不能直接测得，一般是根据水库特点、资料条件，采用不同的方法分析计算。依据资料不同，可分为由流量资料推求入库洪水和由雨量资料推求入库洪水两种类型。

由流量推求入库洪水又可分为：

(1) 流量叠加法。分别推算干支流和区间等各部分的洪水，然后演进到入库断面处，再同时刻叠加，即得入库洪水。这种方法概念明确，只要坝址以上干支流有实测资料，区间洪水估计得当，一般计算成果较满意。

(2) 马斯京根法。当汇入水库周边的支流较少，坝址处有实测水位流量资料，干支流入库点有部分实测资料时，可根据坝址洪水资料用马斯京根法，即反演进的方法推求入库洪水。这种方法对资料的要求较少，计算也比较简便。

(3) 槽蓄曲线法。当干支流缺乏实测洪水资料，但库区有较完整的地形资料时，可利用河道平面图和纵横断面图，根据不同流量的水面线（实测、调查或推算得来）绘制库区河段的槽蓄曲线，采用联解槽蓄曲线与水量平衡方程的方法，由坝址洪水反推入库洪水。本方法计算成果的可靠程度与槽蓄曲线的精度有关。

(4) 水量平衡法。水库建成后，可用坝前水库水位、库容曲线和出库流量等资料用水量平衡法反推入库洪水。计算公式为：

$$\overline{I}=\overline{O}+\frac{\Delta V_{损}}{\Delta t}+\frac{\Delta V}{\Delta t} \tag{6-17}$$

式中 $\overline{I}$——时段平均入库流量；

$\overline{O}$——时段平均出库流量；

$\Delta V_{损}$——水库损失水量；

$\Delta V$——时段始、末水库蓄水量变化值；

$\Delta t$——计算时段。

平均出库流量包括：溢洪道泄量、泄洪洞泄量及发电流量等，也可采用坝下游实测流量资料作为出库流量。

水库损失水量包括：水库的水面蒸发和枢纽、库区渗漏损失等。一般情况下，在洪水期间，此项数值不大，可忽略不计。

水库蓄水量变化值，一般可用时段始、末的坝前水位和静库容曲线确定，如动库容（受库区流量的影响，库区水面线不是水平的，此时水库的库容称动库容）较大，对推算洪水有显著影响，宜改用动库容曲线推算。

**【例 6-5】** 已知某水库坝前水位、出库流量和静库容曲线等资料，试用水量平衡法反推入库洪水。

表 6-10　　水量平衡法反推入库洪水

| 时间 | | | | 坝前水位 | $V_{静}$ | $\Delta V_{静}$ | $\frac{\Delta V_{静}}{\Delta t}$ | $\overline{O}$ | $\overline{I}$ |
|---|---|---|---|---|---|---|---|---|---|
| 年 | 月 | 日 | 时 | | | | | | |
| (1) | | | | (2) | (3) | (4) | (5) | (6) | (7) |
| 1981 | 7 | 24 | 12 | 243.22 | 3276.0 | 20.7 | 28.75 | 113 | 142 |
| 1981 | 7 | 24 | 14 | 243.29 | 3296.7 | 20.8 | 28.89 | 119 | 148 |
| 1981 | 7 | 24 | 16 | 243.36 | 3317.5 | 20.7 | 28.75 | 126 | 155 |
| 1981 | 7 | 24 | 18 | 243.43 | 3338.2 | 50.4 | 70.00 | 133 | 203 |
| 1981 | 7 | 24 | 20 | 243.60 | 3388.6 | 192.6 | 267.50 | 200 | 468 |
| 1981 | 7 | 24 | 22 | 244.25 | 3581.2 | 222.3 | 308.75 | 296 | 605 |
| 1981 | 7 | 25 | 0 | 245.00 | 3803.5 | 226.7 | 314.86 | 419 | 734 |
| 1981 | 7 | 25 | 2 | 245.56 | 4030.2 | 259.1 | 359.86 | 603 | 963 |
| 1981 | 7 | 25 | 4 | 246.20 | 4289.3 | 267.2 | 371.11 | 812 | 1183 |
| 1981 | 7 | 25 | 6 | 246.86 | 4556.5 | 242.9 | 337.36 | 1075 | 1412 |
| 1981 | 7 | 25 | 8 | 247.46 | 4799.4 | 251.0 | 348.61 | 1320 | 1669 |
| 1981 | 7 | 25 | 10 | 248.08 | 5050.4 | 93.1 | 129.31 | 1460 | 1589 |
| 1981 | 7 | 25 | 12 | 248.31 | 5143.5 | −4.1 | −5.69 | 1502 | 1496 |
| 1981 | 7 | 25 | 14 | 248.30 | 5139.4 | 4.1 | 5.69 | 1498 | 1503 |
| 1981 | 7 | 25 | 16 | 248.31 | 5143.5 | ⋮ | | | |
| ⋮ | | | | | ⋮ | | | | |

注　流量单位为 $m^3/s$，蓄量单位为万 $m^3$。

由表 6-10 可知，第（3）栏是第（2）栏坝前水位相应的静库容，由水库静库容曲线查出。第（4）栏 $\Delta V_{静}$ 由第（3）栏前后项相减得到。第（5）栏由第（4）栏除以 $\Delta t$ 得来。第（7）栏入库洪水 $\overline{I}$ 由第（5）栏加第（6）栏出库洪水 $\overline{O}$ 而得，此即为静库容反推的水库入库洪水成果。

### 三、入库设计洪水计算方法

水利工程的设计应该以建库后的洪水情况作为设计依据，当坝址洪水与入库洪水差别不大时，可用坝址设计洪水近似代替。当两者差别较大时，以入库设计洪水进行水库防洪规划更为合理。推求入库设计洪水的方法有：

（1）推求历年最大入库洪水，组成最大入库洪水样本系列，采用频率分析的方法推求一定标准的入库设计洪水。

（2）首先推求坝址设计洪水，然后反算成入库设计洪水。

（3）选择某典型年的坝址实测洪水过程线，用前述方法推算该典型年的入库洪水过程，然后用坝址洪水设计值的倍比求得入库设计洪水过程线。

## 第六节　设计洪水的地区组成

为规划流域开发方案，计算水库对下游的防洪作用，以及进行梯级水库或水库群的联合调洪计算等问题，需要分析设计洪水的地区组成。也就是说当下游控制断面发生某设计频率的洪水时，要计算其上游各控制断面和区间相应的洪峰、洪量及洪水过程线。

由于暴雨分布不均，各地区洪水来量不同，各干支流来水的组合情况十分复杂，因此洪水地区组成的研究方法与上述固定断面设计洪水的研究方法不同，必须根据实测资料，结合调查资料和历史文献，对流域内洪水地区组成的规律进行综合分析。分析时应着重暴雨、洪水的地区分布及其变化规律；历史洪水的地区组成及其变化规律；各断面峰量关系以及各断面洪水传播演进的情况等。为了分析设计洪水不同的地区组成对防洪的影响，通常需要拟定若干个以不同地区来水为主的计算方案，并经调洪计算，从中选定可能发生而又能满足设计要求的成果。

现行洪水地区组成的计算常用典型年法和同频率地区组成法。

（一）典型年法

典型年法是从实测资料中选择几次有代表性、对防洪不利的大洪水作为典型，以设计断面的设计洪量作为控制，按典型年的各区洪量组成的比例计算各区相应的设计洪量。

本方法简单、直观，是工程设计中常用的一种方法，尤其适用于分区较多、组成比较复杂的情况。但此法因全流域各分区的洪水均采用同一个倍比放大，可能会使某个局部地区的洪水放大后其频率小于设计频率，值得注意。

（二）同频率地区组成法

同频率地区组成法是根据防洪要求，指定某一分区出现与下游设计断面同频率的洪量，其余各分区的相应洪量按实际典型组成比例分配。一般有以下两种组成方法：

（1）当下游断面发生设计频率 $P$ 的洪水 $W_{下P}$ 时，上游断面也发生频率 $P$ 的洪水 $W_{上P}$，而区间为相应的洪水 $W_{区}$，即：

$$W_{区} = W_{下P} - W_{上P} \tag{6-18}$$

（2）当下游断面发生设计频率 $P$ 的洪水 $W_{下P}$ 时，区间也发生频率 $P$ 的洪水 $W_{区P}$，上游断面为相应的 $W_{上}$，即：

$$W_{上} = W_{下P} - W_{区P} \tag{6-19}$$

必须指出，同频率地区组成法适用于某分区的洪水与下游设计断面的相关关系比较好的情况。由于河网调节作用等因素的影响，一般不能用同频率地区组成法来推求设计洪峰流量的地区组成。

## 复习思考题与习题

1. 什么叫设计洪水？它包括哪3个因素？

2. 永久性水工建筑物的设计洪水标准与工程下游防护对象的设计洪水标准有何异同？

3. 如何选取水利水电工程的防洪标准？设计洪水和校核洪水各有何含义？

4. 推求设计洪水有哪几种途径？简述由流量资料推求设计洪水的适用条件。

5. 洪水资料选样的年最大值法、一年多次法和超定量法有何区别？

6. 怎样进行洪水资料的插补延长？怎样提高洪水资料的代表性？

7. 什么叫特大洪水？怎样确定特大洪水的重现期？考虑特大洪水对洪水频率计算有何意义？

8. 考虑特大洪水时，如何估算统计参数 $\overline{x}$、$C_v$ 和 $C_s$ 值？

9. 怎样对设计洪峰、设计洪量计算成果进行合理性检查？

10. 推求设计洪水过程线的同频率放大法和同倍比放大法各有何优缺点？各适用于什么条件？

11. 利用同频率放大法推求设计洪水过程线时，在两种历时的交界处会出现什么现象？如何处理？

12. 试比较有充分实测流量资料情况下，设计年径流量及其年内分配的计算与设计洪水（洪峰、洪量和洪水过程线）计算的主要异同点。

13. 某水文站共有 8 年实测洪峰流量资料，另外经过历史洪水调查与估算，得到实测年限以外的三次特大洪水发生在 1935 年、1949 年、1955 年；另一次特大洪水发生在实测年限以内的 1969 年，经考证至 1755 年，1935 年、1955 年、1969 年、1949 年分别为考证期内的第一项、第二项、第三项、第四项的连序顺位洪水。实测洪峰流量见表 6-11，试计算各洪峰流量的经验频率。

**表 6-11　　某水文站实测洪峰流量资料表**

| 年　份 | 2000 | 2001 | 2002 | 2003 | 2004 | 2005 | 2006 | 2007 |
|---|---|---|---|---|---|---|---|---|
| $Q_m$（$m^3/s$） | 1280 | 2140 | 3620 | 2120 | 1360 | 1000 | 2000 | 1940 |

14. 某水文站 3d 洪量频率分析结果为：$\overline{W}_{3d}=2460$（$m^3/s\cdot d$），$C_v=0.50$，$C_s=2.5C_v$，选得典型年洪水过程线见表 6-12。试按量的同倍比法推求千年一遇设计洪水过程线。

**表 6-12　　某水文站典型洪水过程线**

| 时段（$\Delta t=12h$） | 0 | 1 | 2 | 3 | 4 | 5 | 6 |
|---|---|---|---|---|---|---|---|
| 流量 $Q$（$m^3/s$） | 780 | 1420 | 5860 | 2310 | 1400 | 1120 | 870 |

15. 已知某水文站千年一遇洪峰流量和 1d、3d、7d 洪量分别为：$Q_{mp}=10135$（$m^3/s$），$W_{1dp}=124000$ [$(m^3/s)\cdot h$]，$W_{3dp}=214800$ [$(m^3/s)\cdot h$]，$W_{7dp}=356420$ [$(m^3/s)\cdot h$]，典型洪水过程线见表 6-13。试按同频率放大法推求千年一遇设计洪水过程线。

**表 6-13　　某水文站典型洪水过程线**

| 时　间 | | | 典型洪水 $Q$（$m^3/s$） | 时　间 | | | 典型洪水 $Q$（$m^3/s$） |
|---|---|---|---|---|---|---|---|
| 月 | 日 | 时 | | 月 | 日 | 时 | |
| 9 | 4 | 8 | 238 | | | 20 | 926 |
| | | 20 | 375 | | 6 | 2 | 1880 |
| | 5 | 8 | 510 | | | 8 | 4925 |

续表

| 时间 | | | 典型洪水 $Q$ ($m^3/s$) | 时间 | | | 典型洪水 $Q$ ($m^3/s$) |
|---|---|---|---|---|---|---|---|
| 月 | 日 | 时 | | 月 | 日 | 时 | |
| | | 14 | 3150 | | | 20 | 582 |
| | | 20 | 2593 | | 9 | 8 | 423 |
| 9 | 7 | 2 | 1850 | | | 20 | 365 |
| | | 8 | 1170 | | 10 | 8 | 332 |
| | | 20 | 965 | | | 20 | 246 |
| | 8 | 8 | 735 | | 11 | 8 | 210 |

# 第七章　流域产流、汇流计算

如第二章所述，流域降雨形成径流的过程可分为产流阶段和汇流阶段。本章讲述流域产流计算和汇流计算。产流计算是扣除降雨的各种损失，推求净雨过程的计算；汇流计算是利用净雨过程推求径流过程的计算。

## 第一节　降雨径流要素的分析计算

### 一、降雨特性分析

降雨特性通常包括降雨量、降雨历时、降雨强度、降雨面积、降雨中心、降雨分布等要素，已如前述。天然降雨在空间上的分布往往是不均匀的，流域上如有若干个雨量站，对于一场实际降雨，各站的降雨量、降雨历时、降雨强度等会有所不同。

（一）单站降雨特性分析

1. 降雨强度过程线

降雨过程可用降雨强度过程线表示。降雨强度过程线是指降雨强度随时间的变化过程线。常以时段平均雨强为纵坐标，时段次序为横坐标绘制成直方图表示（见图 7－1，1线），平均雨强过程线也称为降雨量过程线。若有自记雨量计观测的降雨资料，也可绘制以瞬时雨强为纵坐标，相应时间为横坐标的曲线图（见图 7－1，2线），称为瞬时雨强过程线。

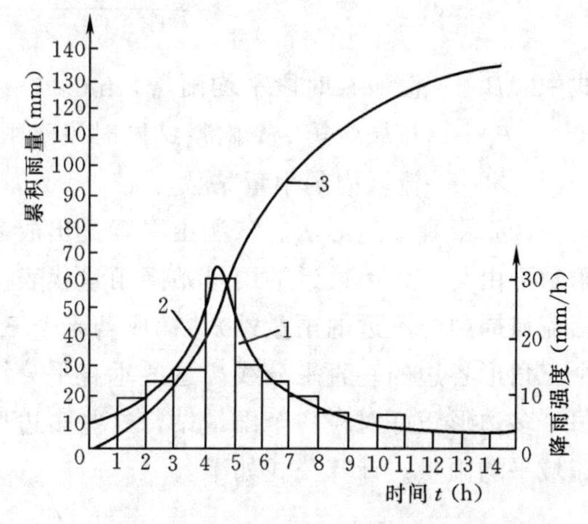


图 7－1　某雨量站一次降雨过程线及累积雨量曲线

1—时段平均雨强过程线；2—瞬时雨强过程线；3—累积雨量过程线

2. 降雨量累积曲线

降雨过程也可用降雨量累积曲线表示。降雨量累积曲线横坐标为时间，纵坐标是自降雨开始时起到各时刻的累积雨量（见图 7－1，3线）。该曲线上任意一点的坡度即是该时刻的瞬时雨强，而某一时段的平均坡度就是该时段内的平均雨强。

3. 降雨强度～历时曲线

用降雨强度过程线可以分析绘制降雨强度～历时曲线。统计降雨强度过程线中各种历时的最大平均雨强，如图 7－2（a）所示，以最大平均雨强为纵坐标，相应历时为横坐标即可点绘出降雨强度～历时曲线，如图 7－2（b）所示。由图 7－2（b）可以看出，降雨强度～历时曲线是一条下降曲线，说明最大平均降雨强度随历时增长而减小。

（二）流域降雨特性分析

1. 流域平均降雨量计算

水文计算往往需要推求流域平均雨量，计算流域平均雨量常用的方法有算术平均法、

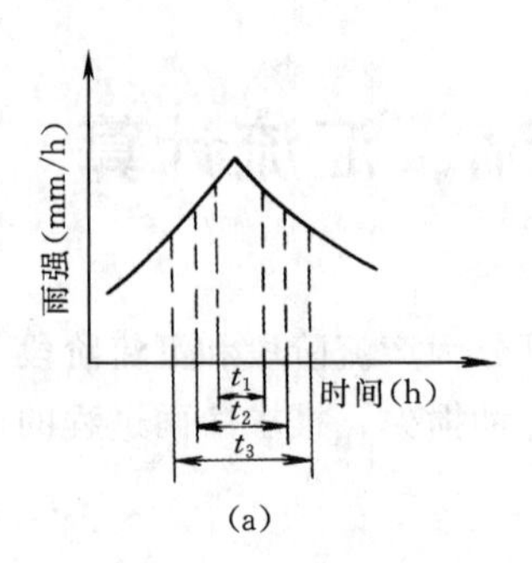


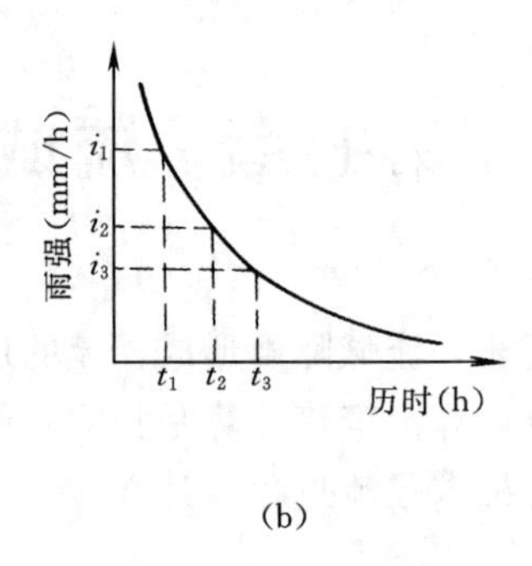


图 7-2 不同历时平均雨强统计示意图及雨强～历时曲线

(a) 不同历时平均雨强统计示意图；(b) 雨强～历时曲线

泰森多边形法和等雨量线图法。

(1) 算术平均法。当流域内雨量站分布较均匀，地形起伏变化不大时，可用流域内各站雨量的算术平均值作为流域平均雨量。计算公式如下：

$$\overline{P} = \frac{P_1 + P_2 + \cdots + P_n}{n} = \frac{1}{n}\sum_{i=1}^{n} P_i \tag{7-1}$$

式中 $\overline{P}$——流域某时段平均雨量，mm；

$P_i$——流域内第 $i$ 个雨量站同时段降雨量，mm；

$n$——流域内的雨量站数。

(2) 泰森多边形法。该法由泰森提出故名为泰森多边形法。该法假定流域内各点的降雨量可由与其距离最近的雨量站降雨量代表。具体作法是：先用直线联结相邻雨量站（包括流域周边外不远的雨量站），构成若干个三角形（应尽量避免出现钝角三角形）；再作每个三角形各边的垂直平分线。这些垂直平分线和流域边界线将流域划分成若干个多边形，每个多边形正好对应一个雨量站，这些多边形称为泰森多边形（见图 7-3）；最后，计算流域平均雨量。计算公式如下：

$$\overline{P} = P_1\frac{f_1}{F} + P_2\frac{f_2}{F} + \cdots + P_n\frac{f_n}{F} = \sum_{i=1}^{n} P_i\frac{f_i}{F} \tag{7-2}$$

式中 $f_i$——第 $i$ 个雨量站对应的多边形面积，$km^2$；

$F$——流域面积，$km^2$；

其余符号意义同前。

(3) 等雨量线图法。等雨量线是降雨量相等的点连成的线，类似地形等高线，由等雨量线构成的图称为等雨量线图。等雨量线图表示降雨的空间分布情况（见图 7-4）。当流域内、外雨量站分布较密时，可根据各站降雨量资料绘制出等雨量线图，再用面积加权法计算流域平均雨量。计算公式如下：

$$\overline{P} = \sum_{i=1}^{n} P_i\frac{f_i}{F} = \frac{1}{F}\sum_{i=1}^{n} P_i f_i \tag{7-3}$$

式中 $f_i$——相邻两条等雨量线之间的流域面积，$km^2$；

$P_i$——相邻两条等雨量线之间面积 $f_i$ 上的平均雨深，一般取两相邻等雨量线的平均值，mm；

其余符号意义同前。

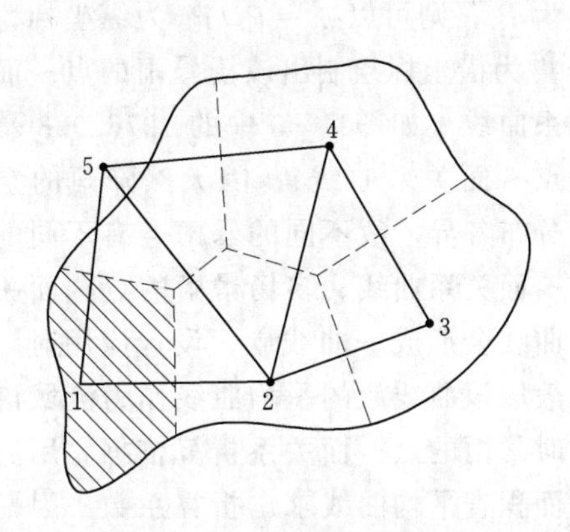

图 7－3　泰森多边形示意图

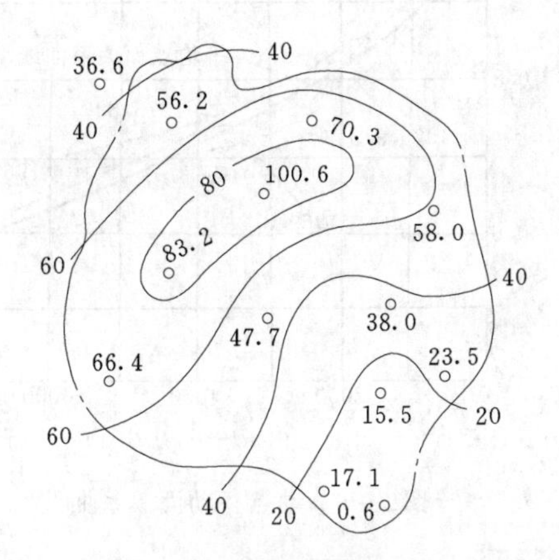

图 7－4　降雨量等值线图

2. 时～面～深关系曲线

先绘制一场暴雨不同历时的等雨量线图，如历时为 12h、24h、48h，再从各种历时等雨量线图上的暴雨中心开始，依次向外量取每条等雨量线包围的面积并求出各面积上的平均雨深，即可绘制面平均雨深～面积～历时曲线（见图 7－5）。该曲线习惯上简称时～面～深关系曲线。

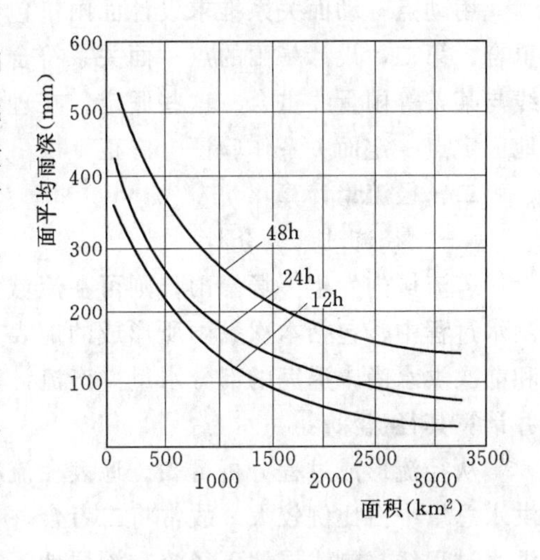

图 7－5　面平均雨深～面积～历时曲线

3. 点～面关系

水文计算有时需要用点～面关系将流域中心设计点雨量折算成设计面雨量，常用的点～面关系，有定点～定面关系和动点～动面关系两种。

(1) 定点～定面关系。若流域有一定的雨量资料，可以分析计算流域中心点雨量与流域平均雨量时，则可根据某次降雨资料计算出某种历时的流域平均雨量与流域中心点雨量的比值 $\alpha$。$\alpha$ 称为点～面关系折算系数。取若干次大暴雨资料计算的折算系数平均值作为流域该历时的点～面关系折算系数。该法称为定点～定面关系折算，因为流域中心点与流域面是固定的。

若流域资料缺乏，也可选取流域所在地区雨量站较多的地方建立定点～定面关系，如选某一点作为定点，以该点为中心作圆或正方形确定出某一定面，把分析计算的点～面关系折算系数移用于本流域。

应该指出，在设计情况下，需用设计频率的 $\alpha$ 值。在面雨量资料不足，做 $\alpha$ 的频率计算有困难时，方可取大暴雨 $\alpha$ 的平均值近似代替。

(2) 动点～动面关系。若有流域所在地区的某场大暴雨资料，则可绘制某种历时的等

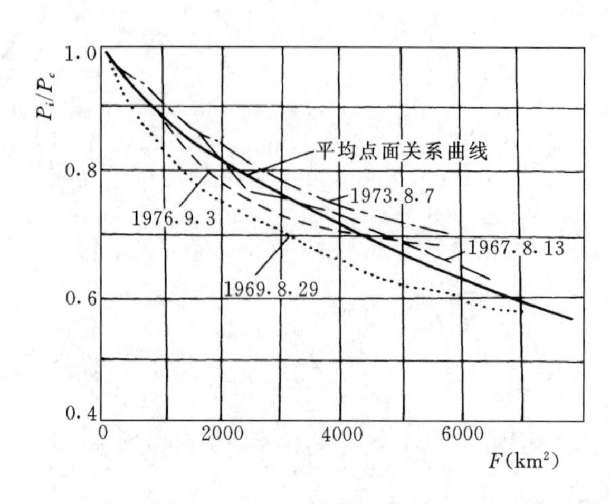


图 7-6　动点～动面关系曲线

雨量线图，设该历时的暴雨中心雨量为 $P_c$，从中心向外量取各条等雨量线包围的面积记为 $f_i$，各面积上的平均雨量记为 $P_i$，则可以 $\alpha_i = P_i/P_c$ 为纵坐标，以 $f_i$ 为横坐标绘制出该场暴雨的点～面关系曲线（如图 7-6 中的 1976.9.3 暴雨点～面关系曲线）。因天然降雨的空间分布各异，故不同的暴雨会有不同的点～面关系曲线。多场暴雨的点～面关系曲线会形成一曲线族。设计应用时，一般取该曲线族的平均曲线作为流域该历时暴雨的点～面关系折算依据，用流域面积查平均曲线求出折算系数。因暴雨中心点和等雨量线包围的面是变动的，故称为动点～动面关系。

用动点～动面关系推求设计面雨量包含了 3 个假定：第一，设计暴雨中心与流域中心重合；第二，设计暴雨的点～面关系符合本地区暴雨平均的点～面关系；第三，流域边界线与某条等雨量线重合。这些假定，在理论上缺乏足够的根据，因此应用时须慎重，可用地区定点～定面关系作验证、修正。

## 二、径流量计算

### （一）径流过程线分析

若流域内发生一场暴雨，则可在流域出口断面观测到其形成的洪水过程线。在实测的洪水过程中，包括本次暴雨所形成的地表径流、壤中流、浅层地下径流以及深层地下径流和前次洪水尚未退完的部分水量。产流计算需要将本次暴雨所形成的径流量分割独立开来并计算其径流深。

从径流形成过程分析可知，地表径流与壤中流汇流情况相近，出流快、退尽早，并在洪水总量中占比例较大，故常将二者合并分析计算，称之为地面径流。地面径流退尽后，洪水过程线只剩浅层地下径流和深层地下径流，流量明显减小，会使过程线退水段上出现一拐点。由于地下径流出流慢、退尽也慢，所以洪水过程线尾部呈缓慢下降趋势，常造成一次洪水尚未退尽，又遭遇另一次洪水的情况。所以，要想把一次降雨所形成的各种径流分割独立开，需要两种意义的分割：次洪水过程的分割与水源划分。

### （二）次洪水过程的分割

次洪水过程分割的目的是把几次暴雨所形成的、混在一起的径流过程线独立分割开来。此类分割常采用退水曲线进行。分割时，可将退水曲线在待分割的洪水过程线（应与退水曲线纵、横坐标比例一致）的横坐标上水平移动，尽可能使某条地面退水曲线与洪水退水段吻合，沿该线绘出分割线即可。

退水曲线是反映流域蓄水量消退规律的过程线，可按下述方法综合多次实测流量过程线的退水段求得：取若干条洪水过程线的退水段，采用相同的纵、横坐标比例尺，绘在透明纸上。绘制时，将透明纸沿时间坐标轴左右移动，使退水段的尾部相互重合，作出一条光滑的下包线，该下包线即为地下水退水曲线，反映地下径流的消退规律。以下包线为基础，上面一组退水曲线为地面径流退水曲线，如图 7-7 所示。

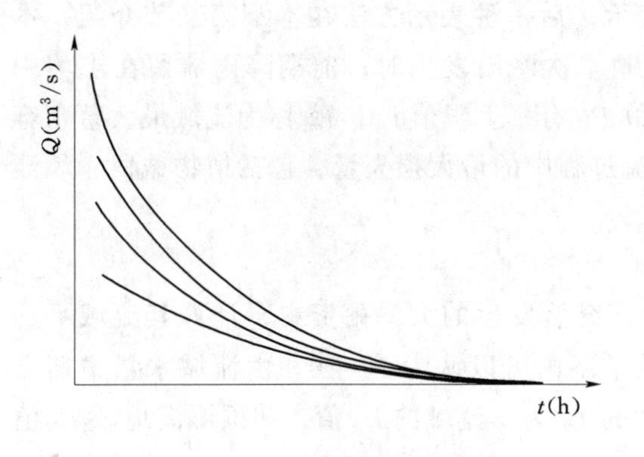


图 7-7 退水曲线示意图

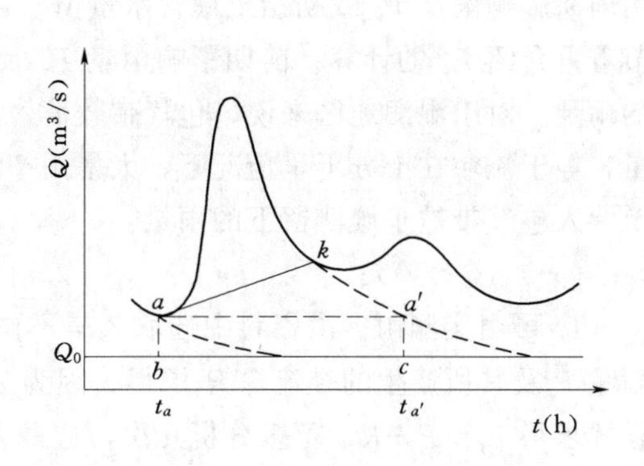


图 7-8 分割洪水过程线示意图

（三）水源划分

次洪水过程的分割完成后，再进行地面径流、浅层地下径流、深层地下径流的划分，即按水源进一步划分径流。

深层地下径流由承压水补给形成，其特点是小而稳定，常称为基流，用 $Q_0$ 表示。可以通过分析、调查径流资料合理选定。选定基流流量后，可在洪水过程线底部用平行线割除基流，见图 7-8。该线以下径流即为深层地下径流。

地面径流与浅层地下径流的分割常采用斜线分割法：用退水曲线确定洪水退水段上的拐点 $k$，从洪水起涨点 $a$ 向 $k$ 点画一斜线，该线以上为地面径流，该线与平行线之间为浅层地下径流（见图 7-8）。

（四）径流量的计算

分割完成后，各种径流过程即可独立开，可计算其径流量，即求各自的面积。

关于地面径流量计算，即推求从 $a$ 点至 $k$ 点斜线以上洪水过程线包围的面积，可列表计算。

关于浅层地下径流量计算，可推求斜线、平行线及两条退水曲线之间的面积。由于退水过程缓慢，使计算较为困难，可从起涨点 $a$ 做纵轴平行线，交水平线于 $b$ 点，然后，从 $a$ 做横轴平行线交退水段一点 $a'$，再从 $a'$ 做纵轴平行线，交水平线于 $c$ 点，见图 7-8。假设 $a$ 与 $a'$ 之后退水规律相同，只要计算 $aka'cb$ 的面积即可。

径流量有时需要用径流深表示，径流深是把径流量平铺到流域面积上得到的水深，由求得的径流量除以流域面积即得径流深。计算公式如下：

$$R = \frac{3.6 \sum Q\Delta t}{F} \tag{7-4}$$

式中 $R$——次洪径流深，mm；

$Q$——每隔一个 $\Delta t$ 的流量值，$m^3/s$；

$\Delta t$——计算时段，h；

$F$——流域面积，$km^2$；

3.6——单位换算系数。

### 三、前期影响雨量的计算

降雨开始时，流域内包气带的土壤含水量是影响本次降雨产流量的一个重要因素，常用前期影响雨量 $P_a$ 或初始土壤含水量 $W_0$ 表示。后一种表示方法在本章第二节介绍，本节着重介绍 $P_a$ 的计算。前期影响雨量 $P_a$ 反映本次降雨发生时，前期降雨滞留在土壤中的雨量。对于湿润地区来说，包气带较薄，故 $P_a$ 有一上限值 $I_m$，$I_m$ 称为流域最大蓄水容量，等于流域在十分干旱情况下，大暴雨产流过程中的最大损失量，包括植物截留、填洼及渗入包气带被土壤滞留下的雨量。

（一）$I_m$ 的确定

$I_m$ 可由实测雨、洪资料中选取久旱不雨，突然发生的大暴雨资料，计算其流域平均雨量 $\overline{P}$ 及其所产生的径流深 $R$ 求得。因为久旱不雨可以认为 $P_a=0$，由流域水量平衡方程式求得 $I_m=P-R$。可多分析几次，选最大的 $I_m$ 为本流域的 $I_m$ 值。我国湿润地区 $I_m$ 值多在 80～120mm 之间。

（二）$P_a$ 值的计算

1. 逐日递推法

$P_a$ 值的大小取决于前期降雨对土壤的补给量和蒸发对土壤含水量的消耗量，计算通常以 1d 为时段，逐日递推，一直计算到本次降雨开始前的 $P_a$ 值为止。计算公式如下：

$$P_{a,t+1}=K(P_{a,t}+P_t-R_t) \quad (7-5)$$

式中 $P_{a,t}$——$t$ 日开始时刻的土壤含水量，mm；

$P_{a,t+1}$——$t+1$ 日开始时刻的土壤含水量，mm；

$P_t$——$t$ 日降雨量，mm；

$R_t$——$t$ 日产流量，mm；

$K$——土壤含水量的日消退系数。

如 $t$ 日无雨，则式（7-5）可写成：

$$P_{a,t+1}=KP_{a,t}$$

如 $t$ 日有雨而不产流，则式（7-5）可写成：

$$P_{a,t+1}=K(P_{a,t}+P_t) \quad (7-6)$$

若计算过程中发现 $P_{a,t+1}>I_m$，则取 $P_{a,t+1}=I_m$，认为超过 $I_m$ 的部分已变为产流量。即作一次误差清除，使误差不致连续累积。

$P_a$ 计算中的消退系数 $K$，通常采用气象因子确定。土壤含水量的消耗取决于流域的蒸、散发量。流域日蒸、散发量 $Z_t$ 是该日气象条件（气温、日照、温度、风等）和土壤含水量 $P_a$ 的函数。假定 $t$ 日的蒸、散发量 $Z_t$ 与流域土壤含水量 $P_{a,t}$ 为线性关系，因为 $P_a=0$ 时，$Z_t=0$；$P_a=I_m$ 时，$Z_t=Z_m$（最大日蒸发能力），故：

$$\frac{Z_t}{Z_m}=\frac{P_{a,t}}{I_m} \text{ 或 } Z_t=\frac{Z_m}{I_m}P_{a,t} \quad (7-7)$$

又

$$Z_t=P_{a,t}-P_{a,t+1}=(1-K)P_{a,t} \quad (7-8)$$

解联立式（7-7）和式（7-8），可得：

$$K=1-\frac{Z_m}{I_m} \quad (7-9)$$

式中，流域日蒸发能力并无实测值，经实际试验资料分析，80cm 口径套盆式蒸发皿的水面蒸发量的观测值可作为 $Z_m$ 的近似值，此项蒸发量随着地区、季节、晴雨等条件不同而不同，一般按晴天或雨天采用月平均值计算 $K$ 值。

采用上述计算公式计算本次降雨开始时的 $P_a$，还需确定 $P_a$ 从何时起算。一般根据两种情况确定：当前期相当长一段时间无雨时，可取 $P_a=0$；若一次大雨后产流，可取 $P_a=I_m$，然后以该 $P_a$ 值为起始值，逐日往后计算至本次降雨开始这一天的 $P_a$ 值，就是本次降雨的 $P_a$ 值。

**【例 7－1】** 试求某流域5月 28 日和 6 月 3 日两次降雨的 $P_a$ 值。

经分析，该流域 $I_m=100$mm，平均日蒸发能力 $Z_m$ 在 5 月份晴天取 5mm/d，雨天取晴天的一半，为 2.5mm/d；6 月份晴天取 6.2mm/d，雨天取 3.1mm/d，由此计算各天的 $K$ 值和 $P_a$ 值，见表 7－1。

由资料可知，5 月 18 日～20 日 3d 雨量很大，土壤完全湿润，产生了径流，可以取 20 日的 $P_a$ 为 $I_m=100$mm，其后逐日的 $P_a$ 值计算如下：

5 月 21 日　$P_a=0.975\times(100+15.1)>100$(mm)，取 100(mm)

5 月 22 日　$P_a=0.975\times(100+1.2)=98.7$(mm)

5 月 23 日　$P_a=0.950\times(98.7)=93.8$(mm)

……

直到 5 月 28 日的 $P_a=72.6$(mm)，就是 5 月 28 日～30 日这场雨的 $P_a$ 值。同理，6 月 3 日的 $P_a=81.5$(mm)，就是 6 月 3 日～5 日这场雨的 $P_a$ 值。

表 7－1　**$P_a$ 值计算**

| 日期 | | | 降雨量 $P$ (mm) | 平均日蒸发能力 $Z_m$ (mm) | 消退系数 $K=1-\frac{Z_m}{I_m}$ | 土壤含水量 $P_a$ (mm) |
|---|---|---|---|---|---|---|
| 年 | 月 | 日 | | | | |
| 1965 | 5 | 18 | 78.2 | 2.5 | 0.975 | |
| | | 19 | 35.6 | 2.5 | 0.975 | |
| | | 20 | 15.1 | 2.5 | 0.975 | 100.0 |
| | | 21 | 1.2 | 2.5 | 0.975 | 100.0 |
| | | 22 | | 5.0 | 0.950 | 98.7 |
| | | 23 | | 5.0 | 0.950 | 93.8 |
| | | 24 | | 5.0 | 0.950 | 89.1 |
| | | 25 | | 5.0 | 0.950 | 84.6 |
| | | 26 | | 5.0 | 0.950 | 80.4 |
| | | 27 | | 5.0 | 0.950 | 76.4 |
| | | 28 | 21.4 | 2.5 | 0.975 | 72.6 |
| | | 29 | 35.3 | 2.5 | 0.975 | 91.6 |
| | | 30 | 0.8 | 2.5 | 0.975 | 100.0 |
| | | 31 | | 5.0 | 0.950 | 98.3 |
| | 6 | 1 | | 6.2 | 0.938 | 93.4 |
| | | 2 | | 6.2 | 0.938 | 87.6 |
| | | 3 | 8.5 | 3.1 | 0.969 | 81.5 |
| | | 4 | 49.7 | 3.1 | 0.969 | 86.4 |
| | | 5 | 16.8 | 3.1 | 0.969 | 100.0 |

2. 经验公式法

逐日递推法需要逐日蒸发资料，当条件不具备时，可采用经验公式法确定 $P_a$ 值，公式如下：

$$P_{a,t} = KP_1 + K^2P_2 + \cdots + K^nP_n \tag{7-10}$$

式中 $P_1$、$P_2$、…、$P_n$——本次降雨前 1d、前 2d、…前 $n$d 的降雨量，mm；

$K$——日消退系数，可由资料率定，一般为 0.85～0.95；

$n$——一般取 15d。

当计算的 $P_{a,t} > I_m$ 时，取 $P_{a,t} = I_m$。

经验公式法简便易行，应用颇为普遍。

## 第二节　流域产流分析与计算

### 一、流域产流分析

（一）包气带对降雨的调节与分配作用

包气带的上界面即地面，对降雨可起分配作用。若流域某一处、某时刻的地面下渗能力用 $f_p$ 表示，该时刻的降雨强度用 $i$ 表示，则容易想象：当 $i > f_p$ 时，降雨将能按 $f_p$ 下渗，（$i - f_p$）的部分会形成地表径流；当 $i < f_p$ 时，全部降雨都将渗入土壤中。另外，降雨过程中会有一部分水量蒸发。天然降雨强度不均，有时大于 $f_p$，有时小于 $f_p$，因此包气带界面可把一场暴雨量划分成下渗水量、地表径流量、雨期蒸发量 3 部分。

由水量平衡原理可知：

$$P = I + RS + E_1 \tag{7-11}$$

式中 $P$——一次降雨总量，mm；

$I$——渗入包气带土壤中的水量，mm；

$RS$——地表径流量，mm；

$E_1$——雨期蒸发量，mm。

包气带土壤层对下渗水量可起进一步的调节与再分配作用。下渗到土壤中的水量，一部分被土壤吸收，成为土壤含水量增量；一部分以蒸、散发方式返回大气，其量记为 $E_2$。包气带含水量达到田间持水量时的蓄水容量称为该处包气带的最大蓄水容量，记为 $W'_m$，包气带含水量达到田间持水量时，习惯上称为“蓄满”。当包气带未蓄满时，下渗水量将滞留在土壤中；当蓄满后，再渗入的水量在重力作用下产生壤中流 $RG_1$ 和浅层地下径流 $RG_2$。所以，包气带土壤层把入渗水量划分成土壤含水量增量、土壤蒸、散发量、壤中流流量和浅层地下径流流量几部分。记 $W'_0$ 为该处初始土壤含水量，若入渗水量 $I \leqslant (W'_m - W'_0) + E_2$，则不产生壤中流和浅层地下径流；若入渗水量 $I > (W'_m - W'_0) + E_2$，将产生壤中流和浅层地下径流。

综上所述，在包气带的调节、分配作用下，降雨有两种产流方式：包气带未蓄满产流方式和包气带蓄满产流方式。未蓄满产流方式习惯上称为超渗产流方式，水量平衡方程为：

$$P = E_1 + (W'_e - W'_0) + RS \tag{7-12}$$

式中　$P$——一次降雨总量，mm；

$E_1$——雨期蒸发量，mm；

$W'_e$——降雨结束时的该处蓄水容量，mm；

$W'_0$——降雨开始时的该处蓄水容量，mm；

$RS$——地表径流量，mm。

蓄满产流方式水量平衡方程为：

$$P = E_1 + E_2 + (W'_m - W'_0) + RS + RG_1 + RG_2 \tag{7-13}$$

式中　$E_2$——土壤蒸、散发量，mm；

$W'_m$——该处最大蓄水容量，mm；

$RG_1$——壤中流径流量，mm；

$RG_2$——浅层地下径流径流量，mm；

其余符号意义同前。

一般认为，湿润地区的流域以蓄满产流方式为主，干旱地区的流域以超渗产流方式为主，可依此确定产流计算方案。

应该指出，对某个具体的流域，产流方式不是绝对的。湿润地区的流域，在长期干旱后，遇到雨强超过下渗能力的暴雨时，局部甚至全流域可能会以超渗产流方式产流；干旱地区的流域，在雨季局部甚至全流域也可能以蓄满产流方式产流。

（二）产流面积的变化

以上分析的结论是以单元面积为对象得出的。对整个流域而言，各处的包气带厚薄、土壤性质、植被情况以及土壤含水量等并不相同，加上降雨量、降雨强度在空间上分布不均匀，流域各个单元面积的产流情况不一致。为便于分析，常将流域内产生径流的区域称为产流区，产流区的面积称为产流面积。一次降雨过程中，流域产流面积是变化的。

1. 蓄满产流方式下的产流面积变化

因为流域内各点包气带的最大蓄水容量 $W'_m$ 是不同的，可将全流域各点的 $W'_m$ 从小到大排列，计算小于或等于某一 $W'_m$ 值的各点面积之和 $F_R$ 占全流域面积 $F$ 的比例 $\alpha$（$=F_R/F$），绘出 $W'_m \sim \alpha$ 关系曲线，如图 7-9（a）所示。该曲线即为流域最大蓄水容量面积分布曲线，简称为流域蓄水容量曲线。图中 $W'_{mm}$ 为流域中最大的点蓄水容量。按蓄满产流的概念，包气带达到田间持水量即可产流，故 $\alpha$ 可反映产流面积的变化。

流域蓄水容量曲线是一条单增曲线，可以用下列函数关系来表示：

$$\alpha = \varphi(W'_m) \tag{7-14}$$

一个流域最小的 $W'_m$ 一般为零，最大的 $W'_m$ 一般为有限值即 $W'_{mm}$，曲线以下包围的面积就是流域的最大蓄水容量，记为 $WM$，故：

$$WM = \int_0^{W'_{mm}} [1 - \varphi(W'_m)] \mathrm{d}W'_m \tag{7-15}$$

最大蓄水容量是包气带达到田间持水量时的蓄水量与最干旱时蓄水量的差值。最大蓄水容量在数值上等于包气带最干旱时的缺水量，即最大缺水量。$W'_{mm}$ 在数值上等于包气带最大的点缺水量，$WM$ 等于全流域包气带各点平均最大缺水量，其数值与流域最大损失量 $I_m$ 相等。流域的蓄水容量曲线也就是包气带最大缺水量分布曲线。

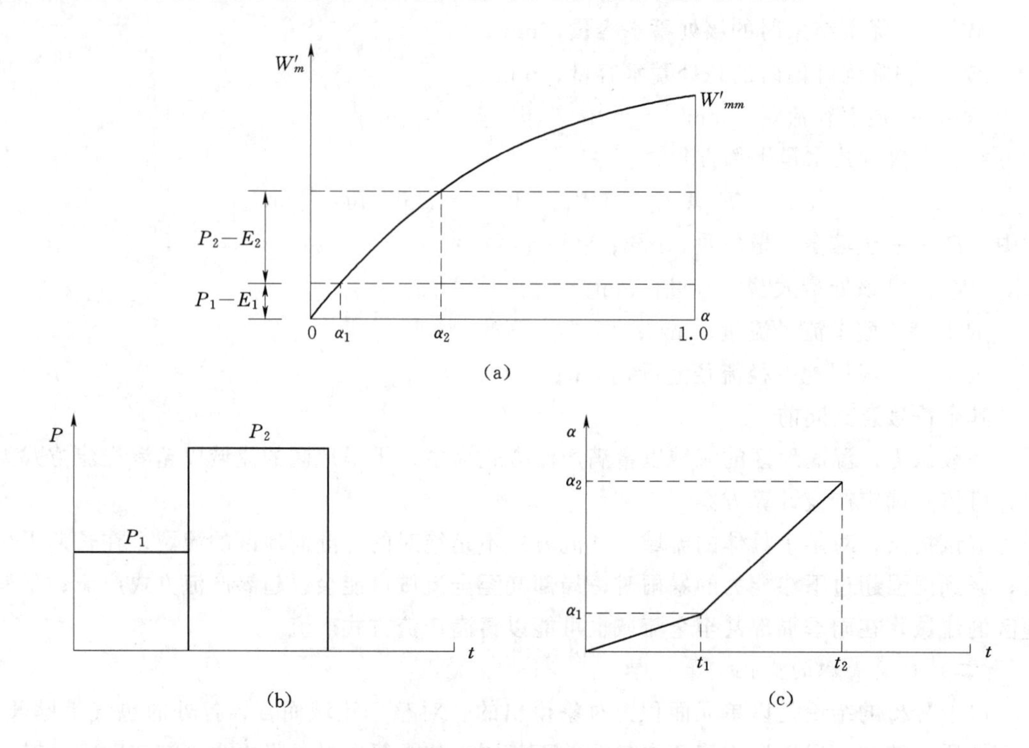


图 7-9　流域蓄水容量曲线及产流面积变化图

(a) 流域蓄水容量曲线图；(b) 降雨量过程线；(c) 产流面积的变化

蓄满产流取决于包气带是否达到田间持水量。当流域某处包气带达到了田间持水量，该处就产流，否则不产流。现分析在蓄满产流情况下产流面积的变化。设一场降雨有两个时段，各时段降雨如图 7-9 (b) 所示。设降雨起始时刻全流域非常干燥，$W_0=0$。在降雨空间分布均匀的情况下，产流面积的变化如图 7-9 (a)、(c) 所示，图中 $E$ 为雨期蒸发量。在第一时段降雨 $P_1$ 结束后，用 $(P_1-E_1)$ 查图 7-9 (a) 可知流域有 $\alpha_1$ 的相对面积蓄满而产流，$(1-\alpha_1)$ 的相对面积未蓄满不产流；在第二时段降雨 $P_2$ 结束后，用 $[(P_1-E_1)+(P_2-E_2)]$ 查 (a) 图可知，有 $\alpha_2$ 的相对面积产流，$(1-\alpha_2)$ 的相对面积不产流。可见，随着降雨量增加，产流面积发生了变化。蓄满产流情况下，产流面积的变化有如下特点：降雨量增加，产流面积随之增加；产流面积的变化与降雨强度无关。

2. 超渗产流方式下产流面积的变化

首先，分析建立流域下渗容量面积分布曲线。对于流域某一起始蓄水容量 $W_0$，流域内各点的下渗能力 $f_p$ 是不同的，将全流域各点的 $f_p$ 从小到大排列，以 $f_p$ 为纵坐标，以小于或等于某 $f_p$ 各点面积之和 $F_R$ 占全流域面积的比例 $\alpha$ $(=F_R/F)$ 为横坐标，则可绘出一条流域下渗容量面积分布曲线。对于不同次降雨，降雨起始蓄水量是不同的，即使是同一点，其 $W_0$ 也不同，故下渗能力 $f_p$ 也不同。因此，对不同的流域起始蓄水量，有其对应的下渗容量面积分布曲线。所以，下渗容量面积分布曲线是一组以 $W_0=0$ 的下渗容量面积分布曲线为上包线，$W_0=WM$ 的下渗容量面积分布曲线为下包线的曲线族，见图 7-10。显然，$\alpha$ 可反映产流面积的变化。

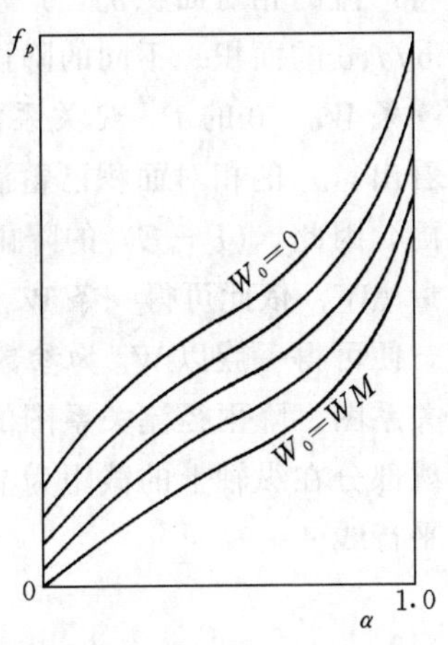


图 7-10　流域下渗容量面积分布曲线

分析在超渗产流情况下，产流面积的变化。设降雨开始时，流域蓄水量为 $W_0$，从图 7-10 中选出 $W_0$ 相应的下渗容量面积分布曲线，如图 7-11（a）所示。设第一时段平均雨强为 $i_1$，则在图上可求得时段末的产流面积 $\alpha_1$，下渗水量 $I_1$，时段末流域蓄水量为 $W_0+I_1$。此即为第二时段初的流域蓄水量。从图 7-10 中再选出相应的流域下渗容量面积分布曲线，如图 7-11（b），若第二时段平均雨强为 $i_2$，则可求得第二时段末的产流面积 $\alpha_2$，下渗水量 $I_2$，时段末流域蓄水量为 $W_0+I_1+I_2$。如此逐时段计算下去，就可求得一场空间分布均匀的降雨在超渗产流情况下产流面积的变化。

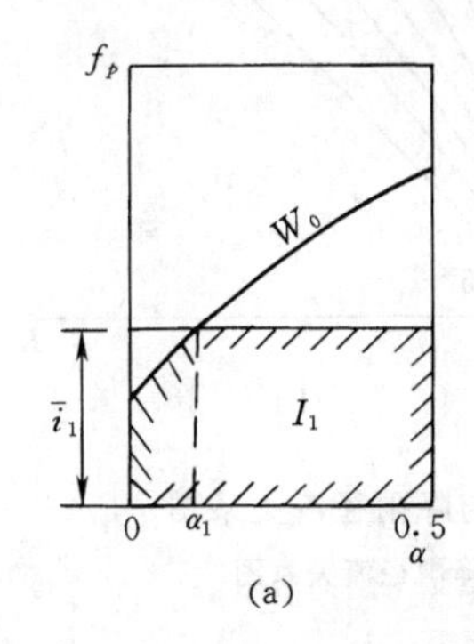


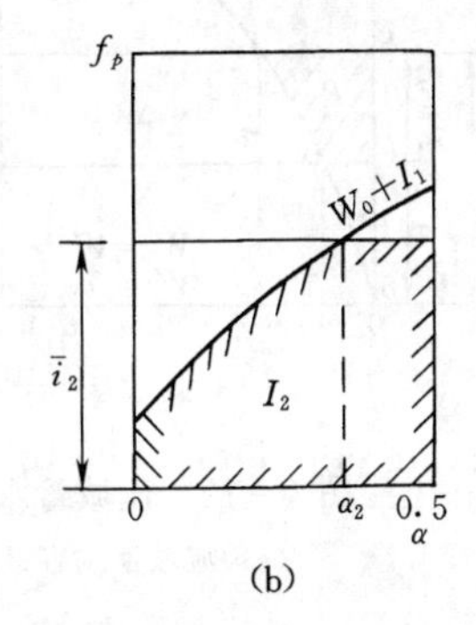


图 7-11　超渗产流下方式下的产流面积变化

从图 7-11（a）、图 7-11（b）两图可以分析出，如果时段平均雨强增大，产流面积就会增大；比较两图，如果 $i_2=i_1$，$\alpha_2$ 也将大于 $\alpha_1$。所以，超渗产流情况下产流面积的变化有如下特点：产流面积的大小与时段初流域蓄水量及时段平均雨强有关。同雨强情况下，时段初流域蓄水量大，产流面积也大，反之亦然；时段初流域蓄水量相同时，如果时段平均雨强大，则产流面积就大，反之亦然。

上面讨论的是降雨空间分布均匀的情况，当降雨空间分布不均匀时，可按雨量站控制的面积分析其产流面积的变化，然后用面积加权法求全流域的产流面积。

（三）降雨径流关系

降雨产生径流的机制十分复杂，理论研讨与实际应用应密切结合。产流分析的目的是为推求净雨量和净雨过程。因此，需要分析降雨径流关系。

1. 蓄满产流方式的降雨径流关系

对蓄满产流方式，可根据流域蓄水容量曲线，求出 $P\sim W_0\sim R$ 关系图。设降雨开始时，流域蓄水容量 $W_0=0$，若降雨量为 $P$，雨期蒸、散发量为 $E$，则由图 7-12（a），可求得产流的相对面积$\alpha_d$，产流量为$odgo$的面积。有（$1-\alpha_d$）的相对面积不产流，损失量为$odfco$的面积。不同的降雨量$P$，都可求出其相应的产流量$R$。根据这一关系，便可得到一条$W_0=0$的$P\sim R$关系曲线。当流域起始蓄水容量$W_0=W$，见图7-12（a），由图可看出，$\alpha_a$的相对面积已蓄满，（$1-\alpha_a$）的相对面积未蓄满，说明前期已有雨量为$A$的降雨，因此，（$P-E$）的降雨产流量$R$为阴影部分的面积，而$abfd$包围的面积为蓄水量增量$\Delta W$，依此可得一条$W_0=W$的$P\sim R$关系曲线。在$0\sim WM$范围内，取不同的$W_0$值，便可得一族以$W_0$为参数的$P\sim R$关系曲线。如图7-12（b）所示。该图即为降雨径流关系图。降雨径流关系图的形态取决于流域蓄水容量曲线，其基本规律为：$W_0=0$时，直线部分在纵轴上的截距为$WM$；$W_0=WM$时，蓄水容量曲线为45°线；曲线族上部为一组平行线。

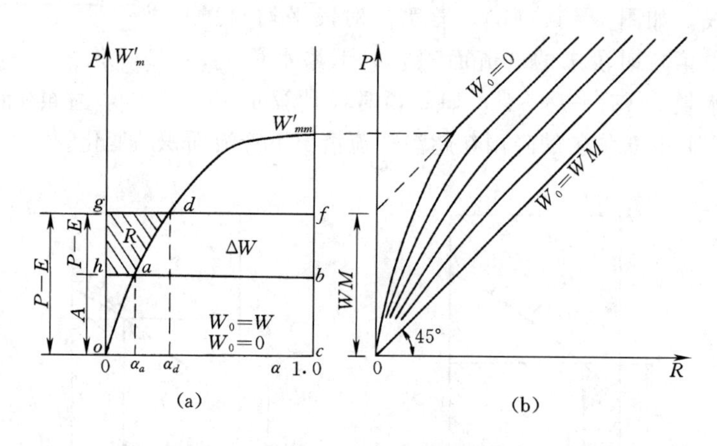


图7-12　流域蓄水容量曲线与降雨径流关系图

（a）流域蓄水容量曲线；（b）降雨径流关系图

显然，降雨量相同时，$W_0$越大，产流量也越大；$W_0$相同时，随着雨量增大，相对损失量减少，当全流域蓄满后，后期降雨则无损失，故上部直线部分平行于45°线。

实际应用中，由于资料不足，难以绘制流域蓄水容量曲线，常根据实测雨、洪资料，分析建立$P\sim P_a\sim R$三变量相关图，其规律与上述$P\sim W_0\sim R$关系图完全一致。这从理论上说明，$P\sim P_a\sim R$相关图是可推广应用的。

2. 超渗产流方式的降雨径流关系

对于超渗产流方式的降雨径流关系，原则上可以根据流域下渗容量面积分布曲线，按同样的原理求出。

**二、流域产流计算**

（一）蓄满产流与降雨径流相关图法

1. 蓄满产流模型及应用介绍

（1）原理。

从20世纪60年代初开始，我国水文学家赵人俊等人经过长期对湿润地区降雨径流关系的研究，提出了蓄满产流模型，建立$P\sim W_0\sim R$关系，用以计算净雨过程，并且用稳定下渗率划分地面、地下净雨。该法与经验的$P\sim P_a\sim R$相关图法融为一体，现已成为我国湿润地区产流计算的重要方法。

在湿润地区，由于降雨量充沛，故地下水位高，包气带薄、且土壤含水量高，一般暴雨就能够使流域蓄满；由于气候湿暖，植物繁茂，植物根系作用及耕作造成表层土壤十分疏松，所以下渗能力很强，一般暴雨强度不易超过。综合分析得出结论：流域产流方式为蓄满产流。流域中单元面积只有蓄满才会产流，未蓄满则不产流。并据此建立产流模型。

(2) 数学模型及应用。

反映产流面积变化的参数 $\alpha$ 可由下式表示：

$$\alpha = \varphi(W'_m) = 1 - \left(1 - \frac{W'_m}{W'_{mm}}\right)^B \tag{7-16}$$

式中 $B$、$W'_{mm}$——待定参数。

$B$ 值反映流域中蓄水容量的不均匀性，主要取决于流域的地形地质状况。$W'_{mm}$ 则取决于流域的气候和植被等特征。一般 $B$ 值约为 0.2～0.4；$W'_{mm}$ 值约为 100～150mm。

流域最大蓄水容量 $WM$ 可由下式计算：

$$WM = \int_0^{W'_{mm}} [1 - \varphi(W'_m)] \mathrm{d}W'_m = \int_0^{W'_{mm}} \left(1 - \frac{W'_m}{W'_{mm}}\right) \mathrm{d}W'_m = \frac{W'_{mm}}{1+B} \tag{7-17}$$

前期降雨量 $A$ 值由下式求得：

$$A = W'_{mm}\left[1 - \left(1 - \frac{W_0}{WM}\right)^{\frac{1}{1+B}}\right]$$

假设降雨起始时刻蓄水量为 $W_0 = W$，即图 7-12 (a) 上 $oabco$ 的面积，可以看出，$a$ 点左边蓄满，蓄满的面积为 $\alpha_a$，右边未蓄满，未蓄满的面积为 $(1-\alpha_a)$。在这种情况下，若全流域降雨量为 $P$，蒸、散发量为 $E$，$P-E$ 产生的总水量为矩形 $gfbhg$ 的面积。因为横坐标是用相对数值，1.0 表示全流域面积，所以 $P-E$ 产生的总水量数值上仍等于 $P-E$。在蓄水容量曲线 $ad$ 段右边为未蓄满部分，$abfda$ 的面积表示相应于 $P$ 流域蓄水量的增量 $\Delta W$，即损失量。$ad$ 段左边为蓄满部分，根据水量平衡方程，阴影部分 $ghadg$ 的面积为产流量，故：

当 $A+P-E<W'_{mm}$ 时：

$$\begin{aligned} R &= (P-E) - \Delta W = (P-E) - \int_A^{A+P-E} [1 - \varphi(W'_m)] \mathrm{d}W'_m \\ &= (P-E) - (WM - W_0) + WM\left(1 - \frac{A+P-E}{W'_{mm}}\right)^{1+B} \end{aligned} \tag{7-18}$$

当 $A+P-E \geqslant W'_{mm}$ 时：

$$R = (P-E) - (WM - W_0) \tag{7-19}$$

上两式中的参数 $B$、$W'_{mm}$、$WM$，可用实测降雨径流资料优选。

式 (7-18) 和式 (7-19) 即为产流量计算公式。若假定不同的 $W_0$，还可算出如图 7-12 的降雨径流关系线。产流量计算公式也可推求产流过程。将一场暴雨过程划分为若干时段，逐时段计算其产流量，即得产流过程，也就是净雨过程。

(3) 流域蓄水量计算。

产流计算中，需确定出各时段时段初的流域蓄水量。设一场暴雨起始流域蓄水量为$W_0$，它就是第一时段初的流域蓄水量，第一时段末的流域蓄水量就是第二时段初的流域蓄水量，依此类推，即可求出流域的蓄水过程。时段末流域蓄水量计算公式如下：

$$W_{t+\Delta t} = W_t + P_{\Delta t} - E_{\Delta t} - R_{\Delta t} \tag{7-20}$$

式中 $W_t$、$W_{t+\Delta t}$——时段初、末流域蓄水量，mm；

$P_{\Delta t}$——时段内流域平均降雨量，mm；

$E_{\Delta t}$——时段内流域的蒸、散发量，mm；

$R_{\Delta t}$——时段内的产流量，mm。

式（7-20）中的蒸、散发量$E_{\Delta t}$，按第二章讲述的流域蒸、散发的概念，常采用以下3种模型进行计算。

1）1层模型。该模型假设流域蒸、散发量与流域蓄水量成正比，即$\frac{E_{\Delta t}}{EM_{\Delta t}}=\frac{W_t}{WM}$，因此有：

$$E_{\Delta t} = EM_{\Delta t}\frac{W_t}{WM} \tag{7-21}$$

式中 $WM$——流域最大蓄水量，mm；

$EM_{\Delta t}$——时段内流域的最大蒸、散发量，mm，常取E-601型蒸发器观测值。

1层模型虽然简单，但这种模型没有考虑土壤水分在垂直剖面中的分布情况。比如久旱之后，$W_t$已很小，这时下了一些雨，这些雨实际上分布于表土上，很容易蒸发。但按1层模型，由于$W_t$小，计算的蒸发量很小，与实际不符。要解决这个问题，宜用2层模型。

2）2层模型。该模型把流域最大蓄水量$WM$分为上下两层，即$WUM$和$WLM$，$WM=WUM+WLM$，实际蓄水量也相应分为上下两层，$WU_t$和$WL_t$，$W_t=WU_t+WL_t$。并假定：下雨时，先补充上层缺水量（$WUM-WU_t$），满足上层后再补充下层。蒸、散发先消耗上层的$WU_t$，蒸发完了再消耗下层的$WL_t$。上层按蒸发能力蒸发，下层蒸、散发量假定与下层蓄水量成正比，即：

当$P_{\Delta t}+WU_t \geqslant EM_{\Delta t}$时：

$$EU_{\Delta t} = EM_{\Delta t}, EL_{\Delta t} = 0, E_{\Delta t} = EU_{\Delta t} + EL_{\Delta t} \tag{7-22}$$

当$P_{\Delta t}+WU_t \leqslant EM_{\Delta t}$时：

$$EU_{\Delta t} = P_{\Delta t} + WU_t, EL_{\Delta t} = (EM_{\Delta t} - EU_{\Delta t})\frac{WL_t}{WLM}, E_{\Delta t} = EU_{\Delta t} + EL_{\Delta t} \tag{7-23}$$

2层模型仍存在一个问题，即久旱以后，$WL_t$已很小，算出的$EL_{\Delta t}$很小，可能不符合实际情况。因为这时植物根系仍可将深层水分供给蒸、散发，此时宜采用3层模型。

3）3层模型。该模型把流域最大蓄水容量$WM$分为上、下层和深层，$WM=WUM+WLM+WDM$，实际蓄水量也分为3层，$W_t=WU_t+WL_t+WD_t$。前两层蒸、散发与2层模型相同，但只能用到$EL_{\Delta t} \geqslant C(EM_{\Delta t}-EU_{\Delta t})$的情况，这里$C$是与深层蒸、散发有关的系数，即：

当$EL_{\Delta t} \geqslant C(EM_{\Delta t} - EU_{\Delta t})$，用2层模型。

当$EL_{\Delta t} < C(EM_{\Delta t} - EU_{\Delta t})$且$WL_t \geqslant C(EM_{\Delta t} - EU_{\Delta t})$时：

$$EL_{\Delta t} = C(EM_{\Delta t} - EU_{\Delta t}), ED_{\Delta t} = 0 \tag{7-24}$$

当 $EL_{\Delta t} < C(EM_{\Delta t} - EU_{\Delta t})$ 且 $WL_t < C(EM_{\Delta t} - EU_{\Delta t})$ 时：

$$EL_{\Delta t} = WL_t, ED_{\Delta t} = C(EM_{\Delta t} - EU_{\Delta t}) - EL_{\Delta t} \tag{7-25}$$

$$E_{\Delta t} = EU_{\Delta t} + EL_{\Delta t} + ED_{\Delta t} \tag{7-26}$$

$C$ 值在北方半湿润地区约为 0.09～0.12，南方湿润地区约为 0.15～0.20（均为日数值），也可用实测资料与 $B$、$W'_{mm}$ 同时优选。

上述产流计算往往工作量很大，可编程计算。

(4) 地面、地下径流（净雨）的划分。

上述求得的径流量是时段总径流量，包括地面径流和地下径流。由于地面径流和地下径流的汇流特性不同，需要将其划分为地面径流 $RS$ 和地下径流 $RG$，以便分别进行汇流计算。

按蓄满产流模型，只有当包气带达到田间持水量，即包气带蓄满后才产流，此时的下渗率为稳定下渗率 $f_c$。当雨强 $i > f_c$ 时，$(i - f_c)$ 形成地面径流，$f_c$ 形成地下径流。设 $\Delta t$ 时段内降雨量为 $P_{\Delta t}$，蒸、散发量为 $E_{\Delta t}$，产流面积为 $F_R$。由于只有在产流面积上才发生稳定下渗，所以时段内所产生的地下径流量 $RG_{\Delta t} = \frac{F_R}{F} f_c \Delta t$，而时段的总产流量 $R_{\Delta t} = \frac{F_R}{F} \times (P_{\Delta t} - E_{\Delta t})$，由此可得 $\frac{F_R}{F} = \frac{R_{\Delta t}}{P_{\Delta t} - E_{\Delta t}}$，即产流面积等于径流系数，所以：

当 $P_{\Delta t} - E_{\Delta t} \geqslant f_c \Delta t$ 时，产生地面径流，下渗的水量 $f_c \Delta t$ 在产流面积上形成的地下径流 $RG_{\Delta t}$ 为：

$$RG_{\Delta t} = \frac{R_{\Delta t}}{P_{\Delta t} - E_{\Delta t}} f_c \Delta t \tag{7-27}$$

当 $P_{\Delta t} - E_{\Delta t} < f_c \Delta t$ 时，不产生地面径流，$(P_{\Delta t} - E_{\Delta t})$ 全部下渗，在产流面积上形成的地下径流 $RG_{\Delta t}$ 为：

$$RG_{\Delta t} = \frac{F_R}{F}(P_{\Delta t} - E_{\Delta t}) = R_{\Delta t} \tag{7-28}$$

对一场降雨过程，产生的地下径流总量为：

$$\sum RG_{\Delta t} = \sum_{P_{\Delta t} - E_{\Delta t} \geqslant f_c \Delta t} \frac{R_{\Delta t}}{P_{\Delta t} - E_{\Delta t}} f_c \Delta t + \sum_{P_{\Delta t} - E_{\Delta t} < f_c \Delta t} R_{\Delta t} \tag{7-29}$$

因此，只要知道流域的 $f_c$，就可以利用式（7-27）和式（7-28）把时段产流量划分为地面、地下径流两部分。

$f_c$ 可以利用实测的降雨径流资料反推。需要指出，只有当整个计算时段 $\Delta t$ 内雨强都超过 $f_c$ 时，式（7-27）和式（7-28）才是正确的，如果时段内实际降雨历时不足 $\Delta t$，则应按实际降雨历时计算。

**【例 7-2】** 某流域一次降雨过程及时段产流量如表7-2，通过径流分割计算出的地下径流量为 38.1mm，试推求稳定下渗率 $f_c$。

表 7-2　　稳定下渗率计算表

| 时段序号 | 降雨历时 (h) | $P_{\Delta t}-E_{\Delta t}$ (mm) | $R_{\Delta t}$ (mm) | $\alpha=\frac{R_{\Delta t}}{P_{\Delta t}-E_{\Delta t}}$ | $f_c\Delta t$ (mm) | | $RG_{\Delta t}$ (mm) | |
|---|---|---|---|---|---|---|---|---|
| | | | | | $f_c=2.0$ | $f_c=1.6$ | $f_c=2.0$ | $f_c=1.6$ |
| 1 | 6 | 14.5 | 7.6 | 0.524 | 12.0 | 9.6 | 6.3 | 5.0 |
| 2 | 4 | 4.6 | 3.7 | 0.804 | 8.0 | 6.4 | 3.7 | 3.7 |
| 3 | 6 | 44.4 | 44.4 | 1.000 | 12.0 | 9.6 | 12.0 | 9.6 |
| 4 | 6 | 46.5 | 46.5 | 1.000 | 12.0 | 9.6 | 12.0 | 9.6 |
| 5 | 6 | 14.8 | 14.8 | 1.000 | 12.0 | 9.6 | 12.0 | 9.6 |
| 6 | 1 | 1.1 | 1.1 | 1.000 | 2.0 | 1.6 | 1.1 | 1.1 |
| Σ | | | 118.1 | | | | 47.1 | 38.6 |

可通过试算确定 $f_c$ 的值。设 $f_c=2.0$mm/h，根据表 7-2 所列数据及式（7-29），有：

$$\sum RG_{\Delta t}=\sum_{P_{\Delta t}-E_{\Delta t}\geqslant f_c\Delta t}\frac{R_{\Delta t}}{P_{\Delta t}-E_{\Delta t}}f_c\Delta t+\sum_{P_{\Delta t}-E_{\Delta t}<f_c\Delta t}R_{\Delta t}$$
$$=(0.524+1.000+1.000+1.000)\times 2.0\times 6+(3.7+1.1)$$
$$=47.1(\text{mm})$$

不等于已知的 38.1mm，故所设 $f_c=2.0$mm/h 非所求。再设 $f_c=1.6$mm/h，由式（7-29）：

$\sum RG_{\Delta t}=(0.524+1.000+1.000+1.000)\times 1.6\times 6+(3.7+1.1)=38.6(\text{mm})$ 与 38.1 mm 相差很少，因此，该次洪水的 $f_c=1.6$mm/h。

2. 降雨径流相关图法

（1）原理及数学模型。该法基于湿润地区流域产流方式为蓄满产流，根据流域能蓄满和地表不易超渗的实际情况假定：只有全流域蓄满才会产流，未蓄满则不产流。由水量平衡原理，得数学模型：

$$R=P-I=P-(I_m-P_a) \tag{7-30}$$

式中　$I$——降雨总损失量，mm；

其余符号意义同前。

（2）降雨径流相关图的绘制。由模型可知，一次总降雨量为 $P$ 的降雨所产生的总径流深 $R$ 与 $P$ 有关，并与（$I_m-P_a$）的大小有关。由于 $I_m$ 为定值，所以仅与 $P_a$ 的变化相关。

利用实测雨、洪资料，并计算相应的 $P_a$ 值，即可分析建立 $P\sim P_a\sim R$ 相关图。这是 3 变量的复相关问题，可采用图解法：以 $R$ 为横坐标、$P$ 为纵坐标，在方格纸上点绘每次降雨径流对应点据，把相应的 $P_a$ 值标注在点据旁，分析 $P_a$ 值的分布规律，绘出 $P_a$ 等值线，即得降雨径流相关图，见图 7-13。同理，也可绘制（$P+P_a$）$\sim R$ 相关图，见图 7-14。

（3）产流计算。利用降雨径流相关图，不仅可计算一次降雨所产生的总径流量（总净雨量），而且可推求出净雨过程。

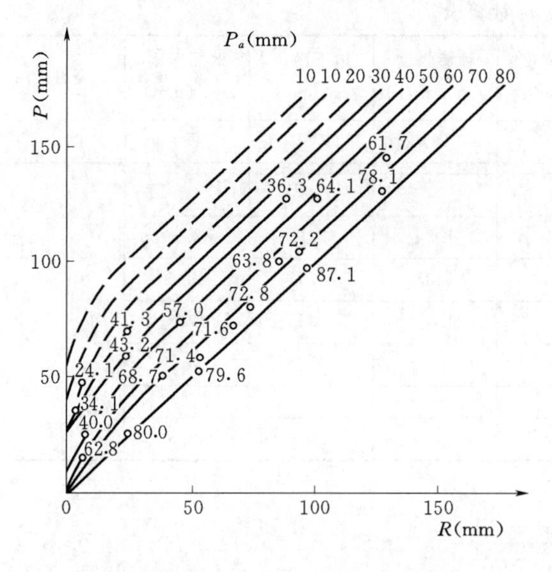


图 7-13　$P\sim P_a\sim R$ 相关图

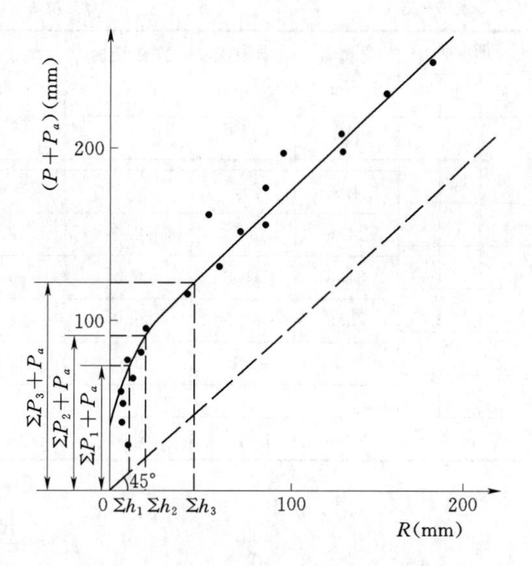


图 7-14　$(P+P_a)\sim R$ 相关图

设本次降雨共 3 个时段。首先根据各雨量站观测的资料，求出各时段的流域平均降雨量 $P_1$，$P_2$，$P_3$ 及各时段的累积雨量 $\sum P_1=P_1$，$\sum P_2=P_1+P_2$，$\sum P_3=P_1+P_2+P_3$；再计算本次降雨开始时刻的土壤含水量 $P_a$，然后在降雨径流相关图上查出 $\sum P_1+P_a$、$\sum P_2+P_a$、$\sum P_3+P_a$ 相应的 $\sum h_1$，$\sum h_2$，$\sum h_3$，就是各相应累积时段的径流深。各时段的径流分别是 $R_1=\sum h_1$，$R_2=\sum h_2-\sum h_1$，$R_3=\sum h_3-\sum h_2$；总径流量 $R=\sum h_3$。具体计算可列表。查用 $P\sim P_a\sim R$ 相关图时，若图上无计算的 $P_a$ 等值线，可内插出一条。

(4) 确定稳定下渗率 $f_c$ 及划分地面净雨与地下净雨。按蓄满产流方式，一次降雨所产生的径流总量包括地面径流和地下径流两部分。因此，在由降雨径流相关图求得总净雨过程后，还需将净雨划分为形成地面径流的地面净雨和形成地下径流的地下净雨两部分。

当流域降雨使包气带缺水量得到满足后，剩余降雨全部形成径流，其中按稳定入渗率 $f_c$ 入渗的水量形成地下径流，降雨强度超过稳定入渗的那部分水量才形成地面径流，可见 $f_c$ 是个关键数值，只要知道 $f_c$ 就可将净雨划分为 $h_{面}$ 和 $h_{下}$ 两部分。

$f_c$ 是流域土壤、地质、植被等因素的综合反映。如流域自然条件无显著变化，一般认为 $f_c$ 是不变的，因此，$f_c$ 可由实测雨洪资料分析求得。计算 $f_c$ 的方法如表 7-3 所示。

现说明如下：

根据实测降雨资料，求出各时段流域平均雨量，列在表 7-3 (2) 栏中；

根据本次降雨形成的洪水过程线，求得径流总量 $R=66.5$mm，用斜线分割法求出地面径流量和地下径流量，得 $R_{面}=43.8$mm，$R_{下}=22.7$mm；

求净雨深和相应的净雨历时 $t_c$。在降雨过程线上由后面的雨量向前累加到等于径流深 $R$ 为止，这部分降雨全部成为净雨深 $h$，相应的历时即为净雨历时 $t_c$，列于表 7-3。

(3)，(4) 栏中。净雨历时以前的降雨量为损失量。

用试算法求 $f_c$ 值。计算 $f_c$ 的公式如下：

表 7-3　　$f_c$ 及 $h_面$、$h_下$ 计算表

| 时间 月 | 日 | 时 | 降雨量 P (mm) | 净雨深 h (mm) | 净雨历时 $t_c$ (h) | 净雨强度 r (mm/h) | 稳渗强度 $f_c$ (mm/h) | 地下净雨 $h_下$ (mm) | 地面净雨 $h_面$ (mm) | 备注 |
|---|---|---|---|---|---|---|---|---|---|---|
| (1) | | | (2) | (3) | (4) | (5) | (6) | (7) | (8) | (9) |
| 6 | 18 | 8 | 4.2 | | | | | | | |
| | | 14 | 14.6 | 5.8 | 2.4 | 2.4 | 1.35 | 3.3 | 2.5 | |
| | | 20 | 31.6 | 31.6 | 6.0 | 5.3 | 1.35 | 8.1 | 23.5 | |
| | 19 | 2 | 25.9 | 25.9 | 6.0 | 4.3 | 1.35 | 8.1 | 17.8 | |
| | | 8 | 3.2 | 3.2 | 6.0 | 0.53 | | 3.2 | 0 | |
| | | 14 | | | | | | | | |
| 合计 | | | 79.5 | 66.5 | 20.4 | | | 22.7 | 43.8 | |

$$f_c = \frac{R_下 - \Delta h'_下}{t_c - \Delta t'_下} \tag{7-31}$$

式中　$\Delta t'_下$，$\Delta h'_下$——净雨强度 $r$ 小于稳渗强度 $f_c$ 的时间及其雨量。

第一次试算，设 $\Delta t'_下$，$\Delta h'_下$ 为零，由 $R_下$=22.7mm，$t_c$=20.4h，得 $f_c$=22.7/20.4=1.11mm/h。检查净雨强度过程第（5）栏，发现19日8时～14时段的净雨强度值小于计算的 $f_c$，应扣除这一时段的时间和雨量，重新试算。

$$f_c = \frac{22.7 - 3.2}{20.4 - 6.0} = 1.35(\text{mm/h})$$

经检查，符合要求，故本次洪水的 $f_c$ 采用1.35mm/h。

分析多场暴雨洪水资料，取其平均值作为流域采用的 $f_c$ 值。用 $f_c$ 来划分地面净雨和地下净雨。如本例 $f_c$=1.35mm/h，用其对 $h(t)$ 划分，如表7-3中（7），（8）两栏所示。注意：当 $f_c t_c$ 值大于时段净雨量 $h$ 时，则下渗量就等于 $h$ 值，该时段的净雨全部为地下净雨。

（二）超渗产流与初损后损法

1. 下渗曲线法

由超渗产流方式的水量平衡方程可知，若不计雨期蒸发，降雨的损失全部为下渗水量。进一步分析可得：$h(t)=i(t)-f(t)$。该式说明净雨过程等于降雨过程扣除下渗过程。所以，只要知道下渗过程即下渗曲线即可由降雨过程推求净雨过程。

下渗曲线可以由实测雨洪资料反推综合，也可采用下述方法推求：

把下渗曲线 $f_p(t)\sim t$ 用霍顿下渗公式表示，并对其从 $0\sim t$ 积分有：

$$F_p(t) = f_c t + \frac{1}{\beta}(f_0 - f_c) - \frac{1}{\beta}(f_0 - f_c)e^{-\beta t} \tag{7-32}$$

式中，$F_p(t)$ 为 $t$ 时刻累积下渗水量，即累积损失量。这部分水量完全被包气带土壤吸收，所以 $F_p(t)$ 也就是该时刻流域的土壤含水量 $W_t$。

当 $W_0$ 不变，令 $\frac{1}{\beta}(f_0 - f_c) = a, f_c = b$，则：

$$F_p(t) = a + bt - ae^{-\beta t} \tag{7-33}$$

每次实际雨洪后的流域土壤含水量 $F_p(t)=W_0+P+R$（超渗产流降雨历时一般不长，雨期蒸、散发可忽略），根据历年降雨径流资料可以得出 $F_p(t)\sim t$ 的经验关系曲线，并可拟合成经验公式，经验公式的微分曲线即为下渗曲线。

产流计算步骤如下：

(1) 以降雨开始时流域的土壤含水量 $W_0(=P_{a,0})$，查 $f_p\sim W$ 曲线，得本次降雨的起始下渗率 $f_0$，$W_0$、$f_0$ 即为第一时段初流域的土壤含水量和下渗率。

(2) 求第1时段产流量 $R_1$、下渗水量 $I_1$ 及时段末流域土壤含水量 $W_1$。将第1时段平均雨强 $\bar{i}$ 与 $f_0$ 比较：

当 $\bar{i}\leqslant f_0$，本时段不产流。时段内的降雨全部下渗，下渗水量 $I_1=\bar{i}_1\Delta t_1$，时段末流域土壤含水量 $W_1=W_0+I_1$。

当 $\bar{i}_1>f_0$，本时段产流。以时段初下渗率 $f_0$ 在 $f_p\sim t$ 曲线上找出对应历时 $t_0$，再以 $t_0+\Delta t_1=t_1$ 在 $f_p\sim t$ 曲线上查出时段末的下渗率 $f_1$。又以 $f_1$ 在 $f_p\sim W$ 曲线上查得时段末土壤含水量 $W_1$。本时段下渗水量 $I_1=W_1-W_0$，则第1时段的产流量 $R_1=\bar{i}_1\Delta t_1-I_1$。

(3) 进行第2时段计算。第1时段末的下渗率和土壤含水量即为第2时段初的数值。其余步骤同 (2)。

计算中，如遇时段平均雨强小于时段初下渗率，但两者数值相近，时段平均雨强可能会大于时段末的下渗率，不能肯定该时段是否产流。此时可按步骤 (2) 先求得时段下渗量 $I$，若 $I<\bar{i}\Delta t$ 产流；$I\geqslant\bar{i}\Delta t$ 不产流。

上述计算也可用图解法进行：

将流域下渗累积曲线 $F_p\sim t$ 和雨量累积曲线 $\sum P\sim t$ 绘在同一张图上，如图 4-15 所示，然后用图解法推求产流量。根据降雨开始时的流域土壤含水量 $W_0$，在 $F_p\sim t$ 曲线上找出对应的 $A$ 点，自 $A$ 点绘降雨量累积曲线 $\sum P\sim t$。$F_p\sim t$ 和 $\sum P\sim t$ 曲线的斜率分别表示下渗强度和雨强，比较两曲线斜率即可判断出是否产流。例如，在图 7-15 中，$AB$ 段 $i<f_p$，不产流，$i$ 全部补充土壤含水量。将 $BC$ 段平移至 $B'C'$，该段 $i>f_p$，故该时段产流，从 $C'$ 点到 $F_p\sim t$ 曲线的垂直距离 $C'C''$ 即为产流量。再将 $CD$ 段平移至 $C''D'$，该时段 $i<f_p$，不产流。如此逐时段分析、比较下去，就能求得一场降雨的产流过程。

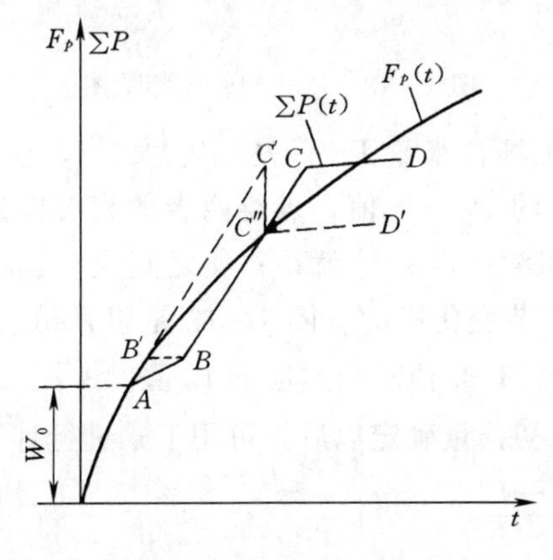


图 7-15 图解法推求产流量示意图

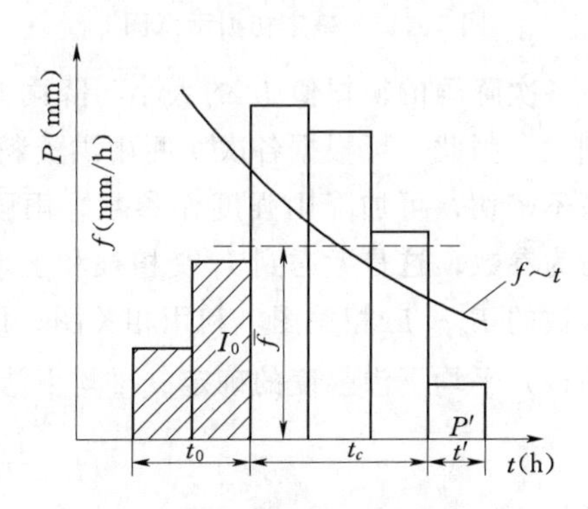


图 7-16 初损后损法示意图

2. 初损后损法

上述下渗曲线法的超渗产流计算，概念比较清楚，但目前在实际使用中有其局限性。首先，自记雨量资料少，难以取得以分钟计算的降雨强度过程；其次，超渗产流地区 $P_a$ 值的计算，由于缺乏边界条件（$0 \leqslant P_a \leqslant I_m$），在 $P_a$ 的计算过程中无法及时校正，使系统误差不断累积，影响 $P_a$ 的计算精度，也就影响下渗强度曲线的精度；再次，假定下渗强度曲线稳定不变，适用于各种降雨情况，也与实际不符。由于以上原因，下渗曲线法在实际使用中并未推广，生产上常使用初损后损法。

初损后损法（见图 7-16）是下渗曲线法的简化，该法把损失分成两部分，产流前的损失称为初损，以 $I_0$ 表示；产流后的损失称为后损，后损为产流历时内平均下渗强度 $\overline{f}$ 与产流历时 $t_c$ 的乘积 $\overline{f}t_c$ 与后期不产流的雨量 $P'$ 之和，见图 7-17。因此，流域内一次降雨所产生的径流深可用下式表示：

$$R = P - I_0 - \overline{f}t_c - P' \tag{7-34}$$

利用上式进行产流计算，关键是要确定初损量 $I_0$ 和流域平均下渗强度 $\overline{f}$。

(1) 初损量 $I_0$ 的确定。一次降雨的初损值 $I_0$，可根据实测雨洪资料分析求得。对于小流域，由于汇流时间短，出口断面的流量过程线起涨点处可以作为产流开始时刻，起涨点以前雨量的累积值即为初损，如图 7-18 所示。对较大的流域，可分成若干个子流域，按上述方法求得各出口站流量过程线起涨前的累积雨量，并以其平均值或其中的最大值作为该流域的初损量。

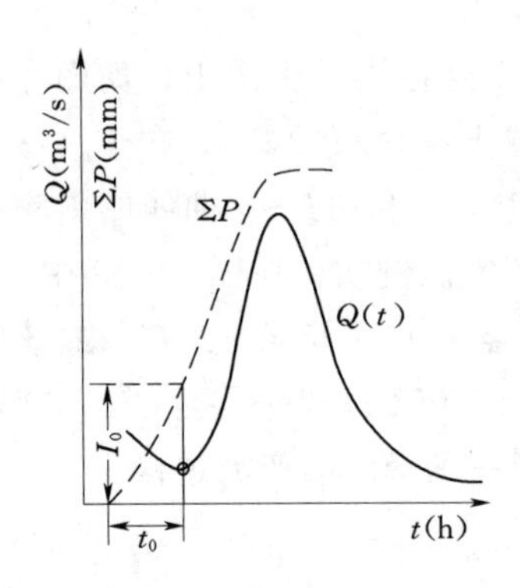


图 7-17 确定初损示意图

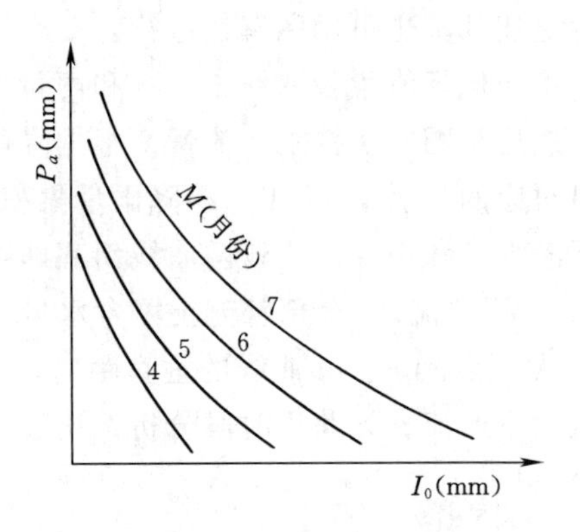


图 7-18 $P_a \sim M \sim I_0$ 相关图

各次降雨的初损值 $I_0$ 的大小与降雨开始时的土壤含水量 $P_a$ 有关，$P_a$ 大，$I_0$ 小；反之则大。因此，可根据各次实测雨洪资料分析得来的 $P_a$、$I_0$ 值，点绘两者的相关图。如关系不密切，可加降雨强度作参数，雨强大，易超渗产流，$I_0$ 就小；反之则大。也可用月份为参数，这是考虑到 $I_0$ 受植被和土地利用的季节变化影响。图 7-18 是以月份（$M$）为参数的 $P_a \sim I_0$ 相关图，利用相关图，即可由计算的 $P_a$ 值求出对应的 $I_0$ 值。

(2) 平均下渗强度的确定。平均下渗强度 $\overline{f}$ 在初损量确定以后，可用下式进行计算；

$$\overline{f} = \frac{P - R - I_0 - P'}{t - t_0 - t'} \tag{7-35}$$

式中 $\overline{f}$——平均后损率，mm/h；

$P$——次降雨量，mm；

$P'$——后期不产流的雨量，mm；

$t$、$t_0$、$t'$——降雨总历时、初损历时、后期不产流的降雨历时，h。

对多次实测雨洪资料进行分析，便可确定流域下渗强度 $\overline{f}$ 的平均值。

有了初损、后损有关数值后，就可由已知的降雨过程推求净雨过程。

**【例 7-3】** 已知降雨过程及降雨开始时的 $P_a=15.4$mm，查 $P_a \sim I_0$ 图，得 $I_0=31.0$mm，又知该流域的平均下渗强度 $\overline{f}=1.5$mm/h，可列表进行产流计算，见表 7-7。说明如下：先扣 $I_0$，从降雨开始向后扣，扣够 31.0mm 为止。9～12 时段后损量为 2×1.5=3.0mm，21～24 时段后损量等于降雨量。最后求得本次降雨深（即径流深）为 29.4mm，净雨过程 $h(t)$ 见表 7-4。

表 7-4　初损后损法产流量计算表

| 时间 | $P$ (mm) | $I_0$ (mm) | $\overline{f}t$ (mm) | $h(t)$ (mm) |
|---|---|---|---|---|
| 3～6 | 1.2 | 1.2 | | |
| 6～9 | 17.8 | 17.8 | | |
| 9～12 | 36.0 | 12.0 | 3.0 | 21.0 |
| 12～15 | 8.8 | | 4.5 | 4.3 |
| 15～18 | 5.4 | | 4.5 | 0.9 |
| 18～21 | 7.7 | | 4.5 | 3.2 |
| 21～24 | 1.9 | | 1.9 | 0 |
| 合计 | 78.8 | 31.0 | | 29.4 |

## 第三节　流域汇流计算

### 一、地面径流的汇流计算

#### （一）等流时线法

净雨从流域上某点流至出口断面所经历的时间，称为汇流时间，用 $\tau$ 来表示。从流域最远点流至出口断面所经历的时间，称为流域最大汇流时间，或称流域汇流时间，用 $\tau_m$ 表示。单位时间内径流通过的距离称为汇流速度 $v_\tau$。流域上汇流时间相等的点的连线叫做等流时线，如图 7-19虚线所示。图中 1-1 线上的净雨流达出口断面的汇流时间为 $\Delta t$，2-2 线上净雨流达出口断面的汇流时间为 $2\Delta t$，最远处净雨流达出口断面的汇流时间为 $3\Delta t$。这些等流时线间的部分面积（$f_1$、$f_2$、$f_3$）称为等流时面积，全流域面积 $F=f_1+f_2+f_3$。现在来分析在该流域上由不同历时的净雨所形成的地面径流过程。假定净雨历时 $t=2\Delta t$，流域汇流时间 $\tau_m=3\Delta t$，即 $t<\tau_m$。两个时段的净雨深分别为 $h_1$、$h_2$，所产生的地面径流过程计算公式如表 7-5 所示。

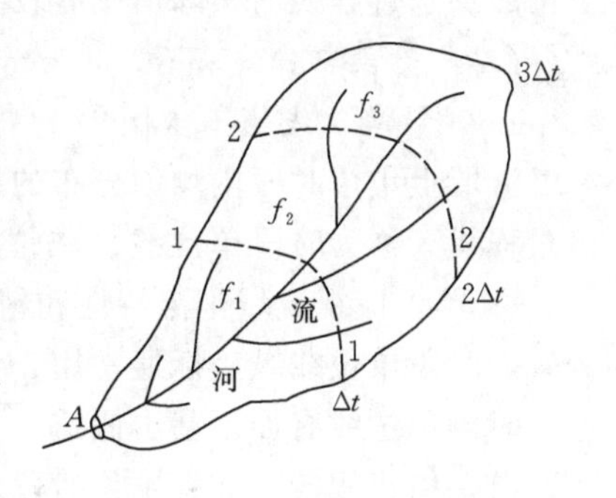


图 7-19　等流时线示意图

同理，还可求出更多时段净雨所形成的地面径流过程。可以分析出：

（1）当 $t<\tau_m$ 时，部分面积及全部净雨深参与形成最大流量；

（2）当 $t=\tau_m$ 时，全部面积及全部净雨深参与形成最大流量；

（3）当 $t>\tau_m$ 时，全部面积上的部分净雨深参与形成最大流量。

表 7-5　两个时段净雨深产生地面径流过程计算表

| 时间 $t$ | 净雨深 $h_1$ 在出口断面形成的地面径流 | 净雨深 $h_2$ 在出口断面形成的地面径流 | 出口断面的总地面径流过程 |
|---|---|---|---|
| 0 | 0 | 0 | 0 |
| $\Delta t$ | $\frac{h_1f_1}{\Delta t}$ | 0 | $\frac{h_1f_1}{\Delta t}$ |
| $2\Delta t$ | $\frac{h_1f_2}{\Delta t}$ | $\frac{h_2f_1}{\Delta t}$ | $\frac{h_1f_2+h_2f_1}{\Delta t}$ |
| $3\Delta t$ | $\frac{h_1f_3}{\Delta t}$ | $\frac{h_2f_2}{\Delta t}$ | $\frac{h_1f_3+h_2f_2}{\Delta t}$ |
| $4\Delta t$ | 0 | $\frac{h_2f_3}{\Delta t}$ | $\frac{h_2f_3}{\Delta t}$ |
| $5\Delta t$ | 0 | 0 | 0 |

经分析可知，任一时刻的地面流量 $Q_{面t}$ 是由许多项组成的，即第一块面积 $f_1$ 上的 $t$ 时段净雨 $h_t/\Delta t$，第二块面积 $f_2$ 上的 $t-1$ 时段的净雨 $h_{t-1}/\Delta t$，…，同时到达出口断面组合成 $t$ 时刻的地面流量 $Q_{面t}$。计算式如下：

$$Q_{面t}=\frac{h_1f_1+h_{t-1}f_2+h_{t-2}f_3+\cdots}{\Delta t}\times\frac{1000}{3600}$$

$$=0.278\frac{1}{\Delta t}\sum_{i=1}^{n}h_{t-i+1}f_i \tag{7-36}$$

径流过程线的底宽，即洪水总历时为：$T=t+\tau_m$。由此可见径流过程不仅与流域汇流时间有关，而且随净雨历时而变化。

用等流时线的汇流原理，可由设计净雨推求设计洪水过程线。但在实际情况下，汇流速度随时随地变化，等流时线的位置也是不断发生变化的，且河槽还有调蓄作用，所以推求出的洪水过程线与实际情况有较大出入。目前，除个别小流域外，已不再应用。

（二）时段单位线法

1. 时段单位线的基本概念

流域上单位时段内均匀分布的单位地面净雨，汇流到流域出口断面处所形成的地面径流过程线，称为时段单位线。单位净雨深一般取 10mm。单位时段 $\Delta t$ 可根据资料取 1h、3h、6h 等，应视流域汇流特性和精度要求来确定，一般取径流过程涨洪历时的 1/2～1/4 为宜，时段单位线纵坐标通常用 $q(t)$ 表示，以 $m^3/s$ 计，如图 7-20（a）所示。

时段单位线有如下基本假定：

（1）倍比假定。如果单位时段内的地面净雨深不是一个单位，而是 $n$ 个，则它所形成的流量过程线，总历时与时段单位线底长相同，各时刻的流量则为时段单位线的 $n$ 倍，见图 7-20（b）。

（2）叠加假定。如果净雨历时不是一个时段，而是 $m$ 个，则各时段净雨深所形成的流量过程线之间互不干扰，出口断面的流量过程线等于 $m$ 个部分流量过程错开时段叠加之和，见图 7-20（c）。

2. 用时段单位线推求地面径流过程线

根据时段单位线的定义与基本假定，只要流域上净雨分布均匀，不论其强度与历时如

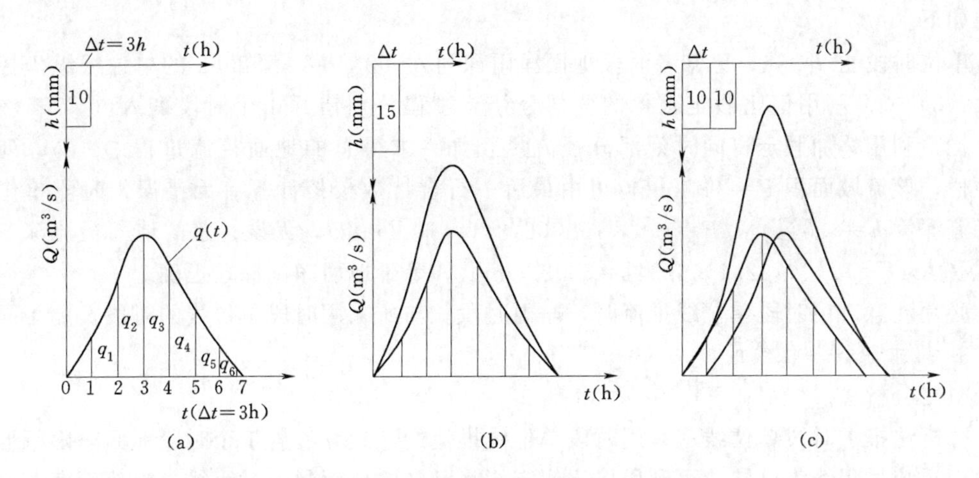


图 7-20 时段单位线及其假定示意图

(a) 某流域 3 小时单位线；(b) 时段单位线倍比假定；(c) 时段单位线叠加假定

何变化，都可以利用时段单位线推求其形成的地面径流过程线，算例见表 7-6。

表 7-6 用时段单位线推求地面径流过程线计算表

| 时间 | | | 净雨深 $h$ (mm) | 单位线 $q(t)$ (m³/s) | 部分径流 $Q'(t)=\frac{h}{10}q(t)$ (m³/s) | | | 流量 $Q(t)=\sum Q'(t)$ (m³/s) |
|---|---|---|---|---|---|---|---|---|
| 月 | 日 | 时 | | | $h_1=24.0$ | $h_2=23.0$ | $h_3=3.2$ | |
| (1) | | | (2) | (3) | (4) | (5) | (6) | (7) |
| 8 | 31 | 2 | 24.0 | 0 | 0 | | | 0 |
| | | 8 | 23.0 | 2.0 | 4.8 | 0 | | 4.8 |
| | | 14 | 3.2 | 15.0 | 36.0 | 4.6 | 0 | 40.6 |
| | | 20 | | 35.0 | 84.0 | 34.5 | 0.6 | 119 |
| 9 | 1 | 2 | | 41.0 | 98.5 | 80.5 | 4.8 | 184 |
| | | 8 | | 25.0 | 60.0 | 94.2 | 11.2 | 165 |
| | | 14 | | 15.0 | 36.0 | 57.5 | 13.0 | 106 |
| | | 20 | | 9.0 | 21.6 | 34.5 | 8.0 | 64.1 |
| | 2 | 2 | | 6.0 | 14.4 | 20.6 | 4.8 | 39.8 |
| | | 8 | | 4.0 | 9.6 | 13.8 | 2.9 | 26.3 |
| | | 14 | | 3.0 | 7.2 | 9.2 | 1.9 | 18.3 |
| | | 20 | | 2.0 | 4.8 | 6.9 | 1.3 | 13.0 |
| | 3 | 2 | | 1.0 | 2.4 | 4.6 | 1.0 | 8.0 |
| | | 8 | | 0 | 0 | 2.3 | 0.6 | 2.9 |
| | | 14 | | | | 0 | 0.3 | 0.3 |
| | | 20 | | | | | 0 | 0 |
| 合计 | | | 50.2 | 158 (折合 10.0mm) | | | | 792.1 (折合 50.2mm) |

说明如下：

单位时段 $\Delta t$ 取 6h，已知各时段地面净雨深列入（2）栏，已知 6h 的单位线纵坐标值列入（3）栏。利用倍比假定求得的各部分径流过程分别错开 1 个时段列入（4）、（5）、（6）栏；利用叠加假定将同时刻部分径流量相加，求得总的地面径流过程 $Q(t)$，列入（7）栏。该流域面积 $F=341\text{km}^2$，可由最后一行合计数校核计算有无错误。时段单位线的径流深为 $h=3.6\sum q\Delta t/F=3.6\times158\times6/341=10$（mm），无误；总的地面径流深 $R=3.6\sum Q\Delta t/F=3.6\times792.1\times6/341=50.2$（mm），等于地面净雨深，正确。

必须注意，用时段单位线推流时，净雨时段长与所采用时段单位线的时段长要相同。

3. 推求时段单位线的方法

（1）分析法。

分析法推求时段单位线就是用时段单位线推流的逆运算。若 1 个时段地面净雨所形成的地面径流过程线为已知，可利用倍比假定，将已知的地面径流过程线除以地面净雨的单位数即可；若两个时段地面净雨所形成的地面径流过程线为已知，可列表分析计算，详见表 7－7。说明如下：

表 7－7　分析法求时段单位线的计算公式

| 时段 $\Delta t$（h） | 地面径流 $Q_面$（$m^3/s$） | 地面净雨 $h_面$（mm） | 部分径流（$m^3/s$） | | 单位线 $q$（$m^3/s$） |
|---|---|---|---|---|---|
| | | | $h_1$ 形成 | $h_2$ 形成 | |
| （1） | （2） | （3） | （4） | （5） | （6） |
| 0 | 0 | $h_1$ | 0 | | 0 |
| 1 | $Q_1$ | $h_2$ | $\frac{h_1}{10}q_1$ | 0 | $q_1=\frac{10}{h_1}Q_1$ |
| 2 | $Q_2$ | | $\frac{h_1}{10}q_2$ | $\frac{h_2}{10}q_1$ | $q_2=\frac{10}{h_1}\left(Q_2-\frac{h_2}{10}q_1\right)$ |
| 3 | $Q_3$ | | $\frac{h_1}{10}q_3$ | $\frac{h_2}{10}q_2$ | $q_3=\frac{10}{h_1}\left(Q_3-\frac{h_2}{10}q_2\right)$ |
| 4 | $Q_4$ | | $\frac{h_1}{10}q_4$ | $\frac{h_2}{10}q_3$ | $q_4=\frac{10}{h_1}\left(Q_4-\frac{h_2}{10}q_3\right)$ |
| ⋮ | ⋮ | | ⋮ | ⋮ | ⋮ |
| $t$ | $Q_t$ | | $\frac{h_1}{10}q_t$ | $\frac{h_2}{10}q_{t-1}$ | $q_t=\frac{10}{h_1}\left(Q_t-\frac{h_2}{10}q_{t-1}\right)$ |
| ⋮ | ⋮ | | ⋮ | ⋮ | ⋮ |
| $n$ | 0 | | | 0 | 0 |
| 合计 | | | | | 折合 10mm |

已知地面径流过程的纵标为 $Q_1$，$Q_2$，$Q_3$，…填入（2）栏，时段地面净雨为 $h_1$，$h_2$ 填入（3）栏，则可根据单位线的基本假定，由已知 $Q_面(t)$ 及 $h_面(t)$，按通式 $q_t=\frac{10}{h_1}\times\left(Q_t-\frac{h_2}{10}q_{t-1}\right)$，逐时段计算单位线纵标值 $q_t$ 及第 1 时段净雨形成的部分径流纵标值

$\frac{h_1}{10}q_t$，分别填入（6）、（4）栏的同一行，第 2 时段净雨形成的部分径流纵标值$\frac{h_2}{10}q_t$错后 1 个时段填入（5）栏。如果计算正确，分析得单位线的径流深应为 10mm。表中仅给出各栏的计算公式。

以上分析法是逐时段推算的，由于误差积累有时会使分析的单位在退水段的纵标值出现跳动、单位线呈锯齿状的不合理现象，例见表 7-8。这时需将单位线修匀。其原则是修匀后的单位线必须折合为 10mm 净雨深。

表 7-8　分析法求时段单位线计算表

| 时段 ($\Delta t$=6h) | 地面径流 $Q_{面,实}$ ($m^3/s$) | 地面净雨 $h_面$ (mm) | 部分径流 ($m^3/s$) $h_1$=24.5 形成的 | $h_2$=20.3 形成的 | 单位线 $q_计$ ($m^3/s$) | 修正后单位线 $q_修$ ($m^3/s$) | 计算值 $Q_{面,计}$ ($m^3/s$) | 备　计 |
|---|---|---|---|---|---|---|---|---|
| (1) | (2) | (3) | (4) | (5) | (6) | (7) | (8) | (9) |
| 0 | 0 | 24.5 | 0 | | 0 | 0 | 0 | 1. 本流域面积为 5290km² 2. $q_计$退水段有跳动，$q_修$为修正后成果 3. $Q_{面,计}$由$q_修$推流得来 |
| 1 | 186 | 20.3 | 186 | 0 | 76 | 76 | 186 | |
| 2 | 667 | | 513 | 154 | 210 | 210 | 668 | |
| 3 | 1935 | | 1510 | 425 | 617 | 617 | 1936 | |
| 4 | 2450 | | 1200 | 1250 | 490 | 490 | 2450 | |
| 5 | 1900 | | 910 | 990 | 372 | 355 | 1865 | |
| 6 | 1280 | | 525 | 755 | 214 | 242 | 1308 | |
| 7 | 850 | | 415 | 435 | 170 | 158 | 867 | |
| 8 | 560 | | 216 | 344 | 88 | 107 | 571 | |
| 9 | 400 | | 221 | 179 | 90 | 73 | 392 | |
| 10 | 277 | | 94 | 183 | 38 | 52 | 276 | |
| 11 | 202 | | 124 | 78 | 51 | 38 | 199 | |
| 12 | 142 | | 39 | 103 | 16 | 22 | 131 | |
| 13 | 80 | | 48 | 32 | 20 | 12 | 84 | |
| 14 | 40 | | 0 | 40 | 0 | 0 | 24 | |
| 15 | 0 | | | 0 | | | 0 | |
| 合计 | 10969 合 44.8mm | | | | 2452 合 10.0mm | 2452 合 10.0mm | 10957 | |

当 3 个或 3 个以上时段地面净雨所形成的地面径流过程线为已知条件时，由于误差积累问题，不宜采用分析法，而宜采用试错法。

（2）试错法。

先假定一条时段单位线，用时段单位线推流的计算方法，求得地面径流过程，将其与实测的地面径流过程进行比较，若相符，则假定即为所求；如有差别，应修改原假定的单位线，直至计算的地面径流过程与实测的地面径流过程基本相符为止，此时的单位线即为所求的单位线，算例见表 7-9。

表 7－9　　　　　　　　　　**试错法推求时段单位线计算表**

| 时间 年 | 月 | 日 | 时 | 地面径流 $Q_{面,实}$ (m³/s) | 地面净雨 $h_{面}$ (mm) | 假定单位线 $q$ (m³/s) | 部分径流 $Q_i$ (m³/s) $h_1=2.5$ 形成 | $h_2=23.5$ 形成 | $h_3=17.8$ 形成 | 计算的地面径流 $Q_{面,计}$ (m³/s) | 采用单位线 $q$ (m³/s) | 部分径流 $Q_i$ (m³/s) $h_1$ 形成 | $h_2$ 形成 | $h_3$ 形成 | 计算的地面径流 $Q_{面,计}$ (m³/s) |
|---|---|---|---|---|---|---|---|---|---|---|---|---|---|---|---|
| (1) | | | | (2) | (3) | (4) | (5) | (6) | (7) | (8) | (9) | (10) | (11) | (12) | (13) |
| 1965 | 4 | 16 | 14 | 0 | 2.5 | 0 | 0 | | | 0 | 0 | 0 | | | 0 |
| | | | 20 | 11 | 23.5 | 76 | 19 | 0 | | 19 | 55 | 14 | 0 | | 14 |
| | | 17 | 2 | 181 | 17.8 | 210 | 52 | 178 | 0 | 230 | 200 | 50 | 129 | 0 | 179 |
| | | | 8 | 752 | | 617 | 154 | 494 | 135 | 783 | 620 | 155 | 470 | 98 | 723 |
| | | | 14 | 1920 | | 490 | 122 | 1450 | 374 | 1946 | 520 | 130 | 1458 | 356 | 1944 |
| | | | 20 | 2420 | | 355 | 89 | 1151 | 1100 | 2340 | 366 | 91 | 1222 | 1104 | 2417 |
| | | 18 | 2 | 1875 | | 240 | 60 | 835 | 872 | 1767 | 240 | 60 | 860 | 926 | 1846 |
| | | | 8 | 1255 | | 155 | 39 | 564 | 632 | 1235 | 155 | 39 | 564 | 652 | 1255 |
| | | | 14 | 825 | | 105 | 26 | 365 | 428 | 819 | 105 | 26 | 365 | 428 | 819 |
| | | | 20 | 535 | | 73 | 18 | 247 | 276 | 541 | 73 | 18 | 247 | 276 | 541 |
| | | 19 | 2 | 375 | | 52 | 13 | 172 | 187 | 372 | 50 | 13 | 172 | 187 | 372 |
| | | | 8 | 252 | | 38 | 10 | 122 | 130 | 262 | 34 | 9 | 117 | 130 | 256 |
| | | | 14 | 172 | | 22 | 5 | 89 | 93 | 187 | 18 | 5 | 80 | 89 | 174 |
| | | | 20 | 112 | | 12 | 3 | 52 | 68 | 123 | 9 | 2 | 42 | 60 | 104 |
| | | 20 | 2 | 50 | | 0 | 0 | 28 | 39 | 67 | 0 | 0 | 21 | 32 | 53 |
| | | | 8 | 0 | | | | 0 | 21 | 21 | | | 0 | 16 | 16 |
| | | | | | | | | | 0 | 0 | | | | 0 | 0 |
| 合计 | | | | 10735 合 43.8mm | | 2445 合 10.0mm | | | | 10712 | 2445 合 10.0mm | | | | 10713 |

**注**　本流域面积为 5290km²。

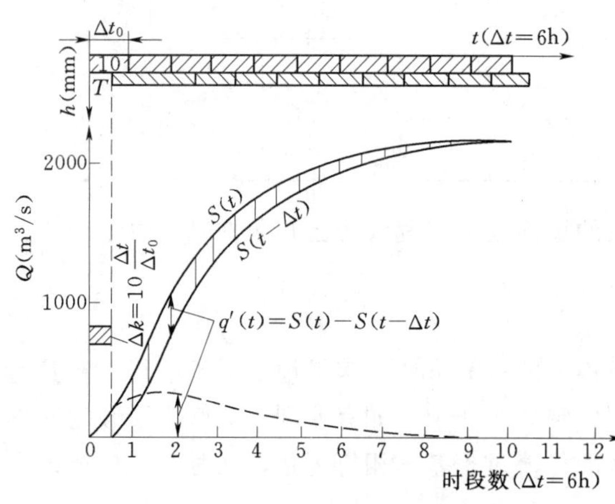


图 7－21　时段单位线时段转换示意图

4. 不同时段单位线的时段转换

时段单位线的时段转换常借用 $S$ 曲线。

假定流域上降雨持续不断，每个单位时段都有一个单位地面净雨（10mm），用时段单位线连续推流计算即可求得出口断面的流量过程线，该过程线称为 $S$ 曲线（例见表 7－10）。由表 7－10 所列计算过程可知，$S$ 曲线就是时段单位线的累积曲线，可由时段单位线纵坐标值逐时段累加求得。

**表 7-10　　　　　　　　　　$S$ 曲线计算表**

| 时段 ($\Delta t$=6h) | 单位线 $q$ ($m^3/s$) | 净雨深 $h$ (mm) | 部分径流 ($m^3/s$) | | | | | $S$ 曲线 ($m^3/s$) |
|---|---|---|---|---|---|---|---|---|
| | | | $h_1=10$ | $h_2=10$ | $h_3=10$ | $h_4=10$ | … | |
| (1) | (2) | (3) | (4) | | | | | (5) |
| 0 | 0 | 10 | 0 | | | | | 0 |
| 1 | 430 | 10 | 430 | 0 | | | | 430 |
| 2 | 630 | 10 | 630 | 430 | 0 | | | 1060 |
| 3 | 400 | 10 | 400 | 630 | 430 | 0 | | 1460 |
| 4 | 270 | 10 | 270 | 400 | 630 | 430 | 0 | 1730 |
| 5 | 180 | 10 | 180 | 270 | 400 | 630 | ⋮ | 1910 |
| 6 | 118 | 10 | 118 | 180 | 270 | 400 | ⋮ | 2028 |
| 7 | 70 | 10 | 70 | 118 | 180 | 270 | ⋮ | 2098 |
| 8 | 40 | 10 | 40 | 70 | 118 | 180 | ⋮ | 2138 |
| 9 | 16 | ⋮ | 16 | 40 | 70 | 118 | ⋮ | 2154 |
| 10 | 0 | ⋮ | 0 | 16 | 40 | 70 | ⋮ | 2154 |
| 11 | | ⋮ | | 0 | 16 | 40 | ⋮ | ⋮ |
| 12 | | | | | 0 | 16 | ⋮ | ⋮ |
| ⋮ | | | | | | 0 | ⋮ | ⋮ |
| ⋮ | | | | | | | ⋮ | ⋮ |
| ⋮ | | | | | | | | ⋮ |

有了 $S$ 曲线后，就可以利用它来转换时段单位线的时段长。如果已有时段长为 6h 的单位线［表 7-11 中（2）栏］，需要转换成时段长为 3h 的单位线，只要把时段长为 6h 的 $S$ 曲线往后平移半个时段（即 3h），见图 7-21。图中表明，两根 $S$ 曲线之间各时段流量差值相当于 3h（5mm）净雨所形成的地面径流过程线 $q'(t)$。将 $q'(t)$ 乘 $\frac{6}{3}$ 即为 3h 的单位线。一般列表计算，见表 7-11。同理，如把 6h 单位线转换成 9h 单位线，可将 $S$ 曲线错后 9h 相减，则各时段流量差值即为 9h（15mm）净雨所产生的地面径流过程线，将纵坐标值乘 $\frac{6}{9}$ 即为 9h 的单位线，如表 7-11 中（8）栏。

用 $S$ 曲线转换任何时段 $\Delta t$ 单位线可由以下数学式表示：

$$q(\Delta t, t) = \frac{\Delta t_0}{\Delta t}[S(t) - S(t - \Delta t)] \tag{7-37}$$

式中　$q(\Delta t, t)$——所求的时段单位线；

$\Delta t_0$——原来单位线时段长；

$\Delta t$——所求单位线时段长；

$S(t)$——时段为 $\Delta t_0$ 的 $S$ 曲线；

$S(t-\Delta t)$——移后 $\Delta t$ 的 $S$ 曲线。

表 7-11　　不同时段单位线转换计算　　单位：$m^3/s$

| 时段 ($\Delta t=6h$) | $S(t)$ | $S(t-3)$ | $S(t)-S(t-3)$ (4) = (2) − (3) | 3h 单位线 (5) = (4) ×2 | $S(t-9)$ | $S(t)-S(t-9)$ (7) = (2) − (6) | 9h 单位线 (8)= (7)×$\frac{6}{9}$ |
|---|---|---|---|---|---|---|---|
| (1) | (2) | (3) | (4) | (5) | (6) | (7) | (8) |
| 0 | 0 | | 0 | 0 | | 0 | 0 |
| | 185 | 0 | 185 | 370 | | 185 | 123 |
| 1 | 430 | 185 | 245 | 490 | | 430 | 286 |
| | 765 | 430 | 335 | 670 | 0 | 765 | 510 |
| 2 | 1060 | 765 | 295 | 590 | 185 | 875 | 584 |
| | 1280 | 1060 | 220 | 440 | 430 | 850 | 566 |
| 3 | 1460 | 1280 | 180 | 360 | 765 | 695 | 464 |
| | 1600 | 1460 | 140 | 280 | 1060 | 540 | 360 |
| 4 | 1730 | 1600 | 130 | 260 | 1280 | 450 | 300 |
| | 1830 | 17300 | 100 | 200 | 1460 | 370 | 246 |
| 5 | 1910 | 1830 | 80 | 160 | 1600 | 310 | 206 |
| | 1980 | 1910 | 70 | 140 | 1730 | 250 | 167 |
| 6 | 2028 | 1980 | 48 | 96 | 1830 | 198 | 132 |
| | 2070 | 2028 | 42 | 84 | 1910 | 160 | 107 |
| 7 | 2098 | 2070 | 28 | 56 | 1980 | 118 | 79 |
| | 2120 | 2098 | 22 | 44 | 2028 | 92 | 61 |
| 8 | 2138 | 2120 | 18 | 36 | 2070 | 68 | 45 |
| | 2147 | 2138 | 9 | 18 | 2098 | 49 | 33 |
| 9 | 2154 | 2147 | 7 | 14 | 2120 | 34 | 23 |
| | 2154 | 2154 | 0 | 0 | 2138 | 16 | 11 |
| 10 | 2154 | 2154 | | | 2147 | 7 | 5 |
| | 2154 | 2154 | | | 2154 | 0 | 0 |

5. 时段单位线存在的问题

(1) 时段单位线的非线性问题。

时段单位线基本假定认为一个流域的时段单位线是不变的，可以根据时段单位线的倍比和叠加来推流，这与实际情况不完全相符。实际上，由各次洪水分析得到的时段单位线并不相同，说明时段单位线是变化的，即时段单位线存在非线性的问题。这是由于水流随水深、比降等水力条件不同，汇流速度呈非线性变化所致。一般雨强大，洪水大，汇流速度快，由此类洪水分析得出的时段单位线洪峰较高，峰现时间较早；反之，时段单位线的洪峰较低，峰现时间滞后，见图 7-22。必须指出：净雨强度对时段单位线的影响是有限度的，当净雨强度超过一定界限后，汇流速度趋于稳定，时段单位线的洪峰不再随净雨强度增加而增加。

对此，一般是将时段单位线进行分类综合，供合理选用。即按降雨强度大小分级，每种情况定出一条时段单位线，使用时根据降雨特性选择相应的时段单位线。由设计暴雨或可能最大暴雨推求设计洪水或可能最大洪水时，应尽量采用实测大洪水分析得出的时段单位线推流。

(2) 时段单位线的非均匀性问题。

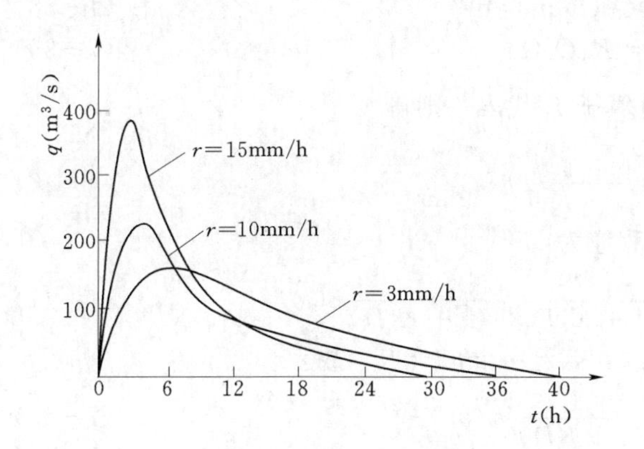


图 7-22　某流域不同净雨强度的时段单位线

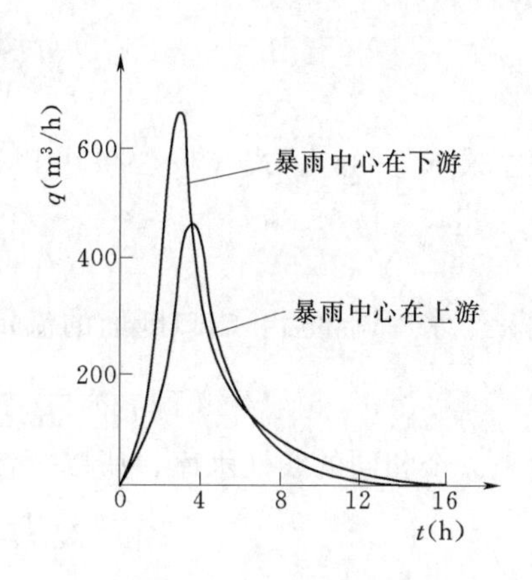


图 7-23　某流域不同暴雨中心位置的时段单位线

时段单位线定义中"均匀分布的净雨"也与实际情况不完全相符。天然降雨在流域上分布不均匀，形成的净雨分布也不均匀。当暴雨中心在下游时，由于汇流路程短，河网对洪水的调蓄作用小，分析的时段单位线峰值较高，峰现时间较早；若暴雨中心在上游时，河网对洪水的调蓄作用大，由此种洪水分析的时段单位线峰值较低，峰现时间推迟，见图7-23。若暴雨中心移动的速度和方向与河槽汇流一致时，则时段单位线峰值更高，峰现时间更早。

一般是根据流域大暴雨不利的分布情况分析推求的时段单位线，用于设计推流计算。

（三）瞬时单位线法

所谓瞬时单位线，就是在瞬时（无限小的时段内），流域上均匀的单位地面净雨所形成的地面径流过程线。通常以 $u(0,t)$ 或 $u(t)$ 表示。瞬时单位线法汇流计算亦是从线性系统出发探讨汇流过程的一种方法。目前我国使用的瞬时时段单位线是 J. E. 纳希 1957 年提出的，可用数学方程式表示。

1. 瞬时单位线的数学模型

纳希设想了一个流域汇流模型，将降雨产生洪水的过程概化为净雨经历 $n$ 个相同的线性串联水库调节后，在出口断面形成的流量过程，如图 7-24 所示。所谓线性水库是指水库蓄水量 $W_i$ 与泄洪量 $Q_i$ 之间呈线性关系，即：

$$W_i = K_i Q_i$$

式中　$K_i$——第 $i$ 个水库的蓄泄系数，$i=1,2,\cdots,n$。

将流域上的地面净雨过程 $h(t)$ 作为第一个线性水库的入流，其出流量为 $Q_1(t)$，则该水库 d$t$ 时段的水量平衡方程及蓄泄方程为：

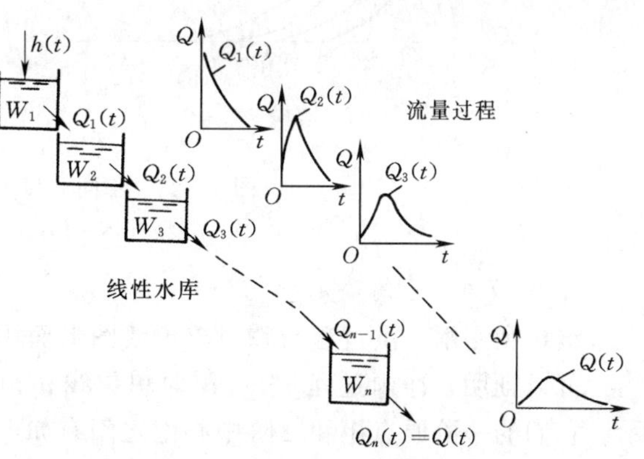


图 7-24　纳希流域汇流模型示意图

$$h(t)\mathrm{d}t - Q_1(t)\mathrm{d}t = \mathrm{d}W \tag{7-38}$$

$$W_1 = K_1 Q_1(t) \tag{7-39}$$

解联立式（7-38）、式（7-39）并以微分算子 $D$ 代表$\frac{\mathrm{d}}{\mathrm{d}t}$则得

$$Q_1(t) = \frac{1}{1+K_1 D}h(t) \tag{7-40}$$

经过 $n$ 个水库调蓄后，出口断面的流量过程应为：

$$Q(t) = \frac{1}{(1+K_1 D)(1+K_2 D)\cdots(1+K_n D)}h(t) \tag{7-41}$$

因为是 $n$ 个相同的线性水库，所以 $K_1=K_2=K_3=\cdots=K_n=K$，故：

$$Q(t) = \frac{1}{(1+KD)^n}h(t) \tag{7-42}$$

当 $h(t)$ 为瞬时的单位净雨量，即 $h(t)=\delta(t)$，$\delta(t)$ 为瞬时单位脉冲，应用脉冲函数及拉普拉斯变换，可得瞬时单位线的基本公式：

$$u(0,t) = \frac{1}{K\Gamma(n)}\left(\frac{t}{K}\right)^{n-1}\mathrm{e}^{-\frac{t}{K}} \tag{7-43}$$

式中　$\Gamma(n)$——$n$ 的伽玛函数；

$n$——线性水库的个数，相当于调节次数；

$K$——线性水库的调蓄系数，相当于流域汇流时间的参数；

e——自然对数的底。

由式（7-43）可知，决定瞬时单位线的参数只有 $n$、$K$ 两个，不同的 $n$ 和 $K$，瞬时单位线的形状也不同，见图 7-25。

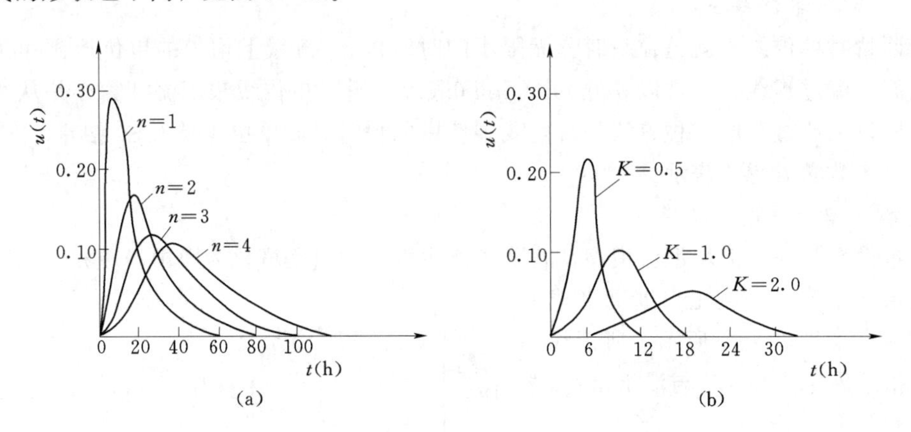


图 7-25　不同 $n$ 和 $K$ 的瞬时单位线

(a) $K=10$；(b) $n=10$

2. 参数 $n$、$K$ 的确定

纳希利用雨、洪过程与瞬时单位线图形面积矩之间的关系来确定参数 $n$、$K$ 值。

可以证明，净雨过程 $h(t)$、瞬时单位线 $u(t)$ 和出流过程 $Q(t)$ 三者的关系如图7-26所示。它们的一阶原点矩和二阶中心矩之间有如下的关系

$$M_u^{(1)} = M_Q^{(1)} - M_h^{(1)} \tag{7-44}$$

$$N_u^{(2)} = N_Q^{(2)} - N_h^{(2)} \tag{7-45}$$

式中 $M_u^{(1)}$、$M_Q^{(1)}$、$M_h^{(1)}$——瞬时单位线 $u$、出流 $Q$、净雨 $h$ 的一阶原点矩；

$N_u^{(2)}$、$N_Q^{(2)}$、$N_h^{(2)}$——瞬时单位线 $u$、出流 $Q$、净雨 $h$ 的二阶中心矩。

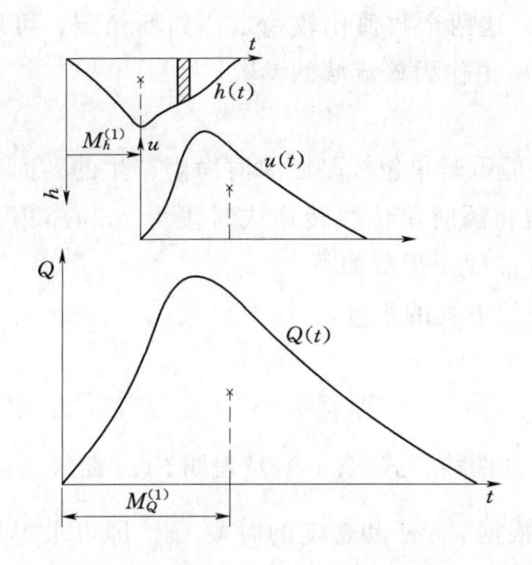

图 7-26 $h(t)$、$u(t)$、$Q(t)$三者关系图

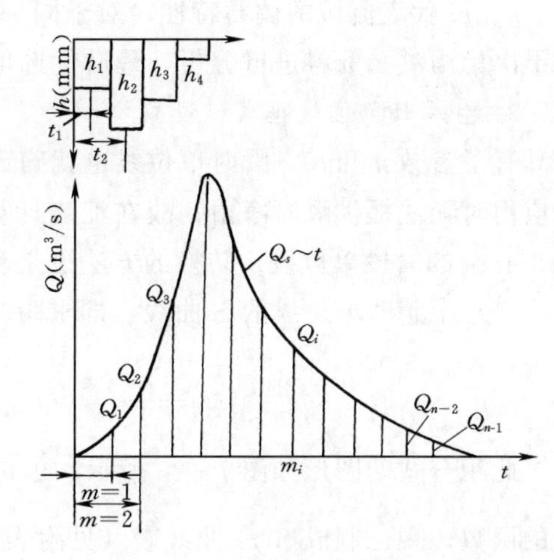

图 7-27 矩值计算示意图

瞬时单位线的一阶原点矩 $M_u^{(1)}$ 和二阶中心矩 $N_u^{(2)}$ 可以由实测的地面径流过程和地面净雨过程，根据式（7-44）、式（7-45）求得。

可以证明，瞬时单位线的一阶原点矩和二阶中心矩与参数 $n$、$K$ 存在如下关系：

$$M_u^{(1)} = nK \tag{7-46}$$

$$N_u^{(2)} = nK^2 \tag{7-47}$$

通过上式求得参数 $n$、$K$。由于计算二阶中心矩较原点矩为繁琐，利用数学上已证明的原点矩与中心矩的关系（即二阶中心矩等于二阶原点矩减一阶原点矩的平方），改用二阶原点矩来计算参数 $n$、$K$ 较为简便。计算公式如下：

$$K = \frac{M_Q^{(2)} - M_h^{(2)}}{M_Q^{(1)} - M_h^{(1)}} - (M_Q^{(1)} + M_h^{(1)}) \tag{7-48}$$

$$n = \frac{M_Q^{(1)} - M_h^{(1)}}{K} \tag{7-49}$$

式中 $M_Q^{(2)}$、$M_h^{(2)}$——出流 $Q$、净雨 $h$ 的二阶原点矩。

由实际净雨过程和出流过程，可用差分式计算各阶原点矩。净雨和出流的原点矩计算见图 7-27 所示，公式如下：

$$M_h^{(1)} = \frac{\sum h_i t_i}{\sum h_i} \tag{7-50}$$

$$M_h^{(2)} = \frac{\sum h_i (t_i)^2}{\sum h_i} \tag{7-51}$$

$$M_Q^{(1)} = \frac{\sum Q_i m_i}{\sum Q_i}\Delta t \tag{7-52}$$

$$M_Q^{(2)} = \frac{\sum Q_i m_i^2}{\sum Q_i}(\Delta t)^2 \qquad (m = 1,2,\cdots,n-1) \tag{7-53}$$

利用矩法算出的 $n$、$K$ 往往不是最终的成果，一般要利用计算出的 $n$、$K$ 转换成时段单位线进行还原洪水计算，若还原洪水与实测洪水过程吻合不好时，应对 $n$，$K$ 进行调整，直至两者吻合较好为止。

$n$、$K$ 代表流域的调蓄特性，对于同一流域，这两个数值比较稳定；如不稳定，可取若干次暴雨洪水资料进行分析，最后优选出 $n$、$K$ 值作为该流域的参数。

3. 由瞬时单位线推求时段单位线

有了参数 $n$ 和 $K$，瞬时单位线也就确定了，但瞬时单位线是由瞬时净雨产生的，而实际应用时无法提供瞬时净雨，故在汇流计算时需将瞬时单位线转换成时段为 $\Delta t$、净雨深为 10mm 的时段单位线。转换的方法也是利用 S 曲线，步骤如下：

（1）求瞬时单位线的 S 曲线，即求瞬时单位线方程的积分：

$$S(t)=\int_0^t u(t)\mathrm{d}t=\frac{1}{\Gamma(n)}\int_0^{t/K}\left(\frac{t}{K}\right)^{n-1}\mathrm{e}^{\frac{t}{K}}\mathrm{d}\left(\frac{t}{K}\right) \tag{7-54}$$

此积分式的图形如图 7-28 所示，也是一种 S 曲线。式（7-54）表明 $S(t)$ 曲线是 $n$、$\frac{t}{K}$ 的函数，现已制成 $S(t)$ 曲线表（见附表 5），根据 $n$、$K$ 和选定的时段 $\Delta t$，即可求得相应的 $S(t)$ 曲线。

（2）将瞬时单位线转换成无因次时段单位线。

当 $t\to\infty$ 时，有：

$$S(t)_{\max}=\int_0^t u(t)\mathrm{d}t=1 \tag{7-55}$$

如将 $t=0$ 为起点的 S 曲线 $S(t)$ 向后平移一个时段 $\Delta t$，可得到另外一条 S 曲线 $S(t-\Delta t)$，如图 7-28 所示。这两条 S 曲线之间的纵坐标的差值可用方程式表示为：

$$u(\Delta t,t)=S(t)-S(t-\Delta t) \tag{7-56}$$

即图 7-28 中的 $u(\Delta t,t)_1,u(\Delta t,t)_2,\cdots$ 这些 $u(\Delta t,t)$ 又构成一个新的图形，称作时段为 $\Delta t$ 的无因次时段单位线，如图 7-29 所示，其纵坐标之和 $\sum u(\Delta t,t)=1$。

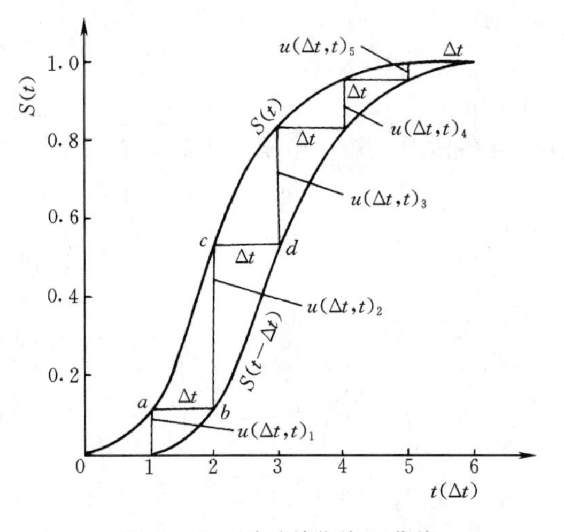


图 7-28　瞬时单位线 S 曲线

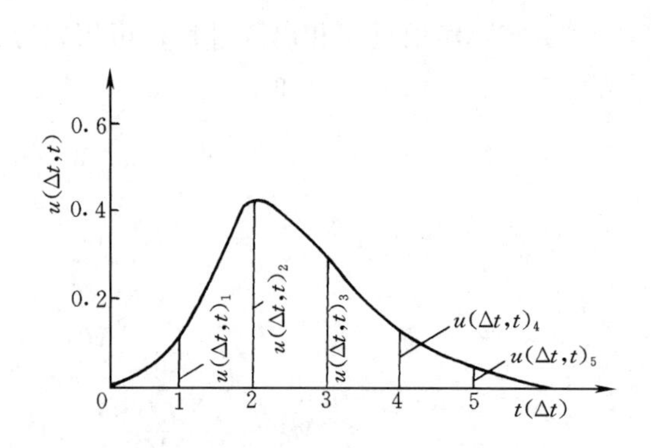


图 7-29　无因次时段单位线

(3) 将无因次时段单位线转换成 10mm 净雨的时段单位线。

净雨时段为 $\Delta t$，净雨深为 10mm 的时段单位线，每隔一个时段 $\Delta t$ 读取一个流量 $q$，则：

$$\sum q = \frac{10F}{3.6\Delta t} \tag{7-57}$$

式中 $\sum q$——10mm 净雨时段单位线纵坐标之和，$m^3/s$；

$\Delta t$——净雨时段，h；

$F$——流域面积，$km^2$。

又 $\sum u(\Delta t,t) = 1$，故：

$$\frac{\sum q}{\sum u(\Delta t,t)} = \frac{\frac{10F}{3.6\Delta t}}{1} \tag{7-58}$$

由此，10mm 净雨时段单位线的各个时刻纵标 $q_i$ 可按下式求出：

$$q_i = \frac{10F}{3.6\Delta t} u_i(\Delta t,t) \tag{7-59}$$

**【例 7-4】** 某流域 $F=805km^2$。有 1964 年 5 月 16～17 日的一次降雨、洪水资料，试根据该次洪水的地面净雨和地面径流过程计算瞬时单位线的参数并换算成 1h 10mm 的时段单位线。

计算步骤如下：

(1) 选择流域上分布均匀、强度大的暴雨所形成的孤立洪水过程作为分析对象（本例已选定）。

(2) 计算本次暴雨的地面净雨和相应的地面径流量，两者总和应相等。见表 7-12 和表 7-13。

(3) 计算净雨和流量的一阶、二阶原点矩。计算时段 $\Delta t$ 的选择，对计算成果有一定影响，净雨过程和流量过程可以采用不同的时段。本例取时段长为 1h。详见表 7-12 和表 7-13。

**表 7-12　　净雨原点矩 $M_h^{(1)}$，$M_h^{(2)}$ 计算表**

| 时间 | | | | 地面净雨 | $t_i$ | $h_it_i$ | $h_it_i^2$ | 备注 |
|---|---|---|---|---|---|---|---|---|
| 年 | 月 | 日 | 时 | $h_面$ (mm) | (h) | (mm·h) | (mm·$h^2$) | |
| 1964 | 5 | 16 | 20 | 0.7 | 0.5 | 0.35 | 0.175 | |
| | | | 21 | 5.2 | 1.5 | 7.8 | 11.75 | $M_h^{(1)}=\frac{\sum h_it_i}{\sum h_i}$ |
| | | | 22 | 12.1 | 2.5 | 30.2 | 75.5 | $=\frac{275.0}{62.0}$ |
| | | | 23 | 11.5 | 3.5 | 40.3 | 141.0 | $=4.43$(h) |
| | | | 24 | 4.3 | 4.5 | 19.4 | 87.0 | |
| | | 17 | 1 | 11.7 | 5.5 | 64.3 | 354.0 | $M_h^{(2)}=\frac{\sum h_it_i^2}{\sum h_i}$ |
| | | | 2 | 11.2 | 6.5 | 72.8 | 473.0 | $=\frac{1440}{62.0}$ |
| | | | 3 | 5.3 | 7.5 | 79.7 | 298.0 | $=23.2(h^2)$ |
| 合计 | | | | 62.0 | | 275.0 | 1440 | |

表 7-13　　　　　　　　　　　　　　　**流量原点矩计算表**

| 时间 | | | | $Q_{实测}$ ($m^3/s$) | $Q_{地下}$ ($m^3/s$) | $Q_{面}$ ($m^3/s$) | $m_i$ | $Q_i m_i$ ($m^3/s$) | $Q_i m_i^2$ ($m^3/s$) | 备注 |
|---|---|---|---|---|---|---|---|---|---|---|
| 年 | 月 | 日 | 时 | | | | | | | |
| 1964 | 5 | 16 | 20 | 15 | 15 | 0 | | | | |
| | | | 21 | 50 | 26 | 24 | 1 | 24 | 24 | (1) $R_{面}=\frac{13844\times3600}{805\times10^3}=62.0(\text{mm})(\sum h_{面})$ |
| | | | 22 | 100 | 37 | 63 | 2 | 126 | 252 | |
| | | | 23 | 183 | 48 | 135 | 3 | 405 | 1215 | |
| | | | 24 | 460 | 59 | 406 | 4 | 1605 | 6416 | (2) $M_Q^{(1)}=\frac{\sum Q_i m_i}{\sum Q_i}\Delta t=\frac{142162}{13884}\times1=10.2(\text{h})$ |
| | | 17 | 1 | 734 | 70 | 664 | 5 | 3320 | 16600 | |
| | | | 2 | 1080 | 81 | 999 | 6 | 6000 | 36000 | |
| | | | 3 | 1330 | 92 | 1238 | 7 | 8666 | 60662 | (3) $M_Q^{(2)}=\frac{\sum Q_i m_i^2}{\sum Q_i}\Delta t^2=\frac{1658669}{13884}\times1^2=119.0(\text{h}^2)$ |
| | | | 4 | 1520 | 103 | 1417 | 8 | 11336 | 90700 | |
| | | | 5 | 1660 | 114 | 1546 | 9 | 13900 | 125000 | |
| | | | 6 | 1620 | 125 | 1495 | 10 | 14950 | 149500 | |
| | | | ⋮ | ⋮ | ⋮ | ⋮ | ⋮ | ⋮ | ⋮ | |
| 合计 | | | | 17304 | 3420 | 13884 | | 142162 | 1658669 | |

(4) 计算参数 $n$、$K$ 为：

$$K=\frac{M_Q^{(2)}-M_h^{(2)}}{M_Q^{(1)}-M_h^{(1)}}-(M_Q^{(1)}+M_h^{(1)})=\frac{119.0-23.2}{10.2-4.43}-(10.2+4.43)=1.98(\text{h})$$

$$n=\frac{M_Q^{(1)}-M_h^{(1)}}{K}=\frac{10.2-4.43}{1.98}=2.92$$

(5) 求 $S$ 曲线。根据计算的 $n$、$K$ 值查附表 5，即得欲求的 $S$ 曲线，成果列入表 7-14 的（3）栏。

(6) 计算时段单位线。将 $S$ 曲线错后 $\Delta t=1\text{h}$，相减即得表 7-14（4）栏的无因次时段单位线。然后按式（7－59）以 $\sum q=\frac{10\times805\times10^3}{1\times3600}=2236\text{m}^3/\text{s}$ 值乘表 7-14（4）栏，即得 1h 10mm 时段单位线。列入表 7-14（5）栏。

(7) 精度成果检验。由已知的净雨，根据求得的时段单位线进行推流，成果列入表 7-14 中（6）～（14）栏。将推流成果与实测地面径流过程［表 7-14（15）栏］对比，以洪峰流量附近符合较好为原则，优选参数 $n$、$K$，最后确定该次洪水的时段单位线。

4. 瞬时单位线的非线性改正

《水利水电工程设计洪水计算规范》（SL44—93）推荐建立 $n$、$K$ 或 $m_1$（$=nK$）与雨强的关系，作为瞬时单位线的非线性改正公式：

$$m_1=ai^{-b} \tag{7-60}$$

式中　$m_1$——瞬时单位线的一阶原点矩；

$i$——降雨（或净雨）强度，mm/h；

$a$、$b$——参数。

雨强的计算时段可按以下因素之一确定：流域汇流时间；产流时段；洪峰上涨时间；流域面积大小。

表 7-14　　由瞬时单位线推求时段单位线及推流成果表

| $t(h)$ | $\frac{t}{K}$ | $S(t)$ | $u(1,t)$ | $q(t)$ ($m^3/s$) | 部分径流 $Q_i$ ($m^3/s$) | | | | | | | | $Q_{面,计}$ ($m^3/s$) | $Q_{面,实}$ ($m^3/s$) |
|---|---|---|---|---|---|---|---|---|---|---|---|---|---|---|
| | | | | | $h_1=0.7$ | $h_2=5.2$ | $h_3=12.1$ | $h_4=11.5$ | $h_5=4.3$ | $h_6=11.7$ | $h_7=11.2$ | $h_8=5.3$ | | |
| (1) | (2) | (3) | (4) | (5) | (6) | (7) | (8) | (9) | (10) | (11) | (12) | (13) | (14) | (15) |
| 0 | 0 | 0 | 0.000 | 0 | 0 | | | | | | | | 0 | 0 |
| 1 | 0.505 | 0.020 | 0.020 | 44.7 | 3.1 | 0 | | | | | | | 3.1 | 24 |
| 2 | 1.010 | 0.093 | 0.073 | 163 | 114 | 23.2 | 0 | | | | | | 34.6 | 63 |
| 3 | 1.515 | 0.215 | 0.122 | 273 | 19.1 | 84.8 | 51.4 | 0 | | | | | 158 | 135 |
| 4 | 2.020 | 0.353 | 0.138 | 309 | 21.6 | 142 | 197 | 51.3 | 0 | | | | 412 | 401 |
| 5 | 2.520 | 0.490 | 0.137 | 306 | 21.4 | 160 | 331 | 187 | 19.2 | 0 | | | 719 | 664 |
| 6 | 3.030 | 0.607 | 0.117 | 262 | 18.3 | 159 | 374 | 314 | 70.0 | 52 | 0 | | 987 | 999 |
| 7 | 3.540 | 0.707 | 0.100 | 224 | 15.7 | 136 | 370 | 355 | 117 | 191 | 50 | 0 | 1235 | 1238 |
| 8 | 4.040 | 0.785 | 0.078 | 174 | 12.2 | 116 | 317 | 352 | 133 | 319 | 183 | 24 | 1456 | 1417 |
| 9 | 4.550 | 0.848 | 0.063 | 141 | 9.8 | 90.5 | 271 | 302 | 131 | 361 | 306 | 86 | 1557 | 1546 |
| 10 | 5.050 | 0.890 | 0.042 | 94 | 6.6 | 73.5 | 211 | 258 | 112 | 358 | 346 | 144 | 1509 | 1495 |
| 11 | 5.560 | 0.920 | 0.030 | 67 | 4.7 | 48.8 | 171 | 200 | 96 | 306 | 343 | 164 | 1334 | ⋮ |
| 12 | 6.060 | 0.943 | 0.023 | 51.5 | 3.6 | 34.8 | 114 | 162 | 75 | 262 | 294 | 162 | 1107 | ⋮ |
| ⋮ | ⋮ | ⋮ | ⋮ | ⋮ | ⋮ | 26.8 | 81.1 | 108 | 61 | 204 | 251 | 138 | ⋮ | ⋮ |
| ⋮ | ⋮ | ⋮ | ⋮ | ⋮ | ⋮ | ⋮ | ⋮ | ⋮ | ⋮ | ⋮ | ⋮ | ⋮ | ⋮ | ⋮ |
| 合计 | | | 1.00 | 2236 | | ⋮ | | | | | | | | |

公式（7-60）的应用是有限制的，应确定临界雨强 $i_{临}$ 控制式（7-60）非线性外延的幅度。图 7-30 可作为在确定稀遇洪水 $m_1$ 值时的参考。

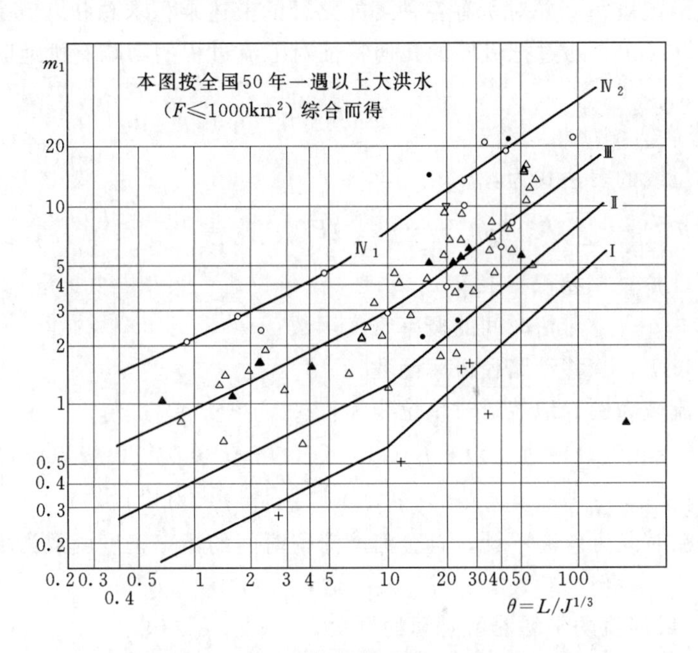


图 7-30　大洪水条件下的 $m_1\sim\theta$ 关系

$L$—干流河长，km；$J$—干流纵坡降（%）

图 7-30 中：

Ⅰ区——干旱、半干旱土石山区，黄土地区，这些地区多荒坡、旱作，且植被覆盖条件很差，如西北广大地区。

Ⅱ区——植被较差，杂草不茂盛，有稀疏树木，如河南豫西山丘及南方水土保持条件差的地区。

Ⅲ区——植被良好，有疏林灌丛。草地覆盖较厚，有水稻田或有一定的岩溶，如南方及东北湿润区。

$Ⅳ_1$区——森林面积比重大的小流域，如海南省、湖南省部分地区。

$Ⅳ_2$区——强岩溶地区，暗河面积超过50%，如广西壮族自治区部分地区。

（四）地貌瞬时单位线法

基于流域地貌特征和概率方法的地貌瞬时单位线，是近十几年发展起来的流域汇流随机模型。该法将地貌信息转化为水文信息，结合降雨特征，就能够推求流域出口断面的流量过程。

设有大量大小相同且互不相干的水滴在瞬间注入流域。水滴需经过一定的滞留时间才到达流域出口断面。不同的水滴有其各自的滞留时间，但具有相同的分布函数。根据水量平衡原理及概率论中的大数定律，认为流域的瞬时单位线 $u(t)$ 等同于水滴在流域内滞留时间的概率密度函数 $f_B(t)$。在天然流域上，随机降落的雨滴沿着一定的路径，经坡地和河槽到达出口断面。任一水滴行经的路径在所有各种可能路径中的可能性，就是路径的函数概率。路径函数概率可借助于第二章介绍的斯特拉勒（Strahler）的河流级别数序概念和霍顿（Horton）的地貌定律来确定。雨滴沿每一路径的随机滞留时间的概率密度函数，乘以各该路径的函数概率，并对所有各种可能路径的上述乘积求总和，就是流域滞留时间的概率密度函数 $f_B(t)$。通过把流域的几何特征对汇流过程的影响有机地联系起来，即可导出瞬时单位线。

1. 地貌瞬时单位线的表达式

地貌瞬时单位线的表达式为：

$$u(t) = \sum_{s\in S} f_{x_1} * f_{x_2} * \cdots f_{x_k}(t)P(s) \quad s = (x_1, x_2, \cdots, x_k) \tag{7-61}$$

式中 $*$——卷积相乘；

$f_{x_1}$，$f_{x_2}$，…，$f_{x_k}$——滞留时间的概率密度函数；

$P(s)$——移动路径概率函数。

以3级河流流域为例，地貌瞬时单位线为：

$$\begin{aligned} u(t) =& P(s_1)f_{r_1}(t) * f_{c_1}(t) * f_{c_2}(t) * f_{c_3}(t) + P(s_2)f_{r_1}(t)f_{c_1}(t) * f_{c_3}(t) \\ &+ P(s_3)f_{r_2}(t) * f_{c_2}(t) * f_{c_3}(t) + P(s_4)f_{r_3}(t) * f_{c_3}(t) \end{aligned} \tag{7-62}$$

假设坡面汇流时间可忽略不计，且全河网滞留时间的概率密度函数为指数分布，即：

$$f_{c_i}(t) = \lambda_i e^{-\lambda_i t} \tag{7-63}$$

式中 $\lambda_i$——第 $i$ 级河流的平均滞留时间的倒数。

对式（7-62）进行拉普拉斯变换，可得：

$$u(t) = \theta_1(0)\left[\frac{\lambda_1\lambda_3(\lambda_2 - \lambda_1 P_{13})}{(\lambda_2 - \lambda_1)(\lambda_3 - \lambda_1)}e^{-\lambda_1 t} + \frac{\lambda_1\lambda_2\lambda_3 P_{12}}{(\lambda_1 - \lambda_2)(\lambda_3 - \lambda_2)}e^{-\lambda_2 t}\right.$$

$$+\frac{\lambda_1\lambda_3(\lambda_2-\lambda_3P_{13})}{(\lambda_1-\lambda_3)(\lambda_2-\lambda_3)}e^{-\lambda_3 t}\Bigg]+\theta_2(0)\left[\frac{\lambda_2\lambda_3}{\lambda_3-\lambda_2}e^{-\lambda_2 t}+\frac{\lambda_2\lambda_3}{\lambda_2-\lambda_3}e^{-\lambda_3 t}\right]$$

$$+\theta_3(0)\lambda_3 e^{-\lambda_3 t} \tag{7-64}$$

由此可知，地貌单位线 $u(t)$ 是由3个参数，即转移概率 $P_{ij}(i\neq j)$、初始状态概率 $\theta_i(0)$ 和平均滞留时间的倒数 $\lambda_i$ 所组成的。

2. 参数的确定

(1) 转移概率 $P_{ij}$。

$P_{ij}$ 是指 $i$ 级河流中流入 $j$ 级河流的河流数占 $i$ 级河流总数的比率，即：

$$P_{ij}=\frac{流入\ j\ 级河流的\ i\ 级河流数}{i\ 级河流总数}\quad\begin{pmatrix}i=1,2,\cdots,\Omega\\ j=i+1,i+2,\cdots,\Omega+1\end{pmatrix} \tag{7-65}$$

对于3级河流流域有：

$$\left.\begin{aligned}P_{12}&=\frac{R_B^2+2R_B-2}{2R_B^2-R_B}\\ P_{13}&=\frac{R_B^2-3R_B+2}{2R_B^2-R_B}\end{aligned}\right\} \tag{7-66}$$

式中　$R_B$——河数比，即分叉比。

(2) 初始状态概率 $\theta_i(0)$。

由雨滴起始状态概率定义可知：

$$\theta_i(0)=\frac{第\ i\ 级河流的汇流面积}{流域面积} \tag{7-67}$$

对于3级河流流域有：

$$\left.\begin{aligned}\theta_1(0)&=R_B^2R_F^{-2}\\ \theta_2(0)&=\frac{R_B}{R_F}-\frac{R_B^3+2R_B^2-2R_B}{R_F^2(2R_B-1)}\\ \theta_3(0)&=1-\frac{R_B}{R_F}-\frac{R_B}{R_F^2}\left(\frac{R_B^2-3R_B+2}{2R_B-1}\right)\end{aligned}\right\} \tag{7-68}$$

式中　$R_F$——面积比。

(3) 平均滞留时间的倒数 $\lambda_i$。

$\lambda_i^{-1}$ 是雨滴耗费在 $i$ 状态的平均时间，根据河长律定义，并假定全流域的流速可取为常数，于是得：

$$\lambda_i=\frac{V}{\overline{L}_i}(i=1,2,\cdots,\Omega) \tag{7-69}$$

式中　$V$——河流的平均流速；

$\overline{L}_i$——第 $i$ 级河流平均河长。

对于3级河流流域有：

$$\left.\begin{aligned}\lambda_1&=\frac{V}{\overline{L}_1}\\ \lambda_2&=\lambda_1R_L^{-1}\\ \lambda_3&=\lambda_1R_L^{-2}\end{aligned}\right\} \tag{7-70}$$

式中　$R_L$——河长比。

上述公式的分叉比 $R_B$、面积比 $R_F$ 及河长比 $R_L$ 可按第二章第二节方法确定。国内外大量资料分析表明，天然河系的 $R_B=3\sim5$，$R_L=1.5\sim3.5$，$R_F=3\sim6$。

同理可推得 4 级、5 级及更多级河流流域的地貌瞬时单位线。

**【例 7－5】**　某流域的河系图见图7－31，流域面积为 402km²。这是一个 3 级流域。求得该流域地貌参数列于表 7－15。由于该流域自河源至出口断面，坡度陡峻，且较均一，故可认为流速沿河长基本不变。根据实测资料分析得流速为 2.08m/s，此即本例中所采用的各级河流的平均流速。

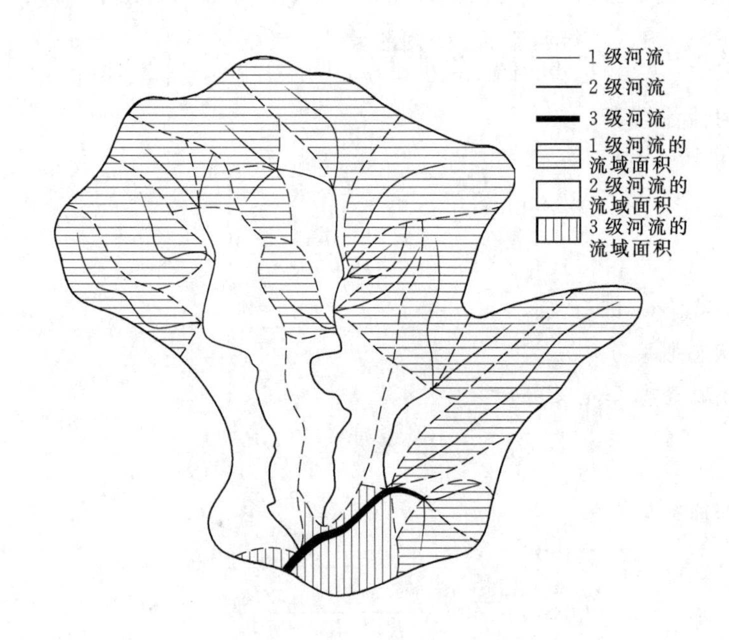


图 7－31　流域河系示意图

表 7－15　　某流域的地貌参数

| 河流级别 $i$ | $N_i$ | $L_i$ (km) | $F_i$ (km²) | $R_B$ | $R_L$ | $R_F$ |
|---|---|---|---|---|---|---|
| 1 | 16 | 4.8 | 16.03 | | | |
| 2 | 4 | 13.4 | 89.93 | 4 | 1.58 | 4.83 |
| 3 | 1 | 7 | 402 | | | |

应用表 7－15 中的数据及流速资料，求得式（7－66）～式（7－70）中各项系数的数值如下：

$$P_{c_1c_2}=\frac{R_B^2+2R_B-2}{R_B(2R_B-1)}=\frac{4^2+2\times4-2}{4\times(2\times4-1)}=0.786$$

$$P_{c_1c_3}=\frac{R_B^2-3R_B+2}{R_B(2R_B-1)}=\frac{4^2-3\times4+2}{4\times(2\times4-1)}=0.214$$

$$\theta_1(0)=\frac{R_B^2}{R_F^2}=\frac{4^2}{(4.83)^2}=0.686$$

$$\theta_2(0)=\frac{R_B}{R_F}-\frac{R_B^3+2R_B^2-2R_B}{R_F^2(2R_B-1)}=\frac{4}{4.83}-\frac{4^3+2\times4^2-2\times4}{(4.83)^3(2\times4-1)}=0.289$$

$$\theta_3(0)=1-\frac{R_B}{R_F}-\frac{R_B^3-3R_B^2+2R_B}{R_F^2(2R-1)}=1-\frac{4}{4.83}-\frac{4^3-3\times4^2+2\times4}{(4.83)^2(2\times4-1)}=0.025$$

$$\lambda_1=\frac{\overline{V}_1}{\overline{L}_1}=\frac{2.08}{4.8\times10^3}=1.56(\mathrm{h}^{-1})$$

$$\lambda_2=\frac{\overline{V}_2}{\overline{L}_3}=\frac{2.08}{13.4\times10^3}=0.559(\mathrm{h}^{-1})$$

$$\lambda_3=\frac{\overline{V}_3}{\overline{L}_3}=\frac{2.08}{7\times10^3}=1.07(\mathrm{h}^{-1})$$

将以上计算所得的各项数值代入式（7－64），得该流域的地貌瞬时单位线公式为

$$u(t)=0.525\mathrm{e}^{-1.56t}+1.322\mathrm{e}^{-0.559t}+0.979\mathrm{e}^{-1.07t}\quad(t\text{ 以 h 计})\tag{7-71}$$

## 二、地下径流的汇流计算

在湿润地区的洪水过程中，地下径流的比重一般可达总径流量的20%～30%，甚至更多。但地下径流的汇流速度远较地面径流为慢，因此地下径流过程较为平缓。

地下径流过程的推求可以采用地下线性水库演算法和概化三角形法。

### （一）地下线性水库演算法

该法把地下径流过程看成是渗入地下的那部分净雨 $h_下$，经地下水库调蓄后形成的（这里未考虑包气带对下渗量的滞蓄作用）。可以认为地下水库的蓄量 $W_下$ 与其出流量 $Q_下$ 的关系为线性函数，再与水量平衡方程联解，即可求得地下径流过程。方程组如下：

$$\bar{q}\Delta t-\frac{1}{2}(Q_{下1}+Q_{下2})\Delta t=W_{下2}-W_{下1}\tag{7-72}$$

$$W_下=K_下\,Q_下\tag{7-73}$$

式中 $\bar{q}$——时段 $\Delta t$ 内进入地下水库的平均入流，$\mathrm{m^3/s}$；

$Q_{下1}$、$Q_{下2}$——时段始、末地下水库出流量，$\mathrm{m^3/s}$；

$W_{下1}$、$W_{下2}$——时段始、末地下水库蓄水量，$\mathrm{m^3/s}$；

$K_下$——反映地下水汇流时间的常数，可根据地下水退水曲线制成 $W_下\sim Q_下$ 线，其斜率即为 $K_下$。

又

$$\bar{q}=\frac{0.278f_ct_c}{\Delta t}F\tag{7-74}$$

式中 $f_c$——稳定下渗强度，mm/h；

$t_c$——净雨历时，h；

$\Delta t$——计算时段长，h；

$F$——流域面积，$\mathrm{km^2}$。

将式（7－73）代入式（7－72）解得：

$$Q_{下2}=\frac{\Delta t}{K_下+\frac{1}{2}\Delta t}\bar{q}+\frac{K_下-\frac{1}{2}\Delta t}{K_下+\frac{1}{2}\Delta t}Q_{下1}\tag{7-75}$$

根据式（7－75）就可计算地下水汇流过程。

【例 7-6】 某站流域面积 $F=5290\text{km}^2$，根据资料分析得 $f_c=1.35\text{mm/h}$，$K_{下}=9.5\text{d}=228\text{h}$（由地下水退水曲线求得），试将 1965 年 4 月的一次地下净雨演算成地下径流的过程。

取计算时段 $\Delta t=6\text{h}$，则由已知参数得：

$$Q_{下2}=\frac{6}{228+3}\bar{q}+\frac{228-3}{228+3}Q_{下1}=0.026\bar{q}+0.974Q_{下1} \tag{7-76}$$

取第 1 时段起始流量为零，可按上式逐时段计算地下径流过程，见表 7-16。

表 7-16　　地下径流汇流计算

| 时间 | | | $h_{下}$ (mm) | $\bar{q}$ ($\text{m}^3/\text{s}$) | $0.026\bar{q}$ ($\text{m}^3/\text{s}$) | $0.974Q_{下1}$ ($\text{m}^3/\text{s}$) | $Q_{下2}$ ($\text{m}^3/\text{s}$) |
|---|---|---|---|---|---|---|---|
| 月 | 日 | 时 | | | | | |
| 4 | 16 | 14 | 3.3 | 810 | | | 0 |
| | | 20 | 8.1 | 1980 | 21 | 0 | 21 |
| | 17 | 2 | 8.1 | 1980 | 52 | 20 | 72 |
| | | 8 | 3.2 | 780 | 52 | 70 | 122 |
| | | 14 | | | 20 | 119 | 139 |
| | | 20 | | | | 135 | 135 |
| | 18 | 2 | | | | 132 | 132 |
| | | 8 | | | | 129 | 129 |
| | | 14 | | | | ⋮ | ⋮ |
| | | 20 | | | | ⋮ | ⋮ |

（二）概化三角形法

上种演算方法较繁，而对设计洪水计算来讲，重点在洪峰部分，因此，采用简化法计算地下净雨形成的地下径流过程，对设计洪水过程的精度无多大影响，一般方法是将地下径流过程概化成三角形，即将地下径流总量按三角形分配。

地下径流过程的推求主要是确定其洪峰流量和峰现时刻，以及地下径流总历时。

洪峰流量可按三角形面积公式计算。

地下径流总量为：

$$W_{下}=0.1\sum h_{下}F \tag{7-77}$$

根据三角形面积计算公式，$W_{下}$又可按下式计算：

$$W_{下}=\frac{1}{2}Q_{m下}T_{下} \tag{7-78}$$

故

$$Q_{m下}=\frac{2W_{下}}{T_{下}}=\frac{0.2\sum h_{下}F}{T_{下}} \tag{7-79}$$

式中 $W_{下}$——地下径流总量，$10^4\text{m}^3$；

$\sum h_{下}$——地下净雨总量，mm；

$Q_{m下}$——地下径流洪峰流量，$\text{m}^3/\text{s}$；

$T_{下}$——地下径流过程总历时，s；

$F$——流域面积，$\text{km}^2$。

地下径流的洪峰 $Q_{m下}$ 位于地面径流的终止点。

一般设地下径流过程总历时等于地面径流过程底长 $T_{面}$ 的 2～3 倍。

## 复习思考题与习题

1. 流域平均雨量计算有几种常用方法？各有什么适用条件及优缺点？

2. 什么是退水曲线？有何用途？

3. $P_a$、$I_m$ 的含义是什么？如何推求？

4. 产流方式有几种？产流面积各有何变化规律？

5. 降雨径流相关图 $(P+P_a)\sim R$ 如何绘制？该图有何基本规律？如何用它进行产流计算？

6. 地面、地下净雨为什么需要划分？如何划分？

7. 何谓蓄满产流？何谓超渗产流？

8. $I_0$、$f$ 的含义是什么？如何确定？

9. 流域地面径流的汇流计算有几种常用方法？各有什么优缺点？

10. 时段单位线的定义及基本假定是什么？如何用时段单位线进行汇流计算？

11. 流域的时段单位线如何推求？如何改变已知时段单位线的时段长？

12. 时段单位线在应用中存在什么问题？如何解决？

13. 如何推求瞬时单位线？如何由瞬时单位线推求时段单位线？

14. 流域地下径流的汇流计算有几种方法？

15. 某流域 1986 年 6 月 30 日以前久旱无雨，于 7 月 15 日发生了一次大暴雨，已知该流域的土壤含水量折减系数 $K=0.9$，土壤最大含水量 $I_m=80$mm 以及 6 月 28 日至 7 月 15 日的降雨过程（见表 7－17）。试求 7 月 15 日的 $P_a$ 值。

表 7－17　　某流域 1986 年 6 月 30 日～7 月 15 日降雨量资料

| 日　期 | 6月 | | | 7月 | | | | | | | | | | | | | | |
|---|---|---|---|---|---|---|---|---|---|---|---|---|---|---|---|---|---|
| | 28 | 29 | 30 | 1 | 2 | 3 | 4 | 5 | 6 | 7 | 8 | 9 | 10 | 11 | 12 | 13 | 14 | 15 |
| 降雨量（mm） | 0 | 0 | 1.5 | 63 | 76 | 2 | 0 | 0 | 30 | 21 | 3 | 0 | 7 | 26 | 18 | 0 | 0 | 78 |

16. 某流域的一次降雨过程由两个时段降雨组成，地面净雨强度依次为 4.5mm/h 和 6.5mm/h，净雨时段 $\Delta t=1$h，已知该流域 2h 单位线见表 7－18。试求该次降雨所形成的地面径流过程。

表 7－18　　某流域 2h 单位线

| 时段（$\Delta t=1$h） | 0 | 1 | 2 | 3 | 4 | 5 | 6 | 7 | 8 | 9 |
|---|---|---|---|---|---|---|---|---|---|---|
| $q$（$m^3/s$） | 0 | 60 | 200 | 300 | 200 | 120 | 60 | 30 | 10 | 0 |

17. 某流域的一次降雨过程见表 7－19，已知初损 $I_0=45$mm，后期平均下渗能力 $\bar{f}=2.0$mm/h，试以初损后损法计算地面净雨过程。

表 7－19　　某流域一次降雨量资料

| 时段（$\Delta t=6$h） | 1 | 2 | 3 | 4 | 合计 |
|---|---|---|---|---|---|
| 雨量（mm） | 20 | 65 | 75 | 25 | 185 |

# 第八章　由暴雨资料推求设计洪水

## 第一节　概　　述

我国洪水的成因主要是暴雨。中小流域常因流量资料不足，无法由流量资料推求设计洪水，而暴雨资料一般较多，因此，通常采用暴雨资料来推求设计洪水。

由暴雨资料推求设计洪水的主要程序为：

(1) 推求设计暴雨。用频率分析法求不同历时指定频率的设计雨量及暴雨过程，或使用可能最大暴雨图集求可能最大暴雨（PMP）。

(2) 推求设计净雨。采用降雨径流相关图法、初损后损法或其他方法推求设计净雨。

(3) 推求设计洪水过程线。应用时段单位线法或瞬时单位线法进行汇流计算，即得流域出口断面的设计洪水过程。

其中 (2)、(3) 是产流和汇流计算的问题，这些内容已在第七章中阐述，本章重点介绍设计暴雨的推求问题。关于设计暴雨，一些研究成果表明，对于比较大的洪水，大体上可以认为某一频率的暴雨将形成同一频率的洪水，即假定暴雨与洪水同频率。因此，推求设计暴雨就是推求与设计洪水同频率的暴雨。若设计洪水为可能最大洪水，则设计暴雨相应地即为可能最大暴雨。依照这样的概念，流域上某指定频率的设计暴雨，可用于由流量资料推求设计洪水相类似的方法推求。即根据实测降雨资料，先用频率分析法求得设计频率的设计雨量，然后按典型暴雨进行缩放，即得设计暴雨过程。在计算方法上，依流域上雨量资料情况，分为雨量资料充分和不足两类。

本章介绍适用于不同流域的由暴雨资料推求设计洪水的方法，以及小流域设计洪水计算的一些特殊方法。

## 第二节　直接法推求设计面暴雨量

### 一、暴雨资料的收集、审查、选样与统计

1. 暴雨资料的收集

暴雨资料的主要来源是国家水文、气象部门所刊印的雨量站网观测资料，但也要注意收集有关部门专用雨量站和群众雨量站的观测资料。强度特大的暴雨中心点雨量，往往不易为雨量站测到，因此必须结合调查收集暴雨中心范围和历史上特大暴雨资料，了解当时雨情，尽可能估计出调查地点的暴雨量。

2. 暴雨资料的审查

暴雨资料应进行可靠性审查，重点审查特大或特小雨量观测记录是否真实，有无错记或漏记情况，必要时可结合实际调查，予以纠正。检查自记雨量资料有无仪器故障的影响，并与相应定时段雨量观测记录比较，尽可能审查其准确性。

暴雨资料的代表性分析，可通过与邻近地区长系列雨量或其他水文资料，以及本流域或邻近流域实际大洪水资料进行对比分析，注意所选用暴雨资料系列是否有偏丰或偏枯等情况。

暴雨资料一致性审查，对于按年最大值选样的情况，理应加以考虑，但实际上有困难。对于推求分期设计暴雨，要注意暴雨资料的一致性，不同类型的暴雨是不一样的，如我国南方地区的梅雨与台风雨，宜分别考虑。

3. 定时段最大暴雨的选样及统计

暴雨量的选样方法采用固定时段年最大值独立选样法。具体步骤如下：

（1）计算每年各次大暴雨逐日面雨量。即在收集流域内和附近雨量站的资料并进行分析审查的基础上，先根据当地雨量站的情况，选定推求流域平均（面）雨量的计算方法（如算术平均法、泰森多边形法或等雨量线图法等），计算每年各次大暴雨的逐日面雨量。

（2）确定本流域形成洪水的暴雨时段。对于大、中流域的暴雨统计时段，我国一般采取1d、3d、7d、15d、30d，其中1d、3d、7d暴雨是一次暴雨的核心部分，是直接形成所求的设计洪水部分；而统计更长时段的雨量则是为了分析暴雨核心部分起始时刻流域的蓄水状况。例如某流域有3个雨量站，分布均匀，可按算术平均法计算面雨量。选择结果为：最大1d面雨量 $P_{1d}=129.9$mm（7月4日），最大3d面雨量 $P_{3d}=166.5$mm（8月22～24日），最大7d面雨量 $P_{7d}=234.0$mm（7月1～7日），1d、3d、7d的最大面雨量选自两场暴雨，详见表8-1。

**表8-1　最大1d、3d、7d面雨量统计（1986年）**　单位：mm

| 时间 | | 点雨量 | | | 面平均雨量 | 最大1d、3d、7d面雨量及起讫日期 |
|---|---|---|---|---|---|---|
| 月 | 日 | A站 | B站 | C站 | | |
| 6 | 30 | 5.3 | | 0.2 | 1.8 | |
| 7 | 1 | 50.4 | 26.9 | 25.3 | 34.2 | |
| 7 | 2 | | | | | |
| 7 | 3 | 11.5 | 10.8 | 14.7 | 12.3 | |
| 7 | 4 | 134.8 | 125.9 | 124.0 | 129.9 | |
| 7 | 5 | 32.5 | 21.4 | 10.0 | 21.3 | |
| 7 | 6 | 5.6 | 10.5 | 4.7 | 6.9 | |
| 7 | 7 | 35.5 | 25.2 | 27.6 | 29.4 | 7月4日为年最大1d，$P_{1d}=129.9$mm；<br>8月22～24日为年最大3d，$P_{3d}=166.5$mm；<br>7月1～7日为年最大7d，$P_{7d}=234.0$mm |
| 7 | 8 | 3.7 | 7.1 | 1.4 | 4.1 | |
| 7 | 9 | 11.1 | 5.8 | 9.7 | 8.9 | |
| ⋮ | ⋮ | ⋮ | ⋮ | ⋮ | ⋮ | |
| 8 | 18 | 6.6 | 0.2 | 6.9 | 4.6 | |
| 8 | 19 | 22.7 | 2.4 | 5.4 | 10.2 | |
| 8 | 20 | | | | | |
| 8 | 21 | | | | | |
| 8 | 22 | 42.6 | 51.7 | 54.8 | 49.7 | |
| 8 | 23 | 60.1 | 68.6 | 53.5 | 60.7 | |
| 8 | 24 | 81.8 | 54.1 | 32.3 | 56.1 | |
| 8 | 25 | 2.3 | 1.0 | 0.1 | 1.1 | |

（3）选择各年不同时段最大值组成样本。选样原则：年最大、独立、连续。

## 二、面雨量资料的插补展延

在统计各年的面雨量资料时，经常会遇到这样的情况：设计流域内早期（如解放前或解放初期）雨量站点稀少，而近期雨量站点多，密度大。一般来说，以多站雨量资料求得的流域平均雨量，其精度较少站雨量求得的为高。但多站雨量资料的系列往往较短。为展延系列，可利用资料较长的少站流域平均雨量与多站流域平均雨量建立相关关系。如果同期观测资料较短，可用一年多次法选样，即在一年中取多次暴雨资料，然后在各次暴雨中选取指定时段的最大值，以增加一些点据，便于确定相关线。

多站平均雨量与少站平均雨量的相关关系一般较好，这是因为两者具有相似的影响因素。如两者关系线接近45°线，且点据密集在45°线两旁，则早期的少站平均雨量可以作为流域的面雨量；如两者关系线偏于45°线的一侧，则需利用相关线展延多站平均雨量，作为流域面雨量。

**三、特大暴雨的处理**

实践证明，暴雨资料系列的代表性与系列中是否包含有特大暴雨有直接关系。一般的暴雨变幅不很大，若不出现特大暴雨，统计参数$\overline{x}$、$C_v$往往偏小。在短期资料系列中，一旦出现一次罕见的特大暴雨，就可以使原频率计算成果完全改观。判断大暴雨资料是否属特大值，一般可与本站系列及本地区各站实测历史最大记录相比较，还可从点据偏离频率曲线的程度、模比系数的大小、暴雨量级在地区上是否很突出以及暴雨的重现期长短等进行分析判断。近40年来我国各地区出现过的特大暴雨，如河北省的“63.8”暴雨，河南省的“75.8”暴雨，内蒙古自治区的“77.8”暴雨等，均可作为特大值。1979年我国水利水电科学研究院在分析全国特大暴雨资料的基础上绘制了“历次大暴雨分析图”，给出了各次大暴雨中心位置及其24h雨量，也可作为判断特大暴雨的参考。

如本流域无特大暴雨资料，而邻近地区已出现特大暴雨，通过对气象成因及下垫面地形条件的相似性分析，有可能出现在本流域，也可移用该暴雨资料。移用时，若两地气候、地形条件略有差异，可按两地暴雨特征参数如均值$\overline{x}$、$C_v$或$\sigma$值的差别修正，修正方法有：

（1）根据均值比修正，即：

$$P_{M\cdot B} = P_{M\cdot A}(\overline{P}_B / \overline{P}_A) \tag{8-1}$$

（2）假定两地区的$C_s$值相等，可按下式修正：

$$P_{M\cdot B} = \overline{P}_B + \frac{\sigma_B}{\sigma_A}(P_{M\cdot A} - \overline{P}_A) \tag{8-2}$$

式中　$P_{M\cdot A}$、$P_{M\cdot B}$——$A$、$B$两地的特大暴雨量；

$\overline{P}_A$、$\overline{P}_B$、$\sigma_A$、$\sigma_B$——两地暴雨量系列的均值和均方差。

特大值处理的关键是确定其重现期。特大暴雨的重现期可以从它所形成的洪水的重现期间接做出估计。当流域面积较小时，一般可近似假定流域内各雨量站雨量平均值的重现期与相应洪水的重现期相等。暴雨中心雨量的重现期则应比相应洪水的重现期更长。此外，还须在地区上与其他各测站的大暴雨记录相比较和对照。例如，经调查初步认为本站某次历史暴雨资料的重现期为100年，而通过面上的了解，本地区不少测站均已出现过同样量级的暴雨，而且这样大的雨量在附近长系列测站的频率曲线上只相当于30年一遇的暴雨，则可认为该次暴雨作为百年一遇的特大值是不妥当的。

必须指出，对特大暴雨的重现期必须作深入细致的分析论证，若没有充分的依据，就不宜作为特大值处理。若误将一般大暴雨作为特大值处理，会使频率计算成果偏小，影响水工建筑物设计的安全。

## 四、面雨量频率计算

设计洪水规范规定，暴雨频率计算的经验频率公式可采用期望值公式 $P=\frac{m}{n+1}\times 100\%$，频率曲线线型采用皮尔逊Ⅲ型；频率曲线及其统计参数的确定仍采用适线法。

根据我国暴雨特性及实践经验，我国暴雨的 $C_s$ 与 $C_v$ 的比值，一般地区为3.5左右；在 $C_v>0.6$ 的地区，约为3.0；$C_v<0.45$ 的地区，约为4.0。以上比值，可供适线时参考。

在频率计算时，最好将不同历时的暴雨量频率曲线点绘在同一张频率格纸上，并注明相应的统计参数，加以比较。各种频率的面雨量应随统计时段增大而加大，如发现不同历时频率曲线有交叉等不合理现象时，应作适当修正。

## 五、设计面暴雨量计算成果的合理性检查

现有的暴雨资料系列大都较短，据此进行频率计算，特别是外延到稀遇的设计情况，抽样误差很大。因此对频率计算的成果，必须根据水文现象的特性和成因进行合理性分析，以提高成果的可靠性。分析检查可以从以下几个方面进行：

（1）对本流域，要求各时段雨量频率曲线在实用范围内不相交。如出现交叉现象，应对其中突出的曲线和参数进行复核和调整。

暴雨均值是随着历时的增加而增加的。而变差系数 $C_v$，经大量的分析表明，它随历时的变化，可概化为单峰铃形曲线。即当历时较短时，$C_v$ 较小，随历时的增加 $C_v$ 亦增大，当历时增加到一定程度时，$C_v$ 出现最大值。然后，随着历时的继续增加，$C_v$ 又逐渐减小。

对24h内暴雨的 $C_v$ 之间作比较发现，沿海地区往往 $C_{v24}$ 最大（如山东、上海、广东）；黑龙江、河南中部等地 $C_{v6}$ 最大；干旱地区基本上 $C_{v1}$ 最大，有些地方实际上最大 $C_v$ 出现的历时只有30min或更短。

（2）在面上，应结合气候、地形条件将本流域的分析成果与邻近地区的统计参数进行

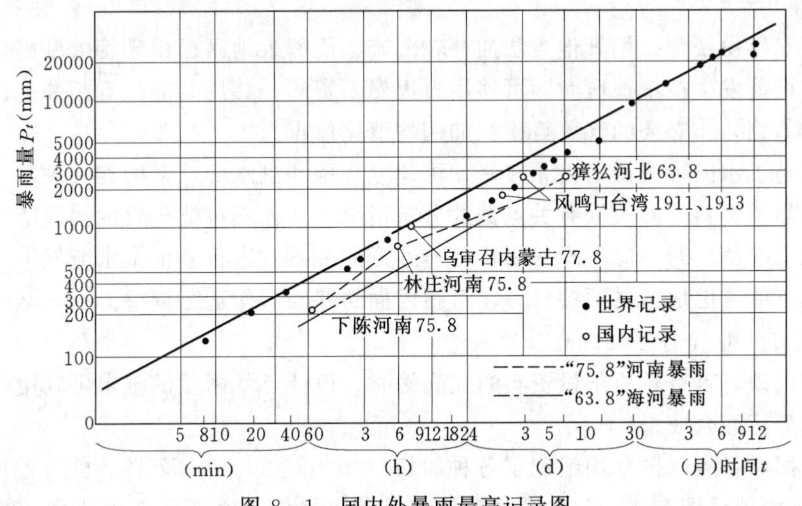


图 8-1 国内外暴雨最高记录图

比较，分析成果应与地区上的协调。

（3）各种历时的设计暴雨量与邻近地区的特大暴雨实测记录相比较，检查设计值的合理性。对于稀遇频率的设计暴雨，还应与全省、全国和世界实测大暴雨记录相比，以检查其合理性。图 8-1 为各种历时点暴雨量 $P_t$ 的世界实测大暴雨记录及其外包线，可供对比分析时查用。

外包线方程式：$P_t = 389^{0.4869}$（$t$ 以 h 计）。

## 第三节　间接法推求设计面暴雨量

### 一、设计点暴雨量的计算

1. 有较充分点雨量资料时设计点暴雨量的计算

推求设计点暴雨量，此点最好选在流域的形心处，如果流域形心处或附近有一观测资料系列较长的雨量站，则可利用该站的资料进行频率计算，推求设计暴雨量。实际上，往往长系列的站不在流域中心或其附近，这时，可先求出流域内各测站的设计点暴雨量，然后绘制设计暴雨量等值线图，用地理插值法推求流域中心的设计暴雨量。

进行点暴雨系列的统计时，一般亦采用定时段年最大法选样。暴雨时段长的选取与面暴雨量情况一样。如样本系列中缺少大暴雨资料，则系列的代表性不足，频率计算成果的稳定性差，应尽可能延长系列，可将气象一致区内的暴雨移置于设计地点，同时要估计特大暴雨的重现期，以便合理计算其经验频率，特大值处理方法同前。点设计暴雨频率计算及合理性检查亦同面设计暴雨量。

由于暴雨的局地性，点暴雨资料一般不宜采用相关法插补。设计洪水规范建议采用以下方法插补展延：

（1）距离较近时，可直接借用邻站某些年份的资料。

（2）一般年份，当相邻地区测站雨量相差不大时，可采用邻近各站的平均值插补。

（3）大水年份，当邻近地区测站较多时，可绘制次暴雨或年最大值暴雨等值线图进行插补。

（4）大水年份缺测，用其他方法插补较困难，而邻近地区已出现特大暴雨，且从气象条件分析有可能发生在本地区时，可移用特大暴雨资料。移用时应注意相邻地区气候、地形等条件的差别，作必要的移置订正，如用均值比修正。

（5）如与洪水的峰或量的关系较好，可建立暴雨和洪水峰或量的相关关系，插补大水年份缺测的暴雨资料。并根据有关点据的分布情况，估计其可能包含的误差范围。

绘制暴雨等值线时，应考虑暴雨特性与地形的关系。进行插值推求流域中心设计暴雨时，亦应尽可能考虑地区暴雨特性，在直线内插的基础上作适当调整。

2. 缺乏点雨量资料时设计点暴雨量的计算

当流域内缺乏具有较长雨量资料的代表站时，设计点暴雨量的推求可利用暴雨等值线图或参数的分区综合成果。

目前全国和各省（区）均编制了各种时段（如 1d、3d、7d 及 1h、6h、24h 等）的暴雨均值及 $C_v$ 等值线图和 $C_s/C_v$ 的分区数值表，载入暴雨洪水图集或手册中，这为无资料地区计算设计点暴雨量提供了方便。

使用等值线图推求设计点暴雨量，需先在某指定时段的暴雨均值和 $C_v$ 等值线图上分别勾绘出设计流域的分水线，并定出流域中心位置，然后读出流域中心点的均值和 $C_v$ 值。暴雨的 $C_s$ 通常采用 $3.5C_v$，也可根据暴雨洪水图集提供的数据选定。有了 3 个统计参数，即可求得指定设计频率的时段设计点暴雨量。同理，可按需要求出其他各种时段的设计点暴雨量。

由于等值线图往往只反映大地形对暴雨的影响，不能反映局部地形的影响，因此在一般资料较少而地形又复杂的山区，应用暴雨等值线图时需谨慎。应尽可能搜集近期的一些暴雨实测资料，对由等值线图查出的数据，进行分析比较，必要时作一些修正。

此外，在各省（区）暴雨洪水图集或手册中，还有经分区综合分析所得的各种历时暴雨地区综合统计参数成果，可供无资料情况下推求设计点暴雨量应用。只要按设计流域所在分区，查得指定时段的点雨量统计参数，就可求得设计点暴雨量。一般来说，利用暴雨等值线图或参数的分区综合成果所推求的设计点暴雨量精度是不高的。

## 二、设计面暴雨量的计算

将设计点暴雨量转换成设计面暴雨量，要利用暴雨的点面关系。暴雨的点面关系通常有定点定面关系和动点动面关系两种。

### 1. 定点～定面关系

若流域内具有短期面雨量资料系列，可采用一年多次法选样来绘制流域中心雨量 $P_0$ 与流域面雨量 $P_{面}$ 的相关图，作为相互换算的基础。若点据分布散乱，定线困难时，亦可做同频率的相关关系，即 $P_0$、$P_{面}$ 分别按递减次序排列，由同序号雨量建立相关图，如图 8-2 所示。这样通过相关图求得点、面雨量换算系数，就可由设计点雨量推得相应的设计面雨量。

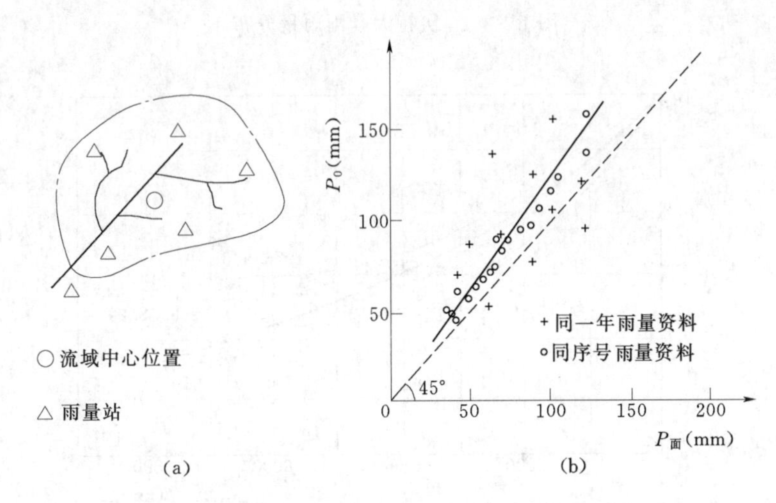


图 8-2　定点～定面雨量相关图

(a) 某流域雨量站分布图；(b) 流域中心点雨量与面雨量的相关图

### 2. 动点～动面关系

动点～动面关系的具体做法是选择若干场大暴雨和特大暴雨资料，绘出各种时段的暴雨量等值线图，如图 8-3 所示。计算各雨量等值线所包围的面积 $f_i$ 及相应的面平均雨量 $P_面$，分别以 $P_面/P_0$（$P_0$ 为暴雨中心雨量）与面积 $f$ 点绘相关图，如图 8-4 所示。由于各场暴雨的中心和等雨量线的位置是变动的，所以把图 8-4 的相关线称为动点～动面雨量关系。同一地区各场暴雨的上述关系曲线各不相同，一般取几场暴雨 $P_面/P_0$～$f$ 关系平均线或为了安全起见取上包线作为由点设计暴雨量转化为设计面暴雨量的依据。

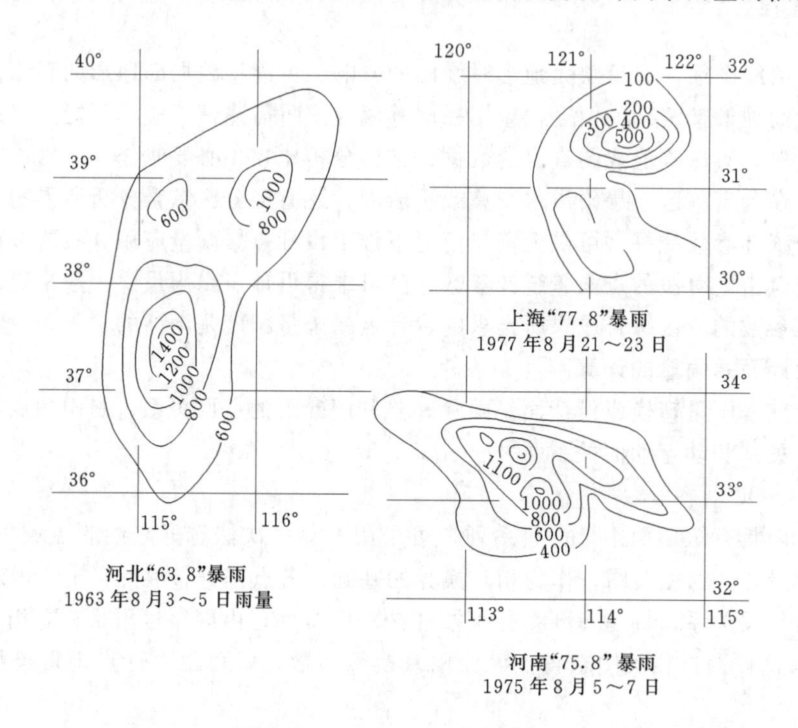


图 8-3　3次特大暴雨雨量分布

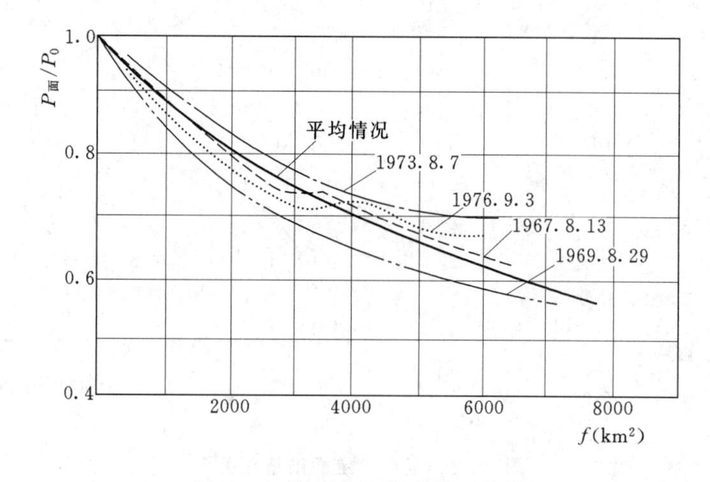


图 8-4　暴雨中心点面关系曲线

根据动点～动面关系来换算设计面雨量，实质上引进了三项假定：设计暴雨中心与流域中心重合；流域边界与等雨量线重合；设计暴雨的地区分布符合平均（或外包）线的点面关系。但这三项假定缺乏实际资料的验证，该法缺乏理论依据。应用该成果应慎重。

## 第四节　设计暴雨时空分配的计算

### 一、设计暴雨时程分配的计算

设计暴雨的时程分配计算方法与设计年径流的年内分配计算和设计洪水过程线的计算方法相同，一般采用典型暴雨同频率控制缩放的方法。

（一）典型暴雨过程的选择和概化

1. 有实测资料情况下

选择典型暴雨，首先，要考虑所选典型暴雨的分配过程应是设计条件下比较容易发生的。其次，还要考虑是对工程不利的。所谓比较容易发生，即应使典型暴雨的雨量接近设计暴雨的雨量，以及要使所选典型的雨峰个数、主雨峰位置和实际降雨时数（或日数）是大暴雨中常见的情况，即这种雨型在大暴雨中出现的次数较多。所谓对工程不利，主要是指雨量比较集中，而且主雨峰比较靠后，这样的降雨分配所形成的洪水其洪峰较大而出现较迟，对水库安全比较不利。

2. 无实测资料情况下

在无实测资料时，可借用邻近暴雨特性相似流域的典型暴雨过程，或引用各省（区）暴雨洪水图集中按地区综合概化得出的典型概化雨型（一般以百分比表示）来推求设计暴雨的时程分配。

（二）设计暴雨时程分配计算

选定了典型暴雨过程之后可用同频率分段控制法，对典型暴雨分段进行缩放。控制时段划分不宜过细，一般是以1d、3d、7d控制。具体方法如下例。

**【例 8-1】**　某流域百年一遇各种时段设计雨量如下：

| 时　段（d） | 1 | 3 | 7 |
|---|---|---|---|
| 面设计雨量 $P_{面,1\%}$（mm） | 303 | 394 | 485 |

选定的典型暴雨日程分配和设计暴雨的日程分配计算，如表 8-2 所列。

表 8-2　　设计暴雨日程分配计算表（$P=1\%$）

| 设计时段雨量 | 分配比及设计雨量 | 1d | 2d | 3d | 4d | 5d | 6d | 7d |
|---|---|---|---|---|---|---|---|---|
| $P_{(1)P}=303$mm | 典型分配比<br>设计雨量 | | | | | | 100%<br>303 | |
| $P_{(3)P}-P_{(1)P}=91$mm | 典型分配比<br>设计雨量 | | | | | 40%<br>36 | | 60%<br>55 |
| $P_{(7)P}-P_{(3)P}=91$mm | 典型分配比<br>设计雨量 | 30%<br>27 | 33%<br>30 | 37%<br>34 | 0%<br>0 | | | |
| 设计暴雨过程（mm） | | 27 | 30 | 34 | 0 | 36 | 303 | 55 |

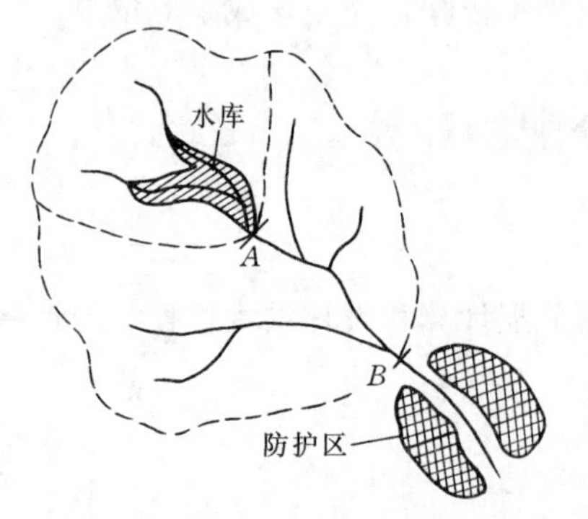

图 8-5 防洪水库与防护区位置图

对暴雨核心部分 24h 暴雨的时程分配，时段划分应视流域大小及汇流计算所用时段长短而定，一般以 2h、4h、6h、12h、24h 为控制。

**二、设计暴雨的地区分布**

梯级水库或水库承担下游防洪任务时，需要拟定流域上各部分的洪水过程，因此需给出设计暴雨在面上的分布。其计算方法与设计洪水的地区组成计算方法相似。

如图 8-5 所示，推求防洪断面 $B$ 以上流域的设计暴雨量，必须分成两部分。一部分来自防洪水库 $A$ 以上流域的暴雨，另一部分来自水库 $A$ 以下至防洪断面 $B$ 这一区间面积上的暴雨。在实际工作中，一般先对已有实测大暴雨资料的地区组成进行分析，了解暴雨中心经常出现的位置，并统计 $A$ 库以上和区间暴雨所占的比重等，作为选定设计暴雨面分布的依据，再从工程规划设计的安全与经济考虑，选定一种可能出现而且偏于不利的暴雨面分布形式，进行设计暴雨的模拟放大。常采用的有以下两种方法。

1. 典型暴雨图法

从实际资料中选择暴雨量大的一个暴雨图形（等雨量线图）移置于流域上。为安全计，常把暴雨中心放在 $AB$ 区间，而不是放置在流域中心。这样做使区间暴雨所占比例最大，对防洪断面 $B$ 更为不利。然后量取防洪断面 $B$ 以上流域范围内的典型暴雨等雨量线图的雨量和部分面积，分别求出水库 $A$ 以上流域的典型面雨量（$P_A$）和区间 $AB$ 的典型面雨量（$P_{AB}$），乘以各自的面积，得水库 $A$ 以上流域的总水量（$W_A=P_AF_A$）和区间 $AB$ 的总水量（$W_{AB}=P_{AB}F_{AB}$），并求得它们所占的相对比例。设计暴雨总量（$W_{BP}=P_{BP}F_B$）按它们各自所占的比例分配，即得设计暴雨量在水库 $A$ 以上和区间 $AB$ 以上的面分布。最后通过设计暴雨时程分配计算，得出两部分设计暴雨过程。

2. 同频率控制法

对防洪断面 $B$ 以上流域的面雨量和区间 $AB$ 面积上的面雨量分别进行频率计算，求得各自的设计面雨量 $P_{BP}$、$P_{ABP}$。按同频率原则，当防洪断面 $B$ 以上流域发生指定频率的设计面暴雨量时，区间 $AB$ 面积上也发生同频率暴雨，水库以上流域则为相应雨量（其频率不定），即：

$$P_A=\frac{P_{BP}F_B-P_{ABP}F_{AB}}{F_A}$$

## 第五节 由设计暴雨推求设计洪水

由设计暴雨推求设计洪水过程线，需要应用流域的产、汇流计算方案。流域的产、汇流方案计算或因建立多年，或依据中小暴雨洪水资料制作，缺乏大暴雨洪水资料检验，此时，需对原有的产、汇流计算方案作一些补充计算和处理。

**一、设计 $P_a$ 的计算**

设计暴雨发生时流域的土壤湿润情况是未知的，可能很干（$P_a=0$），也可能很湿

($P_a=I_m$)，设计暴雨可与任何 $P_a$ 值（$0\leqslant P_a\leqslant I_m$）相遭遇，这是属于随机变量的遭遇组合问题。目前生产上常用下述三种方法推求设计条件下的土壤含水量，即设计 $P_a$。

1. 经验方法

在湿润地区，由于汛期雨水充沛，土壤比较湿润，当发生设计暴雨时，土壤更为湿润，为了安全和简化，取 $P_{a,P}=I_m$。在干旱地区，当发生设计暴雨时，土壤仍比较干燥，$P_a$ 达到 $I_m$ 的机会甚小，为简化及安全，取 $P_{a,P}=$（1/3～1/2）$I_m$，重现期大的暴雨取小值，重现期小的暴雨取大值。

2. 扩展暴雨过程法

在拟定设计暴雨过程时，加长暴雨历时，增加暴雨的统计时段，把核心暴雨前面一段也包括在内。例如，设计暴雨采用 1d、3d、7d 三个统计时段，现增长到 30d，即增加 15d、30d 两个统计时段。分别作上述各时段雨量频率曲线，选暴雨核心偏在后面的 30d 降雨过程作为典型，而后用同频率分段控制缩放得 7d 以外 30d 以内的设计暴雨过程（见图 8-6）。后面 7d 为原先缩放好的设计暴雨核心部分，是推求设计洪水用的。前面 23d 的设计暴雨过程用来计算 7d 设计暴雨发生时的 $P_a$ 值，即设计 $P_a$。

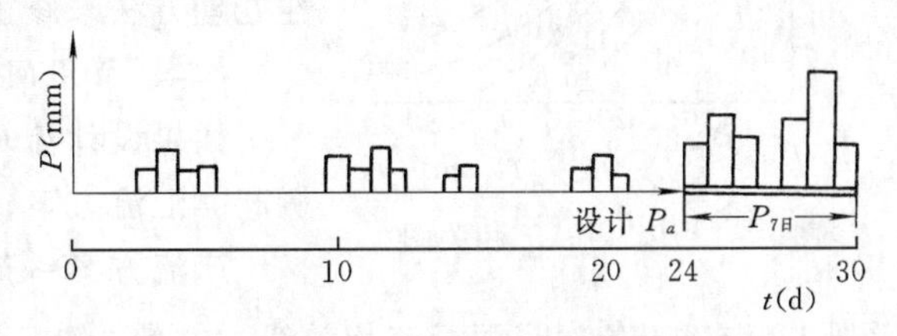

图 8-6　30d 设计暴雨过程

当然，30d 设计暴雨过程开始时的 $P_a$ 值（即初始值）如何确定仍然是一个问题，不过初始 $P_a$ 值假定不同，对后面的设计 $P_a$ 值影响不大。初始 $P_a$ 值一般可取 $P_a=\frac{1}{2}I_m$ 或 $P_a=I_m$。

3. 同频率法

假如设计暴雨历时为 $t$ 日，分别对 $t$ 日暴雨量 $P_t$ 系列和每次暴雨开始时的 $P_a$ 与暴雨量 $P_t$ 之和即 $P_t+P_a$ 系列进行频率计算，从而求得 $P_{tP}$ 和 $(P_t+P_a)_P$，则与设计暴雨相应的设计 $P_a$ 值可由两者之差求得，即：

$$P_{aP}=(P_t+P_a)_P-P_{tP} \tag{8-3}$$

当得出 $P_{aP}>I_m$ 时，则取 $P_{aP}=I_m$。

上述 3 种方法中，扩展暴雨过程法用得较多；经验方法取 $P_a=I_m$ 仅适用于湿润地区，干旱地区不宜使用；同频率法在理论上是合理的，但在实用上也存在一些问题，它需要由两条频率曲线的外延部分求差，其误差往往很大，常会出现一些不合理现象，例如设计 $P_a$ 大于 $I_m$ 或设计 $P_a$ 小于零。

## 二、产流方案及汇流方案的应用

### （一）外延问题

设计暴雨属稀遇的大暴雨，往往超过实测值，在推求设计洪水时，必须外延有关的产、汇流方案。

湿润地区的产流方案常采用 $P+P_a\sim R$ 形式的相关图。相关线上部的坡度 $\frac{dR}{dP}=1.0$，

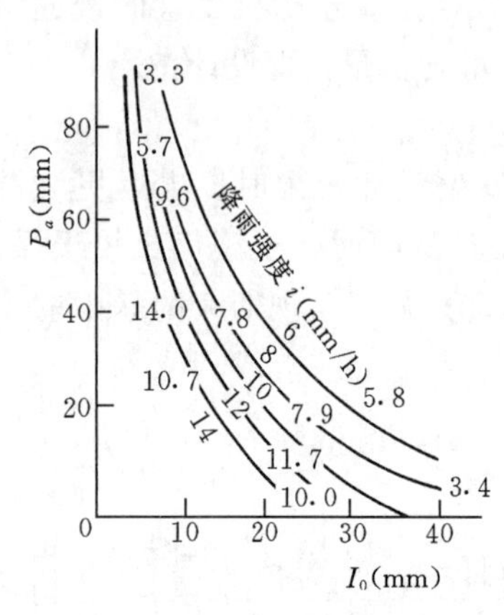


图 8-7 $P_a \sim i \sim I_0$ 相关图

即相关线为45°线，外延起来比较方便；干旱地区多采用初损后损法，就需要对有关相关图，考虑设计暴雨的雨强适当外延（见图 8-7）。

至于设计条件下的汇流方案，如采用时段单位线法，应尽量选用由特大洪水资料分析得出的单位线。若用一般洪水资料分析得出的单位线，将使求得的设计洪水偏小。当地如果缺乏特大洪水资料时，可参照单位线非线性处理方法来修正。

（二）移用问题（缺乏资料地区）

如果设计流域缺乏实测降雨径流资料，无法直接分析产、汇流方案，可移用相似流域的分析成果。

产流方案一般采用分区综合的方法，如山东省水文手册上就有14条次降雨径流相关线，供各个分区查用。汇流方案一般采用时段单位线的地区综合成果。

三、算例

**【例 8-2】** 某中型水库，集水面积为341km²，为了防洪复核，根据实测雨洪资料，拟采用暴雨资料来推求 $P=2\%$ 的设计洪水。步骤如下：

（1）设计暴雨计算。

根据本流域洪水涨落较快和水库调洪能力不强的特点，设计暴雨的最长统计时段采用1d。通过点暴雨频率计算及参数的地区协调，得 $\overline{P}=110\text{mm}$、$C_v=0.58$、$C_s=3.5C_v$，求得 $P=2\%$ 的最大1d的点设计暴雨量为296mm。再通过动点～动面的暴雨点面关系图，由流域面积341km² 查图得暴雨点面折减系数为0.92，则 $P=2\%$ 的最大1d面设计暴雨量 $P_{面(1),P}=296\times0.92=272\text{mm}$。

按该地区的暴雨时程分配，求得设计暴雨过程见表 8-3。

表 8-3　　**$P=2\%$ 设计暴雨时程分配表**

| 时段数（$\Delta t=6\text{h}$） | 1 | 2 | 3 | 4 | 合计 |
|---|---|---|---|---|---|
| 占最大1d的百分数（%） | 11 | 63 | 17 | | 100 |
| 设计暴雨（mm） | 29.9 | 171.3 | 46.2 | 24.6 | 272 |
| 设计净雨（mm） | 7.9 | 171.3 | 46.2 | 24.6 | 250 |
| 地下净雨（mm） | 2.4 | 9.0 | 9.0 | 9.0 | 29.4 |
| 地面净雨（mm） | 5.5 | 162.3 | 37.2 | 15.6 | 220.6 |

（2）设计净雨过程的推求。

用同频率法求得设计 $P_{a,P}$ 值为78mm，本流域 $I_m=100\text{mm}$，降雨损失22mm，求得设计净雨过程见表 8-4。

根据实测洪水资料分割得来的地下径流过程和净雨过程的分析，求得本流域的稳定下渗率为1.5mm/h。由设计净雨过程中扣除地下净雨（=稳渗率×净雨历时）得地面净雨过程，见表 8-3。其中第一时段的净雨历时 $t_c=\frac{7.9}{29.9}\times 6\approx 1.6$ (h)，地下净雨 $h_{下}=f_c t_c=1.5\times 1.6=2.4$(mm)，故第 1 时段地面净雨为 5.5mm。以此类推。

**表 8-4　　某中型水库 $P=2\%$ 的设计洪水过程推算表**

| 时段数 ($\Delta t=6$h) | 地面净雨 (mm) | 单位线 ($m^3/s$) | 部分径流 ($m^3/s$) | | | | 地面径流 ($m^3/s$) | 地下径流 ($m^3/s$) | 设计洪水 ($m^3/s$) |
|---|---|---|---|---|---|---|---|---|---|
| | | | $h_1=5.5$ | $h_2=162.3$ | $h_3=37.2$ | $h_4=15.6$ | | | |
| (1) | (2) | (3) | (4) | | | | (5) | (6) | (7) |
| 0 | | 0 | 0 | | | | 0 | 0 | 0 |
| 1 | | 8.4 | 4.6 | 0 | | | 4.6 | 2.7 | 7.3 |
| 2 | 5.5 | 49.6 | 47.3 | 136 | 0 | | 163 | 5.5 | 168 |
| 3 | 162.3 | 33.8 | 18.6 | 805 | 31.2 | 0 | 855 | 8.2 | 863 |
| 4 | 37.2 | 24.6 | 13.5 | 548 | 184 | 13.1 | 759 | 11.0 | 770 |
| 5 | 15.6 | 17.4 | 9.6 | 400 | 126 | 77.4 | 613 | 13.7 | 627 |
| 6 | | 10.8 | 5.9 | 282 | 91.5 | 52.7 | 432 | 16.4 | 448 |
| 7 | | 7.0 | 3.8 | 175 | 64.8 | 38.4 | 282 | 19.2 | 301 |
| 8 | | 4.4 | 2.4 | 114 | 40.2 | 27.2 | 184 | 21.9 | 206 |
| 9 | | 1.8 | 1.0 | 71.4 | 26.0 | 16.8 | 115 | 24.7 | 140 |
| 10 | | 0 | 0 | 29.2 | 16.3 | 10.9 | 567.4 | 27.4 | 83.8 |
| 11 | | | | 0 | 6.7 | 6.9 | 13.6 | 30.4 | 44.0 |
| 12 | | | | | 0 | 2.8 | 2.8 | 32.9 | 35.7 |
| 13 | | | | | | 0 | 0 | 35.6 | 35.6 |
| 14 | | | | | | | | 32.9 | 32.9 |
| 15 | | | | | | | | 30.4 | 30.4 |
| 16 | | | | | | | | 27.4 | 27.4 |
| 17 | | | | | | | | … | … |
| 18 | | | | | | | | … | … |
| 合计 | 220.6 | 157.8 (折合 10.0mm) | | | | | 3481.4 (折合 220.6mm) | | |

(3) 设计洪水过程的推求。

根据实测雨洪资料，分析得大洪水的单位线，见表 8-4 中 (3) 栏。由设计地面净雨过程通过单位线推流，得设计地面径流过程，成果见表 8-4 中 (5) 栏。

采用概化三角形法推算地下径流过程，三角形过程线面积（总量）等于设计地下净雨量，地下径流的峰值出现在设计地面径流停止的时刻（第 13 时段），地下径流过程的底长为地面径流底长的 2 倍，即 $T_{下}=2\times T_{面}=2\times 13\times 6=156$h。根据式 (7-77) 和式 (7-79)，得

$$W_{下}=0.1\sum h_{下}F=0.1\times 29.4\times 341=1000\ (万\ m^3)$$

$$Q_{m,下}=\frac{2W_{下}}{T_{下}}=\frac{2\times1000\times10^4}{156\times3600}=35.6\ (m^3/s)$$

地下径流过程见表 8-4 中（6）栏。

地面径流过程加上地下径流过程即得 $P=2\%$的设计洪水过程，见表 8-4 中（7）栏。

## 第六节　小流域设计洪水的计算

### 一、概述

在农田水利基本建设中，大量的工程设施都建在小流域上。为了规划设计这些水利工程，就必须进行设计洪水计算。理论上，可以用由流量资料推求设计洪水或由暴雨资料推求设计洪水的方法推求这类小流域的设计洪水，但由于小流域一般缺乏水文资料或气象资料，难以应用上述两种方法，因此，水文学上常常把小流域设计洪水问题作为一个专门的问题进行研究。小流域设计洪水计算方法与大、中流域的有所不同，主要有以下特点：

（1）在小流域上修建的工程数量很多，往往缺乏暴雨和流量资料，特别是流量资料。

（2）小型工程一般对洪水的调节能力较小，工程规模主要受洪峰流量控制，因而对设计洪峰流量的要求，高于对设计洪水过程的要求。

（3）小型工程的数量较多，分布面广，计算方法应力求简便，使广大基层水利工作者易于掌握和使用。

小流域设计洪水计算工作已有 100 多年的历史，计算方法在逐步充实和发展，由简单到复杂，由计算洪峰流量到计算洪水过程。归纳起来，有推理公式法、经验公式法、综合单位线法以及水文模型等方法。本节主要介绍推理公式法和经验公式法。

### 二、小流域设计暴雨

小流域设计暴雨与其所形成的洪峰流量假定具有相同频率。当小流域缺少实测暴雨系列时，多采用以下步骤推求设计暴雨：

（1）按省（区、市）水文手册及《暴雨径流查算图表》上的资料计算特定历时的暴雨量。

（2）将特定历时的设计雨量通过暴雨公式转化为任一历时的设计雨量。

#### （一）年最大 24h 设计暴雨量计算

最大 24h 暴雨是一次暴雨过程中连续 24h 的最大雨量。目前气象和水利部门所刊印的资料，都只给出固定日分界（8h 或 20h）的日雨量。日雨量一般小于，至多等于 24h 雨量。因此，年最大日雨量必须换算成年最大 24h 雨量才能符合计算要求。换算办法一般是将日雨量乘以大于 1.0 的系数，即

$$P_{24}=kP_{日} \tag{8-4}$$

式中　$P_{24}$、$P_{日}$——最大 24h 雨量、最大日雨量，mm；

$k$——系数，一般在 1.1～1.2 间，常采用 1.1。

由于雨量站比流量站多得多，所以不少小流域内都可能有日雨量资料。将年最大日雨量系列换算成年最大 24h 雨量系列，然后进行频率计算，即可获得所需要的设计年最大 24h 雨量 $P_{24,P}$。

如果设计流域没有雨量站，可用水文手册查出流域中心点的年最大 24h 平均雨量$\overline{P}_{24}$、$C_v$ 及 $C_s$（常采用 $C_s=3.5C_v$），查附表 2，即可算得流域中心点年最大 24h 设计雨量。

（二）设计暴雨公式

在一次降雨过程中，雨强与历时呈反比的关系，即时段平均雨强 $i$ 随所取时段 $t$ 的增大而递减，这是暴雨的重要特性。对于小流域，暴雨最长的设计历时，一般只需 24h 即可。因而，这里仅研究 24h 内的雨强与历时之间的关系。

为了适应汇流历时不同的各个流域计算设计洪峰的需要，设计暴雨的综合表达式给出不同历时的符合设计频率 $P$ 的平均暴雨强度 $\bar{i}_{t,P}$。目前水文上采用如下公式：

$$\left.\begin{aligned}\bar{i}_{t,P} &= \frac{S_P}{t^n} \\ P_{t,P} &= S_P t^{1-n}\end{aligned}\right\} \tag{8-5}$$

式中 $S_P$——频率为 $P$ 的雨力，当 $t=1$ 时的暴雨强度，mm/h；

$n$——暴雨递减指数；

$P_{t,P}$——历时为 $t$，频率为 $P$ 的暴雨量。

根据雨量站的自记雨量记录，独立选取不同时段（如 $t=1$min，10min，30min，60min，180min，360min，720min，1440min）的年最大暴雨量的系列。分别进行频率计算，绘出各种历时暴雨量频率曲线，见图 8-8。然后从图中查出不同重现期 $T$（或频率 $P$）$N$，各种历时 $t$ 的暴雨量 $P_{t,P}$，见表 8-5。

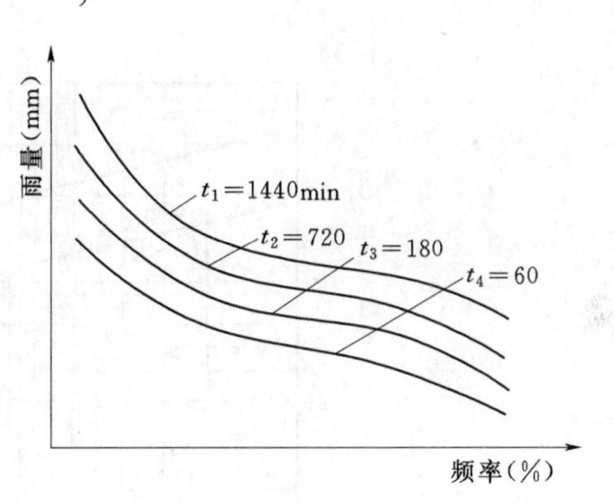


图 8-8　不同时段的雨量频率曲线综合图

**表 8-5**　不同频率各时段雨量摘录　单位：mm

| P（%） | t（min） | | | | | | |
|---|---|---|---|---|---|---|---|
| | 10 | 30 | 60 | 180 | 360 | 720 | 1440 |
| 0.1 | 46.3 | 86.0 | 108 | 155 | 244 | 317 | 418 |
| 1 | 33.6 | 62.5 | 78.5 | 112 | 163 | 210 | 279 |
| 5 | … | … | … | … | … | … | … |
| ⋮ | ⋮ | ⋮ | ⋮ | ⋮ | ⋮ | ⋮ | ⋮ |

由表 8-5 中的数据，可以点绘雨量～历时～频率之间的关系，如图 8-9（a）所示。如将图上的纵坐标换为平均暴雨强度（即表 8-5 中各列数值除以同列的历时），即得到图 8-9（b）中的 $\bar{i}\sim t\sim P$ 曲线。由于它反映了当地的暴雨特性，所以称为暴雨特性曲线。双对数纸上的 $\bar{i}\sim t\sim P$ 关系如图 8-10 所示。

从大量实测雨量资料的分析表明，图 8-10 中的直线常会出现转折点。为了计算上方便，将转折点统一取在 $t=1$h 处。当 $t<1$h 时，取 $n=n_1$；当 $t>1$h 时，取 $n=n_2$。在 $t=1$h 处，各条线转折点的纵坐标值为 $S$，如图 8-10 中的 $S_{0.1\%}$、$S_{1\%}$，因而，$S$ 具有频率的概念，在设计中用 $S_P$ 表示。$\bar{i}\sim t\sim P$ 的其数学表达式为：

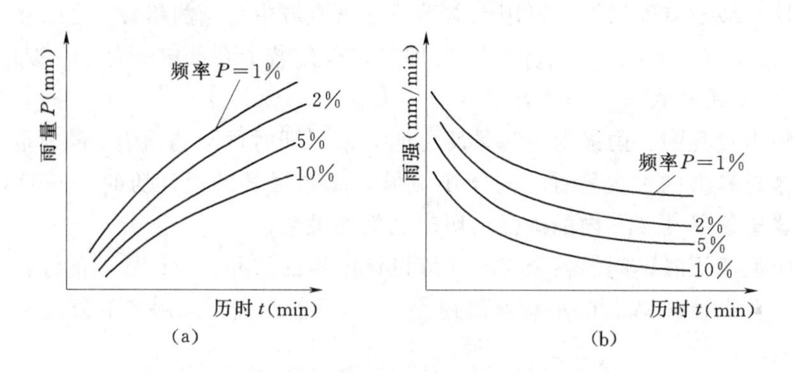


图 8-9　暴雨特性曲线示意图

(a) 雨量～历时～频率关系；(b) 雨强～历时～频率关系

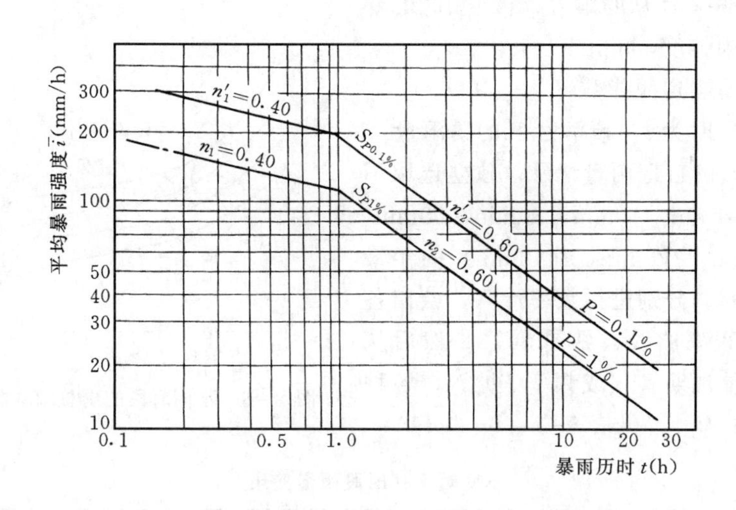


图 8-10　降雨强度～历时～频率关系曲线图

或

$$\left.\begin{aligned}\lg\bar{i} &= \lg S_P - n\lg t \\ \bar{i} &= S_P/t^n\end{aligned}\right\} \tag{8-6}$$

由此可见，只要某站有长期雨量系列资料，上述公式中的参数 $S_P$ 及 $n$ 值不难确定。

暴雨特性曲线综合反映了当地气候条件，而气候条件是有一定的地区规律的。因此，可按不同气候区，对暴雨特性曲线加以综合，即用式（8-6）表示，并绘制出公式中参数 $S_P$ 及 $n$ 值的地理分布图。这样就可以解决无雨量资料地点的设计暴雨的推求问题。

**【例 8-3】**　试求湖北省某小型水库处历时 $t=10$，50 年一遇的设计暴雨强度。

解　根据水库所在地点，查湖北省“水文手册”，求得 50 年一遇的最大 24h 暴雨量为：

$$P_{24,P=2\%} = 250\text{mm}, \quad n = n_2 = 0.7$$

再根据式（8-5），有：

$$S_{P=2\%} = \frac{P_{24,P=2\%}}{24^{0.3}} = \frac{250}{2.59} = 96.5 \text{ (mm/h)}$$

于是 $$\bar{i}_{P=20\%}=\frac{S_P}{t^n}=\frac{96.5}{10^{0.7}}=\frac{96.5}{5.01}=19.26\ \text{(mm/h)}$$

## 三、设计净雨计算

为了与设计洪水计算方法相适应，下面介绍利用损失参数 $\mu$ 值的地区综合规律计算小流域设计净雨的方法。

损失参数 $\mu$ 是指产流历时 $t_c$ 内的平均损失强度。图 8-11 表示 $\mu$ 与降雨过程的关系。从图 8-11 可以看出，$i\leqslant\mu$ 时，降雨全部耗于损失，不产生净雨；$i>\mu$ 时，损失按 $\mu$ 值进行，超渗部分（图中阴影部分）即为净雨量。由此可见，当设计暴雨和 $\mu$ 值确定后，便可求出任一历时的净雨量及平均净雨强度。

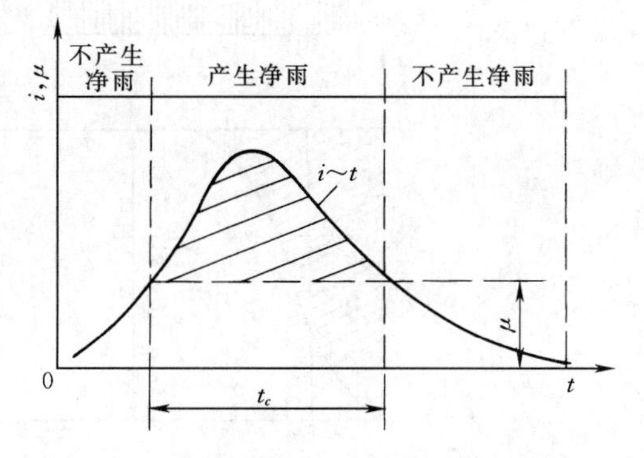


图 8-11　降雨过程与入渗过程示意图

为了便于小流域设计洪水计算，各省（区）水文水利部门在分析大量暴雨洪水资料之后，提出了决定 $\mu$ 值的简便方法。有的建立单站 $\mu$ 与前期影响雨量 $P_a$ 的关系，有的选用降雨强度 $\bar{i}$ 与一次降雨平均损失率 $\bar{f}$ 建立关系，以及 $\mu$ 与 $\bar{f}$ 建立关系，从而运用这些 $\mu$ 值作地区综合，可以得出各地区在设计时应取的 $\mu$ 值。具体数值参阅各省（区）的水文手册。

## 四、由推理公式推求设计洪水的基本原理

### （一）推理公式的形式

推理公式法是由暴雨资料推求设计洪峰流量的一种简化计算方法。推理公式是在假定流域上降雨与损失均匀，即净雨强度不随时间和空间变化等条件下，根据流域线性汇流原理推导出来的流域出口断面处设计洪峰流量的计算公式，又称合理化公式。

假定流域产流强度 $\gamma$ 在时间、空间上都均匀，经过线性汇流（如等流时线法）推导，可得出所形成洪峰流量的计算公式为：

$$Q_{m,P}=0.278\gamma F=0.278(\bar{i}-\mu)F \tag{8-7}$$

式中　$Q_{m,P}$——洪峰流量，$m^3/s$；

$\gamma$——流域产流强度，mm/h；

$\bar{i}$——平均降雨强度，mm/h；

$\mu$——损失强度，mm/h；

$F$——流域面积，$km^2$；

0.278——单位换算系数。

在产流强度时空均匀情况下，流域汇流过程可用图 8-12 所示。

从图 8-12 可知，当产流历时 $t_c>\tau$（流域汇流时间）时，会形成稳定洪峰段，其洪峰流量 $Q_{m,P}$ 由式（8-7）给出。$Q_{m,P}$ 仅与流域面积和产流强度有关。这些结论与人们的直觉似乎有抵触，因为实际上洪水过程线中，几乎没有出现过这种稳定的洪峰段，而且洪峰流量与流域其他地理特征（如坡降、河长等）有关，常引起人们对式（8-7）的合理性产生怀疑。造成上述矛盾的根本原因是实际产流强度不太可能达到以上假定。

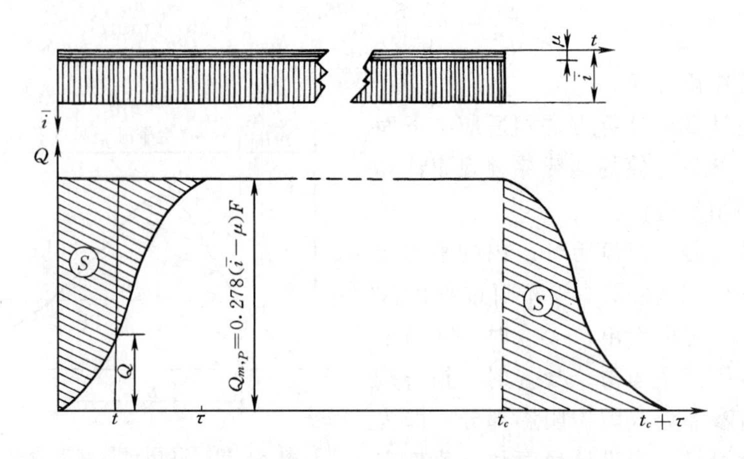


图 8-12　均匀产流条件下流域汇流过程示意图

当 $t_c \geqslant \tau$ 时，称为全面汇流情况，此时，可以直接使用式（8-7）推求洪峰流量；当 $t_c < \tau$ 时，称为部分汇流情况，即其洪峰流量只是由部分流域面积的净面形成，此时，不能正常使用推理公式，否则所求洪峰流量将偏大。

（二）推理公式的实际应用

实际上产流强度随时间、空间是变化的，从严格意义上讲，是不能用推理公式作汇流计算的。但对于小流域设计洪水计算，推理公式法计算简单，且有一定精度，故它是目前最常用的一种小流域汇流计算方法。

对于实际暴雨过程，$Q_{m,P}$ 的计算方法如下：

假定所求设计暴雨过程如图 8-13 所示，产流计算采用损失参数 $\mu$ 法。

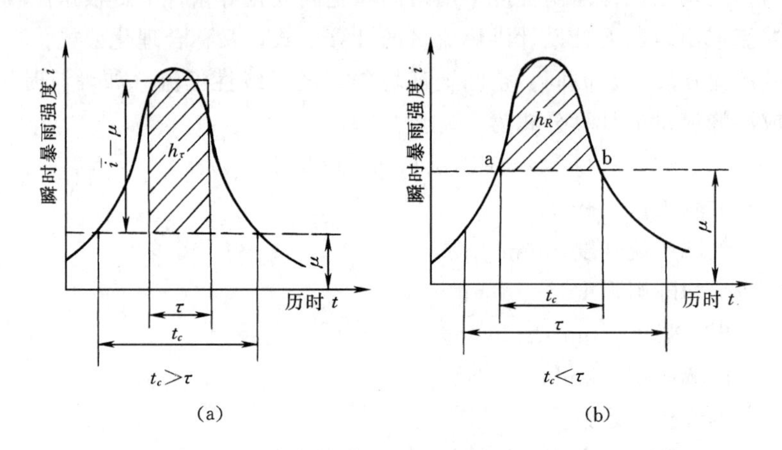


图 8-13　$t_c>\tau$，$t_c<\tau$ 时参与形成洪峰流量的径流深图

（a）全面汇流情况；（b）部分汇流情况

对于全面汇流情况：

$$Q_{m,P} = 0.278(\bar{i}-\mu)F = 0.278\left(\frac{h_\tau}{\tau}\right)F \tag{8-8}$$

对于部分汇流情况，因为不能正常使用推理公式，所以陈家琦等人在作一定假定

后，得：

$$Q_{m,P} = 0.278\left(\frac{h_R}{\tau}\right)F \tag{8-9}$$

其中 $h_\tau$ 表示连续 $\tau$ 时段内最大产流量；$h_R$ 表示产流历时内的产流量。

## 五、北京水科院推理公式法

### （一）推理公式基本形式

1958 年北京水利水电科学研究院陈家琦等人提出了洪峰流量计算的公式，以后又作了若干改进。本法是设计洪水计算规范中规定使用的小流域设计洪水计算方法。具体公式为：

$$Q_{m,P} = K\psi\,\bar{i}_\tau F = 0.278\psi\left(\frac{S_P}{\tau^n}\right)F \quad (\mathrm{m^3/s}) \tag{8-10}$$

式中　$K$——单位换算系数，流域面积 $F$ 以 $\mathrm{km^2}$ 计，雨强以 mm/h 计，$K=0.278$，若雨强以 mm/min 计，$K=16.67$；

$\psi$——洪峰径流系数；

$\tau$——流域汇流历时；

$S_P$、$n$——暴雨参数。

式（8-10）中，流域面积 $F$ 可从地形图量得，$S_P$ 及 $n$ 可由各省（区）水文手册等直线图查得。因而该式中只有两个未知数，即 $\tau$ 及 $\psi$ 值。

### （二）流域汇流历时 $\tau$ 的计算

从水力学知：

$$\tau = 0.278\frac{L}{v_\tau} \tag{8-11}$$

$$v_\tau = mJ^{1/3}Q_{m,P}{}^{1/4} \tag{8-12}$$

式中　$L$——自分水岭至出口断面的河道长度，km；

$v_\tau$——平均汇流速度，m/s；

$m$——汇流参数；

$J$——自分水岭至出口断面的河道平均比降，以小数计；

$Q_{m,P}$——待求的洪峰流量，$\mathrm{m^3/s}$。

将式（8-10）和式（8-12）代入式（8-11）中，得

$$\tau = \frac{0.278^{3/4-n}}{\left(\frac{mJ^{1/3}}{L}\right)^{4/4-n}(S_PF)^{1/4-n}\psi^{1/4-n}} \tag{8-13}$$

令

$$\tau_0 = \frac{0.278^{3/4-n}}{\left(\frac{mJ^{1/3}}{L}\right)^{4/4-n}(S_PF)^{1/4-n}} \tag{8-14}$$

则

$$\tau = \tau_0\psi^{-1/4-n} \tag{8-15}$$

由上式可知，当 $\psi=1$ 时，$\tau=\tau_0$。欲求 $\tau$ 必须先求 $\tau_0$ 及 $\psi$ 值。$\tau_0$ 值可由式（8-14）计算。

### （三）洪峰径流系数 $\psi$ 的计算

把暴雨强度公式（8-5）看作为一次连续的设计降雨过程；在损失计算上，用净雨历

时内的平均损失率作为 $\mu$ 值，即：

$$\mu=\frac{P_{tc}-h_R}{t_c} \tag{8-16}$$

式中 $\mu$——净雨历时内的平均损失率，mm/h；

$P_{tc}$——净雨历时内的降雨量，mm；

$h_R$——全部净雨量，mm。

净雨量 $h_\tau$ 及 $h_R$ 的推求，可用图 8-13 来说明。图 8-13 中 $i$（$t$）是瞬时雨强度过程线，在 $t_c>\tau$ 时，净雨深 $h_\tau$ 为：

$$h_\tau=P_\tau-\mu\tau=\bar{i}_\tau\tau-\mu\tau=(\bar{i}_\tau-\mu)\tau \tag{8-17}$$

在 $t_c<\tau$ 时，净雨深 $h_R$ 为：

$$h_R=P_{tc}-\mu t_c \tag{8-18}$$

在图中由于 $a$、$b$ 两点的瞬时雨强等于 $\mu$ 值，而瞬时雨强可由 $\frac{\mathrm{d}P}{\mathrm{d}t}$ 求出。因 $P=S_P t^{1-n}$，则：

$$\frac{\mathrm{d}P}{\mathrm{d}t}=(1-n)\frac{S_P}{t_c^n}=\mu \tag{8-19}$$

故有
$$t_c=\left[(1-n)\frac{S_P}{\mu}\right]^{\frac{1}{n}} \tag{8-20}$$

于是
$$h_R=P_{tc}-\mu t_c=P_{tc}-(1-n)\frac{S_P}{t_c^n}t_c=nP_{tc}=nS_P t_c^{1-n} \tag{8-21}$$

有了 $h_\tau$ 及 $h_R$ 的计算公式后，代入式（8-7）及式（8-9）得：

$t_c>\tau$：
$$Q_{m,P}=0.278(\bar{i}_\tau-\mu)F=0.278\psi\bar{i}_\tau F \tag{8-22}$$

其中
$$\psi=\frac{\bar{i}_\tau-\mu}{\bar{i}_\tau}=1-\frac{\mu}{\bar{i}_\tau}=1-\frac{\mu}{S_P}\tau^n \tag{8-23}$$

$t_c<\tau$：
$$Q_{m,P}=0.278\frac{nP_{tc}}{\tau}F=0.278\psi\bar{i}_\tau F \tag{8-24}$$

其中
$$\psi=\frac{nP_{tc}}{P_\tau}=n\left(\frac{t_c}{\tau}\right)^{1-n} \tag{8-25}$$

由上述可知，两种情况下的洪峰流量计算式是相同的，即

$$Q_{m,P}=0.278\psi\bar{i}_\tau F$$

不同的只是 $\psi$ 的计算式不同。

归纳上述，$\tau$ 与 $\psi$ 可用下列两组方程联解：

$t_c>\tau$：
$$\left.\begin{aligned}\tau&=\tau_0\psi^{-1/4-n}\\ \psi&=1-\frac{\mu}{S_P}\tau^n\end{aligned}\right\} \tag{8-26}$$

$t_c<\tau$：
$$\left.\begin{aligned}\tau&=\tau_0\psi^{-1/4-n}\\ \psi&=n\left(\frac{t_c}{\tau}\right)^{1-n}\end{aligned}\right\} \tag{8-27}$$

也可利用诺谟图如图 8-14 求解（查用时无需再考虑 $t_c$ 是否大于或小于 $\tau$ 的问题）。

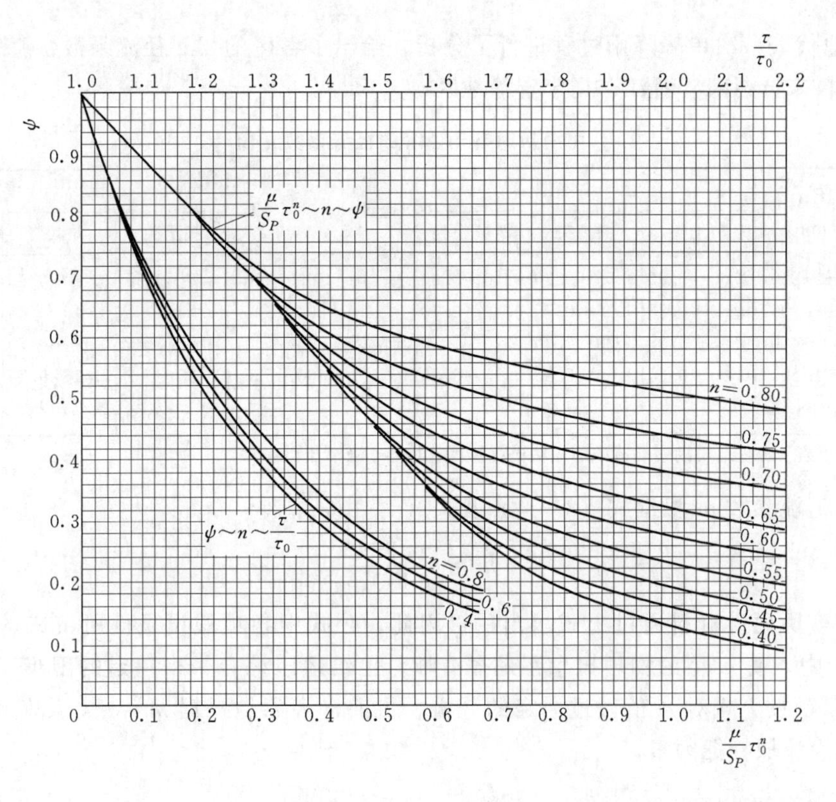


图 8-14　$\psi$、$\tau$ 诺谟图

（四）其他参数的确定

在计算 $\tau$ 及 $\psi$ 时，需确定流域特征参数 $L$、$J$，损失参数 $\mu$ 及汇流参数 $m$。

(1) 流域长度 $L$ 指从流域出口断面起，沿干流至流域分水岭的长度。可在适当比例尺的地形图上量取。

(2) 平均纵比降 $J$ 可根据本教材第二章式（2-13）计算。

(3) 损失参数 $\mu$，在有雨洪资料时，推求设计 $\mu$ 值的方法如下：

把式（8-20）代入式（8-21）可得：

$$h_R = nS_P\left[(1-n)\frac{S_P}{\mu}\right]^{\frac{1-n}{n}} \tag{8-28}$$

移项简化后可得：

$$\mu = (1-n)n^{\frac{n}{1-n}}\left(\frac{S_P}{h_R^n}\right)^{\frac{1}{1-n}} \tag{8-29}$$

其中 $h_R$ 为主雨峰产生的径流深。这样，在设计条件下，如果 $S_P$、$n$ 为已知，$h_R$ 可以根据设计暴雨量查本地区暴雨径流关系来确定，设计条件下的 $\mu$ 值就可按式（8-29）计算得到。例如《湖南省小型水库水文手册》在利用式（8-29）确定 $\mu$ 值时，$h_R$ 就是利用 24h 设计暴雨量从 24h 综合暴雨径流相关图中查得的。

无实测雨洪资料时，$h_R$ 按下式计算：

$$h_R = \alpha P_{24} \tag{8-30}$$

其中 $\alpha$ 为 24h 降雨的雨洪径流系数。我国水文研究所根据我国的暴雨情况，以 24h 暴雨量

$P_{24}$近似地代表一次单峰降雨过程进行了分析，给出了各区的24h径流系数$\alpha$值表（见表8-6），资料来自湖南、浙江、辽宁省等地区。

**表8-6　降雨历时等于24h的径流系数$\alpha$值**

| 地区 | $\overline{P}_{24}$ (mm) | 土壤 | | | 地区 | $\overline{P}_{24}$ (mm) | 土壤 | | |
|---|---|---|---|---|---|---|---|---|---|
| | | 粘土类 | 壤土类 | 沙壤土类 | | | 粘土类 | 壤土类 | 沙壤土类 |
| | 100～200 | 0.65～0.80 | 0.55～0.70 | 0.40～0.60 | | 100～200 | 0.6～0.65 | 0.30～0.55 | 0.15～0.35 |
| | 200～300 | 0.80～0.85 | 0.70～0.75 | 0.90～0.70 | | 200～300 | 0.75～0.8 | 0.55～0.65 | 0.35～0.50 |
| 山区 | 300～400 | 0.85～0.90 | 0.75～0.80 | 0.70～0.75 | 丘陵区 | 300～400 | 0.8～0.85 | 0.65～0.70 | 0.50～0.60 |
| | 400～500 | 0.90～0.95 | 0.80～0.85 | 0.75～0.80 | | 400～500 | 0.85～0.9 | 0.70～0.75 | 0.60～0.70 |
| | 500以上 | 0.95以上 | 0.85以上 | 0.80以上 | | 500以上 | 0.9以上 | 0.75以上 | 0.70以上 |

注　壤土相当于工程地质勘察规范中的亚粘土；沙壤土相当于亚砂土。

（4）汇流参数$m$根据式（8-11）及式（8-12）可得：

$$m=\frac{0.278L}{J^{1/3}Q_{m,P}^{1/4}\tau} \tag{8-31}$$

$m$值是用实际雨洪资料通过上式求出的。因此，公式中各项假设条件所带来的误差均会反映在$m$中，使$m$值的物理概念不是很清晰，也给地区综合带来一定的困难。我国各省（区）几乎都按上式对$m$值做过一定的分析。目前，多数是根据$m\sim\theta$关系来确定$m$值。其中$\theta$称为流域特征因素。

四川省东部地区建立$m\sim\theta\left(=\frac{L}{J^{1/3}F^{1/4}}\right)$关系为：

当$\theta=1\sim30$时　　$m=0.45\theta^{0.169}$

当$\theta=30\sim300$时　　$m=0.114\theta^{0.574}$

湖南省则建立了$m\sim\theta\left(=\frac{L}{J^{1/3}}\right)$的综合关系：

在北纬28°以北　　$m=0.28\theta^{0.32}$

在北纬28°以南　　$m=0.16\theta^{0.40}$

许多省（区）水文手册，都给出了本地区$m$值的经验公式，供设计时使用。

当缺乏资料时，可参照《水利水电工程设计洪水计算规范（SL 44—93）》推荐并经陈家琦、张恭肃补充、修正的表8-7选定$m$值。

**表8-7　推理公式法汇流参数$m$值表**

| 类别 | 洪水特性、河道特性、土壤植被条件的简单描述 | 推理公式洪水汇流参数$m$值 | | | |
|---|---|---|---|---|---|
| | | $\theta=1\sim10$ | $\theta=10\sim30$ | $\theta=30\sim90$ | $\theta=90\sim400$ |
| Ⅰ | 北方半干旱地区，植被条件较差，以荒草坡、梯田或少量的稀疏林为主的土石山丘区，旱作物较多，河道呈宽浅型、间歇性水流，洪水陡涨陡落 | 1.00～1.30 | 1.30～1.60 | 1.60～1.80 | 1.80～2.20 |
| Ⅱ | 南、北方地理景观过渡区，植被条件一般，以稀疏林、针叶林、幼林为主的土石山丘区或流域内耕地较多 | 0.60～0.70 | 0.70～0.80 | 0.80～0.90 | 0.90～1.30 |

续表

| 类别 | 洪水特性、河道特性、土壤植被条件的简单描述 | 推理公式洪水汇流参数 $m$ 值 | | | |
|---|---|---|---|---|---|
| | | $\theta=1\sim10$ | $\theta=10\sim30$ | $\theta=30\sim90$ | $\theta=90\sim400$ |
| Ⅲ | 南方、东北湿润山丘区，植被条件良好，以灌木林、竹林为主的石山区，或森林覆盖度达40%～50%或流域内以水稻田或优良的草皮为主，河床多砾石、卵石，两岸滩地杂草丛生，大洪水多为尖瘦型，中小洪水多为矮胖型 | 0.30～0.40 | 0.40～0.50 | 0.50～0.60 | 0.60～0.90 |
| Ⅳ | 雨量丰沛的湿润山区，植被条件优良，森林覆盖度可高达70%以上，多为深山原始森林区，枯枝落叶层厚，壤中流较丰富，河床呈山区型大卵石、大砾石河槽，有跌水，洪水多呈缓落型 | 0.20～0.30 | 0.30～0.35 | 0.35～0.40 | 0.40～0.80 |

（五）设计洪峰流量计算实例

**【例 8-4】** 四川东部某小水库，坝址控制面积 $F=194\text{km}^2$，流域长度 $L=32.1\text{km}$，$J=9.32‰$，百年一遇最大 24h 设计雨量 $P_{24,P}=214.0\text{mm}$，$n=0.75$，$\mu=3.0\text{mm/h}$，$m=0.96$，求百年一遇设计洪峰流量。

解

（1）根据流域水系地形图，量算或校核流域特征参数：$F$、$L$、$J$。

（2）根据已建立的 $m\sim\theta$ 经验关系式，计算汇流参数 $m$ 值：

$$\theta=\frac{L}{J^{1/3}F^{1/4}}=\frac{32.1}{(0.00932)^{1/3}(194)^{1/4}}=\frac{32.1}{0.21\times3.73}=40.9$$

$$m=0.114\theta^{0.574}=0.114\times(40.9)^{0.574}=0.96$$

（3）计算雨力 $S_P$：

$$S_P=(24)^{n-1}P_{24,P}=96.8\ \ (\text{mm/h})$$

（4）计算 $\tau_0$：

$$\tau_0=\frac{0.278^{3/4-n}}{\left(\frac{mJ^{1/3}}{L}\right)^{\frac{4}{4-n}}(S_PF)^{\frac{1}{4-n}}}=\frac{0.278^{0.923}}{(0.00628)^{1.231}(18780)^{0.308}}=7.6\ (\text{h})$$

（5）求 $\psi$：

查图 8-11 中 $\frac{\mu}{S_P}\tau_0^n\sim n\sim\psi$ 曲线，得 $\psi=0.85$。

（6）求 $\tau$：

利用图 8-11 中 $\psi\sim n\sim\frac{\tau}{\tau_0}$ 曲线进行查算，或用下式计算：

$$\tau=\tau_0\psi^{\frac{-1}{4-n}}=7.6\times(0.85)^{-0.308}=8.0\ (\text{h})$$

（7）计算 $Q_{m,P}$：

$$Q_{m,P}=0.278\psi\frac{S_P}{\tau^n}F=0.278\times0.85\times\frac{96.8}{(8)^{0.75}}\times194=930\ (\text{m}^3/\text{s})$$

为了计算方便和减少错误，以上各项计算可列表进行，见表 8-8。

表 8-8　　用北京水科院推理公式法计算洪峰流量表

| 河名　地名 | $F$ (km²) | $L$ (km) | $J$ (‰) | $J^{1/3}$ | $n$ | $P_{24,P}$ (mm) | $S_P$ (mm/h) | $m$ | $\mu$ (mm/h) | $S_PF$ |
|---|---|---|---|---|---|---|---|---|---|---|
| ××××××× | 194 | 32.1 | 9.32 | 0.21 | 0.75 | 214 | 96.8 | 0.96 | 3.0 | 18780 |

| 河名　地名 | $(S_PF)^{\frac{1}{4-n}}$ | $\frac{mJ^{1/3}}{L}$ | $0.278^{\frac{3}{4-n}}$ | $\tau_0$ (h) | $\tau_0^n$ | $\frac{\mu}{S_P}\tau_0^n$ | $\psi$ | $\tau/\tau_0$ | $\tau$ (h) | $\tau^n$ | $Q_{m,P}$ (m³/s) |
|---|---|---|---|---|---|---|---|---|---|---|---|
| ××××××× | 20.96 | 0.00628 | 0.307 | 7.6 | 4.58 | 0.142 | 0.85 | 1.053 | 8.0 | 4.757 | 930 |

## 六、地区经验公式法推求设计洪峰流量

计算小流域设计洪峰流量，除推理公式法外，还经常采用地区经验公式法。

洪峰流量的经验公式是根据本地区的实测或调查洪水资料进行分析，直接建立洪峰流量与有关因素之间的相关关系，然后根据相关曲线的线型配以适当的数学方程式来建立的。这种公式地区性很强，因此称为地区经验公式。

影响洪峰流量的因素很多，例如，河道的比降、长度、断面形状；流域的面积、形状、植被、土壤地质条件；暴雨量的大小、时空分布等。建立经验公式的关键在于选定主要因素，若主要因素选得太少，就不能较全面地反映主要影响；若主要因素选得较多，则参数的定量困难，反而影响精度，而且计算麻烦。目前我国广泛应用的一些洪峰流量经验公式，有单因素的公式，也有多因素的公式，下面分别作简单介绍。

1. 单因素公式法

最简单的经验公式，是以流域面积作为影响洪峰流量的主要因素，把其他因素用一个综合系数表示，其形式为

$$Q_{m,P} = C_P F^n \tag{8-32}$$

式中　$Q_{m,P}$——设计洪峰流量，m³/s；

$F$——流域面积，km²；

$n$——反映流域面积对洪峰流量影响程度的指数；

$C_P$——随地区和频率而变化的综合系数。

式中的指数 $n$ 随流域面积大小而变，一般中等流域约为 0.5，小流域约为 2/3，特小流域更大些。$C_P$ 主要受暴雨影响，通常将 $C_P$ 绘成等值线图供查用。

单因素公式法较难反映流域的各种特性，只有在实测资料较多的地区，分区范围不太大，分区内暴雨特性和流域特征比较一致时，才能得出较合理的成果。

2. 多因素公式法

目前我国采用的多因素公式，一般考虑两三个指标，常见的形式有：

$$Q_{m,P} = CP_{24,P}F^n \tag{8-33}$$

$$Q_{m,P} = CP_{24,P}J^{\beta}F^n \tag{8-34}$$

$$Q_{m,P} = Ch_{24,P}^{\alpha}J^{\beta}f^{\gamma}F^n \tag{8-35}$$

式中　$P_{24,P}$——设计频率为 $P$ 的年最大 24h 暴雨量，mm；

$h_{24,P}$——设计频率为 $P$ 的年最大 24h 净雨量，mm；

$J$——河道干流平均坡度；

$f$——流域形状系数，$f=F/L^2$；

$\alpha$，$\beta$，$\gamma$，$n$——指数；

$C$——综合系数。

例如，安徽省山丘区中小河流洪峰流量经验公式为：

$$Q_{m,P} = Ch_{24,P}^{1.21}F^{0.73}$$

式中综合系数 $C$，按深山区、浅山区、高丘区、低丘区四类分别为 0.0514，0.0285，0.0239，0.0194。

3. 洪峰流量均值的经验公式

以上公式都是直接求设计洪峰流量的。但有的地区是建立洪峰流量均值的经验公式，同时再绘出洪峰流量的变差系数 $C_v$ 等值线图和给出偏态系数 $C_s/C_v$ 的分区值。在确定统计参数后，就可计算设计洪峰流量。

洪峰流量均值的经验公式形式与上述两类公式相似，例如：

$$\overline{Q}_m = CF^n \tag{8-36}$$

$$\overline{Q}_m = C\overline{P}_{24}J^{\beta}f^{\gamma}F^n \tag{8-37}$$

式中 $\overline{Q}_m$——年最大洪峰流量的多年平均值；

$\overline{P}_{24}$——年最大 24h 雨量的多年平均值；

其余参数意义同前。

## 七、小流域设计洪水过程线的推求

某些中小型水库，需要考虑调洪作用。为满足调洪演算的需要，除推求设计洪峰流量外，还应推求设计洪量及洪水过程线。

小流域的设计洪水过程线一般是根据概化过程线，按设计洪峰流量、设计洪量予以放大求得。概化过程线根据小流域洪水资料综合简化而得，国内常见的有曲线型、三角形及五点概化过程等，如图 8-15 所示。

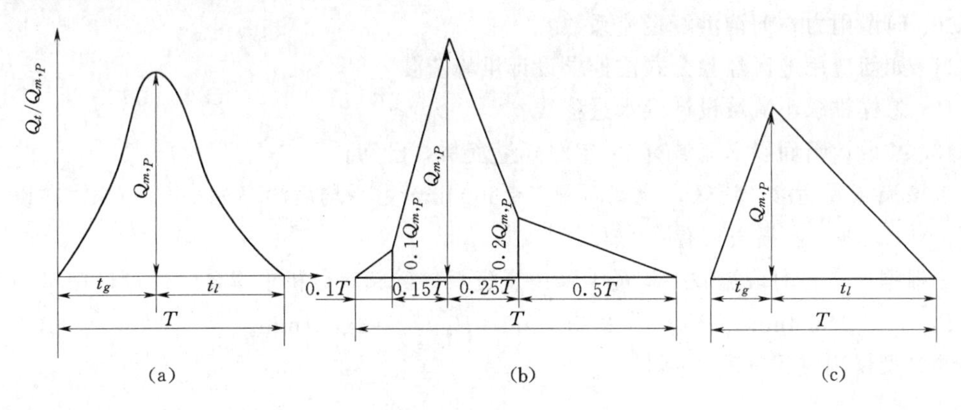


图 8-15　概化洪水过程图

(a) 曲线型；(b) 五点概化过程；(c) 三角形

一次设计洪量可用下式计算：

$$W_P = 1000h_RF \tag{8-38}$$

式中　$W_P$——一次洪水总量，$m^3$；

$h_R$——一次净雨量，或采用式（8－28）或式（8－30）进行计算，mm；

$F$——流域面积，$km^2$。

一次洪水总历时 $T$ 或涨水历时 $t_g$（$h$），可用下列公式计算，即：

$$T(或\ t_g) = f(Q_{m,P}, W_P) \tag{8-39}$$

计算 $T$（或 $t_g$）公式的具体形式随概化过程线形状不同而异。对于三角形过程线，计算 $T$ 的公式为：

$$T = \frac{2W_P}{Q_{m,P}} \tag{8-40}$$

对于三角形过程线，主要的问题是确定涨水历时 $t_g$ 与退水历时 $t_l$ 的比例，即：

$$t_l = \beta t_g \tag{8-41}$$

一般情况下，$t_l > t_g$。根据有些地区的分析，$\beta$ 值为 1.5～3.0。一般山区河流洪水的 $\beta$ 值较大，丘陵区河流洪水的 $\beta$ 值较小。

## 复习思考题与习题

1. 简述由暴雨资料推求设计洪水的适用条件。
2. 由暴雨资料推求设计洪水的基本假定是什么？主要包括哪些计算环节？
3. 暴雨的点面关系有哪几种？动点～动面暴雨点面关系包含哪些假定？
4. 如何确定特大暴雨的重现期？
5. 怎样对设计面暴雨量计算成果进行合理性分析检查？
6. 怎样计算设计暴雨的时间分配？
7. 怎样计算设计 $P_a$ 值？
8. 由暴雨资料推求设计洪水，怎样对原有的产、汇流方案进行外延？
9. 小流域设计洪水计算有哪些特点？试述推理公式法计算洪峰流量的基本原理和步骤。
10. 何谓雨力？何谓洪峰径流系数？
11. 如何应用地区经验公式法推求设计洪峰流量？
12. 怎样推求小流域设计洪水过程线？
13. 某设计断面以上流域有 17 年面雨量资料，已知：

①该流域属超渗产流区，流域面积 $F=5600km^2$，平均后渗率为 0.8mm/h。在设计情况下 $I_o=0$，即降雨损失只有平均入渗。

②根据历年各时段流域平均最大降雨量资料，经频率分析求得各时段设计雨量如下：$P_{1,0.1\%}=208.4mm$；$P_{3,0.1\%}=275.1mm$；$P_{7,0.1\%}=344.4mm$。

③典型暴雨过程见表 8－9：

**表 8－9　　某流域典型暴雨过程资料**

| 日　程 | 1 | 2 | 3 | 4 | 5 | 6 | 7 | 合计 |
|---|---|---|---|---|---|---|---|---|
| 雨量（mm） |  |  | 52.7 |  | 53.2 | 53.3 | 9.0 | 168.2 |

④该流域 6h 单位线（$\Delta t$=6h）见表 8－10。

表 8－10　　某流域 6h 单位线

| 时段 | 0 | 1 | 2 | 3 | 4 | 5 | 6 | 7 | 8 | 9 |
|---|---|---|---|---|---|---|---|---|---|---|
| $q$（$m^3/s$） | 0 | 125 | 440 | 500 | 360 | 270 | 210 | 150 | 120 | 100 |
| 时段 | 10 | 11 | 12 | 13 | 14 | 15 | 16 | 17 | 18 | 19 |
| $q$（$m^3/s$） | 80 | 60 | 50 | 40 | 30 | 20 | 20 | 10 | 3 | 0 |

⑤设计基流为 100$m^3/s$。

要求绘出该流域 $P$=0.1%的设计洪水过程线。

14. 经对某流域降雨资料进行频率分析，求得该流域频率 $P$=1%的中心点设计暴雨，并由流域面积 $F$=39$km^2$，查水文手册得相应的点面折算系数 $\alpha$，一并列入表 8－11 中，典型暴雨过程资料见表 8－12。试用同频率放大法推求该流域 $P$=1%的 3d 设计面暴雨过程。

表 8－11　　某流域设计暴雨及点面折算系数

| 时段 | 6h | 1d | 3d | 时段 | 6h | 1d | 3d |
|---|---|---|---|---|---|---|---|
| 设计雨量（mm） | 210.3 | 356.0 | 483.0 | 点面折算系数 $\alpha$ | 0.90 | 0.94 | 0.97 |

表 8－12　　某流域典型暴雨过程资料

| 时段（$\Delta t$=6h） | 1 | 2 | 3 | 4 | 5 | 6 | 7 | 8 | 9 | 10 | 11 | 12 |
|---|---|---|---|---|---|---|---|---|---|---|---|---|
| 雨量（mm） | 4.9 | 3.8 | 125.5 | 78.3 | 4.64 | 2.3 | 2.2 | 2.1 | 2.4 | 2.0 | 1.1 | 1.1 |

15. 已求得某流域百年一遇的 1d、3d、7d 设计面暴雨量分别为 236mm、480mm 和 580mm，并选定典型暴雨过程如表 8－13 所示。试用同频率放大法推求该流域百年一遇的设计暴雨过程。

表 8－13　　某流域典型暴雨过程资料

| 时段（$\Delta t$=12h） | 1 | 2 | 3 | 4 | 5 | 6 | 7 | 8 | 9 | 10 | 11 | 12 | 13 | 14 |
|---|---|---|---|---|---|---|---|---|---|---|---|---|---|---|
| 雨量（mm） | 14 | 12 | 21 | 12 | 5 | 54 | 78 | 70 | 120 | 0 | 28 | 0 | 13 | 7 |

16. 已知某雨量站频率 $P$=10%不同历时的最大暴雨强度 $i_t$ 如表 8－14 所示。试求暴雨公式 $i_t=S_P/t^n$ 中的雨力 $S_P$（mm/h）和衰减系数 $n$。

表 8－14　　某雨量站频率 $P$=10%不同历时的最大暴雨强度 $i_t$

| 时段 $t$（h） | 1 | 2 | 3 | 4 | 5 |
|---|---|---|---|---|---|
| $i_t$（mm/h） | 65.0 | 28.0 | 24.5 | 21.5 | 18.0 |

17. 已知暴雨公式 $i_t=S_P/t^n$，其中雨力 $S_P$=80mm/h，暴雨衰减系数 $n$=0.5。试求历时为 6h、12h、24h 的设计暴雨。

# 第九章 排涝水文计算

## 第一节 概 述

平原地区或圩区（沿江及滨湖地区常筑堤圈圩，保护农田，形成圩区）的水灾可以分为洪灾、涝灾两种。洪灾是指当上游山丘区的洪水流经下游平原地区入海时，洪水超过河道的宣泄能力而引起的水灾。涝灾是指由当地暴雨所产生的径流，因河道坡度平缓排水不畅或受大江大河洪水的顶托，不能及时外排而形成的水灾。圩区由于地势低洼，常受洪涝灾害的双重威胁。汛期圩外江河水位经常高出圩区田面，遇到暴雨，圩内积水无法自流外排时，就要积水成涝。此外，有时由于长期阴雨，使地下水位抬升，接近地表，影响作物生长，称为渍灾，也是一种涝灾。

在遭受洪涝双重威胁的地区，必须洪涝兼治，防治结合。筑堤防洪是治涝的前提，排水是治涝的基础。治涝规划设计应尽可能采取自排方式，排除地表涝水和降低地下水位。通常可采取拓宽和疏浚原有河道以及开辟新河等措施，增加排水能力。对傍山圩区和起伏不平的地区，可开挖撇洪道或截流沟，把山丘区坡面来水引入外河。受潮汐影响及外河水顶托的涝区，可修筑堤防及修建排水闸和挡潮闸，以利抢排。总之，应根据涝区特点，尽量采用自排方式，必要时可考虑建造电排站或其他措施。此外，还应充分利用湖泊、洼淀、河网、沟塘以及稻田来蓄滞涝水。对于排水不畅，地下水位较高，以及有盐碱威胁的地区，应结合田园化采取沟洫洼田，开挖深沟大渠或适当改种耐淹作物等措施。

为了规划设计治涝工程或分析现有设施的除涝能力，首先要确定治涝工程的设计标准，即除涝标准。各种不同的治涝措施都要有一个恰当的工程规模。如标准定得过高，则工程规模过大、投资多，而农业增产效益未必显著，造成国家资金和设备的积压，浪费人力、财力；如兴建工程措施的标准过低，规模过小，投资虽少，但当地仍然受着涝灾的威胁，影响农业生产，效益也不见得好。所以要合理地确定除涝标准，以便使工程规模大小适当，达到投资少而效益显著的目的。

除涝标准通常以涝区发生某一设计频率的暴雨洪水不受涝为准，即某一频率暴雨产生的水量能够在作物耐淹水深的耐淹历时内排掉。因此除涝设计标准取决于暴雨的频率、农田允许水深及排涝历时等指标。一般情况下，易涝地区的除涝设计频率 $P=10\%\sim20\%$（即 10～5 年一遇），条件较好的粮棉基地或有特殊要求的地区，除涝设计频率可以提高到 10%～5%（即 10～20 年一遇），但不应超出当地的防洪标准。在除涝标准中，还需规定排涝历时，其长短可以取与作物耐淹历时相等，旱作物一般为 2d，水稻为 3～5d。也有规定排涝历时随设计暴雨历时而变动的，如不少地区采用 1d 暴雨 2d 或 3d 排出，3d 暴雨 3d 或 5d 排出等。此外，还应从投资、设备、动力、劳力等条件结合排涝工程效益等因素，综合分析决定。

有些省区采用大涝年份的实际暴雨作为除涝标准。还有采用某一雨量级作为标准，例如江苏圩区是以水稻黄秧期1d雨量200～250mm，3d排出为除涝标准。目前我国各地的除涝标准是很不统一的。由于不同地区现有的工程基础不同，雨情与灾情不同，农业发展对治涝的要求也不同，因此在规划设计治涝工程时，其设计标准应因地制宜并参考本地区以往采用的标准，加以确定。

**一、排涝水文计算的特点**

平原河道的水流，经常受人为措施（如并河、改道、开挖疏浚、拦河建闸等）影响，破坏了洪水流量资料系列的一致性。圩区河道水流串通，流向不定，很少观测流量，所以无法直接用流量资料进行频率计算来推求设计排水流量，因此，通常都是用设计暴雨来推求设计排水流量。

规划设计排水河道时，由于通过排水河道任意断面的除涝排水流量都是随时间变化的，而其断面大小往往根据最大流量来进行设计，故排涝水文计算的重点是设计排涝最大流量的计算。由于排水河道不同断面所承担的排涝面积不同，为方便起见，可采用每平方公里除涝面积上的最大排水流量——即排涝模数来规划设计河道的各个断面。

**二、设计排涝模数计算的类型**

对于旱地、水田和既有旱地又有水田的排涝区，设计排涝模数计算是有区别的，在第二节中将有详细介绍。

**三、推求排水流量过程的常用方法**

推求排水流量过程的常用方法有：单位线法，槽蓄曲线法，推理公式法，经验公式法。有的方法已在前面几章中作过介绍。

## 第二节　平原地区排涝水文计算

平原地区排涝水文计算，首先需要推求设计暴雨和设计净雨。控制面积较小的田间排水沟和控制面积较大的排水河道，设计排涝模数的计算方法不相同，现分别介绍如下。

**一、小面积田间排水沟设计排涝模数的计算**

对于控制面积较小的田间排水沟，在不超过作物耐淹历时的条件下，可以允许地面径流在短历时内漫出沟槽。因此，不必用设计暴雨产生的最大流量作为设计排涝流量，而可以采用设计净雨量在规定的排涝历时内均匀排出的方法，来计算设计排涝模数或设计排涝流量。

（1）旱地设计排涝模数的计算：

$$M_{旱} = \frac{R - V}{86.4T} \tag{9-1}$$

式中　$M_{旱}$——旱地（包括非耕地）的设计排涝模数，$m^3/(s \cdot km^2)$；

$R$——设计净雨深，mm；

$V$——排涝区内单位面积上各种蓄水工程的蓄水量，mm；

$T$——排涝天数，可取旱作物的耐淹历时，通常取 $T=2d$；

86.4——单位换算系数。

（2）水田设计排涝模数的计算：

$$M_{水田} = \frac{R - H}{86.4T} \tag{9-2}$$

式中 $M_{水田}$——水田的设计排涝模数，$m^3/(s \cdot km^2)$；

$R$——设计净雨深，mm；

$H$——水田滞蓄水深，等于水稻耐淹水深减去水稻适宜水深，mm；

$T$——排涝天数，可取水稻的耐淹历时，通常取 $T=3 \sim 5d$。

（3）综合设计排涝模数的计算。当排涝区内既有旱地又有水田时，综合的设计排涝模数可按下式计算：

$$M = \frac{M_{旱} F_{旱} + M_{水田} F_{水田}}{F_{旱} + F_{水田}} \tag{9-3}$$

式中 $M$——综合设计排涝模数，$m^3/(s \cdot km^2)$；

$F_{旱}$、$F_{水田}$——旱地、水田面积，$km^2$；

其他符号意义同前。

设计排涝流量可按下式计算：

$$Q_P = MF \tag{9-4}$$

式中 $Q_P$——设计排涝流量，$m^3/s$；

$F$——排涝区面积，$km^2$，$F=F_{旱}+F_{水田}$。

## 二、较大面积排水河道设计排涝模数的计算——经验公式法

对于控制面积较大的骨干排水河道，一般不允许水流溢出河槽，不仅要求在指定时段内将积涝水量排出，还要求河道能通过排水流量过程线中的洪峰值。

骨干排水河道计算设计排水流量过程中的洪峰值或排涝模数，可采用如下方法：单位线法，总入流槽蓄曲线法，推理公式法，经验公式法。其中前两种方法可由设计净雨过程推求设计排涝流量过程线。在用推理公式法计算排涝洪峰流量时，应注意选用的汇流参数 $m$ 值必须能反映排涝区内农田、沟港对汇流的影响。单位线法和推理公式法在有关章节中已介绍。

排涝模数经验公式常见的形式为：

$$M = KR^m F^{-n} \tag{9-5}$$

式中 $M$——设计排涝模数，$m^3/(s \cdot km^2)$；

$R$——设计径流深（等于设计净雨深），mm；

$F$——排水河道设计断面以上的流域面积，或称排水面积，$km^2$；

$K$——综合系数，反映河网配套情况、排水沟坡度及流域形状等因素；

$m$——峰量指数，反映洪峰与洪量的关系；

$n$——反映流域面积对排涝模数影响程度的指数。

经验公式考虑了形成洪峰流量的两个主要因素：径流深和流域面积。随着流域面积的增大，流域调蓄作用增加，使得排涝模数减小。流域面积对排涝模数的影响是非线性的。不同流域调蓄作用的差别，体现在流域面积指数 $n$ 值和综合系数 $K$ 值的变化上。峰量指数 $m$ 反映河道排水状况的好坏，$m$ 大，排水能力大；$m$ 小，排水能力小。其他一些影响因素则反映在综合系数 $K$ 中。这一经验公式对资料要求不高，而且应用方便，具有一定

精度，故应用广泛。

经验公式中的三个参数 $K$、$m$、$n$ 必须根据实测水文资料确定。因为参数反映河道排水的水力特性，所以分析时应剔除河道漫溢、阻塞情况下的资料，而应选取河道畅排情况下，断面和流向都接近设计条件的水文资料。具体分析时，可将经验公式分解为：

$$M = K_0 R^m \tag{9-6}$$

$$K_0 = KF^{-n} \tag{9-7}$$

首先对各单站的水文资料按式 $M=K_0R^m$ 进行峰量关系分析，在双对数纸上点绘 $M$ 与 $R$ 的关系，求出 $K_0$ 和 $m$ 值；然后，对多站进行地区综合，按 $K_0=KF^{-n}$ 在双对数纸上点绘 $K_0$ 与流域面积 $F$ 的关系，求出 $K$、$n$ 值。将所求的参数 $m$、$n$、$K$ 代入 $M=KR^mF^{-n}$ 就可得出排涝模数经验公式，用来推求该地区内无实测资料河流的设计排涝模数。一些地区的经验公式见表 9-1。

表 9-1　　部分地区设计排涝模数经验公式表

| 地　区 | 公　　式 | 适用面积 ($km^2$) | 地　区 | 公　　式 | 适用面积 ($km^2$) |
|---|---|---|---|---|---|
| 河北 | $M=0.032R^{0.98}F^{-0.25}$<br>$M=0.058R^{0.92}F^{-0.33}$ | 200～1500<br>＞1500 | 江苏徐淮 | $M=0.022R^{1.0}F^{-0.12}$<br>$M=0.054R^{0.90}F^{-0.25}$ | 10～500<br>＞500 |
| 鲁北 | $M=0.037R^{0.98}F^{-0.20}$<br>$M=0.048R^{0.98}F^{-0.25}$ | 100～300<br>300～1000 | 豫东 | $M=0.117R^{0.85}F^{-0.38}$ | 150～10500 |
| | | | 豫北 | $M=0.054R^{0.80}F^{-0.30}$ | 170～1660 |

上述经验公式所用的净雨深（等于次径流深）未考虑历时这一因素，因此在使用经验公式时，存在如何确定降雨历时的问题。设计降雨历时的长短，一般按流域面积的大小来选定。流域小，汇流历时短，设计降雨历时可取短些；流域大，则取长些。例如有的省区规定，小流域降雨历时取 1d，大流域则取 3d。在应用公式时，按选定历时推求设计暴雨，并求得设计净雨（即径流深 $R$），代入经验公式就可计算出设计排涝模数。

设计排涝模数经验公式只代表河道现有的畅排情况。对于平原河道，如开挖整治的设计标准不高，则成果较合理；如开挖整治的标准较高，河道水力条件变化较大，则上述公式给出的成果可能偏小，应分析公式中的参数变化趋势，进行适当修正。

### 三、设计排水流量过程线的推求——总入流槽蓄曲线法

#### （一）基本原理

平原地区采用总入流槽蓄曲线法进行汇流计算，实质上就是把流域汇流中的坡面汇流和河槽汇流这两部分分开来考虑。平原地区的除涝措施多以开挖河道为主，河槽汇流条件易受人类活动的影响，分开考虑有利于进行开挖前后河槽汇流的分析对比，也便于无资料地区的移用。此法在江苏省应用普遍。

降雨落于地表使表土湿润，经下渗、滞蓄、填洼等满足沿程各项损失，同时经坡面漫流调节，开始产生径流（包括地面、地下）并汇入河网，汇入河网的入流过程便称为总入流。它的总量与净雨量是相等的，但两者在过程上有些不同。因为总入流是坡面漫流的结果，而净雨则是坡面漫流开始前的情况。总入流比净雨要延后一个坡面汇流时间。总入流进入河网后，在向出口断面汇集过程中，又因受到河槽的调蓄作用，使出流过程更趋平

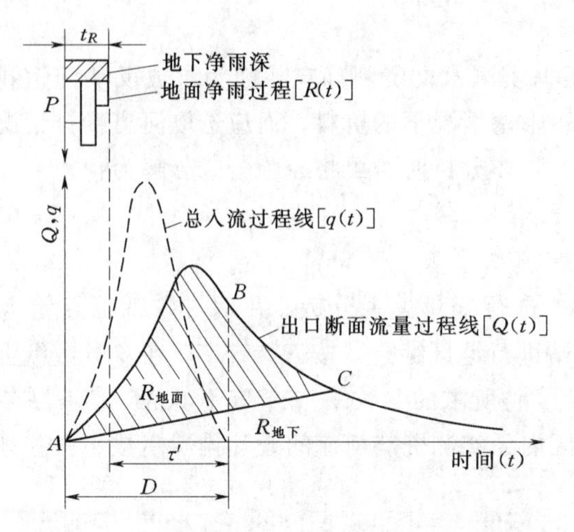


图 9-1 净雨、总入流与出口断面流量过程线

缓。净雨、总入流、出口断面流量过程的关系，如图 9-1 所示。

图 9-1 中：$\tau'$为坡面汇流历时，即净雨终止到出口断面流量过程线退水段上反曲点 $B$（即总入流停止点）的时间；$t_R$ 为净雨历时；$D$ 为总入流底宽。

显然
$$D = t_R + \tau' \tag{9-8}$$

总入流槽蓄曲线法是将总入流过程 $q(t)$ 作为输入过程，再经河网调蓄形成出口断面的流量过程 $Q(t)$。因此，依据河网的水量平衡方程和表示河网蓄泄关系的槽蓄方程就可以计算出流过程 $Q(t)$，其方程组如下：

$$\frac{q_1 + q_2}{2}\Delta t - \frac{Q_1 + Q_2}{2}\Delta t = \Delta S \tag{9-9}$$

$$Q = KS^n \tag{9-10}$$

式中 $q_1$、$q_2$——时段 $\Delta t$ 始、末的总入流流量；

$Q_1$、$Q_2$——时段 $\Delta t$ 始、末的出口断面处流量；

$\Delta S$——河网中时段内的槽蓄量 $S$ 的变化；

$K$、$n$——槽蓄参数。

可见，要求出口断面处的流量过程，必须首先确定总入流过程以及槽蓄参数 $K$、$n$。

（二）总入流过程的概化

由净雨转化成为总入流过程称为坡面汇流过程。坡面汇流计算方法如等流时线法、坡地单位线法、坡面不稳定流计算法等都比较复杂，并且对资料要求高，因此，生产中，常概化总入流过程，而不用净雨去推算总入流。

江苏省通过对平原地区数十个站雨洪资料的分析后，认为总入流过程可以概化为抛物线形式，如图 9-1 中虚线所示。抛物线的公式形式为：

$$q = at(D - t) \tag{9-11}$$

则总入流过程线以下面积为径流量，即：

$$W = \int_0^D q\mathrm{d}t = \frac{a}{6}D^3 \tag{9-12}$$

当 $W$ 以[$(\mathrm{m}^3/\mathrm{s})\cdot\mathrm{h}$]表示时，则：

$$W = \frac{R \times F \times 10^6}{10^3 \times 3600} = \frac{1}{3.6}RF \tag{9-13}$$

于是
$$a = \frac{6W}{D^3} = \frac{RF}{0.6D^3} \tag{9-14}$$

式中 $a$——抛物线参数；

$F$——流域面积，$\mathrm{km}^2$；

$R$——一次暴雨的径流深，可由设计暴雨扣损求得，mm；

$D$——总入流底宽，等于净雨历时 $t_R$ 与坡面汇流历时 $\tau'$之和，$t_R$ 可由设计暴雨过程求得。

由此可见，只要确定参数 $\tau'$，便可计算 $D$ 和 $a$，也就可以按式（9-11）求得设计总入流过程。

（三）槽蓄曲线的简化

由总入流转化为出口断面的流量过程称为河网汇流过程。计算方法有河网单位线法、汇流系数法等。考虑到排涝区河槽坡度平缓，河网调蓄能力较大，为了简化计算，一般将河网看作是一个水库进行调节计算，由总入流演算出出口断面流量过程。这种方法关键是要确定河槽的槽蓄曲线，其方程式如式（9-10）。

江苏省通过大量资料的分析，认为为了便于综合和推算出流过程，可将槽蓄曲线方程简化为线性方程，即取 $n=1$，则式（9-10）变为：

$$Q = KS \tag{9-15}$$

也就是将槽蓄曲线简化为通过原点的直线。因此，只要确定参数 $K$，就可确定槽蓄曲线。

由式（9-9）和式（9-15），就能求得出口断面处流量过程线。关键是要确定汇流参数 $K$ 和 $\tau'$。

（四）$K$、$\tau'$的地区综合成果

汇流参数 $K$ 和 $\tau'$可以由实测暴雨资料和出口断面处流量过程线分析求得。为了解决无资料地区的应用问题，可根据单站分析求得的 $K$、$\tau'$成果，进行地区综合。单站的参数一般取各次洪水的平均值。然后再进一步分析各站的参数与流域特征（如流域面积 $F$、主河道坡降 $J$）之间的关系。如江苏省苏北平原区 $K$、$\tau'$的综合成果为：

$$\left.\begin{aligned} K &= 0.267(F/J)^{-0.28} \\ \tau' &= 0.522(F/J)^{0.51} \end{aligned}\right\} \tag{9-16}$$

或

$$\left.\begin{aligned} K &= 0.356F^{-0.32} \\ \tau' &= 0.387F^{0.53} \end{aligned}\right\} \tag{9-17}$$

按上述综合公式，无资料流域就可由流域特征 $F$、$J$ 推求汇流参数 $K$ 和 $\tau'$。

$K$ 值表示河网的调蓄能力，$K$ 值愈大，河网调蓄能力愈差，峰型愈尖瘦；$K$ 值愈小，峰型愈平缓。$\tau'$值表示流域坡面滞蓄雨水的能力，$\tau'$愈大，峰现时间愈迟；$\tau'$愈小，峰现时间愈早。

（五）设计排水流量过程线的计算

由以上分析可知，当确定了汇流参数 $K$ 和 $\tau'$，便可计算排水流量过程。因认为出口断面处的流量与净雨之间的关系符合线性叠加原理，所以可预先计算单位净雨的出流过程，然后再仿照单位线推流计算的方法，推求出设计断面处的设计排水流量过程线。

**【例 9-1】** 苏北邳苍地区某一工程地点，流域面积 $F=808\text{km}^2$，求该流域 20 年一遇的设计排水流量过程线。

1. 设计暴雨计算

根据工程所控制的流域面积，查江苏省最大 3d 雨量平均值 $\overline{P}$ 及 $C_v$ 值等值线图，得 $\overline{P}=140\text{mm}$，$C_v=0.5$，取 $C_s=3.5C_v$，求得 20 年一遇最大 3d 点暴雨为 278.6mm。

由水文手册查点面关系图得出 3d 暴雨点面折减系数为 0.97，求得设计 3d 面平均雨量为 270mm。

平原区采用最大初损值 $I_m=90\text{mm}$，3d 暴雨前期影响系数为 0.60，则前期雨量 $P_a=54\text{mm}$。查邳苍平原区降雨径流相关图得出 3d 净雨深为 214mm。

由设计暴雨雨型分配表得出本地区的 3d 雨型（$\Delta t=3\text{h}$），根据净雨（214mm），分别计算各时段的地下净雨深（按 $f_c=1\text{mm/h}$ 计）及地面净雨深，见表 9-2。

表 9-2　　　　**邳苍地区 3d 净雨分配表**

| 时段（$\Delta t=3\text{h}$） | 1 | 2 | 3 | 4 | 5 | 6 | 7 | 8 | 9 | 10 |
|---|---|---|---|---|---|---|---|---|---|---|
| 暴雨分配（%） | 2 | 2 | | | 3 | 3 | 5 | 5 | | |
| 暴雨量（mm） | 5.4 | 5.4 | | | 8.1 | 8.1 | 13.5 | 13.5 | | |
| 损失（mm） | 5.4 | 5.4 | | | 8.1 | 8.1 | 3.5 | 3.5 | | |
| 地下净雨深（mm） | | | | | | | 3.0 | 3.0 | | |
| 地面净雨深（mm） | | | | | | | 7.0 | 7.0 | | |
| 时段（$\Delta t=3\text{h}$） | 11 | 12 | 13 | 14 | 15 | 16 | 17 | 18 | Σ | |
| 暴雨分配（%） | 4 | 4 | 17 | 23 | 15 | 13 | 2 | 2 | 100 | |
| 暴雨量（mm） | 11.0 | 11.0 | 46.0 | 62.0 | 40.5 | 35.0 | 5.4 | 5.1 | 270 | |
| 损失（mm） | 3.0 | 3.0 | 3.0 | 3.0 | 3.0 | 3.0 | 2.0 | 2.0 | 56 | |
| 地下净雨深（mm） | 3.0 | 3.0 | 3.0 | 3.0 | 3.0 | 3.0 | 3.0 | 3.0 | 30 | |
| 地面净雨深（mm） | 5.0 | 5.0 | 40.0 | 56.0 | 35.0 | 29.0 | | | 184 | |

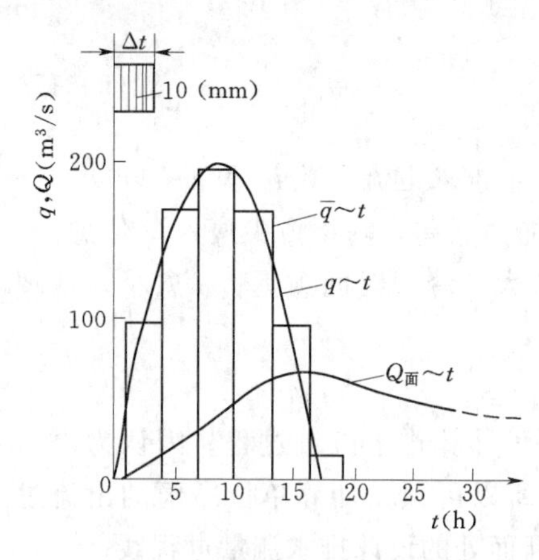


图 9-2　单位净雨的总入流过程与地面出流过程图

2. 计算单位净雨（10mm）的总入流

已知 $F=808\text{km}^2$，由地区综合公式 $K=0.428F^{-0.35}$，$\tau'=0.305F^{0.57}$ 计算得 $K=0.041$（1/h），$\tau'=14\text{h}$。

取 $\Delta t=3\text{h}$，与净雨时段相同。$D=\tau'+\Delta t=17\text{h}$，$R_{面}=10\text{mm}$，$W_{面}=RF/3.6=2240\text{m}^3/(\text{s}\cdot\text{h})$，得 $a=6W_{面}/D^3=2.74$。

按 $q=at(D-t)$ 计算总入流，见表 9-3 及图 9-2。要注意校核，总入流栏的总和应等于 $2.24\times10^3\text{m}^3/(\text{s}\cdot\text{h})$，化成径流深应等于净雨深 10mm。$\Delta t$ 取 3h 的时段平均总入流的总和也应等于 $2.24\times10^3\text{m}^3/(\text{s}\cdot\text{h})$。

3. 计算单位净雨总入流的地面出流过程线

由式 $\overline{q}\Delta t-\overline{Q}_{面}\Delta t=\Delta S$ 和 $Q_{面}=KS$ 得出：

$$\overline{q}\Delta t-\frac{Q_{面,1}+Q_{面,2}}{2}\Delta t=\frac{Q_{面,2}}{K}-\frac{Q_{面,1}}{K}\tag{9-18}$$

因 $\Delta t$ 内的时段平均总入流$\bar{q}$、时段长 $\Delta t$，槽蓄参数 $K$、时段初出流量 $Q_{面,1}$都是已知值，只有时段末的出流量 $Q_{面,2}$是未知数。将上式化成：

$$Q_{面,2} = \frac{2K\Delta t}{2+K\Delta t}\bar{q} + \frac{2-K\Delta t}{2+K\Delta t}Q_{面,1} \tag{9-19}$$

$\bar{q}$ 的系数与 $Q_{面,1}$的系数之和等于 1.0。

已知 $K=0.041$，$\Delta t=3$，算得：

$$\frac{2K\Delta t}{2+K\Delta t} = 0.116$$

$$\frac{2-K\Delta t}{2+K\Delta t} = 0.884$$

$\bar{q}$由表9-3得到，当第1个$\Delta t$时，时段初出流量$Q_{面,1}=0$，按式(9-19)可计算得时段末$Q_{面,2}=0.116\times97.0+0=11.2$，第1个时段末的$Q_{面,2}$就是第2个时段初的$Q_{面,1}$，

表 9-3　　总入流计算表

| $t$ (h) | $D-t$ (h) | $at$ | $q=at(D-t)$ ($m^3/s$) | 时段平均总入流 $\bar{q}$ ($m^3/s$) ($\Delta t=3h$) |
|---|---|---|---|---|
| 0 | 17 | 0 | 0 | |
| 1 | 16 | 2.74 | 43.8 | |
| 2 | 15 | 5.48 | 82.4 | 97.0 |
| 3 | 14 | 8.22 | 115 | |
| 4 | 13 | 10.96 | 142 | |
| 5 | 12 | 13.70 | 164 | 171 |
| 6 | 11 | 16.44 | 181 | |
| 7 | 10 | 19.18 | 192 | |
| 8 | 9 | 21.92 | 197 | 196 |
| 9 | 8 | 24.66 | 198 | |
| 10 | 7 | 27.40 | 192 | |
| 11 | 6 | 30.14 | 181 | 171 |
| 12 | 5 | 32.88 | 164 | |
| 13 | 4 | 35.62 | 142 | |
| 14 | 3 | 38.36 | 115 | 97.0 |
| 15 | 2 | 41.10 | 82.2 | |
| 16 | 1 | 43.84 | 43.8 | 146 |
| 17 | 0 | 46.58 | 0 | |
| $\Sigma$ | | | $2.24\times10^3$ | $3\sum\bar{q}=2.24\times10^3$ |

那么第 2 个时段末的 $Q_{面,2}$=0.116×171+0.884×11.2=29.7，它就是第 3 个时段初的 $Q_{面,1}$值，第 3 时段末的 $Q_{面,2}$=0.116×196+0.884×29.7=48.9，…到第 6 个时段末 $Q_{面,2}$=60.7，因第 7 时段 $\bar{q}$=0，故第 7 时段末的 $Q_{面,2}$=0.884×60.7=53.7，…，见表 9-4。

用表 9-4 中的 $Q_{面,2}$值点图，得图 9-2 中的地面出流过程线（$Q_{面}$～$t$）。

4. 计算设计排水流量过程线

有了流域的设计净雨分配（$\Delta t$=3h），应用单位净雨总入流地面出流过程线，计算得地面径流过程，再加上地下径流过程，即可得设计排水流量过程。

**表 9-4　　单位时段单位净雨总入流的地面出流过程计算表**

| 时段 $\Delta t$ (3h) | 时段平均总入流 $\bar{q}$ ($m^3/s$) | $\frac{2K\Delta t}{2+K\Delta t}\bar{q}$ ($m^3/s$) | $\frac{2-K\Delta t}{2+K\Delta t}Q_{面,1}$ ($m^3/s$) | $Q_{面,2}$ ($m^3/s$) |
|---|---|---|---|---|
| | | | | 0 |
| 1 | 97.0 | 11.2 | 0 | 11.2 |
| 2 | 171 | 19.8 | 9.9 | 29.7 |
| 3 | 196 | 22.7 | 26.2 | 48.9 |
| 4 | 171 | 19.8 | 43.1 | 62.9 |
| 5 | 97.0 | 11.2 | 55.5 | 66.9 |
| 6 | 14.3 | 1.7 | 59.0 | 60.7 |
| 7 | | 0 | 53.7 | 53.7 |
| 8 | | | 47.5 | 47.5 |
| 9 | | | 42.0 | 42.0 |
| 10 | | | 37.1 | 37.1 |
| ⋮ | | | ⋮ | ⋮ |

地下径流简化计算如下：

$R_{地下}$=30mm，$W_{下}$=30×$10^{-3}$×808×$10^6$=2424×$10^4$($m^3$)，地下径流过程简化为一等腰三角形，其底长（$T$）取地面径流过程底长（本例约等于 120h，即 40 个时段）的两倍，地下径流的最大流量 $Q_{下,max}$为：

$$Q_{下,max} = 2W_{下}/T = 2\times2424/(2\times120\times3600) = 56.1(m^3/s)$$

每个时段的地下径流增率 $\Delta Q_{下}$=56.1/40=1.4($m^3/s$)（共 40 个时段），按此增率逐时段累加得地下径流直线变化过程，见表 9-5。

表 9-5　　邳苍地区设计排水流量过程计算表

| 小时 | 时段净雨深(mm) | 单位净雨出流过程($m^3/s$) | 部分地面流量过程($m^3/s$) | | | | | | | | | | $Q_下$($m^3/s$) | $Q_排$($m^3/s$) |
|---|---|---|---|---|---|---|---|---|---|---|---|---|---|---|
| | | | 7.0 | 7.0 | 0 | 0 | 5.0 | 5.0 | 40.0 | 56.0 | 35.0 | 29.0 | | |
| 0 | | 0 | 0 | | | | | | | | | | 0 | 0 |
| | 7 | | | | | | | | | | | | | |
| 3 | | 11.2 | 7.8 | 0 | | | | | | | | | 1.4 | 9.2 |
| | 7 | | | | | | | | | | | | | |
| 6 | | 29.7 | 20.8 | 7.8 | 0 | | | | | | | | 2.8 | 31.4 |
| | 0 | | | | | | | | | | | | | |
| 9 | | 48.9 | 34.2 | 20.8 | | 0 | | | | | | | 4.2 | 59.2 |
| | 0 | | | | | | | | | | | | | |
| 12 | | 62.9 | 44 | 34.2 | | | 0 | | | | | | 5.6 | 83.8 |
| | 5 | | | | | | | | | | | | | |
| 15 | | 66.9 | 46.8 | 44 | | | 5.6 | 0 | | | | | 7 | 103 |
| | 5 | | | | | | | | | | | | | |
| 18 | | 60.7 | 42.5 | 46.8 | | | 14.9 | 5.6 | 0 | | | | 8.4 | 118 |
| | 40 | | | | | | | | | | | | | |
| 21 | | 53.7 | 37.6 | 42.5 | | | 24.4 | 14.9 | 44.8 | 0 | | | 9.8 | 174 |
| | 56 | | | | | | | | | | | | | |
| 24 | | 47.5 | 33.3 | 37.6 | | | 31.5 | 24.4 | 119 | 62.7 | 0 | | 11.2 | 320 |
| | 35 | | | | | | | | | | | | | |
| 27 | | 42 | 29.4 | 33.3 | | | 33.4 | 31.5 | 196 | 166 | 39.2 | 0 | 12.6 | 541 |
| | 29 | | | | | | | | | | | | | |
| 30 | | 37.1 | 26 | 29.4 | | | 30.4 | 33.4 | 252 | 274 | 104 | 32.6 | 14 | 796 |
| 33 | | 32.8 | 23 | 26 | | | 26.8 | 30.4 | 268 | 352 | 171 | 86 | 15.4 | 999 |
| 36 | | 29 | 20.3 | 23 | | | 23.8 | 26.8 | 243 | 375 | 220 | 142 | 16.8 | 1091 |
| 39 | | 25.6 | 17.9 | 20.3 | | | 21 | 23.8 | 215 | 340 | 234 | 182 | 18.2 | 1072 |
| 42 | | 22.6 | 15.8 | 17.9 | | | 18.6 | 21 | 190 | 300 | 212 | 194 | 19.6 | 989 |
| 45 | | 20 | 14 | 15.8 | | | 16.4 | 18.6 | 168 | 266 | 188 | 176 | 21 | 884 |
| ⋮ | | ⋮ | ⋮ | ⋮ | | | ⋮ | ⋮ | ⋮ | ⋮ | ⋮ | ⋮ | ⋮ | ⋮ |
| ⋮ | | ⋮ | ⋮ | ⋮ | | | ⋮ | ⋮ | ⋮ | ⋮ | ⋮ | ⋮ | ⋮ | ⋮ |

## 第三节　圩区排涝水文计算

### 一、圩区排涝的特点

圩区地势低洼，圩内耕地的涝水虽能自排至圩内洼地、湖泊、水塘和河沟之中，但由于汛期的外河水位经常高于圩内田面，使圩内涝水无法向外河自流排出。必须配置一定的动力设备，进行机电抽排，才能解决圩内积涝问题。在雨量稀少而作物需水量较大的干旱季节，圩内沟塘等水量如不能满足农作物用水需要，必须引用圩外河水进行灌溉。此时，由于外河水位经常低于圩内地面高程，需要由抽水站将外河水提入圩内。因此，圩区治涝涉及的问题比平原地区更为复杂，必须考虑以排为主结合灌溉的排灌系统和抽水站的规划设计问题，才能保证农作物的高产稳产。

## 二、圩区排涝模数的计算方法

设计排涝模数的计算是圩区抽水站规划设计的主要内容之一。设计排涝模数，也称设计排水率，其大小直接控制抽水站和机电排灌系统的装机容量及涵闸尺寸。

圩区的设计排涝模数一般是根据降雨资料应用水量平衡原理进行计算的。若用长系列操作法计算排涝模数时需要根据逐日降雨资料，按水田、旱地、水面等不同下垫面条件，分别计算逐日产水量和沟塘、水田的滞蓄水量，通过蓄排演算，求出每年的最大排涝模数，然后将各年的最大排涝模数作频率分析，求得指定频率下的排涝模数。

## 三、用平均排出法推求设计排涝模数

对于中小圩区,更普遍的是采用简化的计算方法——平均排出法。即用设计暴雨产生的水量在排涝历时(一般为作物耐淹历时)内平均排出的方法来计算设计排涝模数。计算公式如下：

$$M=\frac{R-V}{3.6Tt} \tag{9-20}$$

式中 $M$——设计排涝模数，$m^3/(s\cdot km^2)$；

$R$——设计暴雨产生的总产水量，包括水田、旱地非耕地、沟塘的产水量和圩堤渗漏量及套闸（简易船闸）进水量，mm；

$V$——圩内滞蓄水量，包括沟塘和水田的滞蓄水量，mm；

$T$——排涝历时，d；

$t$——抽水机每天工作时间，一般为18～22h；

3.6——单位换算系数。

计算设计排涝模数时，必须事先通过调查研究和分析有关资料，确定各种产水量和滞蓄水量。

### （一）产水量和滞蓄水量的确定

圩区设计排涝模数计算中设计暴雨的计算方法与平原地区相同。现将由设计暴雨形成的各种产水量和滞蓄水量的确定方法分述于下。

#### 1. 产水量指标

（1）水田产水量。水田产水量应为降雨量扣除水稻蓄水量，再乘以水田面积率。水稻每天需水量随品种和生长期而不同，晴天雨天也有差别，应根据各地灌溉试验成果确定。通常可用下式估算：

$$E_{水田}=\alpha E \tag{9-21}$$

式中 $E_{水田}$——水稻日需水量，mm；

$E$——蒸发器的日蒸发量，mm；

$\alpha$——需水系数，由灌溉试验资料分析得出。如江苏省水稻全生长期的 $\alpha$ 平均值为1.50。

(2) 旱地非耕地产水量。旱地非耕地的产水量与前期土壤含水情况有关。一般可移用附近平原地区的降雨径流相关图，根据设计暴雨和设计前期影响雨量推求净雨深。亦可根据流域最大损失量 $I_m$ 与前期影响雨量 $P_a$ 的差值决定损失量，或用径流系数扣损。将求得的净雨深（径流深）乘以旱地非耕地面积率，即为旱地非耕地产水量。

(3) 沟塘产水量。降雨量扣除水面蒸发量，再乘以沟塘面积率，即为沟塘产水量。水面蒸发量可用下式计算：

$$E_{水} = KE \tag{9-22}$$

式中 $E_{水}$——水面日蒸发量，mm；

$K$——蒸发器系数，根据各地试验资料确定，缺乏资料时可参照表 2-3 选用。

(4) 圩堤渗漏量及套闸进水量。圩堤渗漏量与圩内外水位差、圩堤土质和圩堤质量等有关，可通过试验或实地调查确定。圩区为了运粮运肥和交通航运的需要，常在主要圩口兴建套闸。套闸每次开放时的进水量，可通过调查计算得出。

2. 蓄水量指标

(1) 沟塘滞蓄水量。沟塘滞蓄水量等于沟塘预降水深乘以沟塘面积率。为了预防暴雨的突然到来，在汛期中沟塘水位一般要求预降到一定深度。工程配套齐全、管理较好的圩区，沟塘水位可预降多一些，一般可达 0.8～1.0m；工程配套不全、管理较差的圩区，可预降少一些，如 0.5m 左右。决定预降水深时，要注意兼顾灌溉、航运、生活用水和养殖等要求。圩内沟塘水面面积则可根据大比例尺的地形图量算。必要时，应通过实地调查核实。

(2) 水田滞蓄水量。水田滞蓄水量等于水田滞蓄水深乘以水田面积率。水田滞蓄水深等于水稻耐淹水深减去水稻适宜水深。水稻耐淹能力（包括耐淹水深和耐淹天数）及水稻适宜水深随水稻品种和生长期不同而变化，可参考各地试验成果确定。

(二) 设计排涝模数的计算

产水量和滞蓄水量确定后，即可代入式（9-20）计算设计排涝模数。

**【例 9-2】** 江苏省某圩区，总面积为 3.8km²，其中水田面积占 80%，旱地非耕地面积占 15%，沟塘水面积占 5%。圩堤渗漏量为 0.2mm/d，套闸进水量为 0.55mm/d，水稻需水量为 6.8mm/d，水面蒸发量为 3.3mm/d，水田滞蓄水深采用 30mm，沟塘预降深度为 0.5m，抽水机每天工作时间以 22h 计，设计暴雨为日雨量 200mm，要求 2d 排出。试求设计排涝模数和设计排涝流量。

(1) 计算水田产水量。2d 的水稻需水量为 6.8×2=13.6(mm)，净雨深为 200−13.6=186.4(mm)，则：

$$水田产水量 = 186.4 \times 80\% = 149.1(mm)$$

(2) 计算旱地非耕地产水量。已知设计暴雨量为 200mm，设计前期影响雨量采用 55mm，在该地区的降雨径流相关图 $(P+P_a) \sim R$ 中查得设计净雨深为 149mm，则：

$$旱地非耕地产水量 = 149 \times 15\% = 22.4(mm)$$

(3) 计算沟塘产水量。2d 的水面蒸发量为 3.3×2=6.6(mm)，净雨深为 200−6.6=193.4(mm)，则：

$$沟塘产水量 = 193.4 \times 5\% = 9.7(mm)$$

（4）计算圩堤渗漏量及套闸进水量，即：

$$圩堤渗漏量及套闸进水量 = (0.2 + 0.55) \times 2 = 1.5(mm)$$

（5）计算圩内总产水量 $R$，即：

$$R = 149.1 + 22.4 + 9.7 + 1.5 = 182.7(mm)$$

（6）计算沟塘滞蓄水量。沟塘预降水深为 0.5m，则：

$$沟塘滞蓄水量 = 0.5 \times 1000 \times 5\% = 25(mm)$$

（7）计算水田滞蓄水量。水田滞蓄水深为 30mm，则：

$$水田滞蓄水量 = 30 \times 80\% = 24(mm)$$

（8）计算圩内总滞蓄水量 $V$，即：

$$V = 25 + 24 = 49(mm)$$

（9）计算设计排涝模数 $M$。排涝历时 $T$=2d，抽水机每天工作时间 $t$=22h，则：

$$M = \frac{R - V}{3.6Tt} = \frac{182.7 - 49}{3.6 \times 2 \times 22} = 0.84[m^3/(s \cdot km^2)]$$

（10）计算设计排涝流量 $Q_P$。已知圩区总面积 $F$=3.8km$^2$，故：

$$Q_P = MF = 0.84 \times 3.8 = 3.2(m^3/s)$$

有了设计排涝流量，再根据圩内水位和外河水位确定设计扬程，就可以确定抽水站的装机容量。

实际工作中，常事先制作一些排涝模数的查算图，应用甚为方便，见图 9-3。

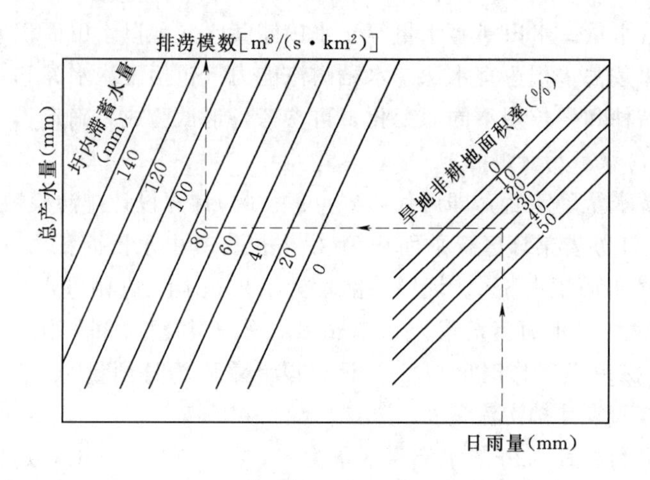


图 9-3　圩区排涝模数查算示意图

## 复习思考题与习题

1. 排涝水文计算有哪些特点？
2. 怎样用总入流槽蓄曲线法推求平原区设计排水流量过程线？
3. 圩区排涝有何特点？
4. 怎样用平均排出法推求圩区设计排涝模数？

# 第十章 水 文 预 报

本章研究水文现象的客观规律，利用现时已经掌握的水文、气象资料，预报水文要素未来变化过程。

## 第一节 概 述

水文预报是根据水文现象的客观规律，利用实测的水文气象资料，对水文要素未来变化进行预报的一门水文学科，它是水文学的一个重要组成部分。在防范水旱灾害和充分利用水资源的实践中，水文预报的理论有了很大提高和充实，应用也更为广泛。

### 一、水文预报的重要作用

可靠的洪水预报对防止洪水灾害具有特别重要的作用。例如在河流防洪抢险中，需要及时预报出防洪地点即将出现的洪峰水位、流量，以便在洪峰到来之前，迅速加高加固堤防、转移可能受淹的群众和物资，动用必要的防洪设施等，把洪水灾害减小到最低限度。图 10-1 为 1998 年长江沙市水位预报与实测情况。

在水库管理中，可以利用洪水预报，使上游洪水与区间洪水的高峰段彼此错开（称错峰）。即当下游洪水很大时，水库把上游洪水暂时蓄存起来，待下游洪峰过后，再加大水库泄量，把上游洪水释放出来，从而大大减低下游的洪峰和洪水灾害。例如 1998 年 8 月长江中下游发生近百年一遇的特大洪水，由于及时准确的洪水预报，对葛洲坝水库、隔河岩水库和漳河水库科学调度，使三峡以上来的洪水和清江、沮漳河洪水的洪峰互相错开，大大降低了荆江河段的洪峰水位，避免了荆江分洪损失，为战胜该年发生的特大洪水做出了巨大贡献。表 10-1 为 1998 年葛洲坝水库、隔河岩水库在错峰、调峰中，降低沙市水位发挥作用的分析结果。

另外，洪水预报还可较好地解决水库防洪与兴利的矛盾，在预报的洪水未进库之前，先打开泄洪闸门腾空一部分库容，以便洪水来临时能蓄存更多的水量；当洪水即将结束时，若预知近期没有很大的洪水入库，则可超蓄洪水尾部的一些水量，用于多发电、多灌溉，使现有工程发挥更多的效益。

### 二、水文预报的分类

水文预报按其预报的项目可分径流预报、冰情预报、沙情预报与水质预报。径流预报又可分洪水预报和枯水预报两种，预报的要素主要是水位和流量。水位预报指的是水位高程及其出现时间；流量预报则是流量的大小、涨落时间及其过程。冰情预报是利用影响河流冰情的前期气象因子，预报流凌开始、封冻与开冻日期，冰厚、冰坝及凌汛最高水位等。沙情预报则是根据河流的水沙相关关系，结合流域下垫面因素，预报年、月和一次洪水的含沙量及其过程。

水文预报按其预见期的长短，可分为短期水文预报与中长期水文预报。预报的预见期

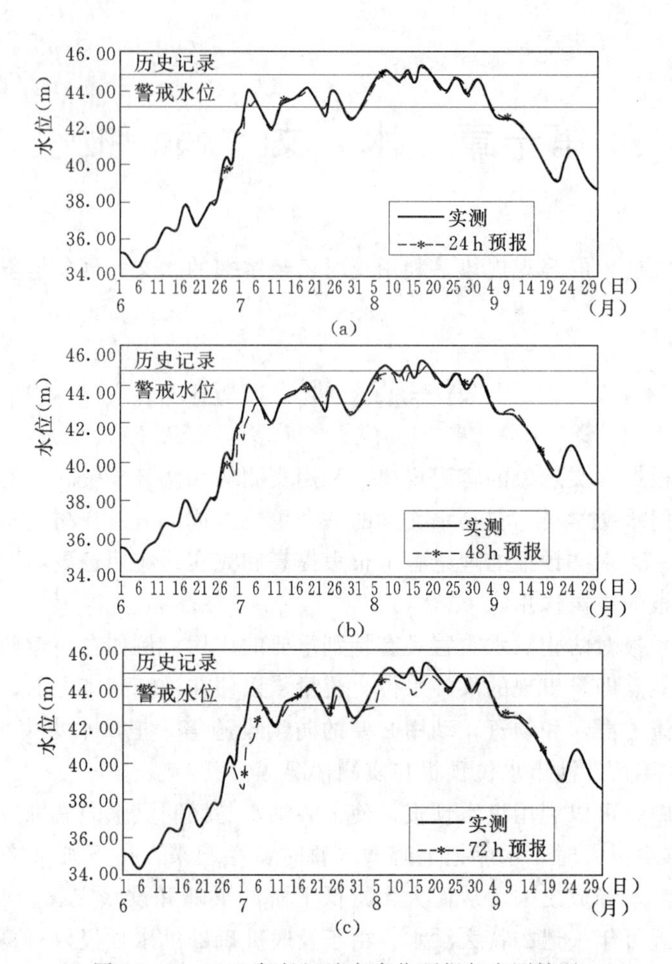


图 10-1 1998 年长江沙市水位预报与实测情况

**表 10-1 葛洲坝水库、隔河岩水库错峰调度对沙市水位的影响**

| 洪次 | 调蓄量统计 | | | | 水库有效消减的下泄水量 ($m^3/s$) | 消减流量降低的沙市站洪峰水位 (m) | 沙市站实测洪峰水位和时间 (m) (月.日.时) | 如不调蓄沙市站可能达到的洪峰水位 (m) |
|---|---|---|---|---|---|---|---|---|
| | 起讫日期 (月.日.时) | 起讫水位 (m) | 起讫库容 ($10^8 m^3$) | 使用的调蓄库容 ($10^8 m^3$) | | | | |
| 1 | 7.2.14～7.3.8 | 192.31～196.14 | 26.30～28.70 | 2.40 | 3500 | 0.23 | 43.95 (7.3.5) | 44.18 |
| 2 | 8.5.14～8.8.8 | 198.38～203.19 | 30.10～33.90 | 3.8 | 1060 | 0.07 | 44.96 (8.7.5) | 45.03 |
| 3 | 8.15.20～8.16.20<br>8.16.20～8.17.14 | 199.58～203.83 | 30.90～33.80 | 2.90 | −1300 (3600) | −0.09 (0.24) | 45.22 (8.17.9) | 45.33 (45.31) |
| | | 66.25～67.0 | 16.00～16.55 | 0.55 | 2400 | 0.21 | | |
| 4 | 8.25.5～8.26.8 | 65.48～66.46 | 15.45～16.15 | 0.70 | 2200 | 0.20 | 44.38 (8.26.10) | 44.58 |
| 5 | 8.30.20～8.31.14 | 65.48～66.70 | 15.45～16.34 | 0.89 | 1600 | 0.14 | 44.43 (8.31.17) | 44.57 |

**注** 表列前 6 行为隔河岩水库的影响，后 6 行为葛洲坝水库的影响。(45.31) 表示无隔河岩水库情况下 16 日 23 时沙市水位数据。

是指预报发布时刻与预报要素出现时刻之间的间距。预见期随水文预报方法不同而异。以流域降雨径流法预报为例，从降雨到达地面转化为出口断面的流量所经历的流域汇流时间，就是该方法所能提供的预见期。习惯上把主要由水文要素作出的预报称为短期预报；把包括气象预报性质在内的水文预报称为中长期预报。

三、水文预报工作的基本程序

水文预报工作大体上分为两大步骤。

(1) 制定预报方案。根据预报项目的任务，收集水文、气象等有关资料，探索、分析预报要素的形成规律，建立由过去的观测资料推算水文预报要素大小和出现时间的一整套计算方法，即水文预报方案，并对制定的方案按国家 2000 年 6 月 30 日开始实施的 SL250—2000《水文情报预报规范》要求的允许误差进行评定和检验。只有质量优良和合格的方案才能付诸应用，否则，应分析原因，加以改进。

(2) 进行作业预报。将现时发生的水文气象信息，通过报汛设备迅速传送到预报中心，随即经过预报方案算出即将发生的水文预报要素大小和出现时间，及时将信息发布出去，供有关的部门应用。这个过程称为作业预报。若现时水文气象信息是通过自动化采集、自动传送到预报中心的计算机内，由计算机直接按存储的水文预报模型程序计算出预报结果，这样的作业预报称为联机作业实时水文预报。

## 第二节　短期洪水预报

短期洪水预报包括河段洪水预报和降雨径流预报。河段洪水预报方法是以河槽洪水波运动理论为基础，由河段上游断面的水位和流量过程预报下游断面的水位和流量过程。降雨径流预报方法则是按降雨径流形成过程的原理，利用流域内的降雨资料预报出流域出口断面的洪水过程。

一、河段中的洪水波运动

流域上大量降水后，产生的净雨迅速汇集，注入河槽，由于降雨量时空分布不均匀、河网干支流和分布形状的不同，以及水流汇集速度的快慢，河道接纳的水量沿程不同，引起流量的剧增，使河道沿程水面发生高低起伏的一种波动，称为洪水波。

天然河道里洪水波主要受重力和惯性力作用，属于重力波，它是一种徐变的不稳定流。假定图 10-2 所示河段为棱柱形河槽，则稳定流水面比降 $i_0$ 与河道坡降相同，而洪水波的水面比降 $i$ 与 $i_0$ 是不相同的。波前部分 $i>i_0$，波后部分 $i<i_0$。

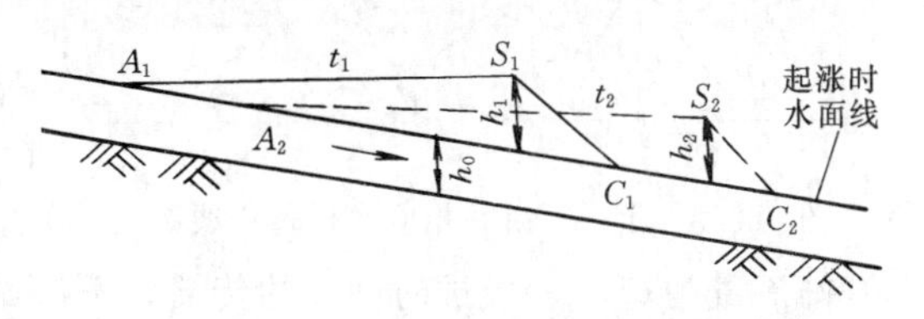

图 10-2　河道中洪水波变形示意图

洪水波水面比降 $i$ 与同水位的稳定流比降 $i_0$ 之差，称为附加比降 $i_\Delta$，即 $i_\Delta=i-i_0$。附加比降是洪水波的主要特征之一，当水流稳定时，$i_\Delta=0$；涨洪时，$i_\Delta>0$；落洪时，$i_\Delta<0$。

洪水波沿河道向下游传播过程中，不断发生变形，图 10-2 所示的洪水波变形有两种形态，即洪水波的展开和扭曲。在图中从 $t_1$ 到 $t_2$ 时刻，洪水波的位置自 $A_1S_1C_1$ 传播到 $A_2S_2C_2$，由于洪水波波前（$SC$ 部分）的附加比降大于波后（$AS$ 部分）的附加比降，波前的水流运动速度也就大于波后的，使洪水波在传播过程中，波长不断加大，波高却不断减小，即 $A_2C_2>A_1C_1$，$h_2<h_1$，这种现象称为洪水波的展开。

同时，洪水波上各处的水深不同，也使洪水波发生变形。波峰 $S_1$ 处水深最大，其运动速度亦大；波的开始点 $C_1$ 处水深最小，其运动速度亦小。因此，随着洪水波向下游传播，波峰向它的起点逼近，波前长度不断减小，即 $S_2C_2<S_1C_1$，附加比降不断加大，而波后的长度不断增加，即 $A_2S_2>A_1S_1$，附加比降不断减小。因而波前水量不断向波后转移，这种现象称为洪水波的扭曲。这两种现象是并存与同时发生的，其出现的原因正是因为附加比降的影响。

河道断面边界条件的差异对洪水波变形也有显著影响。若河段下断面面积比上断面积大得多，则洪水波的展开就更为显著。又如洪水漫滩时，洪水波的展开量将大大增加，致使洪峰降低，洪水历时增长。

此外，河段有区间入流时，由于有旁侧入流的加入，改变了洪水波的流量和速度，从而使洪水波的变形更为复杂。

## 二、相应水位（流量）法

根据河段洪水波运动和变形规律，利用河段上断面的实测水位（流量），预报河段下断面未来水位（流量）的方法，称为相应水位（流量）法。用相应水位（流量）法制作预报方案时，一般不直接去研究洪水波的变形问题，而是用断面实测水位（流量）过程资料，建立上下游站同次洪水水位（流量）间的相关关系，综合反映该河段洪水波变形的各项因素。

### 1. 基本原理

相应水位（流量）是指在河段同次洪水过程线上，处于同一位相点上、下站的水位（流量）。

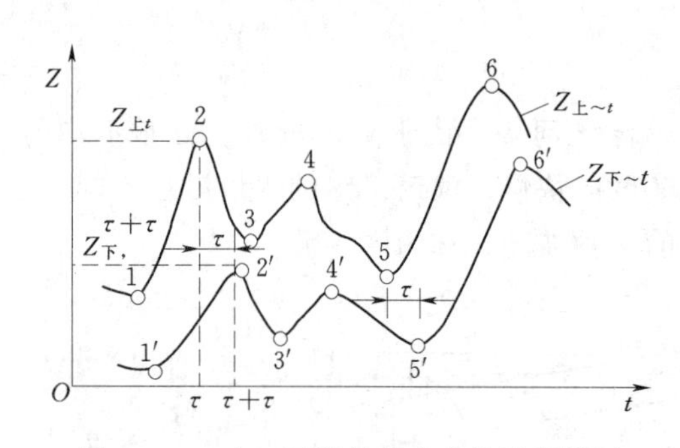


图 10-3　上、下游站相应水位过程线图

如图 10-3 所示某次洪水过程线上的各个特征点，例如上游站 2 点洪峰水位经过河段传播时间 $\tau$，在下游站 $2'$ 点的洪峰水位，就是同位相的水位；处于同一位相点上、下游站的流量称为相应流量。

河段相应水位与相应流量有直接关系，要研究河道中水位的变化规律，就应当研究形成该水位的流量变化规律。

设河段上下游两站的距离为 $L$，$t$ 时刻的上游站流量为 $Q_{上,t}$，经过时间 $\tau$ 的传播，下游站的相应流量为 $Q_{下,t+\tau}$，若无区间入流，两者的关系为：

$$Q_{下,t+\tau}=Q_{上,t}-\Delta Q_L \tag{10-1}$$

式中　$\Delta Q_L$——上下游站相应流量的差值，称为洪水波展开量，与附加比降有关。

若在 $\tau$ 时间内，河段有区间入流 $q$，则下游站 $t+\tau$ 时刻形成的流量为：

$$Q_{下,t+\tau}=Q_{上,t}-\Delta Q_L+q \tag{10-2}$$

式（10-2）是相应水位（流量）法的基本方程。

2. 无支流河段的相应水位预报

在制定相应水位法的预报方案时，一般采取水位过程线上的特征点，如洪峰、波谷等，做出该特征点的相应水位关系曲线与传播时间曲线，代表该河段的相应水位关系。

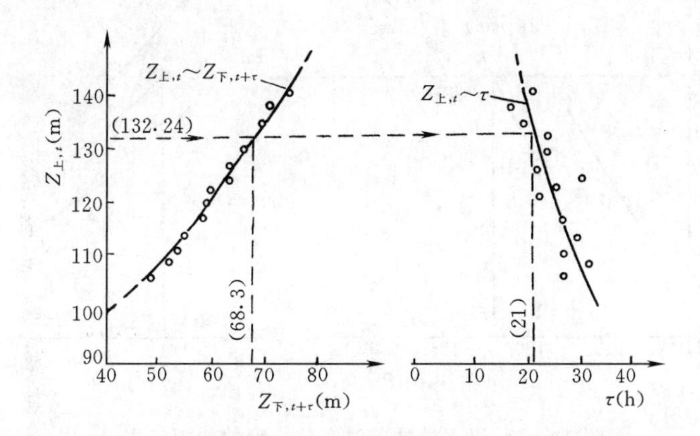


图 10-4　某河相应洪峰水位及传播时间关系曲线

(1) 简单的相应水位法。在无支流汇入的河段上，若河段冲淤变化不大，无回水顶托，且区间入流较小时，影响洪水波传播的因素比较单纯。此时，可根据上游站和下游站的实测水位过程线，摘录相应的特征点即洪峰水位值及其出现时间（见表 10-2），并绘制相应洪峰水位相关曲线及其传播时间曲线（见图 10-4），即：

$$Z_{下,t+\tau}=f(Z_{上,t}) \tag{10-3}$$

$$\tau=f(Z_{上,t}) \tag{10-4}$$

作为预报方案。在作业预报时，按 $t$ 时上游出现的洪峰水位 $Z_{上,t}$，在 $Z_{上,t}\sim Z_{下,t+\tau}$ 曲线上查得 $Z_{下,t+\tau}$，在 $Z_{上,t}\sim\tau$ 曲线上查得 $\tau$，从而预报出 $t+\tau$ 时下游将要出现的洪峰水位 $Z_{下,t+\tau}$。例如已知某日 5 时上游站洪峰水位为 132.24m，查图 10-4 得到下游站洪水位为 68.30m，洪水传播时间为 21h，即预报下游站次日 2 时将出现洪峰水位 68.30m。

**表 10-2　某河上游站～下游站相应洪峰水位及传播时间（1974 年）**

| 上游站洪峰 | | | | 下游站洪峰 | | | | 传播时间 |
|---|---|---|---|---|---|---|---|---|
| 月 | 日 | 时 | 水位(m) | 月 | 日 | 时 | 水位(m) | $\tau$(h) |
| 6 | 13 | 2 | 112.40 | 6 | 14 | 8 | 54.80 | 30 |
| 6 | 22 | 14 | 116.74 | 6 | 23 | 17 | 57.20 | 27 |
| 7 | 31 | 10 | 123.78 | 8 | 1 | 17 | 62.76 | 31 |
| 8 | 12 | 15 | 137.21 | 8 | 13 | 8 | 71.43 | 17 |

这种简单的相应洪峰水位预报方法，通常只对无支流汇入的山区性河段效果才比较好。在中、下游地区，由于附加比降相对影响较大，一般预报精度不高。改进的方法是采用以下游站同时水位 $Z_{下,t}$ 为参数的预报方法，能在一定程度上考虑这种影响。

(2) 以下游站同时水位为参数的相应水位法。下游站同时水位 $Z_{下,t}$ 就是上游站水位 $Z_{上,t}$ 出现时刻的下游水位，它与 $Z_{上,t}$ 一起能反映 $t$ 时刻的水面比降变化，同时也间接地反映区间入流和断面冲淤以及回水顶托等因素的影响。此时，相应水位的关系式为：

$$Z_{下,t+\tau}=f(Z_{上,t},Z_{下,t}) \tag{10-5}$$

$$\tau=f(Z_{上,t},Z_{下,t}) \tag{10-6}$$

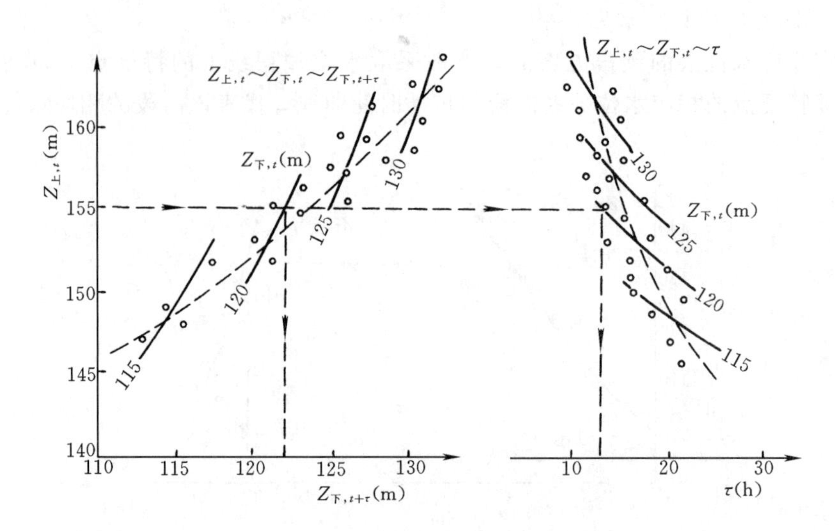


图 10-5　以下游站同时水位为参数的相应水位及传播时间关系曲线图

依上式制作预报方案时，以下游站同时水位 $Z_{下,t}$ 为参数作等值线，分别绘制 $Z_{上,t}\sim Z_{下,t}\sim Z_{下,t+\tau}$ 和 $Z_{上,t}\sim Z_{下,\tau}\sim\tau$ 相关曲线，如图 10-5 所示。预报时，$t$ 时刻的 $Z_{上,t}$ 及 $Z_{下,t}$ 为已知，即可按图 10-5 上的箭头方向查得 $Z_{下,t+\tau}$ 和 $\tau$。

3. 以上游站涨差为参数的水位相关法

上述各种洪峰水位预报方案，可近似地用来预报下游站的洪水过程。但由于它们没有反映洪水过程中附加比降的变化等因素，使预报的洪水过程常常有比较大的系统误差。为克服这种缺点，可用以上游站水位涨差为参数的水位相关法。

洪水波通过某一断面时，波前的附加比降为正，水面比降大，使涨水过程的涨率 $dZ_{下}/dt(dQ_{上}/dt)$ 为正；波后的附加比降为负，水面比降小，使落水过程的涨率为负。因此，水位（流量）过程线的涨（落）率在很大程度上反映了附加比降和水面比降的大小。

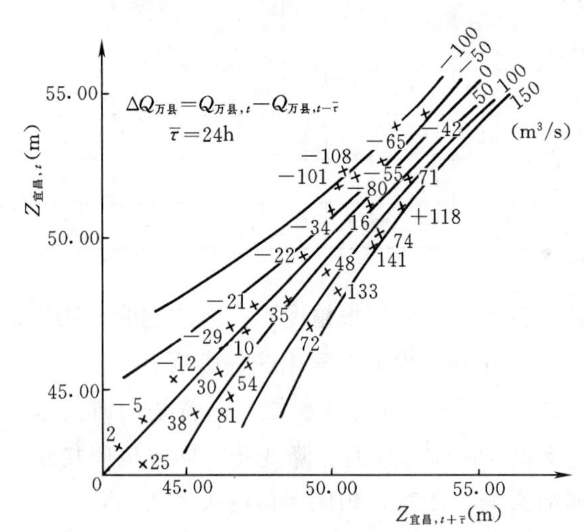


图 10-6　长江万县水文站—宜昌水文站以上游站涨差为参数的水位预报方案

水位（流量）涨率在实用上可取有限差形式，即 $\Delta Z_{上}/\Delta t$，且取 $\Delta t$ 为平均河段洪水传播时间 $\bar{\tau}$，则涨差 $\Delta Z_{上}$（或 $\Delta Q_{上}$）就反映了涨率的变化，于是可以得到以上游站洪水涨差为参数的水位预报方程为：

$$Z_{下,t+\bar{\tau}}=f(Z_t,\Delta Z_{上})\quad(10-7)$$

$$\Delta Z_{上}=Z_{上,t}-Z_{上,t-\bar{\tau}}\quad(10-8)$$

或

$$Z_{下,t+\bar{\tau}}=f(Z_t,\Delta Q_{上})\quad(10-9)$$

$$\Delta Q_{上}=Q_{上,t}-Q_{上,t-\bar{\tau}}\quad(10-10)$$

式中，$Z_t$ 可以取 $Z_{上,t}$，也可以取 $Z_{下,t}$，都在一定程度上反映了涨水中的底水影响。图 10－6是长江万县水文站—宜昌水文站河段以 $\Delta Q_{上}$ 为参数的水位预报方案。预报时，$t$ 时刻的 $Z_{上,t}$（或 $Z_{下,t}$）、$\Delta Z_{上}$（或 $\Delta Q_{上}$）为已知，故可在图上查出预报的下游水位 $Z_{下,t+\bar{\tau}}$，预见期为 $\bar{\tau}$。

## 三、合成流量法

在有支流汇入的河段，下游站的洪水是上游站、支流站洪水合成的结果，可采用合成流量法制定预报方案。该法预报下游站流量的关系式为：

$$Q_{下,t} = f\left(\sum_{i=1}^{n} Q_{上,i,t-\tau_i}\right) \tag{10-11}$$

式中　$Q_{上,i,t-\tau_i}$——上游干、支流各站相应流量，$m^3/s$；

$\tau_i$——上游干、支流各站到下游站的洪水传播时间，h；

$n$——上游干、支流的测站数目。

根据式（10－11）的关系，按照上游干、支流各站的传播时间，把各站同时刻到达下游站的流量叠加起来得合成流量，然后建立合成流量与下游站相应流量的关系曲线（见图 10－7）进行预报的方法称为合成流量法。该法的预见期取决于上游各站中传播时间最短的一个。一般情况下，上游各站中以干流站的流量为最大，从预报精度的要求出发，常常用它的传播时间 $\tau$ 作为预报方案的预见期。预报时，以上游的干流站当时实测流量，加上其余各支流站错开传播时间后的流量得合成流量，即可预报下游站的流量。如果支流站的传播时间小于干流站的传播时间，求合成流量时，还需对该支流站的相应流量做出预报。

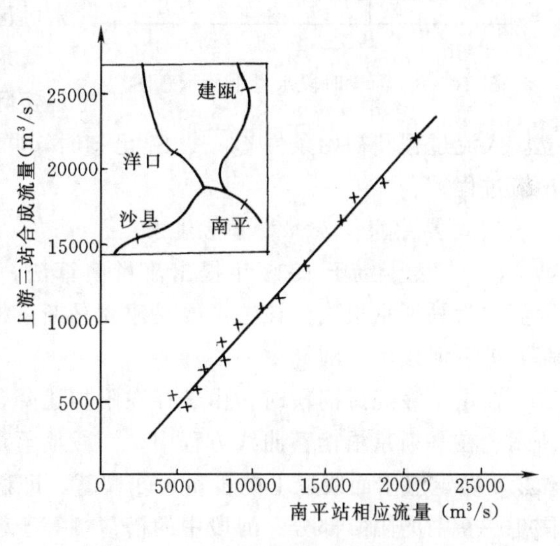

图 10－7　合成流量法预报示意图

如果附加比降和底水影响较大，则在相关图中加入下游站同时水位为参数。

## 四、流量演算法

天然河道里的洪水波运动属于不稳定流，洪水波的演进与变形可用圣维南（Saint－Venant）方程组描述。但是求解这些方程组比较烦琐，而且需要详细的河道地形和糙率资料。因此，水文上采用的流量演算法是把连续方程简化为河段水量平衡方程，把动力方程简化为槽蓄方程，然后联立求解，将河段的入流过程演算为出流过程的方法。

1. 基本原理

在无区间入流的情况下，河段流量演算可由以下两个基本公式组成，即：

$$\frac{\Delta t}{2}(Q_{上,1} + Q_{上,2}) - \frac{\Delta t}{2}(Q_{下,1} + Q_{下,2}) = S_2 - S_1 \tag{10-12}$$

$$S = f(Q) \tag{10-13}$$

式中 $Q_{上,1}$、$Q_{上,2}$——时段始、末上断面的入流量，$m^3/s$；

$Q_{下,1}$、$Q_{下,2}$——时段始、末下断面的出流量，$m^3/s$；

$\Delta t$——计算时段，h；

$S_1$、$S_2$——时段始、末河段蓄水量，$h \cdot m^3/s$。

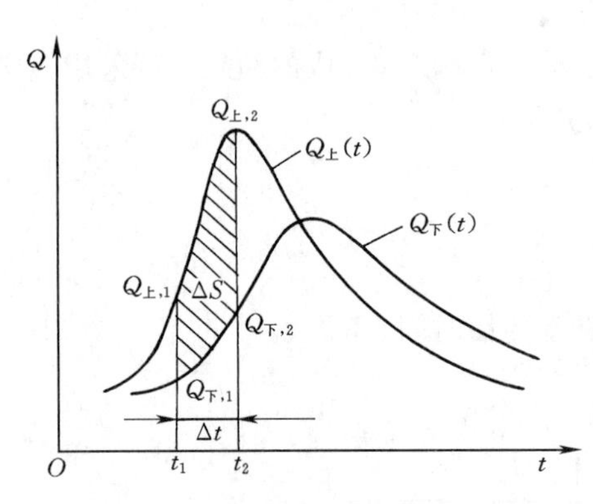


图 10-8 河段时段水量平衡示意图

式（10-12）是河段水量平衡方程式，其相互关系如图 10-8 所示。图中阴影部分为 $\Delta S = S_2 - S_1$。式（10-13）表示河段蓄水量与流量间的关系，称为槽蓄方程，按此式制作的关系曲线称为槽蓄曲线。

水量平衡方程（10-12）式中，当河段有区间入流量时，在式的左边应增加 $\Delta t$ 内的区间入量（$q_1+q_2$）$\Delta t/2$ 一项。其中 $q_1$、$q_2$ 为时段始、末的区间入流量。

求解上述两式的关键，在于能否建立反映客观实际的槽蓄曲线。若河段的槽蓄方程已经建立，入流过程和初始条件 $Q_{下,1}$、$S_1$ 已知时，联解算式（10-12）和式（10-13），可求得出流过程。

2. 马斯京根法及其槽蓄曲线方程

G. T. 麦卡锡于 1938 年提出流量演算法，此法最早在美国马斯京根河流域上使用，因而称为马斯京根法。该法主要是建立马斯京根槽蓄曲线方程，并与水量平衡方程联立求解，进行河段洪水演算。

在洪水波经过河段时，由于存在附加比降，洪水涨落时的河槽蓄水量情况如图 10-9 所示。在马斯京根槽蓄曲线方程中，河段槽蓄量由两部分组成：①柱蓄，即同一下断面水位 $Z_下$ 稳定流水面线以下的蓄量；②楔蓄，即稳定流水面线与实际水面线之间的蓄量，如图 10-9 中的阴影部分。河段中的槽蓄量等于柱蓄与楔蓄的总和。

令 $x$ 为流量比重因素，$S_{Q上}$、$S_{Q下}$ 分别为上、下断面在稳定流情况下的蓄量，$S$ 为河段内的总蓄量。在图 10-9（a）中，$S$ 包括柱蓄和楔蓄两部分，于是可以建立蓄量关系：

$$S = S_{Q下} + x(S_{Q上} - S_{Q下})$$

同理，在图 10-9（b）中，建立蓄量关系：

$$S = S_{Q下} - x(S_{Q下} - S_{Q上})$$

上述两式相同，均为：

$$S = xS_{Q上} + (1-x)S_{Q下} \tag{10-14}$$

一般情况下，天然河道中的断面流量与相应的槽蓄量近似地按稳定流对待，即具有单值关系：

$$S_{Q上} = KQ_上；\quad S_{Q下} = KQ_下$$

式中，$K$ 为稳定流情况下的河段传播时间。将上面两式代入式（10-14），可得：

$$S = K[xQ_上 + (1-x)Q_下] \tag{10-15}$$

令

$$Q' = xQ_上 + (1-x)Q_下 \tag{10-16}$$

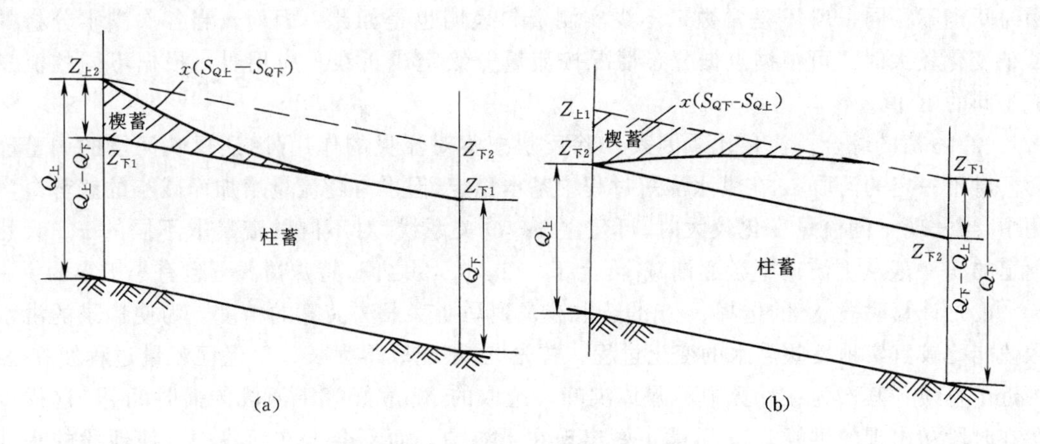


图 10-9　河段槽蓄量示意图

(a) 涨水情况；(b) 落水情况

$Q'$称为示储流量，得：

$$S = KQ' \tag{10-17}$$

式（10-15）或式（10-17）就是马斯京根槽蓄曲线方程。

3. 马斯京根流量演算方程

通过联解水量平衡方程式（10-12）和马斯京根槽蓄曲线方程式（10-15），可得马斯京根流量演算方程：

$$Q_{下,2} = C_0Q_{上,2} + C_1Q_{上,1} + C_2Q_{下,1} \tag{10-18}$$

其中：

$$\left.\begin{aligned} C_0 &= \frac{0.5\Delta t - Kx}{K - Kx + 0.5\Delta t} \\ C_1 &= \frac{0.5\Delta t + Kx}{K - Kx + 0.5\Delta t} \\ C_2 &= \frac{K - Kx - 0.5\Delta t}{K - Kx + 0.5\Delta t} \end{aligned}\right\} \tag{10-19}$$

式中，$C_0$、$C_1$、$C_2$ 都是 $K$、$x$ 和 $\Delta t$ 的函数。对于某一河段而言，只要确定了 $K$ 和 $x$ 值，$C_0$、$C_1$、$C_2$ 即可求得，从而由入流过程和初始条件，通过式（10-18）逐时段演算，求得出流过程。

由式（10-19）可以证明 $C_0+C_1+C_2=1.0$，可供推求系数时作校核用。

应用马斯京根法的关键是如何合理地确定 $x$ 和 $K$ 值。目前，一般采用试算法，由实测资料通过试算求解 $x$、$K$ 值，也就是对某一次洪水，假定不同的 $x$ 值，按式（10-16）计算 $Q'$，做出 $S\sim f(Q')$ 关系曲线，其中能使二者关系成为单一直线的 $x$ 值即为此次洪水所求的 $x$ 值，而该直线的斜率即为所求的 $K$ 值。取多次洪水作相同的计算和分析，就可以确定该河段的 $x$、$K$ 值。

4. 马斯京根法中几个问题的分析

(1) $K$ 值的综合。从 $K=S/Q'$ 可知，$K$ 具有时间的因次，它基本上反映河道稳定流时河段的传播时间。在不稳定流情况下，流速随水位高低和涨落过程而不同，所以河段传播时间也不相同，$K$ 不是常数，不少实测资料表明也是如此。因而，当各次洪水分析的 $K$ 值变化较大时，可根据点据分布情况按流量分级定成折线。应用时，根据不同的流量取不同的 $K$ 值。

(2) $x$值的综合。流量比重因素 $x$ 除反映楔蓄对流量的作用外,还反映河段的调蓄能力。对于一定的河段,$x$ 在洪水涨落过程中基本稳定,但也有随流量增加而减小的趋势。实用中,当发现 $x$ 随流量变化较大时,可建立 $x \sim Q$ 关系线,对不同的流量取不同的 $x$。天然河道的 $x$ 一般从上游向下游逐渐减小,介于 0.2～0.45 之间,特殊情况下也有小于零的。

(3) 计算时段 $\Delta t$ 的选择。$\Delta t$ 的选取涉及到马斯京根法演算的精度。为使摘录的洪水数值能比较真实地反映洪水的变化过程，首先 $\Delta t$ 不能取得太长，以保证流量过程线在 $\Delta t$ 内近于直线；其次为在计算中不漏掉洪峰，选取的 $\Delta t$ 最好等于河段传播时间 $\tau$。这样上游在时段初出现的洪峰，$\Delta t$ 后就正好出现在下游站，而不会卡在河段中，使河段的水面线呈上凸曲线。当演算的河段较长时，为了照顾前面的要求，也可取 $\Delta t$ 等于 $\tau$ 的 1/3 或 1/2，这样计算洪峰的精度差一些，但能保证不漏掉洪峰。若使二者都得到照顾，则可把河段划分为许多子河段，使 $\Delta t$ 等于子河段的传播时间，然后从上到下进行多河段连续演算，推算出下游站的流量过程。

(4) 预见期问题。马斯京根流量演算公式中，只有知道了时段末的流量 $Q_{上,2}$ 才能推算 $Q_{下,2}$，因此，该法用于预报时是没有预见期的。如果取 $\Delta t = 2Kx$，则 $C_0 = 0$，$Q_{下,2} = C_1 Q_{上,1} + C_2 Q_{下,1}$ 就可以有一个时段的预见期了。如果上断面的入流是由降雨径流预报等方法先预报出来，该法推算出的下断面出流，可以得到一定的预见期。因此，该法在预报中仍得到了广泛的应用。

## 五、降雨径流预报

降雨径流预报是利用流域降雨量经过产流计算和汇流计算，预报出流域出口断面的径流过程。因此，降雨径流预报主要包括两方面的内容：第一是由降雨量推求净雨量；第二是由净雨过程推求流域出口断面的径流过程。有关这两个问题的计算原理和计算方法，已在第七章作了详细介绍，这里只结合预报问题，作进一步说明。

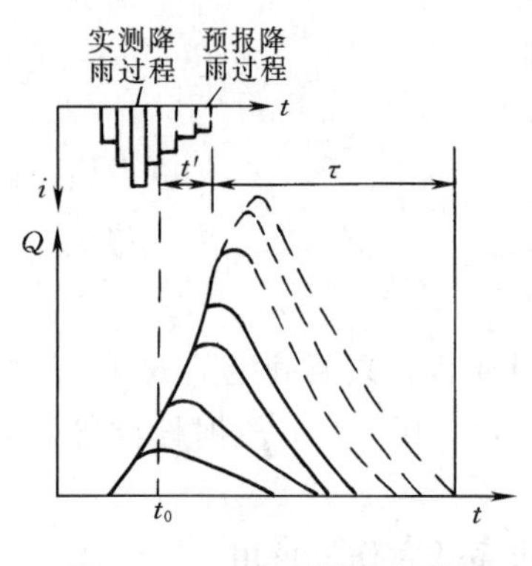


图 10-10　降雨径流法预报洪水过程示意图

(1) 编制降雨径流方案。根据流域自然地理特征和实测资料条件，运用第七章讲述的产、汇流原理和方法，建立流域产、汇流计算方案，如降雨径流相关图、单位线等。并对方案的预报精度进行评定和检验。

(2) 作业预报。在作业预报中，当 $t_0$ 时刻发布预报时，所依据的降雨量常包括两部分，一部分是 $t_0$ 以前的实测降雨量；另一部分是 $t_0$ 以后 $t'$时段内的预报降雨量。然后应用产、汇流方案，计算出 $t_0$ 至 $t_0 + t' + \tau$ 时段内预报的洪水过程（图 10-10），$\tau$ 为流域汇流历时。但由于 $t_0$ 时刻以后的雨量是预报值，有一定的误差，再加上预报方案的误差，两者都影响预报的精度。因此，在作业预报时，应根据实测时段降雨量或实测流量对预报的径流进行逐时段修正。

# 第三节 洪水实时预报方法

## 一、洪水实时预报的意义

水文现象受到自然界中众多因素的影响，人们采用的各种方法或模型都不可能将复杂的水文现象模拟得十分确切，水文预报估计值与实际出现值的偏离，即预报误差是不可避免的。实时预报就是利用在作业预报过程中，不断得到的预报误差信息，及时地校正、改善预报估计值或水文预报模型中的参数，使以后阶段的预报误差尽可能减小。

## 二、洪水实时预报方法的分类

1. 水文预报误差的来源

水文预报实时校正方法所依据的基本资料是水文预报方案的预报值与实测值的差值，即预报误差，亦称新息。预报误差的来源大致有如下几个方面：

(1) 模型结构误差。在对水文循环过程的模拟中，采用了不同程度简化的模型或不完善的处理方法，由此引起的误差称为模型结构误差。

(2) 模型参数估计误差。水文模型中的参数不论采用何种方法来优选率定（称为参数估计），其估计的模型参数对其真值来讲，总是存在着误差的。另外，根据各场洪水优选的模型参数，它是综合各场洪水的最优值，而对某一特定场次的洪水，它并非就是最合适的。

(3) 模型的输入误差。进行水文预报所输入的资料通常是降雨、流量和流域蒸散发，这些资料或由实测获得，或根据天气预报估算得到。前者存在着测验和时段统计平均误差，后者则存在着相当大的预报误差。

2. 实时预报校正模型

洪水实时预报校正包含两方面的内容：一是实时预报校正模型；二是实时校正方法。实时预报校正模型在很大程度上取决于水文模型的结构。

(1) “显式”结构的水文模型。当水文模型相对于模型的待定参数是线性关系模型时，称为“显式”结构。一种处理方法是将水文系统视为动态系统，模型的动态参数“在线”识别和实时预报是关键。另一种处理方法是将水文预报模型改造成系统状态方程和系统观测方程，利用滤波的方法进行实时校正。

(2) “隐式”结构水文模型。一般来讲，流域概念性水文模型是较复杂的“隐式”结构。目前在处理这类模型时，一种方法是对模型进行“显式”化处理；另一种方法是基于确定性流域水文模型的预报流量与实测流量的误差序列，建立流量误差预报的“显式”模型（如 AR 或 ARMA 模型），流域洪水预报即用预报的流量残差叠加到模型的计算流量上，从而完成洪水实时校正预报。

3. 实时预报校正方法的分类

为了提高洪水预报精度，就必须尽量地减少上述误差。根据不同预报误差的来源，实时预报校正方法可分为以下 3 种。

(1) 对模型参数实时校正。采用这类方法认为水文预报方法或模型的结构是有效的，只是由于存在数据的观测误差，导致率定的模型参数不准确，或是率定的模型参数对具体场次洪水并非最优。因此，在实际作业预报过程中，根据实际的预报误差不断地修正模型参数，以提高此后的预报精度。对模型参数进行实时校正的方法有最小二乘估计等方法。

（2）对模型预报误差进行预测。对已出现的预报误差时序过程进行分析，寻求其变化规律，建立合适的预报误差的模型。通过推求未来的误差值以校正尚未出现的预报值，从而提高洪水预报的精度。

（3）对状态变量进行估计。一个预报模型中能控制当前及以后时刻系统状态和行为的变量，称为状态变量。对状态变量的估计是认为预报误差来源于状态估计的偏差和实际观测的误差，通过实时修正状态变量来校正以后的预报值，从而提高预报的精度。卡尔曼滤波就是对状态变量进行实时校正的一种算法。

## 三、洪水实时预报的最小二乘方法

在水文预报模型参数的估计中，最小二乘法是一种常用的估计方法。通过最小二乘估计可以获得一个在最小方差意义上与实测数据拟合最好的模型。

### 1. 最小二乘估计的基本算法

假定变量 $y$ 与一个 $n$ 维变量 $X=(x_1, x_2, \cdots, x_n)$ 的线性关系为：

$$y = \theta_1 x_1 + \theta_2 x_2 + \cdots + \theta_n x_n \tag{10-20}$$

其中，$\theta=(\theta_1, \theta_2, \cdots, \theta_n)^T$ 是一个待定的参数向量，可以通过不同时刻对 $y$ 及 $X$ 的观测值估计出它们的数值。

设 $y(i)$ 和 $x_1(i)$，$x_2(i)$，$\cdots$，$x_n(i)$ 为在 $i$ 时刻所观测得的数据，$i=1, 2, \cdots, m$。可以用 $m$ 个方程表示这些数据的关系为：

$$y(i) = \theta_1 x_1(i) + \theta_2 x_2(i) + \cdots + \theta_n x_n(i) \quad (i = 1,2,\cdots,m) \tag{10-21}$$

式（10－21）可用矩阵形式表示成：

$$Y = X\theta + V \tag{10-22}$$

$$\text{其中}, Y = \begin{pmatrix} y(1) \\ y(2) \\ \vdots \\ y(m) \end{pmatrix}, \quad X = \begin{pmatrix} x_1(1), & x_2(1), & \cdots, & x_n(1) \\ x_1(2), & x_2(2), & \cdots, & x_n(2) \\ \vdots & \vdots & \vdots & \vdots \\ x_1(m), & x_2(m), & \cdots, & x_n(m) \end{pmatrix}, \quad \theta = \begin{pmatrix} \theta_1 \\ \theta_2 \\ \vdots \\ \theta_n \end{pmatrix}, V = \begin{pmatrix} v_1 \\ v_2 \\ \vdots \\ v_n \end{pmatrix}$$

在水文模型中，经常遇到测量次数 $m$ 超过方程组所需的定解条件数 $n$。最小二乘原理指出，最可信赖的参数值应在使残余误差平方和最小的条件下求出。

设估计误差向量 $V=(v_1, v_2, \cdots, v_n)^T$，并令：

$$V = Y - X\theta \tag{10-23}$$

目标函数：

$$J = \sum_{i=1}^{m} v_i^2 = V^T V = \min \tag{10-24}$$

将 $J$ 对 $\theta$ 求偏微分，并令其等于零，则可求得使 $J$ 趋于最小的估计值 $\hat{\theta}$，有：

$$\hat{\theta} = (X^T X)^{-1} X^T Y \tag{10-25}$$

这个结果就称为 $\theta$ 的最小二乘估计。

2. 最小二乘估计的递推算法

它是基于最小二乘推导出的、利用新信息来改进参数 $\theta_t$ 的递推估计算法，使参数实现在线识别。参数向量的递推算式：

$$\hat{\theta}_{(m+1)} = \hat{\theta}_{(m)} + K_{(m+1)}[Y(m+1) - X^T(m+1)\hat{\theta}_{(m)}] \quad (10-26)$$

$$K_{(m+1)} = P_{(m)}X(m+1)[I + X^T(m+1)P_{(m)}X(m+1)]^{-1} \quad (10-27)$$

$$P_{(m+1)} = [I - K_{(m+1)}X^T(m+1)]P_{(m)} \quad (10-28)$$

在递推过程中，当计及数据量不多时，新观测数据对参数的修正作用比较明显。当 $m$ 达到一定数量级后，新鲜资料对 $\theta$ 的修正作用趋于消失，模型从而进入“稳态”。

3. 衰减记忆最小二乘递推算法

在序贯最小二乘法中，将其目标函数中加入一个定常的指数权项（称为遗忘因子），以增加对新数据的重视程度。

$$J_{(m)} = \sum_{i=1}^{n}\lambda^{m-i}[Y(i) - X^T(i)\theta(i)]^2 \quad (10-29)$$

式中，$0<\lambda\leqslant 1$ 为权因子，当 $i=m$ 时，最新资料起的权重最大，$i<m$ 的各时段取的权重逐次减小，使参数实现衰减记忆的动态识别，其递推算式为：

$$\hat{\theta}_{(m+1)} = \hat{\theta}_{(m)} + K_{(m+1)}[Y(m+1) - X^T(m+1)\hat{\theta}_{(m)}] \quad (10-30)$$

$$K_{(m)} = P_{(m)}X(m+1)[\lambda^2 + X^T(m+1)P_{(m)}X(m+1)]^{-1} \quad (10-31)$$

$$P_{(m+1)} = \frac{1}{\lambda}[I - K_{(m)}X^T(m+1)]P_{(m)} \quad (10-32)$$

衰减记忆最小二乘递推算法对初值 $\hat{\theta}(0)$ 和 $P(0)$ 的选取，有两种方法：①整批计算，由最初的 $m$ 个数据直接用最小二乘的整批算法求出 $\hat{\theta}_{(m)}$ 和 $P_{(m)}$，以此作为递推计算的初值，从 $m+1$ 个数据开始，逐步进行递推计算；②预设初值，直接设定递推算法的初值 $\hat{\theta}(0), P(0) = \alpha I$，其中 $\alpha$ 为一个充分大的正数，$I$ 为单位矩阵。在进行递推计算中，尽管开头几步误差较大，但经过多次递推计算后，$\hat{\theta}$ 将逐步逼近真值。

应用递推最小二乘方法作实时洪水预报，是一个预报、校正、再预报、再校正，连续不断的预报校正过程。即每一时刻的模型参数估计值，可以用该时刻的观测值进行校正，并将校正后的模型参数，用于下一时刻的模型预报之中。

## 第四节　水文预报精度评定

由于影响水文要素的因素众多且情况比较复杂，在水文要素的观测，资料整理，以及从有限的实际资料分析得到的水文规律都存在着误差，再加上现行的预报方法多是在物理成因基础上做出某些简化甚至假定，使预报方法本身也存在一定的误差，从而使得预报的水文特征值与实际的水文特征值之间总存在一定的差别，这种差别称为预报误差。预报误差的大小反映了预报精度，是评定预报质量的基本依据。很明显，精度不高的预报其作用不大，精度太差的预报，反而会带来损失和危害。因此，在发布水文预报时，对预报精度必须进行评定。

精度评定的目的在于，使人们在应用预报方案时了解预报值的可靠性以及预报值的精确程度；同时通过精度评定，分析存在的问题，及时对预报方案进行改进，以促进水文预报技术和理论的发展。

评定和检验都应采取统一的许可误差和有效性标准。评定是对编制方案的全部点，按其偏离程度确定方案的有效性。检验是用没有参加方案编制的预留资料系列，按方案作检验“预报”，按预报的误差情况对方案的有效性做出评定。而对于每次作业预报效果的评定，要根据误差值与许可误差作对比来确定。

我国 2000 年颁布的 SL250—2000《水文情报预报规范》采用以下误差评定方法。

## 一、评定标准

### 1. 确定性系数 $dy$

对水文预报方案的有效性评定采用下列确定性系数 $dy$ 进行。$dy$ 越大，方案的有效性越高。

$$dy = 1 - \frac{S_e^2}{\sigma_y^2} \tag{10-33}$$

$$S_e = \sqrt{\frac{\sum_{i=1}^{n}(y_i - y)^2}{n}} \tag{10-34}$$

$$\sigma_y = \sqrt{\frac{\sum_{i=1}^{n}(y_i - \overline{y})^2}{n}} \tag{10-35}$$

式中 $S_e$——预报误差的均方差；

$\sigma_y$——预报要素值的均方差；

$y_i$——实测值；

$y$——预报值；

$\overline{y}$——实测值系列的均值；

$n$——实测系列的点据数。

### 2. 许可误差

许可误差是人们在评定预报精度的一种标准。按预报方法和预报要素的不同，其许可误差有以下几种。

(1) 河道水位（流量）预报。这类预报精度与预见期内水位（流量）值的变幅有关。变幅的均方差 $\sigma_\Delta$ 反映变幅对其均值的偏离程度。

$$\sigma_\Delta = \sqrt{\frac{\sum_{i=1}^{n}(\Delta_i - \overline{\Delta})^2}{n}} \tag{10-36}$$

式中 $\sigma_\Delta$——预见期内预报要素变幅的均方差；

$\Delta_i$——预报要素在预见期内的变幅，$\Delta_i = y_{i+\Delta t} - y_i$；

$\overline{\Delta}$——变幅的均值；

$n$——编制方案用的点据数。

预见期内最大变幅的许可误差采用变幅均方差 $\sigma_{\Delta}$，变幅为零的许可误差采用 $0.3\sigma_{\Delta}$，其余变幅的许可误差按上述两值用直线内插法求出（见图 10－12）。对于水位，许可误差以 1.0m 为上限，0.1m 为下限。对于流量，当计算出的许可误差小于测验误差时，以测验误差为下限。

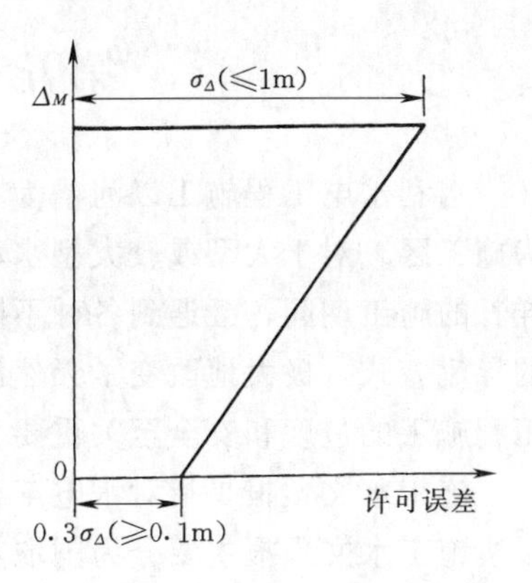


图 10－11　许可误差与变幅示意图

预报洪峰出现时间的许可误差，采用以预报根据时间至实测洪峰出现时间间距的 30%，并以 3h 为下限。

（2）降雨径流预报。净雨深的许可误差采用实测值的 20%，许可误差大于 20mm 时，以 20mm 为上限；许可误差小于 3mm 时，以 3mm 为下限。

洪峰流量的许可误差取实测值的 20%，并以流量测验误差为下限。

洪峰流量出现时间的许可误差，取预报时间至实测峰现时间间距的 30%，并以 3h 或一个计算时段为下限。

## 二、预报方案的评定

### 1. 按确定性系数评定有效性

评定（检验）方案的有效性按表 10－3 的标准进行。

### 2. 按许可误差评定合格率

预报方案合格率是评定（检验）中计算值与实测值之差不超过许可误差的次数（$m$）占全部次数（$n$）的百分率（$m/n\times100$）。按其合格率可将预报方案划分为 3 个等级，见表 10－4。

表 10－3　评定（检验）方案的有效性标准

| 方案的有效性 | 甲　等 | 乙　等 | 丙　等 |
|---|---|---|---|
| dy | ＞0.90 | 0.70～0.90 | 0.5～0.69 |

表 10－4　预报方案划分等级

| 等　级 | 甲　等 | 乙　等 | 丙　等 |
|---|---|---|---|
| 合格率（%） | ≥85 | 70～84 | 60～69 |

预报方案经评定达到上述甲、乙两个等级者，即可用于作业预报；达到丙等的方案用于参考性预报；丙等以下的方案不能用于作业预报，只能作参考性估报。

## 三、作业预报的评定

作业预报按每次预报误差 $\sigma$ 与允许误差 $\sigma_{许}$ 比值百分率（$\sigma/\sigma_{许}\times100$）的大小，分 4 个等级见表 10－5，评定时按此标准进行。

表 10－5　作业预报评定等级标准

| 预报误差 $\sigma$/许可误差 $\sigma_{许}$ | ＜25 | 25～50 | 50～100 | ＞100 |
|---|---|---|---|---|
| 作业预报等级 | 优 | 良 | 合格 | 不合格 |

## 第五节 施工水文预报

水利水电工程施工以河槽为主要工作环境，凡在施工时受到施工回水影响的河段，称为施工区。对于大型或较大型水利水电工程，其施工期一般跨越几个季度甚至多年。在这样长的施工期间，会遇到各种不同的来水情况，同时，随着工程施工的不同阶段采用不同的导流方式，极大地改变了天然河道的水力条件。因此，做好施工期河流水情预报，对于工程施工的进度和安全至关重要。

施工水文预报是指对水电工程施工期，受到施工回水影响河段的水文预报。按施工阶段，施工水文预报主要分为围堰水情预报和截流期水情预报。

### 一、围堰水情预报

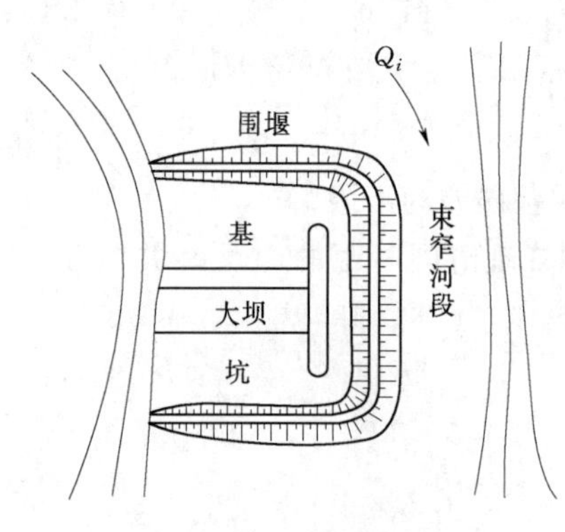

图 10-12 施工围堰平面示意图

在修筑围堰（见图 10-12）及导流建筑物阶段，要求预报围堰前的水位流量，以防止进入施工区的河水漫入工区。

1. 预报坝址处的流量

采用马斯京根流量演算法计算坝址处的流量，但此时要注意的是围堰修建以后，天然河道情况下的马斯京根槽蓄曲线已不适用。具体计算方法步骤如下：

（1）采用水力学方法计算各级稳定流量 $Q_i$ 相应的水面曲线。

（2）计算出上游为入库站，下游为坝址各级稳定流量 $Q_i$ 的槽蓄量 $W_i$。

（3）假定修筑围堰后，原马斯京根参数 $x$ 值不变（修围堰后 $x$ 值最好以实测资料分析而得），计算出示储流量 $Q'$，点绘 $W \sim Q'$，推求出 $K$ 值。

（4）求得修筑围堰后的演算公式，由于围堰上、下游两端距离很短，推算的流量可作为围堰上、下游的流量，由此可预报坝址流量 $Q$。

2. 围堰上、下游水位预报

修筑围堰后，水位壅高，围堰上游天然情况下的水位～流量关系发生了变化，此时应重新建立上游水位～流量关系曲线。

根据坝址流量，推求束窄河段水位的壅高值 $\Delta Z$，可用下列公式近似计算：

$$\Delta Z = Z_{上} - Z_{下} = \frac{\alpha V_c^2}{2g} - \frac{\alpha V_{上}^2}{2g} \tag{10-37}$$

$$V_c = Q/A_c \tag{10-38}$$

$$V_{上} = Q/A_{上} \tag{10-39}$$

式中 $Z_{上}$、$Z_{下}$——上、下游断面水位，m；

$V_{上}$、$V_c$——上游及束窄断面平均流速，m/s；

$A_{上}$、$A_c$——上游及束窄处断面面积，$m^2$；

$Q$——稳定流量，$m^3/s$；

$\alpha$——动能修正系数，一般可取1.0～1.1；

$g$——重力加速度，$m/s^2$。

在计算时，要求具备有下游断面的水位～流量关系 $Q=f\ (Z_{下})$，上游及束窄断面的水位～面积曲线 $A_{上}=f_1\ (Z_{上})$，$A_c=f_2\ (Z_{下})$。用试算法计算 $\Delta Z$ 值，其步骤如下。

(1) 拟定过水流量 $Q$，查 $Q=f\ (Z_{下})$ 曲线得 $Z_{下}$。

(2) 由 $Z_{下}$ 值查 $A_c=f_2\ (Z_{下})$ 曲线得 $A_c$，由此计算出 $V_c$，并算出 $\alpha V_c^2/2g$。

(3) 假定壅水高度 $\Delta Z'$，则得上游水位 $Z_{上}=Z_{下}+\Delta Z$，由 $A_{上}=f_1\ (Z_{上})$ 曲线查得 $A_{上}$，计算出 $V_{上}$，并计算出 $\alpha V_{上}^2/2g$。

(4) 按式 (10－36) 计算壅水高度 $\Delta Z$，若计算出的 $\Delta Z$ 与假定的 $\Delta Z'$ 相符，则试算完毕，否则重新试算。

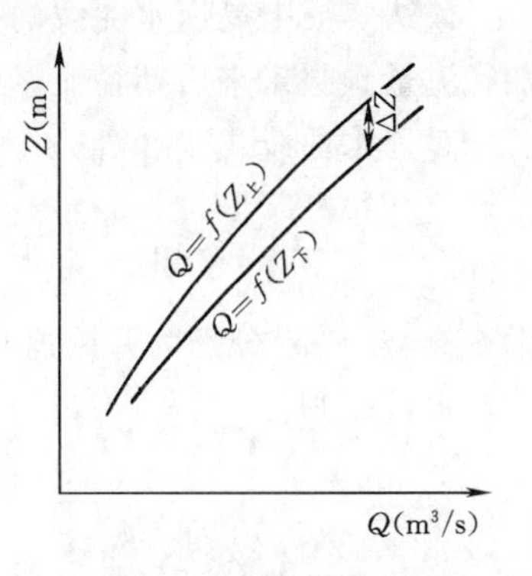


图 10－13　围堰上、下游水位～流量关系曲线

计算出各级流量的壅水高度，即可建立上游壅高后的水位～流量关系曲线 $Q=f(Z_{下}+\Delta Z)=f(Z_{上})$，见图 10－13。围堰下游的水位～流量关系仍是天然情况下的，即 $Q=f\ (Z_{下})$。有了围堰上、下游水位～流量关系，便可利用前面预报的流量 $Q$，推求出上游水位 $Z_{上}$ 和下游水位 $Z_{下}$，完成围堰上、下游的水位预报。

## 二、截流期水情预报

水利水电工程施工截流时间一般选在枯季进行，枯季河水流量小，流速慢给截流施工创造了有利条件。只有预先掌握了截流期河道流量的大小，采取相应措施，施工截流才能顺利地进行。因此，截流期水情预报是施工截流中不可缺少的工作。

若截流期上游流域有降水，此时应采用前述的降雨径流方法进行水情预报。若截流期无雨或少雨，此时河川径流主要由流域蓄水补给，其流量过程一般具有较为稳定的消退规律，因而可以根据径流的退水规律进行径流预报。

### 1. 退水曲线法

流域退水的规律十分复杂，常用的是退水曲线。反映退水规律的一般形式是地下水的退水曲线方程式：

$$Q_t=Q_0\mathrm{e}^{-t/K}=Q_0\mathrm{e}^{-\beta t} \tag{10-40}$$

式中　$Q_0$、$Q_t$——开始退水、退水开始后 $t$ 时刻的流量，$m^3/s$；

$\beta$——退水系数，$\beta=-1/K$；

e——自然对数的底。

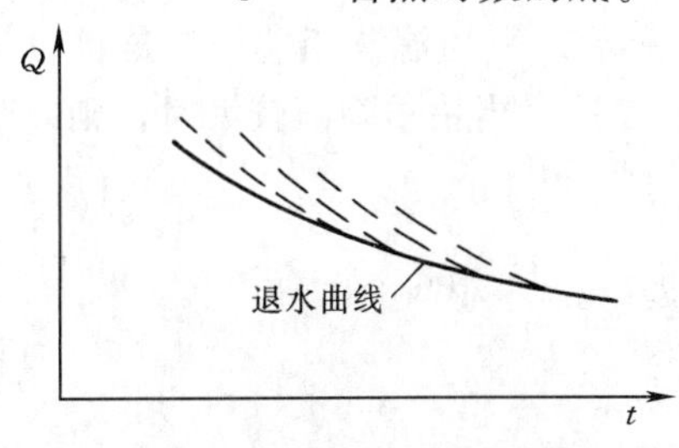


图 10－14　退水曲线示意图

对于有实测资料的流域，可以根据无雨期退水流量资料求得退水曲线。把各次退水曲线按同一比例绘制在图上，用一透明纸在图上沿水平方向移动，绘制退水过程。使各条退水曲线下端在透明纸上互相重合、连接，取其下包线，即可得到所求的退水曲线（见图 10－14）。

$\beta$ 及 $K$ 是反映流域汇流时间的系数，它们的变化直接影响退水曲线的变化，掌握了它们的变化规律就掌握了退水曲线的规律。根据退水公式 $\beta=(\ln Q_0-\ln Q_t)/t$，可以计算出由 0 至 $t$ 时刻 $\beta$ 的平均值。有了 $\beta$ 值以及开始预报流量的初始值 $Q_0$，便可预报出枯水期河川径流过程 $Q_t$。

2. 前后期径流相关法

该法实质上是退水曲线的另一种形式，它是通过建立前后期径流相关图，从已知的前期径流量预报未来后期径流量的一种方法。

对退水曲线式（10－39）积分，可得到从退水时刻至 $t$ 时刻的蓄水量 $S_{0\sim t}$，有：

$$S_{0\sim t}=\int_0^t Q_0 e^{-\beta t}dt=\frac{Q_0}{\beta}(1-e^{\beta t}) \tag{10-41}$$

设 $S_{0\sim t_1}$ 与 $S_{0\sim t_2}$ 分别为开始退水时刻到 $t_1$ 及 $t_2$ 时刻内的蓄水量，$S_{t_1-t_2}$ 为从 $t_1$ 到 $t_2$ 时刻内的蓄水量，则：

$$\frac{S_{t_1-t_2}}{S_{0\sim t_1}}=\frac{e^{-\beta t_1}-e^{-\beta t_2}}{1-e^{-\beta t_1}} \tag{10-42}$$

当 $\beta$ 为常数时，$S_{t_1\sim t_2}/S_{0\sim t_1}=$常数，即前后期径流量为线性关系。

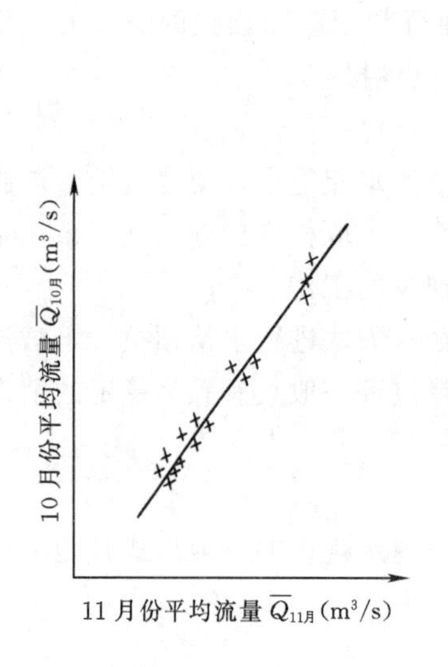


图 10－15　$\overline{Q}_{11月}=f(\overline{Q}_{10月})$ 关系曲线

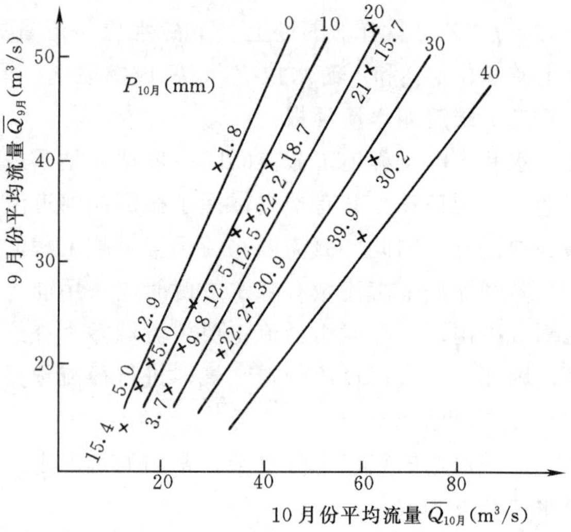

图 10－16　$\overline{Q}_{10月}=f(Q_{9月}, P_{10月})$ 关系曲线

枯水期降水少，当河道中径流量主要由流域地下水补给时，前期径流量能较好地反映流域地下水蓄量的大小。因此，可以根据上述原理建立前后期（旬、月或季）流量相关图，进行枯水期流量的预报。图 10－15 为某站 10 月与 11 月平均流量相关图。这种方法简便，相关关系一般较好，是枯季径流预报常用的方法之一。当枯季降雨较大时，则以预见期内降雨量为参数，建立如图 10－16 的相关图。

## 复习思考题与习题

1. 河道洪水波变形的原因什么？
2. 以下游同时水位为参数的相应水位预报法适用于何种河段的情况？为什么？

3. 简述流量演算法的基本原理。

4. 水文预报方案与作业预报有何区别和联系？

5. 水文预报误差来自哪些方面？

6. 我国一般采用哪两种指标评价水文预报方案的优劣？

7. 从某水系某年水文年鉴中摘录某河段上、下游站相应的洪水水位及峰现时间见表 10－6。试推求各次洪峰的传播时间并用相应水位法编制下游水位预报方案。

**表 10－6　　某河段上、下游水位及峰现时间**

| 上游站洪峰 | | | | | 下游站洪峰 | | | | |
|---|---|---|---|---|---|---|---|---|---|
| 时间 | | | | 水位（m） | 时间 | | | | 水位（m） |
| 月 | 日 | 时 | 分 | | 月 | 日 | 时 | 分 | |
| 4 | 28 | 17 | 30 | 22.28 | 4 | 29 | 4 | 00 | 8.74 |
| 6 | 2 | 1 | 30 | 27.38 | 6 | 2 | 8 | 00 | 10.10 |
| | 7 | 7 | 30 | 24.27 | | 7 | 16 | 00 | 9.22 |
| | 16 | 14 | 50 | 23.33 | | 16 | 22 | 00 | 8.98 |
| | 22 | 0 | 00 | 25.16 | | 22 | 6 | 00 | 9.35 |
| | 28 | 16 | 45 | 22.59 | | 29 | 2 | 00 | 8.72 |
| 7 | 14 | 11 | 15 | 23.11 | 7 | 114 | 19 | 00 | 8.89 |

8. 某河段流量演算拟采用马斯京根方法，计算时段 $\Delta t=18\text{h}$，已知马斯京根槽蓄曲线方程参数 $x=0.17$，$K=15\text{h}$。试推求马斯京根流量演算公式中的系数 $C_0$、$C_1$ 和 $C_2$。

9. 已知某河段一次实测洪水资料见表 10－7，马斯京根流量演算公式中的系数分别为 $C_0=0.25$、$C_1=0.46$ 和 $C_2=0.24$。试采用马斯京根方法进行流量演算。

**表 10－7　　某河段一次实测洪水资料**

| 时间（月.日.时） | 7.1.14 | 7.2.8 | 7.3.2 | 7.3.20 | 7.4.14 | 7.5.8 | 7.6.2 |
|---|---|---|---|---|---|---|---|
| $Q_{上}$（$m^3/s$） | 20000 | 23500 | 39700 | 50000 | 52500 | 51900 | 42800 |
| $Q_{下}$（$m^3/s$） | 21900 | | | | | | |

# 第十一章 水 文 模 型

## 第一节 概 述

水文现象是许多因素（包括自然地理因素、人为因素等）相互作用的复杂过程，目前还不可能进行全部实际观测，因而不可能用严格的物理定律来描述水文现象的因果关系。而水文模型则可对一个水文系统的水文现象（如由暴雨产生的洪水）进行近似模拟。水文模型已成为水文计算和水文预报的重要途径之一。

水文模型包括用实体模拟原形中某些物理性质的水文物理模型，以及用数学物理方法描述原形内部各物理量之间相互关系的水文数学模型，或称概念性模型。水文物理模型又可分为实体模型和比拟模型，前者如人工降雨条件下的流域模型、土柱注水下渗试验模型等，后者如河道洪水演算电模拟模型。水文数学模型根据特定水文现象的内在联系（因果关系）建立数学物理方程，在电子计算机上进行解算。习惯上，水文模型指的是水文数学模型。

建立一个恰当的水文模型依赖于研制者对水文规律认识的程度、模型使用的目标和可以建立起模型所需要的资料条件。水文模型建立的步骤如下：

（1）以框图或流程图形式，表达水文过程整体和径流形成各个环节之间的相互关系。

（2）建立模型各个部分的数学表达式或它们的逻辑计算关系。

（3）根据观测的水文资料和经验，通过拟定的识别准则或目标，去率定模型中所包含的所有待定参数或函数。

（4）依据未参加建立模型的观测资料和对水文现象规律的逻辑判断，进行必要的模型检验。只有认为模型达到希望精度（如效率），才能应用。

对水文模型的应用进行评定，需要采用一定的准则或标准。20 世纪 70 年代后，国际上常选用由纳希提出的模型效率标准。模型效率的含义是：对于一个实际流域，如果不使用模型的最简单情况下作流量过程预报，从数理统计的观点出发，自然是采用流域出口断面流量的多年平均值 $\overline{Y}$ 作预报了。实测值 $Y(k)$ 与均值 $\overline{Y}$ 的离差平方和，就是没有模型条件下的预报方差。我们把它定义为初始方差 $F_0$，即：$F_0=\sum_k[Y(k)-\overline{Y}]^2$ 。$F_0$ 相当于设置一个供参考的信息，即基准值。

## 第二节 水文系统理论模型

### 一、水文系统的概念

水文系统是指研究对象中由相互作用和相互依赖的若干水文要素组成的具有水文循环功能的整体，如一组河网的水体汇集运动，流域的降雨径流过程等。

水文系统至少包括 3 个部分，即系统输入、输出和系统的功能，如图 11-1 所示。对河网汇流系统而言，上游的入流视为输入，下游的出流视为输出；对流域降雨径流系统而言，降水视为系统输入，流域出口断面流量视为输出等。系统在特定环境下对输入的 作用产生响应，转化为输出。把输入变为输出，即所谓的系统功能。水文系统功能是与系统所处的地理位置、流域或河系的地貌、植被特性以及人类活动作用相联系。水文系统的功能特征可以从不同的方面加以区分，如线性与非线性、时变与非时变、集总与分散的概念。

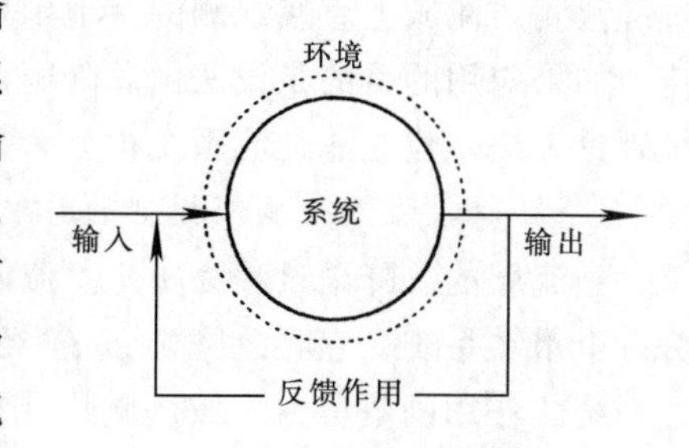


图 11-1　基本的系统模型

当系统的输入与输出之间的转化关系满足线性叠加原理称为线性系统，反之，为非线性系统。从数学观点看，线性系统是服从线性方程的系统，例如，某流域的平均降雨 $p(t)$ 与出口断面流量 $Q(t)$，假定服从下列线性微分方程：

$$\frac{\mathrm{d}Q}{\mathrm{d}t}+aQ=bp \tag{11-1}$$

式中，$a$ 和 $b$ 为模型参数，我们说它是一个线性水文系统。这是因为可以证明上式适用线性叠加原理。假设有两个不同输入 $p_1(t)$ 和 $p_2(t)$ 分别激励出响应 $Q_1(t)$ 和 $Q_2(t)$，则 $\frac{\mathrm{d}Q_1}{\mathrm{d}t}+aQ_1=bp_1$；$\frac{\mathrm{d}Q_2}{\mathrm{d}t}+aQ_2=bp_2$，将两式相加直接得：$\frac{\mathrm{d}(Q_1+Q_2)}{\mathrm{d}t}+a(Q_1+Q_2)=b(p_1+p_2)$，说明：系统对输入 $p_1(t)+p_2(t)$ 的响应等于单个输入响应之和 $Q_1(t)+Q_2(t)$。然而，如果 $p(t)\sim Q(t)$ 之间的转化是服从下列非线性微分方程：$\frac{\mathrm{d}Q}{\mathrm{d}t}+aQ^2=bp$，则得不到上述线性系统的叠加性结论。

具有随时间而变的参数系统称为时变系统。反之，参数为定常的系统称之为时不变系统。式（11-1）的模型参数 $a$ 和 $b$ 均为常数，它描述的是时不变系统。如果至少有一个参数是时间的函数，就是时变系统。

系统的输入、输出或其参数不存在空间变化称其为集总系统。反之，为分布系统。分布系统可以看作由许多子系统组成，每个子系统可以是一个集总系统。中小流域的降雨径流关系可近似视为集总系统。但对大、中流域，一般要概化成为输入分布式系统。

对于一个真实的流域系统，由于径流形成过程要受到降水、蒸发、土壤植被及人类活动多种因素的制约和影响，从系统观点看，多半是非线性、时变和分布式的。但为了模型应用，实际模拟计算中又常进行一定的简化或假定。需要考虑模型的复杂性和实用性两方面。

**二、总径流线性响应模型（SLM 模型）**

流域上降雨产生径流的过程可视为一种水文系统关系。从水文学的观念看，需要通过流域产流（扣除损失）和流域汇流几个环节加以描述。流域产生的径流可以划分为地面径流、壤中流和地下径流。然而，要建立它们的系统关系，除了降雨和径流资料之外，还需要流域的蒸发以及土壤含水量和地下水位变化等观测资料。许多实际流域仅有降雨和径流过程观测。流域上直接观测的落地雨称为总降雨，流域出口断面观测的径流过程称为总径流。如果应用的目的是设法由总降雨推求总径流过程，如水文预报作业等，可运用水文系统理论方法，建立总径流系统模型，最简单的是总径流线性响应模型（SLM 模型）。

（一）总径流线性响应模型的系统方程

记流域的总降雨过程为 $p(t)$，流域出口断面观测到的总径流过程为 $y(t)$，流域就可视为一个水文系统。它将总降雨 $p(t)$ 经过系统的作用，转化为总径流过程输出 $y(t)$。我们把系统的作用函数称为流域的响应函数，记为 $h(t)$。如果假定流域是一个线性、时不变、集总的确定性水文系统，则总径流线性响应模型的系统方程，可由下列线性卷积方程表达：

$$y(t)=\int_0^t h(\tau)p(t-\tau)\mathrm{d}\tau \tag{11-2}$$

式中 $\tau$——积分变量。

$t$ 时刻的水文径流 $y(t)$ 需要用一个卷积方程表达，这是因为水文流域的作用是一个有"忆滞"功能的系统，即 $t$ 时刻的出口断面流量不仅与 $t$ 时刻的降雨作用有关，而且还与从 $\tau=0$ 到 $\tau=t$ 的整个记忆时段 $[0,t]$ 内所有降雨作用有关，这种关系与等流时线概念相仿，是一种卷积关系。事实上，求解一个线性系统微分方程，其输出 $y(t)$ 的表达式就是一个与式（11-2）相似的积分方程，区别仅在于响应函数 $h(t)$ 的具体表达关系不同。

式（11-2）称为线性水文系统是因为它满足线性叠加原理。所谓线性叠加原理就是说系统具备了齐次性和叠加性的性质。齐次性亦称倍比性，若输入为 $p(t)$ 时、输出为 $y(t)$，那么当输入为 $ap(t)$ 时，输出也应为 $ay(t)$，其中 $a$ 是任意常数。显然有下列关系成立：$\int_0^t h(\tau)[ap(t-\tau)]\mathrm{d}t=a\int_0^t h(\tau)p(t-\tau)\mathrm{d}\tau=ay(t)$。叠加性是指如果输入 $p_1(t)$ 对应的输出为 $y_1(t)$，输入 $p_2(t)$ 的输出为 $y_2(t)$，那么对于输入 $p_1(t)+p_2(t)$，应该也有对应的输出 $y_1(t)+y_2(t)$，同样，可证明式（11-2）满足叠加性，即：

$$\int_0^t h(\tau)[p_1(t-\tau)+p_2(t-\tau)]\mathrm{d}t=\int_0^t h(\tau)p_1(t-\tau)\mathrm{d}\tau+\int_0^t h(\tau)p_2(t-\tau)\mathrm{d}t=y_1(t)+y_2(t)$$

时不变系统反映在式（11-2）中是指系统的响应函数 $h(\tau)$ 并不随时间 $t$ 变化，它仅是积分变量 $\tau$ 或者差值 $t-\tau$ 的函数。换言之，$h(\tau)$ 是一条固定曲线。

简单的总径流线性响应模型式（11-2）仅有 3 个变量过程，即总雨量 $p(t)$、总径流 $y(t)$ 和系统响应函数 $h(t)$。实际应用中，常把它们离散化，以便与实际观测的 $\Delta t$ 时段水文资料一致。总径流线性响应模型亦称简单的线性模型，简记为 SLM，离散化的系统方程表达为：

$$Y(k)=\sum_{i=1}^{m}H(i)P(k-i+1) \tag{11-3}$$

式中，$m$ 是流域的记忆长度，即任一输入 $P$ 的作用效应只持续 $m$ 个 $\Delta t$ 时段；$P(k-i+1)$ 是离散化第 $k-i+1$ 个 $\Delta t$ 时段流域平均降雨（mm）；$Y(k)$ 是离散化后的第 $k$ 个 $\Delta t$ 时段末出口断面径流（$m^3/s$ 或者 mm）；$H(i)$ 是第 $i$ 个 $\Delta t$ 时段的系统响应函数，其因次取决于降雨径流的关系。实际应用中，通常先把径流统一转化为与降雨相同的单位（mm），则 $h(i)$ 就是无因次变量。

（二）总径流线性响应函数的推求

对式（11-2）或式（11-3）表达的SLM模型而言，仅给出了水文系统模型的表达关系。而水文预报的应用之一就是由降雨 $P(k)$ 推求总径流 $Y(k)$。其前提是已知系统的响应函数 $H(i)$。然而，在未完全建立SLM模型之前，响应函数是有待确定的。由过去（或实时方式）观测的输入、输出信息［$P(k)$、$Y(k)$］用来辨识水文系统模型中未知或待定的部分［如式（11-3）中的响应函数 $H(i)$］，称为水文系统识别。它是水文系统方法中重要的内容之一。只有把系统模型中待定的部分都确定了，才能应用到实际的水文预报或水文计算。对总径流线性响应模型，系统识别的问题归为水文模型响应函数的推求。为了保证建立模型的可靠性，一般依据6～10年连续观测的日（或小时）降雨和径流序列资料来估计最优的响应函数。常采用矩阵最小二乘法，简介如下：

考虑到资料误差，或对系统所作的线性假定不完善，式（11-4）可做如下表达：

$$Y(k) = \sum_{i=1}^{m} P(k-i+1)H(i) + e(k) \tag{11-4}$$

式中　$e(k)$——随机误差项。

随着水文时间序列的变化，即当 $k=1, 2, \cdots, n$ 时，式（11-4）可逐行写为：

$$Y(1)=P(1)H(1)+e(1)$$

$$Y(2)=P(1)H(2)+P(2)H(1)+e(1)$$

$$\vdots$$

$$Y(m)=P(1)H(m)+P(2)H(m-1)+\cdots+P(m)H(1)+e(m)$$

$$\vdots$$

$$Y(n)=P(n-m+1)H(m)+P(n-m+2)H(m-1)+\cdots+P(n)H(1)+e(n)$$

它们可以用矩阵方程式表达：

$$\begin{bmatrix} Y(1) \\ Y(2) \\ \vdots \\ Y(m) \\ Y(m+1) \\ \vdots \\ Y(n) \end{bmatrix} = \begin{bmatrix} P(1) & 0 & & 0 \\ P(2) & P(2) & \cdots & 0 \\ \vdots & \vdots & \cdots & \vdots \\ P(1) & P(2) & \cdots & P(m) \\ P(2) & P(3) & \cdots & P(m+1) \\ \vdots & & \cdots & \\ P(n-m+1) & P(n-m+2) & & P(n) \end{bmatrix} \begin{bmatrix} H(1) \\ H(2) \\ \vdots \\ H(m) \end{bmatrix} + \begin{bmatrix} e(1) \\ e(2) \\ \vdots \\ e(n) \end{bmatrix}$$

简记为：

$$Y_{n\times 1}=P_{n\times m}H_{m\times 1}+E_{n\times 1} \tag{11-5}$$

式中，$n$ 代表水文资料的总长度；$m$ 是响应函数的记忆长度。在日径流模拟中，一般 $n$ 取6～10年的日数，它要大于系统记忆长度 $m$ 值。

由于 $n>m$，式（11-5）是一个超定方程组，其中的响应函数向量 $H_{m\times 1}=[h(1), h(2),\cdots,h(m)]^T$ 可采用最小二乘准则识别。目标函数记为：

$$J(H) = \sum_{k=1}^{n} e^2(k) = E^T E = (Y-PH)^T(Y-PH) = Y^T Y - 2H^T P^T Y + H^T P^T P H \tag{11-6}$$

由目标函数极小化，即 $\min\{J(H)\}$，不难导出响应函数的最小二乘解向量为：

$$\hat{H}=[P^TP]^{-1}[P^TY] \tag{11-7}$$

式中，$[P^TP]^{-1}$为 $[P^TP]$ 的逆矩阵。一般需要编制程序，在计算机上完成求解。

（三）总径流线性响应模型的水文概念

从水量平衡的观点，总降雨量$\sum P(k)$ 和总径流量$\sum Y(k)$ 一般是不相同的，二者的差额就是降雨的损失。把总径流量$\sum Y(k)$ 与总降雨量$\sum P(k)$ 之比，称为流域的平均径流系数$\alpha_{Y/P}$。另一方面，在系统方法中，称式（11－7）中响应函数 $H(i)$ 之和，即 $G_a=\sum_{i=1}^{n}H(i)$ 为系统的增益因子。可证明：总径流线性响应模型的增益因子恰好等于流域的平均径流系数，它反映了流域产流特点。事实上，对式（11－7）的$Y(k)$求和，当时间序列足够长时，可推导有：

$$\sum Y(k)=\sum H(i)\sum P(k) \tag{11-8}$$

$$G_a=\sum H(i)=\frac{\sum Y(k)}{\sum P(k)}=\alpha_{Y/P} \tag{11-9}$$

式（11－9）可作为总径流线性响应模型的径流体积约束条件之一。

进一步，我们把标准化的响应函数记为 $Z(i)$，即：

$$Z(i)=H(i)/G_a \tag{11-10}$$

或者

$$H(i)=Z(i)G_a \tag{11-11}$$

$$\sum_{i=1}^{m}Z(i)=\sum_{i=1}^{m}H(i)/G_a=1.0 \tag{11-12}$$

将式（11－11）代入总径流线性响应模型式（11－3），整理得：

$$Y(k)=\sum_{i=1}^{m}Z(i)G_aP(k-i+1)=\sum_{i=1}^{m}Z(i)R(k-i+1) \tag{11-13}$$

式中，$R(k-i+1)$ 可视为已经扣损的“净雨”过程。

总径流线性响应模型式（11－3）或式（11－13）说明了一种简单的水文概念，即它用流域平均径流系数 $G_a$ 乘以毛雨量 $P(k)$，求得“净雨”$R(k)$；然后进行汇流卷积计算，推求总径流过程 $Y(k)$。对式（11－7）描述的是总降雨～总径流的转化关系。它的等价式（11－13）则表达了水文传统的汇流质量守恒系统，即：

$$\sum_{i=1}^{m}Z(i)=1.0 \qquad \sum Y(k)=\sum R(k)$$

总径流响应模型一种概念性的解释如图 11－2 所示。

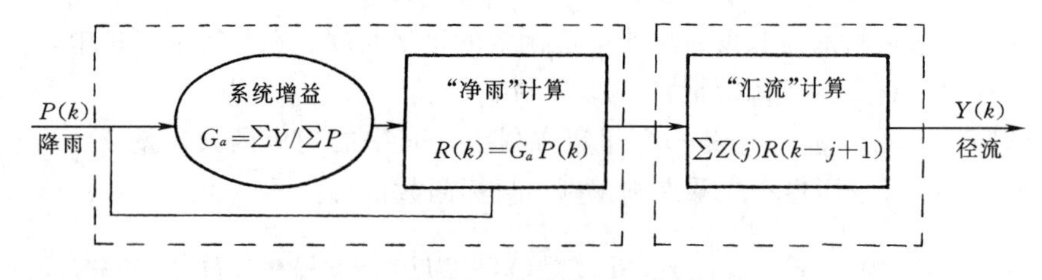


图 11－2　总径流线性响应模型的一种概念解释

（四）计算实例

长江支流清江流域面积 15300km²，流域内有 25 个雨量站，出口控制断面有水文站，收集有1973～1980年连续8年日径流量资料和流域平均日降水序列资料。作为日径流预报分析方案之一，选取1973～1978年连续6年降雨径流资料建立总径流响应模型(SLM)，余下2年资料（1979～1980年）做模型预报检验。精度评定采用纳希建议的模型效率准则DC。

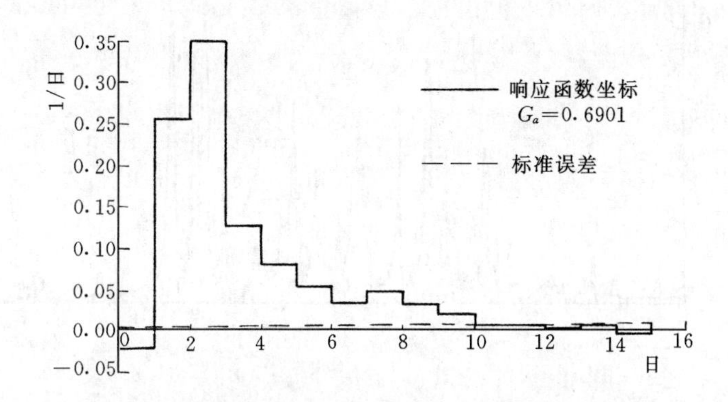


图11-3　清江流域日径流线性响应函数

水文线性识别的响应函数过程见图11-3；其中系统记忆长度$m$取15d。流域系统的增益因子$G_a$为0.6878，它相当于6年平均的日径流系数。

模型率定期评定的效率为DC=79.31%，1973年日径流过程模拟如图11-4（a）所示。结果表明：水文过程的模拟比较满意，但是洪峰值存在系统偏差。这说明总径流线性响应模型还不能考虑洪峰非线性变化的影响。模型预报应用检验评定的效率DC=83.04%。1979年的日径流过程如图11-4（b）所示。同样，洪峰预报的误差还比较明显。目前，依据国内外流域应用的部分经验对大江大河的日径流预报、线性水文系统方法，可达到一定的预报精度；但对中小流域和干旱、半干旱的水文地区，需要考虑水文非线性的影响及其模拟方法。

**三、线性扰动模型（LPM）**

降雨径流序列中包含了各种水文信息，如日径流序列季节性变化均值。由实测水文资料计算的季节均值定义为：

$$Q_d=\frac{1}{n}(Q_{d,1}+Q_{d,2}+\cdots+Q_{d,i}+\cdots+Q_{d,n}) \tag{11-14}$$

式中　$Q_{d,i}$——第$i$年第$d$天的水文变量（流量、雨量等）；

$n$——资料年数；

$Q_d$——季节均值。

图11-4是上节实例中清江流域日径流序列直接由样本计算（未平滑）的季节均值和经数学方法平滑了的季节均值。从图中可看到，4月份到9月份为汛期，径流量值大、洪峰出现在5～9月份为多，其他月份为非汛期径流变化。如果能将这些有用的水文季节信息（$Q_d$）纳入到水文模型中，则可望对水文模拟及预报的精度有所改进。由于现行的考虑土壤含水量的概念性模型，很难利用季节均值这类水文信息，因此，纳希等建议了线性扰动模型。

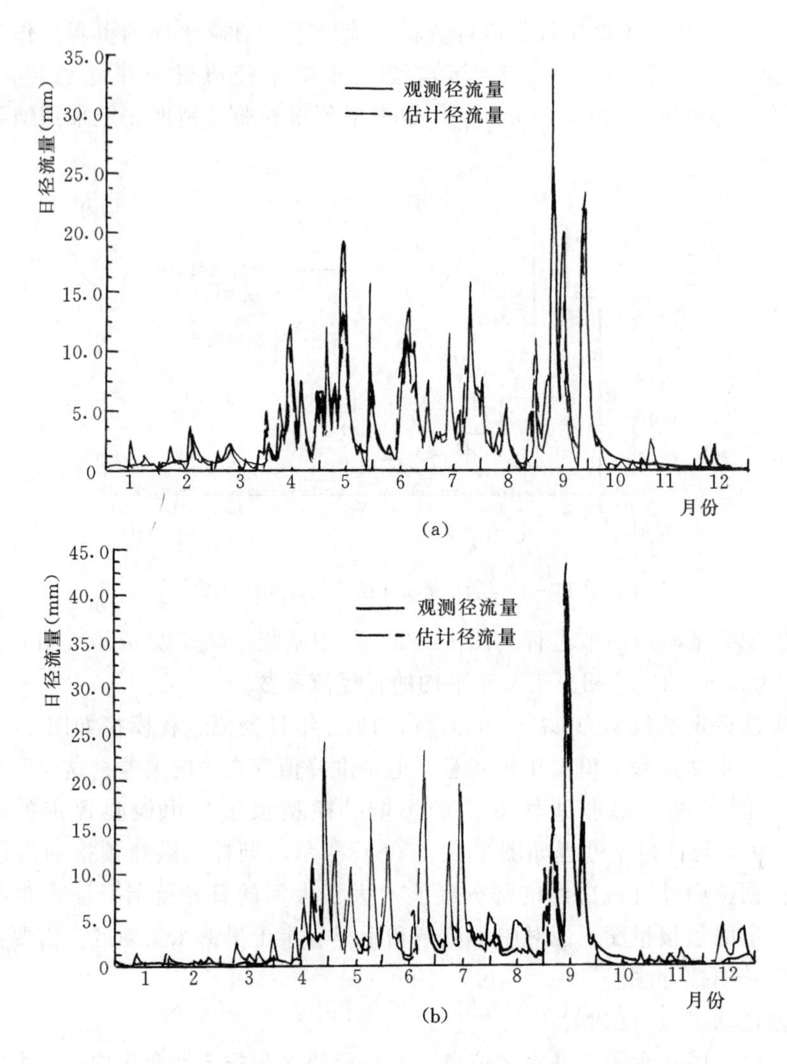


图 11-4　清江流域日径流模拟与预报检验总径流线性响应模型

(a) 率定期 (1973) 日径流模拟；(b) 预报期 (1979) 日径流检验

(一) 线性扰动模型的结构及基本假定

该模型建立的思想是：依据观测的降雨径流（或河道输入输出）资料记为 $\{I(k), Q(k)\}$，计算季节均值及其平滑值，分别记为 $I_d$ 和 $Q_d$。关于 $I_d \sim Q_d$ 之间复杂关系不作任何假定。然后，分别计算系统输入、输出变量相对它们季节均值的扰动项，即：

$$P(k) = I(k) - I_d \tag{11-15}$$

$$Y(k) = Q(k) - Q_d \tag{11-16}$$

由于一个水文输入～输出序列中季节均值占有主导部分，为简化模型假定：输入的扰动项 $P(k) = I(k) - I_d$ 与输出的扰动项 $Y(k) = Q(k) - Q_d$ 之间存在线性关系，即：

$$Y(k) = \sum_{j=1}^{m} H(j) P(k-j+1) + e(k) \tag{11-17}$$

式中　$H(j)$——线性扰动系统响应函数；

　　$e(k)$——误差。

由式（11-15）、式（11-16）和式（11-17）组合的系统模型，称为线性扰动模型(LPM)。它的结构关系如图11-6所示。

从LPM模型结构可看出，尽管扰动项 $P(k)\sim Y(k)$ 之间假定为线性的，但季节均值 $I_d\sim Q_d$ 之间的关系并未作任何假定。就实际的输入 $\{I(k)\}$ 与输出 $\{Q(k)\}$ 而言，它们并不一定就是线性系统。因为计算的输出 $Y(k)$ 是季节均值（$Q_d$）与扰动项 $Y(k)$ 之和。因此，也有人把LPM模型称为考虑季节均值变化的非线性系统或准线性系统方法。

（二）建立线性扰动模型的具体步骤

LPM模型的建立主要由计算平滑了的季节均值 $\{I_d,\ Q_d\}$ 和识别LPM模型的响应函数两部分组成。基本步骤如下：

（1）由观测的资料和式（11-14）分别计算水文系统输入与输出序列样本的季节均值 $I_d$ 和 $Q_d$，$d=1，2，\cdots，365$。

（2）季节均值是流域的基本水文属性之一，它应当是比较平稳的过程。实际作业中因据以计算季节均值的资料年限较短（例如一般采用6年率定期序列），求得的季节均值不可避免带有随机噪音而出现振荡，如图11-5所示。需要采用一定的数学方法使季节均值光滑。

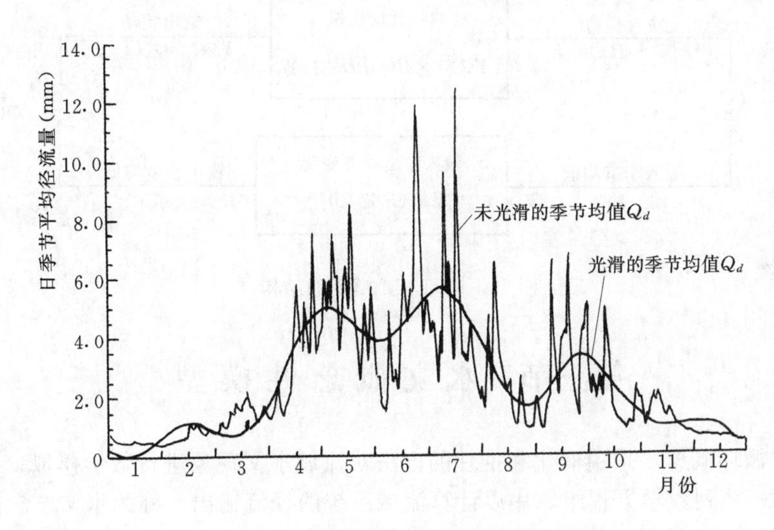


图11-5　清江流域日径流季节均值过程

目前，常用的方法是富氏级数，数学方程为：

$$Q_d=\overline{Q}_d+\sum_{j=1}^{L}\left[A_j\cos\left(\frac{2\pi jd}{365}\right)+B_j\sin\left(\frac{2\pi jd}{365}\right)\right]\quad(d=1,2,\cdots,365)\tag{11-18}$$

式中，$\overline{Q}$ 为均值，$A_j$ 和 $B_j$ 为富氏系数，$j$ 为调和函数的序数，即：

$$\overline{Q}_d=\frac{1}{365}\sum_{J=1}^{365}Q_d\tag{11-19}$$

$$A_j = \frac{2}{365}\sum_{d=1}^{365} Q_d \cos\left(\frac{2\pi jd}{365}\right) \tag{11-20}$$

$$B_j = \frac{2}{365}\sum_{d=1}^{365} Q_d \sin\left(\frac{2\pi jd}{365}\right) \tag{11-21}$$

当式（11-18）中的调和函数只取几项时，就得到 $Q_d$ 的光滑过程。实际作业中，一般取 $L=4$ 或 5 个调和系数。

（3）利用式（11-15）和式（11-16）计算输入扰动项 $P(k)$ 和输出扰动项 $Y(k)$，形成式（11-17）的线性系统方程。

（4）采用与线性总径流模型相同方法，即式（11-5）～式（11-7），由最小二乘法识别 LPM 模型的响应函数 $\hat{H}(j)$。

（5）一旦求得响应函数，便可利用式（11-17）由降雨（或上流入流）的扰动值 $P(k)$ 推求相应的出流扰动 $\hat{Y}(k)$。

（6）由此计算（或预报）出流系列 $Q(k)=Q_d+\hat{Y}(k)$。实际作业中，需编制电算程序由计算机完成。

LPM 模型的结构如图 11-6 所示。

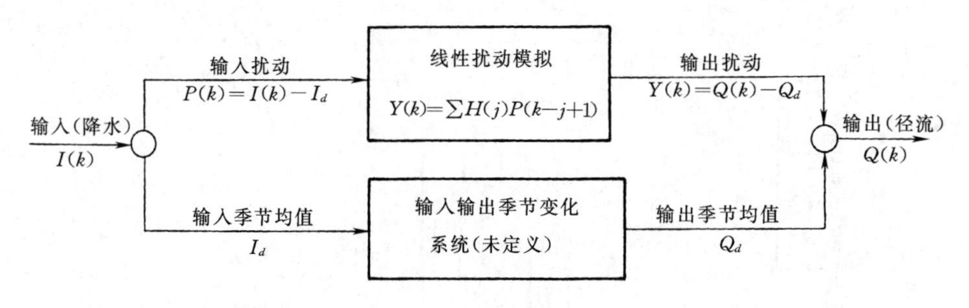


图 11-6　LPM 模型的结构

## 第三节　水文概念性模型

根据水文循环概念，采用概化和推理的方法对流域水文现象进行数学模拟，以建立有水文逻辑关系的一系列数学方程组，用以计算流域系统的径流输出，称为水文概念性模型。

### 一、新安江（三水源）流域水文模型

#### （一）模型的结构

该模型是分散性模型，把全流域按泰森多边形法（或其他方法）分块（如以一个雨量站为中心划一块），每一块称为单元流域。对每个单元流域作产、汇流计算，得出单元流域的出口流量过程。再进行出口以下的河道洪水演算，求得流域出口的流量过程。把每个单元流域的出流过程相加，求出流域出口的总出流过程。每单元流域的计算流程见图 11-7，其中方框内写的是状态变量，方框外写的是模型参数。

1．产流量计算

该模型产流量计算采用蓄满产流假定。蓄满是指包气带的土壤含水量达到田间持水

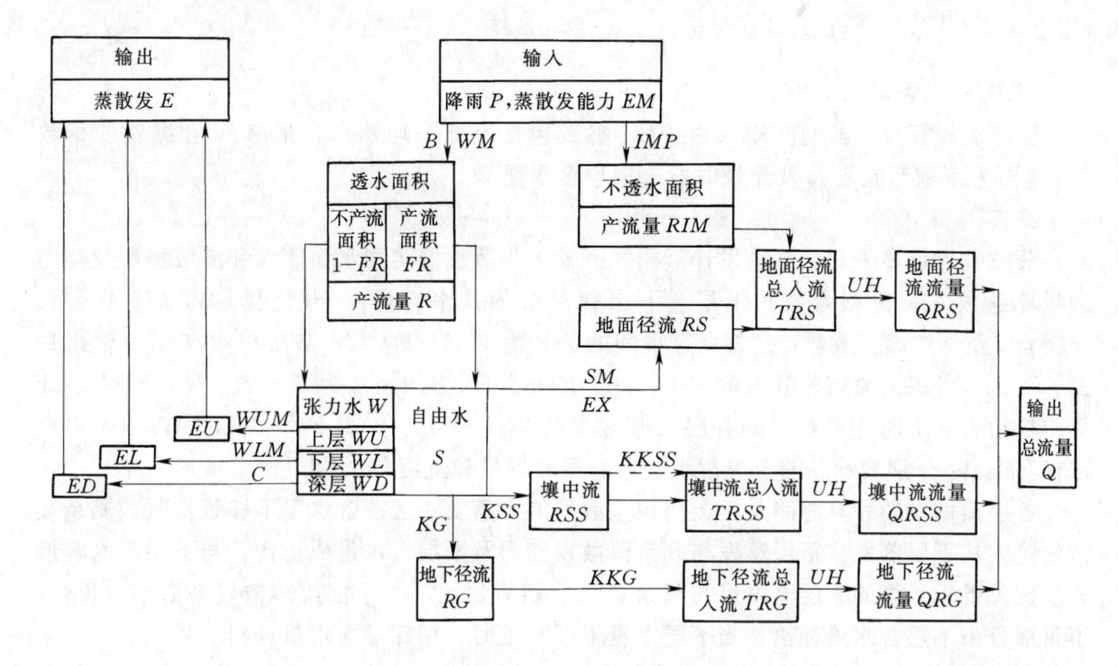

图 11-7　新安江（三水源）模型流程图

量，不是饱和。蓄满产流是指在土壤湿度满足田间持水量以前不产流，所有的降雨都被土壤吸收成为张力水。而在土壤湿度满足田间持水量以后，所有的降雨（减去同期的蒸散发）都产流。

上面的概念是对流域上某一点而言。一般讲，流域内各点的蓄水容量并不相同。新安江（三水源）模型把流域内各点的蓄水容量概化成一条抛物曲线。用 $W'_{mm}$ 表示流域内最大的点蓄水容量，$W'_m$ 为流域内某一点的蓄水容量，$f$ 为蓄水能力不大于 $W'_m$ 值的流域面积，$F$ 为全流域面积，$\alpha$ 为 $f/F$ 之比，$B$ 为抛物线指数，蓄水量公式为：

$$\frac{f}{F}=1-\left(1-\frac{W'_m}{W'_{mm}}\right)^B \tag{11-22}$$

可推导出流域平均蓄水容量为：

$$W_m=\int_0^{W_{mm}}\left(1-\frac{f}{F}\right)\mathrm{d}W'_m=\frac{W'_{mm}}{B+1} \tag{11-23}$$

在新安江模型中（图 11-7），增加了一个参数 IMP，它是流域不透水面积占全流域面积之比。该参数在半湿润地区比较重要，这时，式（11-23）改变为：

$$W'_{mm}=\frac{1+B}{1-IMP}W_m \tag{11-24}$$

流域初始平均蓄水量（$W_0$）相应的纵坐标（$A$）为：

$$A=W'_{mm}\left[1-\left(1-\frac{W_0}{W_m}\right)^{\frac{1}{B+1}}\right] \tag{11-25}$$

如果记 $PE$ 为降雨量与蒸发量之差，即 $PE=P-E$，模型计算判别条件为：当 $PE>0$，则产流；否则不产流。

产流时，当 $PE+A<W'_{mm}$ 有：

$$R = PE - WM + W_0 + WM\left[1 - \frac{PE + A}{W'_{mm}}\right]^{B+1} \quad (11-26)$$

当 $PE+A \geqslant W'_{mm}$，有：　　$R = PE - (WM - W_0)$　　(11-27)

作产流计算时，模型的输入为 $PE$，参数包括流域平均蓄水容量 $WM$ 和抛物线指数 $B$；输出为流域产流量 $R$ 及流域时段末平均含水量 $W$。

2. 蒸散发计算

蒸散发计算多采用三层蒸发计算模式。输入是蒸发器实测水面蒸发和流域蒸散发能力的折算系数 $K$，模型参数为上层、下层和深层的蓄水容量，分别记为 $WUM$、$WLM$、$WDM$ 以及深层蒸发系数 $C$。蓄水容量间的关系为 $WM=WUM+WLM+WDM$。输出是上、下、深各层的流域蒸散发量 $EU$、$EL$、$ED$，它们之间关系为 $E=EU+EL+ED$。计算中包括有 3 个时变参数，即各层土壤含水量 $WU$、$WL$、$WD$（$W=WU+WL+WD$）。$WM$、$E$、$W$ 分别表示总的土壤蓄水容量、蒸散发量和土壤含水量。

各层蒸散发的计算思路是：上层按蒸散发能力蒸发；上层含水量不够蒸发时，剩余蒸散发能力从下层蒸发；下层蒸发与剩余蒸散发能力及下层含水量成正比，与下层蓄水容量成反比。要求计算的下层蒸发量与剩余蒸散发能力之比不小于深层蒸散发系数 $C$，否则，不足部分由下层含水量补给，当下层水量不够补给时，用深层含水量补给。

3. 水源划分

二水源新安江模型主要通过调试稳定入渗 $FC$ 参数划分水源，而三水源新安江模型去掉了参数 $FC$，采用一个自由水蓄水库进行水源划分方式。自由水蓄水库的结构见图11-8或图 11-7。其中自由水蓄水库设置两个出口，其出流系数分别记为 $KSS$ 和 $KG$，产流量 $R$ 进入自由水蓄水库内，通过两个出流系数和溢流的方式把它分成地面径流（$RS$）、壤中流（$RSS$）和地下径流（$RG$）。图 11-8 中地下径流（$RG$）再经过地下水库调蓄，可得到地下水对河网的总入流 $TRG$，壤中流（$RSS$）可以认为是对河网的总入流 $TRSS$，图 11-8 中另设置了一个壤中流水库，可再作一次调蓄计算，它为了备用，一般不用。自由水的蓄水能力在产流面积（$FR$）上的分布也是不均匀的。为描述这种现象，假定自由水的蓄水能力在产流面积上的分布服从一条抛物线（见图 11-9），其中用 $SMMF$ 为产流面积上最大一点的自由水蓄水容量，$SMF$ 为产流面积上的自由水平均蓄水容量深，$SMF'$ 为产流面积上某一点自由水容量，$FS$ 为自由水蓄水能力 $\leqslant SMF'$ 值的流域面积占产流面积（$FR$）的百分数。$S$ 为自由水在产流面积上的平均蓄水深，$EX$ 表示流域自由水蓄水容量曲线的指数，产流面积上各点的自由水蓄水容量关系可表达为：

$$\frac{FS}{FR} = 1 - \left(1 - \frac{SMF'}{SMMF}\right)^{EX} \quad (11-28)$$

产流面积上的平均蓄水容量深（$SMF$）为：

$$SMF = \frac{SMMF}{1 + EX} \quad (11-29)$$

与 S 对应的纵坐标（$AU$）为：

$$AU = SMMF\left[1 - \left(1 - \frac{S}{SMF}\right]^{\frac{1}{(1+EX)}}\right] \quad (11-30)$$

模型计算判别条件及公式可归纳为：

当 $PE+AL<SMMF$ 时，地面径流量（$RS$）为：

$$RS = FR\left\{PE - SMF + S + SMF\left[1 - \frac{(PE+AU)}{SMMF}\right]^{EX+1}\right\} \tag{11-31}$$

当 $PE+AU \geqslant SMMF$，有：

$$RS = FR(PE + S - SMF) \tag{11-32}$$

不难看到 $SMMF$ 和 $SMF$ 都是产流面积（$FR$）的函数。因此，假定 $SMMF$ 与产流面积（$FR$）及全流域上最大点的自由水蓄水容量（$SMM$）的关系仍为抛物线分布：

$$FR = 1 - \left(1 - \frac{SMMF}{SMM}\right)^{EX} \tag{11-33}$$

可得到：

$$SMMF = [1 - (1 - FR)^{\frac{1}{EX}}]SMM \tag{11-34}$$

$$SMM = SM(1 + EX) \tag{11-35}$$

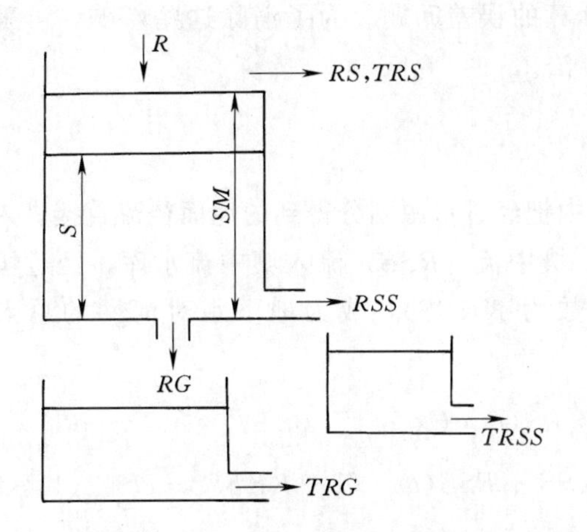


图 11-8　自由水蓄水库的结构

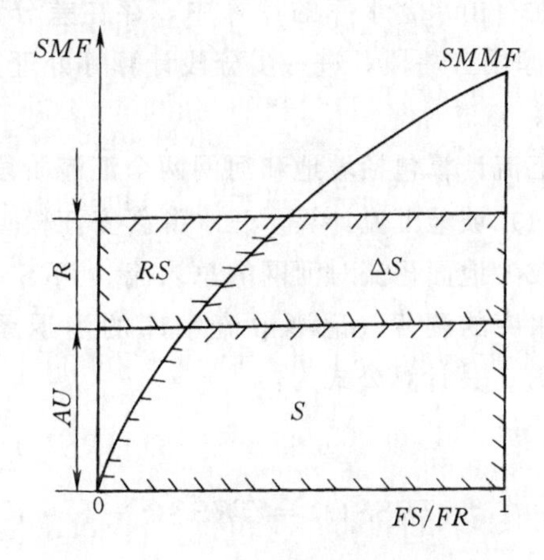


图 11-9　流域自由水蓄水容量曲线

在用式（11-28）～式（11-32）进行计算时，必须首先用式（11-34）和式（11-35）计算出 $SMMF$ 来。新安江模型中的平均自由水容量 $SM$ 和 $EX$，对一个流域来说是固定的，归为模型参数，需由资料率定。

已知上时段的产流面积（$FR_0$）和产流面积上的平均自由水深（$S_0$），根据时段产流量（$R$），计算时段地面径流、壤中流、地下径流及本时段产流面积（$FR$）和 $FR$ 上的平均自由水深（$S$）的步骤为：

$$FR = R/PE$$

$$S = S_0 FR_0 / FR$$

$$SMM = SM(1 + EX)$$

$$SMMF = SMM[1 - (1 - FR)^{1/EX}]$$

$$SMF = SMMF/(1 + EX)$$

$$AU = SMMF[1 - (1 - S/SMF)^{1/(1+EX)}]$$

（1）当 $PE+AU \leqslant 0$ 时：

$$RS = 0, RSS = 0; RG = 0, S = 0$$

（2）当 $PE+AL \geqslant SMMF$ 时：

$$RS=(PE+S-SMF)FR;RSS=SMF\cdot KSS\cdot FR;$$

$$RG=SMF\cdot KG\cdot FR;S=SMF-\frac{RSS+RG}{FR}$$

（3）当 $0\leqslant PE+AU\leqslant SMMF$ 时：

$$RS=\left\{PE-SMF+S+SMF\left[1-\frac{PE+AU}{SMMF}\right]^{(EX+!)}\right\}FR$$

$$RSS=\left(PE+S-\frac{RS}{FR}\right)KSS\cdot FR$$

$$RG=\left(PE+S-\frac{RS}{FR}\right)KG\cdot FR$$

$$S=S+PE-\frac{RS+RSS+RG}{FR}$$

在自由水蓄水库的计算中，存在差分计算的误差问题。为了消除这些影响，可采用5mm净雨分一段，进一步分段计算等处理方法。

4．汇流计算

汇流计算包括坡地和河网两个汇流阶段。

（1）坡地汇流计算。三水源新安江模型中把经过水源划分得到的地面径流直接进入河网，成为地面径流对河网的总入流（$TRS$）。壤中流（$RSS$）流入壤中流水库，经过壤中流蓄水库的调蓄（记壤中流水库的消退系数为 $KKSS$），成为地下水对河网的总入流（$TRG$）。其计算公式为：

$$TRS(t)=RS(t)\cdot U \tag{11-36}$$

$$TRSS(t)=TRSS(t-1)\cdot KKSS+RSS(t)\cdot(1-KKSS)\cdot U \tag{11-37}$$

$$TRG(t)=TRG(t-1)\cdot KKG+RG(t)\cdot(1-KKG)\cdot U \tag{11-38}$$

$$TR(t)=TRS(t)+TRSS(t)+TRG(t) \tag{11-39}$$

式中 $U$——单位转换系数，可将径流深转化成流量，$U=\frac{F}{3.6\Delta t}$，其中 $F$ 为流域面积，$km^2$；

$\Delta t$——时段长，h；

$TR$——河网总入流，$m^3/s$。

（2）河网汇流计算。三水源新安江模型采用了无因次单位线模拟水体从进入河槽到单元出口的河网汇流。单位线的分析方法是：先在本流域或邻近流域，找一个有资料的、面积与单元流域大体相近的流域，然后分析出地面径流单位线，可作初值选用。

计算公式为：

$$Q(t)=\sum_{i=1}^{N}UH(i)TR(t-i+1) \tag{11-40}$$

式中 $Q(t)$——单元出口处 $t$ 时刻的流量值；

$UH$——无因次时段单位线；

$N$——单位线的历时时段数；

其他符号意义同前。

可见，流域汇流计算的输入是单元上的地面径流（$RS$）、壤中流（$RSS$）、地下径流（$RG$）及计算开始时的单元面积上的壤中流流量和地下径流流量值。参数包括壤中流水库的日消退系数（$KKSS$）、地下水蓄水库日消退系数（$KKG$）及单位线转换系数（$U$）、无因次单位线（$UH$）和历时（$N$）。输出为单元出口的流量过程。将前述各个部分子模型结合在一起，便构成应用于流域降雨径流计算的新安江（三水源）模型。

（二）模型的参数及调试

新安江模型的参数有以下几个。

（1）$K$：流域蒸散发能力 $E_m$ 与实测水面蒸发值 $E_i$ 之比，简称蒸发折算系数。

（2）$IMP$：不透水面积占全流域面积之比。

（3）$B$：蓄水容量曲线的方次。它反映流域上蓄水容量分布的不均匀性。一般经验，流域愈大，各种地形地质组合愈多样，$B$ 值也愈大。在山丘区，很小面积（数平方公里）的 $B$ 为 0.1 左右，中等面积（300$km^2$ 以内）的 $B$ 值为 0.2～0.3 左右，较大面积（数千平方公里）的 $B$ 为 0.3～0.4 左右，可作初值选用。

（4）$WM$：流域平均蓄水容量（mm）。为了较精确计算土壤蒸散发量，常将 $WM$ 分为 3 层，即 $WM=WUM+WLM+WDM$，其中 $WUM$ 为上层蓄水容量（模型参数），它包括植物截留量，在植被与土壤颇差的流域，约为 5～10mm。$WLM$ 是下层蓄水容量（模型参数），可取 60～90mm。$WDM$ 是深层蓄水容量〔模型参数〕，由 $WM-WUM-WLM$ 求出。

（5）$C$：深层蒸散发系数。它决定于深根植物占流域面积之比，同时与 $WUM+WLM$ 有关。一般经验，在江南湿润地区 $C$ 值在 0.15～0.2，而在华北半湿润地区 $C$ 值在0.09～0.12。

（6）$SM$：自由水蓄水容量（mm），它反映了水源比例的变化，需优选确定。

（7）$EX$：自由水蓄水容量曲线指数。

（8）$KG$：地下水出流系数。

（9）$KSS$：壤中流出流系数。

（10）$KKG$：地下径流的消退系数。

（11）$KKSS$：壤中流的消退系数。

（12）$UH$：单元流域上地面径流的单位线（无因次）。

（13）$KE$：单元河段的马斯京根模型参数 $K$ 值。

（14）$XE$：单元河段的马斯京根模型参数 $X$ 值。

三水源的新安江模型共有 16 个参数（$WM$ 中 $WUM$ 和 $WLM$ 视为 2 个参数），其中产流计算参数 11 个（$K$，$IMP$，$B$，$WM$，$WUM$，$WLM$，$C$，$SM$，$EX$，$KG$，$KSS$），汇流计算参数 4 个（$KKG$，$KKSS$，$KE$，$XE$），再加上无因次单位线 $UH(i)$。

新安江模型的参数有明确的水文概念，可以单独确定。常先按实测值或类似经验定好的参数作为初始值，然后分部分进行人工调试，最后协调各部分进行优选。目前经验有：由多年总径流量决定 $K$，年径流、季径流、久旱后的径流决定 $WUM$、$WLM$ 与 $C$，次洪

径流总量决定 $WM$、$B$、$IMP$，地下径流决定 $KKSS$ 和 $KKG$，地面径流过程线决定 $UH$、$KE$ 和 $XE$，最后，以流量过程线作为最客观统一的优选目标。

一般情况下，模型的出流系数和消退系数都是按日模型给定的。但是，进行实时洪水预报时，计算时段 $\Delta t$ 都小于 24h。另外，在模型计算中，为了消除非线性的影响，减少计算时段取的过长所引起的误差，模型的水源划分中又用 5mm 净雨作一个量级，进一步作分步长计算。那么，模型的出流系数和消退系数都必须作相应的变化。

设模型计算所取时段长为 $\Delta t$(h)，$R$ 为 $\Delta t$ 内的净雨，则：$M=\frac{24}{\Delta t}$，$N=\frac{24}{\Delta t}\times\left[\mathrm{INT}\left(\frac{R}{5}\right)+1\right]$。计算步长内的壤中流蓄水库的消退系数（$KKSSD$）和地下水蓄水库的消退系数（$KKGD$）分别与其相应的日模型消退系数（$KKSS$）和（$KKG$）的关系为：$KKSSD=KKSS^{\frac{1}{M}}$，$KKGD=KKG^{\frac{1}{M}}$。

计算步长内流域自由水蓄水库的壤中流出流系数（$KSSD$）和地下水出流系数（$KGD$）与其日模型的出流系数（$KSS$）和（$KG$）的关系为：

$$KSSD=\frac{1-[1-(KG+KSS)]^{\frac{1}{N}}}{1+\frac{KG}{KSS}} \qquad (11-41)$$

$$KGD=KSSD\cdot\frac{KG}{KSS} \qquad (11-42)$$

## 二、SCS 模型

SCS 模型是美国农业部水土保持局提出的。SCS 模型比较适用于中小流域以及城市水文学计算和防洪规划设计。

### （一）SCS 模型的产流计算

SCS 模型的降雨径流基本关系为：

$$\frac{F}{S}=\frac{R}{P-I_a} \qquad (11-43)$$

式中 $P$——降雨量，mm；

$R$——径流量，mm；

$I_a$——初损，mm；

$F$——后损，mm；

$S$——流域当时的最大可能滞留量，mm，它是后损的上限。

按水量平衡原理有：

$$P=I_a+F+R \qquad (11-44)$$

把式（11-43）和式（11-44）相结合，消去 F，考虑到初损未满足时不产流，得：

$$\left.\begin{aligned}R&=\frac{(P-I_a)^2}{P+S-I_a},P\geqslant I_a\\R&=0,P<I_a\end{aligned}\right\} \qquad (11-45)$$

式（11-45）就是 SCS 模型的产流计算公式。因为 $I_a$ 不易求得，为了使计算简化，消去一个变量，引进一个经验关系：

$$I_a = 0.2S \tag{11-46}$$

将式（11－46）代入式（11－45），得：

$$\left.\begin{aligned} &R = \frac{(P-0.2S)^2}{P+0.8S}, \qquad P \geqslant 0.2S \\ &R = 0, \qquad P < 0.2S \end{aligned}\right\} \tag{11-47}$$

$S$ 值的变化幅度很大，从实用出发引入一个无因次参数 $CN$，称为曲线号码，与 $S$ 建立经验关系，即：

$$S = \frac{25400}{CN} - 254 \tag{11-48}$$

$CN$ 是反映降雨前流域特征的一个综合参数，它与流域前期土壤湿润程度（$AMC$）、坡度、植被、土壤类型和土地利用状况有关。SCS 模型把前期土壤湿润程度以此次降雨前 5d 雨量为依据分为 3 级，见表 11－1，并按不同的 $AMC$ 等级给出 $CN$ 值查算表（见表 11－3），表11－2 中给出的是 AMCⅡ条件下的 $CN$ 值。当流域湿润情况不是 AMCⅡ时可先从表 11－2 求得 $CN$ 值，然后按表 11－3 换算为 AMCⅠ或 AMCⅢ条件下的 $CN$ 值。表 11－2 中的“水文条件”指的是土地管理水平，分成差、中、好三类。表 11－2 中土壤分类 A、B、C、D 是在美国调查了 4000 多处土壤后得出的结果。它与一般土壤学上的土壤分类不同，习惯称为 SCS 土壤分类。SCS 土壤分类的定义见表 11－4。此外，还可以按土壤的最小下渗率来做 SCS 土壤分类，见表 11－5。

**表 11－1　　前期土壤湿润程度等级划分**

| 前期土壤湿润程度等级（$AMC$ 等级） | 前 5d 总雨量 | |
|---|---|---|
| | 休眠季节 | 生长季节 |
| AMCⅠ | ＜12.7 | ＜35.56 |
| AMCⅡ | 12.7～27.94 | 35.56～53.34 |
| AMCⅢ | ＞27.94 | ＞53.34 |

**表 11－2　　$CN$ 值查算表 $CAM$（Ⅱ，$I_a$＝0.2S）**

| 土地利用方式 | | | 处理情况 | 水文条件 | 土壤类别 | | | |
|---|---|---|---|---|---|---|---|---|
| | | | | | A | B | C | D |
| 住宅区 | 住宅平均面积（英亩） | ≤1/8 | 不透水面积占总面积的百分比（%） | 65 | 77 | 85 | 90 | 92 |
| | | 1/4 | | 38 | 61 | 75 | 83 | 87 |
| | | 1/3 | | 30 | 57 | 72 | 81 | 86 |
| | | 1/2 | | 25 | 54 | 70 | 80 | 85 |
| | | 1 | | 20 | 51 | 68 | 79 | 84 |
| 街道与道路 | | | 铺面并有路缘石和雨水沟 | | 98 | 98 | 98 | 98 |
| | | | 卵石和砾石路 | | 76 | 85 | 89 | 91 |
| | | | 泥路，天然土路 | | 72 | 82 | 87 | 89 |

续表

| 土地利用方式 | 处理情况 | 水文条件 | 土壤类别 | | | |
|---|---|---|---|---|---|---|
| | | | A | B | C | D |
| 露天地区，草坪，公园，高尔夫球场，水泥地等 | 条件良好，草的覆盖率不小于75% | | 36 | 61 | 74 | 80 |
| | 一般条件，草的覆盖率为50%～70% | | 49 | 69 | 79 | 84 |
| 铺面的停车场，屋顶，车道等 | | | 98 | 98 | 98 | 98 |
| 商业区，不透水面积占总面积的85% | | | 89 | 92 | 94 | 95 |
| 工业区，不透水面积占总面积的72% | | | 81 | 82 | 91 | 93 |
| 休耕地 | 直行形 | | 77 | 86 | 91 | 94 |
| 草地草甸 | | 好 | 30 | 58 | 71 | 78 |
| 林　地 | | 差 | 45 | 66 | 77 | 83 |
| | | 中 | 36 | 60 | 73 | 79 |
| | | 好 | 25 | 55 | 70 | 77 |
| 行间作物地 | 直行种植 | 差 | 72 | 81 | 88 | 91 |
| | | 好 | 67 | 78 | 85 | 89 |
| | 等高耕作 | 差 | 70 | 79 | 84 | 88 |
| | | 好 | 65 | 75 | 82 | 86 |
| | 阶状等高耕作 | 差 | 66 | 74 | 80 | 82 |
| | | 好 | 62 | 71 | 78 | 81 |
| 小粒谷类作物地 | 直行种植 | 差 | 65 | 76 | 84 | 88 |
| | | 好 | 63 | 75 | 83 | 87 |
| | 等高耕作 | 差 | 63 | 74 | 82 | 85 |
| | | 好 | 61 | 73 | 81 | 84 |
| | 阶状等高耕作 | 差 | 61 | 72 | 79 | 82 |
| | | 好 | 59 | 70 | 78 | 81 |
| 密种作物地（豆科作物或轮种性草地） | 直行种植 | 差 | 66 | 77 | 85 | 89 |
| | | 好 | 58 | 72 | 81 | 85 |
| | 等高耕作 | 差 | 64 | 75 | 83 | 85 |
| | | 好 | 55 | 69 | 78 | 83 |
| | 阶状等高耕作 | 差 | 63 | 73 | 80 | 83 |
| | | 好 | 51 | 67 | 71 | 80 |
| 草原或牧场 | 散　播 | 差 | 68 | 79 | 86 | 89 |
| | | 中 | 49 | 69 | 79 | 84 |
| | | 好 | 39 | 61 | 74 | 80 |
| | 等高条播 | 差 | 47 | 67 | 81 | 88 |
| | | 中 | 25 | 59 | 75 | 83 |
| | | 好 | 6 | 35 | 70 | 79 |
| 农庄 | | | 59 | 74 | 82 | 86 |

**注**　1英亩$=4047m^2$。

表 11-3　　不同 *AMC* 等级的 *CN* 值换算表

| *AMC*Ⅱ时的 *CN* 值 | 相应的 *AMC*Ⅰ时的 *CN* 值 | 相应的 *AMC*Ⅲ时的 *CN* 值 | *AMC*Ⅱ时的 *CN* 值 | 相应的 *AMC*Ⅰ时的 *CN* 值 | 相应的 *AMC*Ⅲ时的 *CN* 值 |
|---|---|---|---|---|---|
| 100 | 100 | 100 | 45 | 27 | 65 |
| 95 | 87 | 99 | 40 | 23 | 60 |
| 90 | 78 | 98 | 35 | 19 | 55 |
| 85 | 70 | 97 | 30 | 15 | 50 |
| 80 | 63 | 94 | 25 | 12 | 45 |
| 75 | 57 | 91 | 20 | 9 | 39 |
| 70 | 51 | 87 | 15 | 7 | 33 |
| 65 | 45 | 83 | 10 | 4 | 26 |
| 60 | 40 | 79 | 5 | 2 | 17 |
| 55 | 35 | 75 | 0 | 0 | 0 |
| 50 | 31 | 70 | | | |

表 11-4　　SCS 土壤分类定义

| | |
|---|---|
| A | 厚层沙，厚层黄土，团粒化粉沙土 |
| B | 薄层黄土，沙壤土 |
| C | 粘壤土，薄层沙壤土，有机质含量低的土壤，粘质含量高的土壤 |
| D | 吸水后显著膨胀的土壤，塑性大的粘土，某些盐渍土 |

表 11-5　　按最小下渗率作 SCS 土壤分类

| 土壤分类 | 最小下渗率（mm/h） |
|---|---|
| A | 7.26～11.43 |
| B | 3.81～7.26 |
| C | 1.27～3.81 |
| D | 0～1.27 |

当每次降雨之后，已知降雨量 $P$，根据所在流域的土地利用方式、处理情况、水文条件以及土壤类别，查表 11-2 得 $CN$ 值，代入式（11-48）算出 $S$ 值，再用式（11-47）计算产流量（净雨量）。若要分时段计算净雨量，采用式（11-47）计算由降雨开始到 $t_1$ 时刻为止的降雨量 $P_1$ 的净雨量 $R_1$，再计算由降雨开始到 $t_2$ 时刻为止的降雨量 $P_2$ 的净雨量 $R_2$，则时段 $t_1$ 至 $t_2$ 的净雨量为 $R_2—R_1$。

（二）SCS 模型的汇流计算

在汇流计算中，SCS 模型是用一条统一的无因次单位线来计算出流过程线的。无因次单位线的纵标为 $q/q_p$，横标为 $t/t_p$，如图 11-10 所示。模型用下述经验公式求单位线洪峰流量：

$$q_p = \frac{0.208FR}{t_p} \qquad (11-49)$$

式中　$q_p$——净雨为 25.4mm 的单位线洪峰流量，$m^3/s$；

$R$——净雨量（$R$=25.4mm，该式由 1 英寸单位净雨的英制公式转换而来，故仍沿用该数值）；

$F$——流域面积，$km^2$；

$t_p$——峰现时间，h。

$t_p$ 与汇流时间 $t_c$ 建立如下关系：

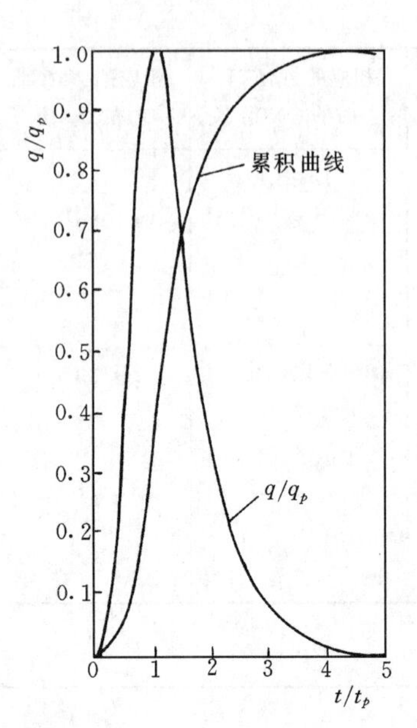

图 11-10　无因次单位线

$$t_p = \frac{2}{3}t_c \tag{11-50}$$

$t_c$ 通过滞时 $L$ 的关系求出，$L$ 的计算公式为：

$$L = \frac{l^{0.8}(S + 25.4)^{0.7}}{7069j^{0.5}} \tag{11-51}$$

$$t_c = \frac{5}{3}L \tag{11-52}$$

式中　$L$——滞时，h；

$t_c$——汇流时间，h；

$l$——水流长度，m；

$j$——流域平均坡度，%；

$S$——流域当时的最大可能滞留量，mm。

无因次单位线时段 $D$ 用下式计算：

$$D = 0.133t_c \tag{11-53}$$

由上述各式求得 $q_p$、$t_p$ 和 $D$ 之后，便可将无因次单位线转化为时段单位线，再利用产流计算公式求出每一时段 $D$ 内的径流量，与单位线相乘，按叠加定理可得出流过程。

## 复习思考题与习题

1. 何谓水文模型？简述建立水文模型的一般步骤。
2. 简述水文系统的概念。
3. 什么是水文概念性模型？国内外有哪些有代表性的水文概念性模型？

# 第十二章　古洪水与可能最大降水及可能最大洪水

洪水频率计算的根本问题是资料短、代表性不足，难于得到设计需要的稀遇洪水。洪水调查，一般只能获得一二百年的历史洪水资料；通过文献资料的考证，可以了解五六百年大洪水的情况。要了解更为久远的历史洪水，需要另辟蹊径。这种更久远的洪水称为古洪水。

古洪水与可能最大降水及可能最大洪水在本书中是一个新的概念，本章作简要的介绍。

## 第一节　古洪水的计算及应用

古洪水指重现期远大于现代水文测站实测大洪水和历史调查洪水的古代洪水，它需要结合考古工作和地质工作等才能获得。

### 一、古洪水的分类及分析计算的原理

（一）古洪水的分类

根据研究，古洪水可分为两类：考古时期洪水和地质时期洪水。

1. 考古时期洪水

结合野外考古工作和实验室工作而获得的古代洪水，称为考古时期洪水。例如长江宜昌水文站 20 世纪 90 年代初通过史志碑刻等考证，确定 1870 年洪水的重现期为 840 年（参见本书第六章第二节）。近年来，河海大学与长江水利委员会合作研究表明，1870 年洪水为过去 2500 年中发生的第一位大洪水，其重现期改定为 2500 年。这样，1870 年洪水从历史调查洪水“升格”为考古时期洪水。又如河海大学与河北省水利水电勘测规划设计院 1992 年取得滹沱河黄壁庄河段考古时期洪水研究成果，考古时期洪水的洪峰流量与实测大洪水及历史调查洪水的洪峰流量对比见表 12－1。

表 12－1　　滹沱河黄壁庄河段考古时期洪水、实测大洪水及历史调查洪水的洪峰流量对比表

| 洪水 | 实测大洪水 | 历史调查洪水 | | | 考古时期洪水 |
|---|---|---|---|---|---|
| 年份 | 1956 | 1917 | 1853 | 1794 | 2500aBP① |
| 流量（$m^3/s$） | 13100 | 13500 | 16000～18300 | 20000～27500 | 34000 |

① aBP 表示距今的年数。按照统一规定，指距 1950 年的年数。

由表 12－1 可见，考古时期洪水的重现期为 2500 年，远大于实测大洪水及历史调查洪水的重现期（几十年到一二百年）。

2. 地质时期洪水

与河流在现代地质时期塑造的河流横断面形态——河漫滩和一级阶地阶面高程相对应的古代洪水，称为地质时期洪水（有人把与一级阶地阶面后缘高程相对应的洪水称为阶地洪水）。例如广西水电局勘测设计院20世纪80年代初推算的红水河等地质时期洪水，同一时期前水电部天津勘测设计院推算的漳河干流地质时期洪水。又如1982年7月，美国科罗拉多州有2座水库大坝遭遇特大洪水而相继崩溃。事后，根据沿岸冲刷出来的全新世冰水沉积层和地貌综合分析，发现大约在8000年前，其中1座大坝所在河段发生过1场与1982年规模相当的特大洪水，也属于地质时期洪水。

（二）古洪水分析计算的原理

1. 考古时期洪水

分析计算考古时期洪水的原理和步骤是：进行野外考古工作，寻找研究河段考古时期洪水洪峰发生时刻——平流时刻（此时洪水的流速等于或接近于零）的沉积物。应用实验室内放射性碳十四（$^{14}C$）测年技术确定沉积物中有机物的沉积年代，或用TL（热释光）测年技术测定沉积物中的古砖瓦陶片的烧制年代。从考古时期洪水平流沉积物高程或洪水痕迹高程等确定该场洪水最高水位和水面比降，根据现场纵横断面测量工作取得河段几何特性资料，搜集研究河段和上下游河段糙率分析资料，利用比降法等水力学公式法或水文学方法推算考古时期洪水流量。

考古时期洪水平流时刻沉积物中的有机物质包括：埋藏在研究河段中的古树，洪水移积的细粒有机物，当地原住民焚烧的古木炭，当地古地面的有机面层，当地古土壤层有机物以及洪水搬运来的木料和木炭等。

2. 地质时期洪水

分析计算地质时期洪水有两种思路。一种认为现代地质情况比较稳定的宽阔河段的河漫滩的上限或在峡谷河段岩洞中的洪水淤沙面，是近万年以来最大洪水所沉积形成的。在河漫滩上限高程或淤沙面高程之上加一定的水深，对应此高程的洪水即为现代地质时期的最大洪水。采用类似于推算考古时期洪水流量的方法，可以推算出现代地质时期洪水流量，并将其视为万年一遇的洪水。

另一种认为某些河流的一级阶地形成时间约有一万二三千年。如果阶地的阶面结构完整，没有出现明显的河流侵蚀遗迹，表明一万多年以来没有发生过高于一级阶地整个阶面的特大洪水。根据一级阶地的阶面高程，同样采用类似于推算考古时期洪水流量的方法，可以估算出地质时期洪水流量，将其视为一万二千到一万三千年一遇的洪水。

## 二、古洪水流量的计算

对于顺直的研究河段，通常采用比降法（又称比降—面积法）计算古洪水的洪峰流量，计算公式如下：

$$Q = VA = \frac{1}{n} R^{2/3} S^{1/2} A \qquad (12-1)$$

式中　$Q$、$n$、$R$、$S$、$A$——意义同式（3-19）；

$V$——河段平均流速，m/s。

因为古洪水的最高水位远高于实测大洪水和历史调查洪水水位，且发生时间久远，研究河段的几何和水力特性可能有所变化，有必要对式（12-1）中各参数的确定作补充说明。

（一）河道行洪断面面积 $A$ 的计算

由式（12-1）可见，$Q$ 与 $A$ 成正比，$A$ 偏大或偏小直接影响到 $Q$ 偏大或偏小。

首先，要结合地质勘探资料和同位素测年技术，了解研究河段全新世（约一万年）以来河道断面的变化情况。其次，估算古洪水河道行洪断面面积，并与现今相同水位的行洪断面面积作比较。詹道江、谢悦波在《古洪水研究》一书中给出了表12-2的数据，认为表中这两个河段全新世以来河道断面冲淤变化是很小的。而长江三斗坪河段1870年洪水河道行洪断面面积与现今相同水位行洪断面面积相差仅为1.4%，河道断面冲淤变化更小。

表 12-2　两个古洪水研究河段古今行洪断面面积的变化

| 河段名称 | 洪水发生年份 | 考古时期洪水行洪断面面积（$m^2$） | 现今相同水位行洪断面面积（$m^2$） | 两种面积相差（%） |
|---|---|---|---|---|
| 黄河小浪底水利枢纽 | 2360aBP | 7170 | 6830 | 4.9 |
| 淮河响洪甸水库 | 1736±73aBP | 7710 | 7340 | 5 |

黄河龙门河段断面冲淤变化比较大。易元俊、史辅成根据实测大洪水的断面冲淤资料，绘制出洪水涨水期流量与冲刷面积或冲刷面积的百分数的关系曲线，如图12-1所示。该图可用来估算古洪水行洪断面冲淤变化的数量。

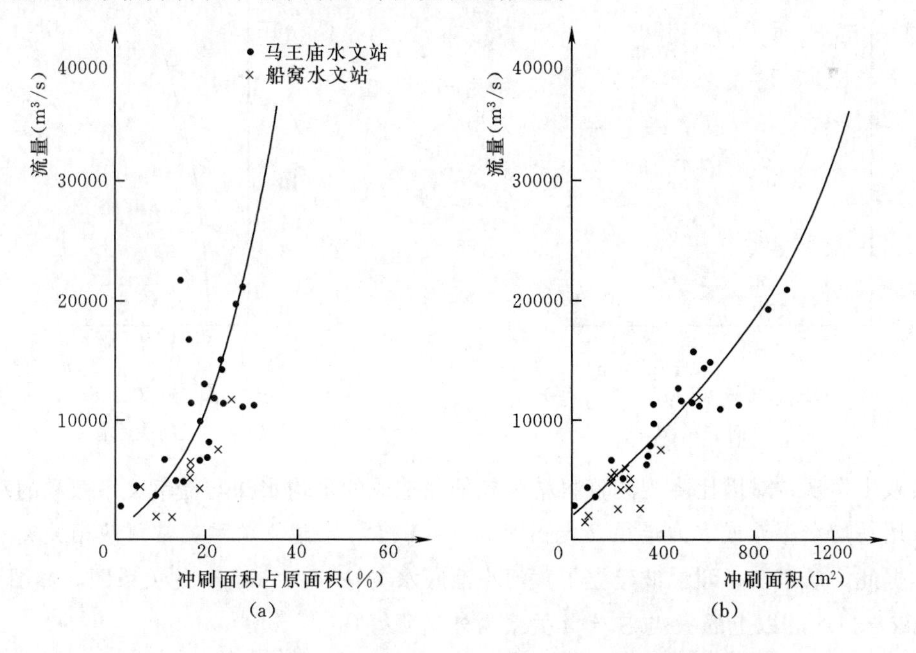


图 12-1　黄河龙门河段流量与冲刷面积或冲刷面积的百分数关系图

（二）糙率 $n$ 值的确定

糙率 $n$ 也是决定 $Q$ 精度的一个关键参数。骆承政的研究表明，$n$ 与平均水深 $h$ 的关系有如下 4 种类型：①散乱型（见图 12-2）；②直线型（见图 12-3）；③反向型（见图 12-4）；④正向型（见图 12-5）。

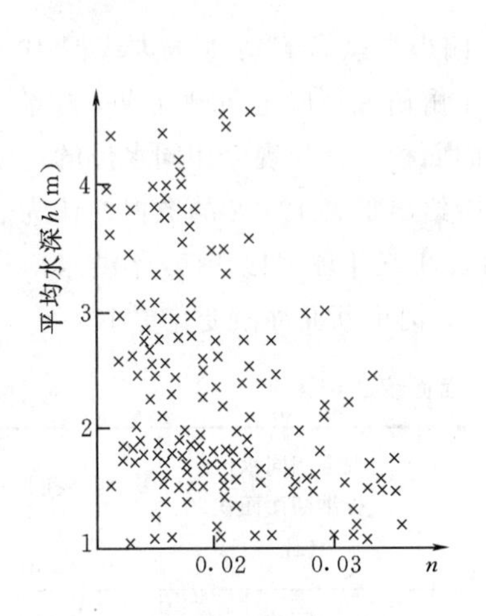


图 12-2　称钩湾水文站（1957～1958 年）$h$ 与 $n$ 散乱关系图

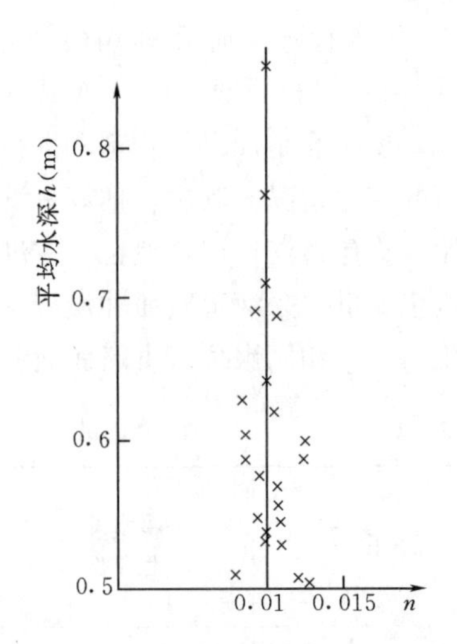


图 12-3　北中山水文站（1964 年）$h$ 与 $n$ 直线关系图

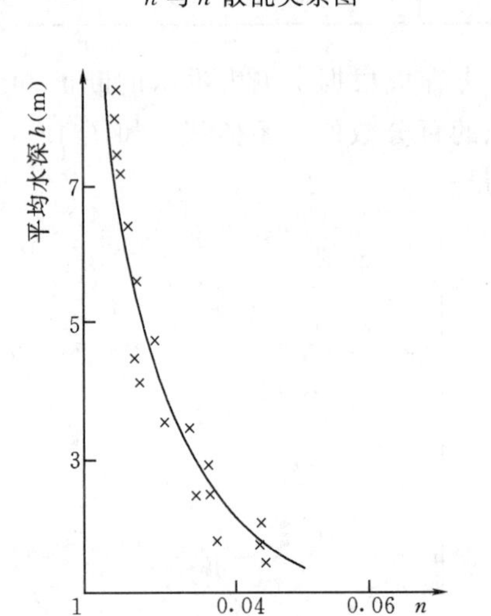


图 12-4　陈村水文站（1957～1968 年）$h$ 与 $n$ 反向关系图

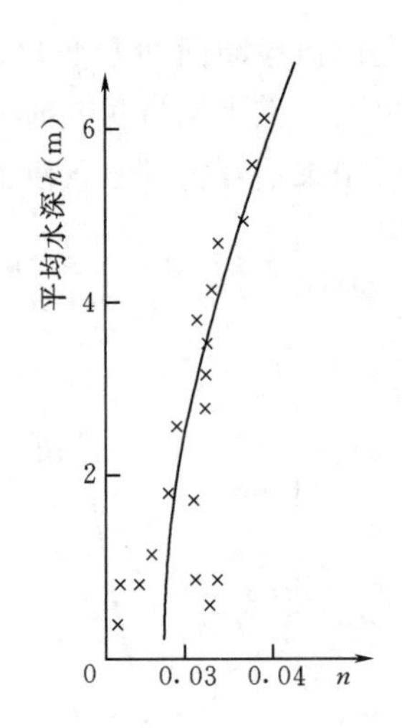


图 12-5　分水水文站（1958～1960 年）$h$ 与 $n$ 正向关系图

实践中发现，对因比降观测资料精度较低而造成的平均水深与糙率关系散乱的水文测站，改用平均水深 $h$ 或水力半径 $R$ 与 $S^{1/2}/n$（$=V/R^{2/3}$）建立关系，常可使相关关系得到改善。据此，詹道江、谢悦波建立了黄河小浪底水文站 $R$ 与 $S^{1/2}/n$ 的关系图，如图 12-6 所示（$R=11.0$m 以上的 $R$ 与 $S^{1/2}/n$ 关系为外延所得）。

当古洪水的最高水位确定后，即可由该断面的水力半径 $R$ 值查相关图求得 $S^{1/2}/n$ 值

(见图 12－6)。而当古洪水的水面比降 $S$ 确定后，可求得糙率 $n$ 值。

（三）最高水位和水面比降的确定

古洪水的最高水位和水面比降，可借助洪水痕迹、洪水淤沙面、平流沉积物高程以及河漫滩和一级阶地阶面高程、纵剖面等来确定。

1. 洪水痕迹高程确定古洪水最高水位和水面比降

韩曼华、史辅成等在黄河小浪底水文站上游 250km 河段内，在 20 多个地点调查到 1843 年洪水痕迹并测量洪水痕迹高程。詹道江、谢悦波研究得出 1843 年洪水是该河段重现期为 1250 年的考古时期洪水。根据 1843 年洪水痕迹高程，参照 1956 年实测洪水水面线确定 1843 年考古时期洪水水面线，见图 12－7。有了水面线就可得知水面比降。

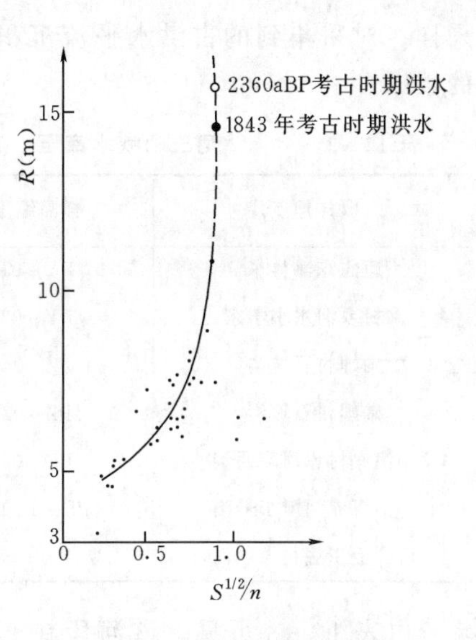


图 12－6 黄河小浪底水文站 $R$ 与 $S^{1/2}/n$ 关系图

2. 洪水淤沙面高程确定古洪水最高水位和水面比降

韩曼华、史辅成等在黄河小浪底水文站上游若干地点同时调查到 1843 年洪水淤沙面并测量淤沙面高程，发现洪水淤沙面高程和同年洪水痕迹高程相差很小，亦即由 1843 年洪水淤沙面高程确定的水面比降和由 1843 年考古时期洪水的洪水痕迹高程确定的水面比降相差很小。

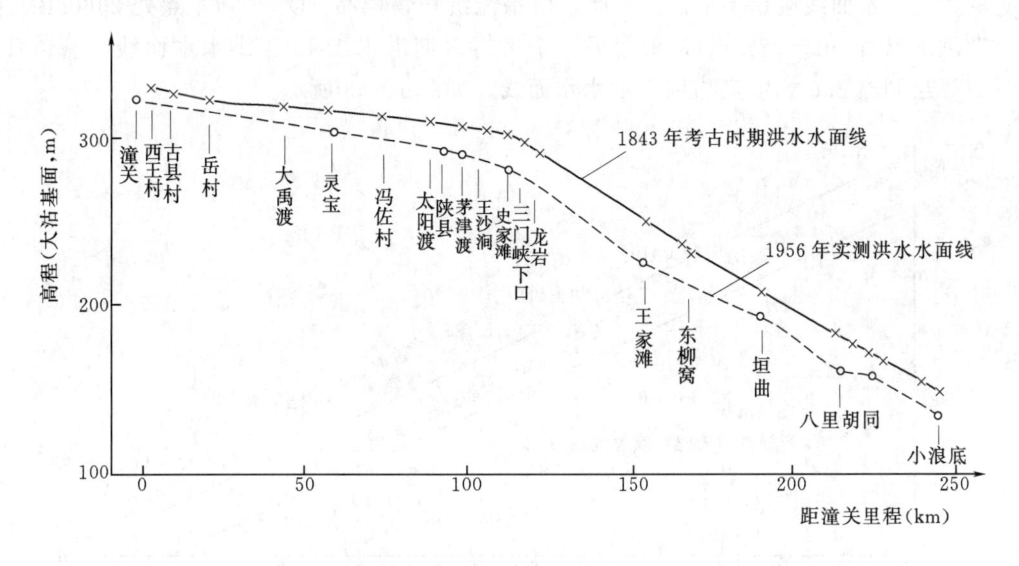


图 12－7 黄河潼关至小浪底水文站河段 1843 年考古时期洪水和 1956 年实测洪水水面线图

3. 平流沉积物高程确定古洪水最高水位和水面比降

詹道江、谢悦波等在黄河三门峡水库至小浪底水文站 131km 河段上，勘测发现了 150 多个地点有古洪水沉积。经反复考核，最终选定了 96 个地点进行高程测量和采样。对采集到的古洪水平流沉积物样品，利用$^{14}C$测年技术测定，获得了表 12-3 的数据。

表 12-3　黄河三门峡水库至小浪底水文站河段古洪水平流沉积物样品$^{14}C$年代测定

| 取样地点 | 样品编号 | 发生年代（aBP） | 距小浪底水文站里程（km） |
|---|---|---|---|
| 垣曲东滩村东 | PY-01 | 6183±328 | 55.40 |
| 南村乡河水小学东 | PY-07 | 7262±196 | 53.80 |
| 妯娌村石坡沟 | PZ-04 | 8129±447 | 7.70 |
| 妯娌村石坡沟 | PZ-03 | 8389±228 | 7.65 |
| 小浪底村赤河滩西沟 | PD-03 | 6178±328 | 4.10 |
| 小浪底赤河滩 1 号沟 | PD-1-01 | 2360±375 | 3.10 |
| 济源土崖底村风雨沟 | PF-05 | (2415～2095) ±295 | 0.65 |

由表 12-3 可见，该河段在 2360aBP、6180aBP 和 8200aBP 各发生 1 场大洪水，每场洪水都有 2 组样品予以证实（2360aBP 大洪水由编号 PD-1-01 和 PF-05、6180aBP 大洪水由编号 PY-01 和 PD-03、8200aBP 大洪水由编号 PZ-04 和 PZ-03 的样品所证实）。因只有 1 组样品证实（样品编号为 PY-07），认为 7260aBP 可能发生 1 场大洪水。

小浪底水文站处于黄河顺直的峡谷河段，断面冲淤变化不大（参见表 12-2），认为相近的大洪水水面线应趋于平行。据此，由平流沉积物样品 PD-1-01 点处 2360aBP 考古时期洪水高程（154.828m），采用另一个考古时期洪水 1843 年洪水水面线，詹道江、谢悦波等绘制出 2360aBP 考古时期洪水水面线，如图 12-8 所示。

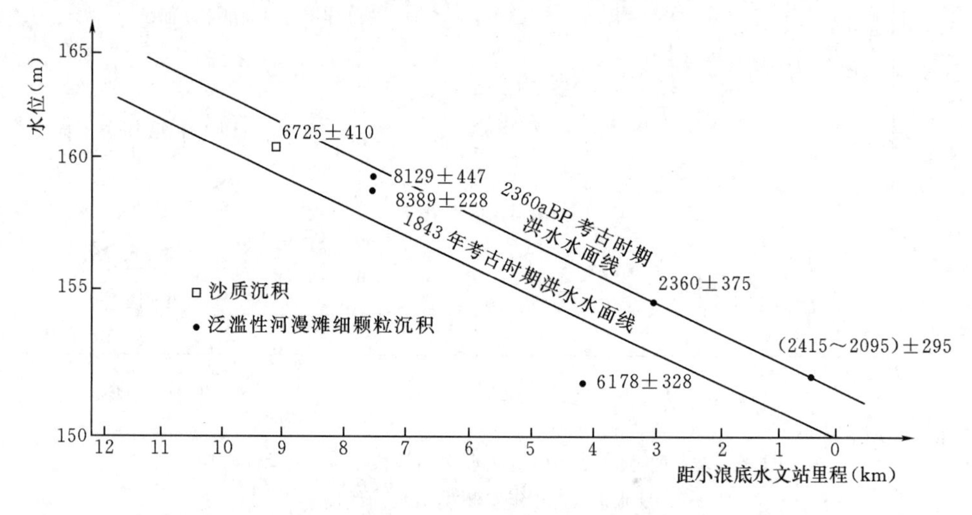


图 12-8　黄河小浪底水文站 2360aBP 考古时期洪水水面线图

中国水利水电科学研究院叶永毅指出，大洪水时的水面比降受河道纵剖面和横断面沿程变化的影响，某些河流的某个河段大洪水时的水面比降有时反而比中小洪水时的水面比降小（亦即大洪水的水面线和中小洪水的水面线并不平行）。例如黄河陕县水文站 1843 年大洪水，因受其下游三门峡峡谷河段在高水时的约束控制作用，其水面比降要比 1933 年洪水（中小洪水）的水面比降小。又如汉江安康水文站 1981 年出现最大流量时观测到的水面比降比其中小洪水时的水面比降小，也是受到下游鼓石峡河段的束狭作用而引起的。

4. 河漫滩和一级阶地阶面高程及其纵剖面确定古洪水最高水位和水面比降

河漫滩和一级阶地阶面高程及其纵剖面，可由野外地质勘察和测量等工作确定。前已述及，河漫滩上限高程之上加一定的水深的高程，是地质时期洪水——重现期为一万年洪水的最高水位。这个“一定的水深”是需要分析论证的。而一级阶地阶面高程，是地质时期洪水——重现期为一万二千至一万三千年洪水的最高水位。

一般地说，地质时期洪水的最高水位高于考古时期洪水的最高水位。例如黄河小浪底水文站上游，潼关至三门峡约 120km 河段，一级阶地（分左、右岸）阶面高程和纵剖面线如图 12-9 所示。图中右岸一级阶地阶面前缘和后缘高程（地质时期洪水的最高水位）高于该河 1843 年洪水（考古时期洪水）的最高水位，右岸一级阶地阶面前、后缘的纵剖面线与 1843 年洪水水面线大致平行。

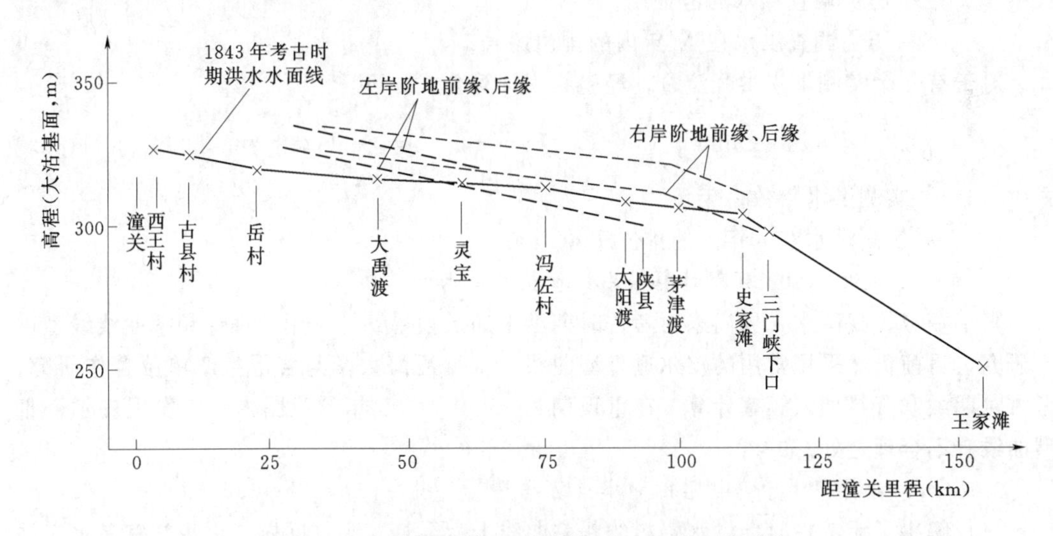


图 12-9 黄河潼关至三门峡河段一级阶地阶面纵剖面线与 1843 年洪水水面线比较图

有了古洪水的行洪断面面积 $A$、糙率 $n$、最高水位和水面比降 $S$，则可采用式（12-1）等水力学公式法或水文学方法（如水位～流量关系外延法）推算出古洪水流量。例如根据表 12-2 黄河小浪底水利枢纽 2360aBP 洪水行洪断面面积、图 12-6 黄河小浪底水文站 $R$ 与 $S^{1/2}/n$ 关系图、图 12-8 黄河小浪底水文站 2360aBP 考古时期洪水水面线和最高水位等，詹道江、谢悦波推算出黄河小浪底水利枢纽 2360aBP 考古时期洪水洪峰流量为 38000m$^3$/s，并将其作为距今 2500 年以来的首位大洪水；而 1843 年洪水（$Q_m$=32500m$^3$/s）排在第二位，重现期为 1250 年（1843 年洪水由历史调查洪水“升格”为考古时期洪水）。

## 三、古洪水的应用

考古时期洪水的应用与地质时期洪水的应用有所不同，分述如下。

（一）考古时期洪水的应用

考古时期洪水的洪峰流量是考古考证期内的特大值，直接可用于频率计算。但仍然要解决经验频率计算公式和理论频率曲线的线型选择问题。

1. 考古时期洪水的经验频率计算公式

对考古时期洪水洪峰流量资料以及历史调查洪水和实测洪水洪峰流量资料，应分别用不同公式计算其经验频率。

对于有 $a$ 个考古时期洪水洪峰流量，经验频率计算公式为：

$$P_i = \frac{i}{N+1} \qquad (i = 1,2,\cdots,a) \tag{12-2}$$

式中　$N$——考古时期洪水的考证期，年；

$i$——考古时期洪水在 $N$ 年内的排位序号。

对于有 $b$ 个历史调查洪水洪峰流量，经验频率计算公式为：

$$P_{a+j} = P_a + (1-P_a)\frac{j}{N'+1} \qquad (j = 1,2,\cdots,b) \tag{12-3}$$

式中　$N'$——历史调查洪水的考证期，年；

$j$——历史调查洪水在 $N'$年内的排位序号。

对于有 $n$ 个实测洪水洪峰流量，经验频率计算公式如下：

$$P_{a+b+m} = P_{a+b} + (1-P_{a+b})\frac{m}{n+1} \qquad (m = 1,2,\cdots,n) \tag{12-4}$$

式中　$n$——实测洪水年数，年；

$m$——实测洪水在 $n$ 年内的排位序号。

2. 考古时期洪水加入频率计算采用的理论频率曲线

限于资料，我国水文界尚未对考古时期洪水加入频率计算采用的理论频率曲线线型进行研究，目前仍然采用常用的皮尔逊Ⅲ型曲线。根据河海大学与若干生产单位合作研究，考古时期洪水资料加入频率计算，在重现期为2500～3000年的范围内，未发现皮尔逊Ⅲ型曲线有不合理之处。

3. 加入考古时期洪水资料后的频率计算结果

（1）解决了无考古时期洪水资料的频率曲线上“天灯”高挂问题。以长江宜昌水文站为例，只考虑历史调查洪水和实测洪水，未加入考古时期洪水资料的洪峰频率曲线上，特大值1870年洪水点据有如“天灯”高挂，点据适线不好。而当加入了3场考古时期洪水资料后，特大值点据有如“天灯”高挂的现象不见了，大部分点据适线都比较好。参见图12－10和图12－11（两图均引自《古洪水研究》）。

（2）千年一遇设计值的推求由“外延”变为“内插”。我国大（1）型水利枢纽工程，其设计洪水标准均为千年一遇。如果能够找到重现期超过千年的考古时期洪水资料，那么，将其加入频率计算，借助理论频率曲线推求千年一遇的设计值，由以往采用的“外延”方法变为“内插”方法，设计值的合理性和可靠性得到了保证。

长江宜昌水文站（长江三峡水利枢纽所在河段）和黄河小浪底水文站（黄河小浪底水利枢纽所在河段）均已获得了重现期为2500年的考古时期洪水资料。将其加入频率计算后的洪峰频率曲线见图12－11和图12－12。由这两张图可见，只需采用“内插”方法即

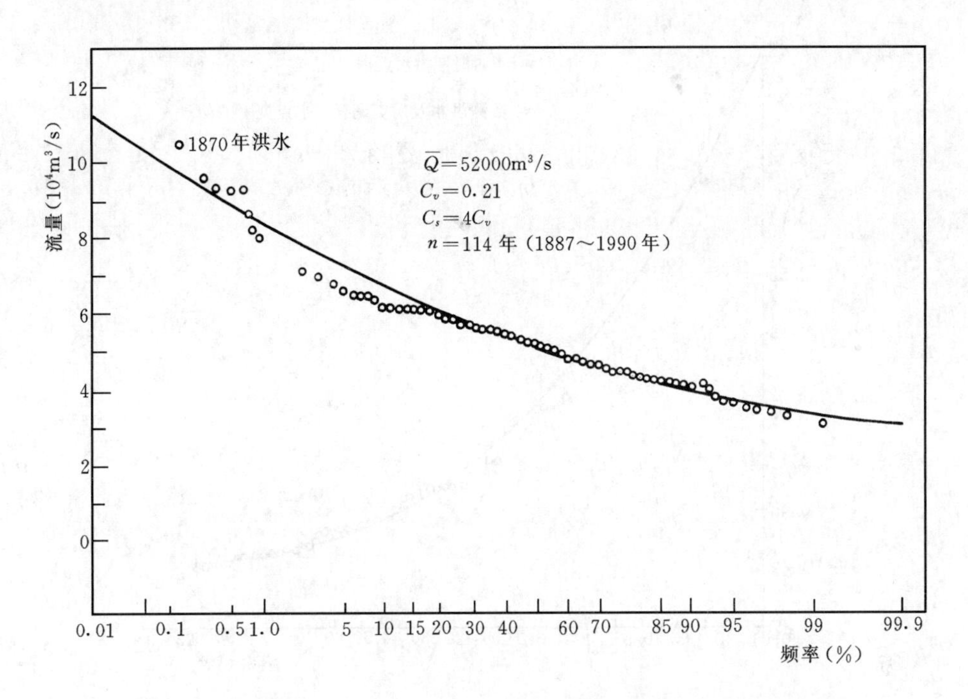


图 12－10 长江宜昌水文站无考古时期洪水资料的洪峰频率曲线图

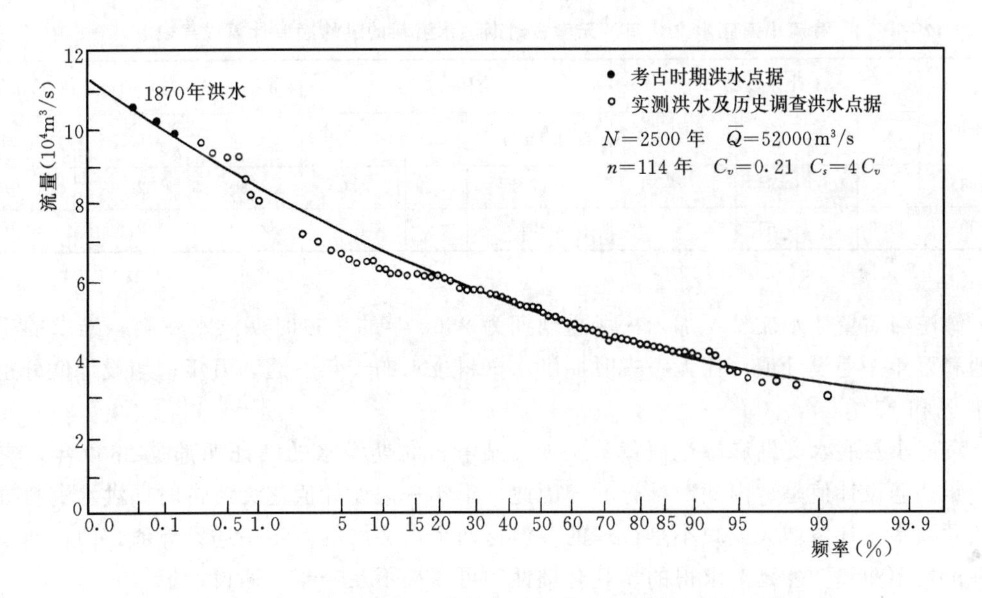


图 12－11 长江宜昌水文站有考古时期洪水资料的洪峰频率曲线图

可推求千年一遇的设计值，成果的合理性和可靠性值得信赖。

（3）与以往的设计洪水成果比较。表 12－4 为黄河小浪底水文站有、无考古时期洪水资料的洪峰频率计算成果表。由表 12－4 可见，加入两场考古时期洪水资料推求的千年一遇和万年一遇设计值，比无考古时期洪水资料推求的千年一遇和万年一遇设计值分别增大 22％和 26％。

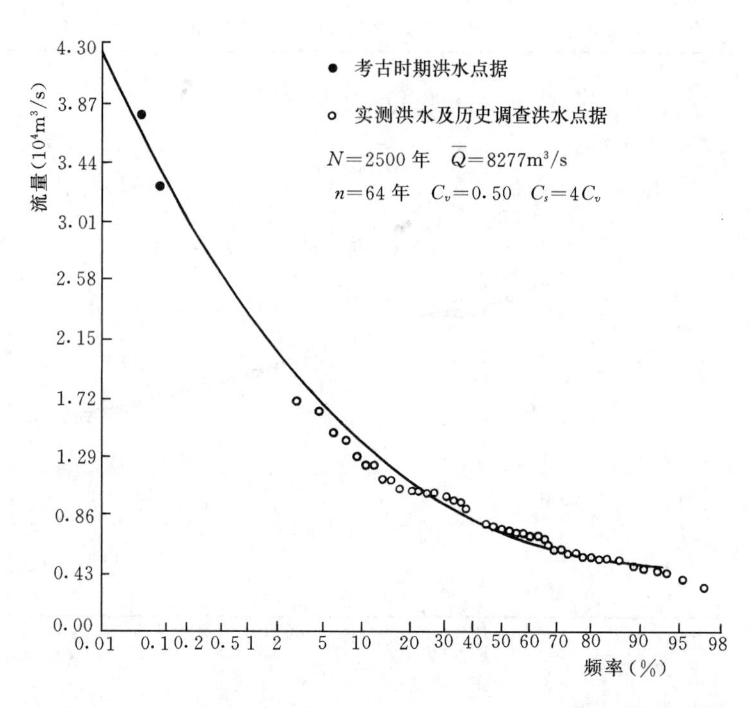


图 12-12 黄河小浪底水文站有考古时期洪水资料的洪峰频率曲线图

**表 12-4 黄河小浪底水文站有、无考古时期洪水资料的洪峰频率计算成果表**

| 计算年份 | 计算参数 | | | | | 统计参数 | | | 频率为 $P$(%)的设计值($m^3/s$) | | |
|---|---|---|---|---|---|---|---|---|---|---|---|
| | $N$ | $N'$ | $n$ | $a$ | $b$ | 均值($m^3/s$) | $C_v$ | $C_s/C_v$ | 1.00 | 0.10 | 0.01 |
| 1985 | | 1000 | 64 | | 1 | 8270 | 0.49 | 4.0 | 22800 | 32000 | 41200 |
| 1995 | 2500 | | 64 | 2 | | 8277 | 0.50 | 4.0 | 23200 | 32700 | 42300 |

注 表中数据摘自《古洪水研究》。

滹沱河黄壁庄水文站，加入一场重现期为 2500 年的考古时期洪水资料，推求的千年一遇和万年一遇设计值，比无考古时期洪水资料推求的千年一遇和万年一遇设计值分别减小 15%和 17%。

黄河小浪底水文站和滹沱河黄壁庄水文站考古时期洪水的考证期都是 2500 年，它们的千年一遇设计值是“内插”求得的。因此，千年一遇设计值比无考古时期洪水资料推求的相同频率设计值增大或减小是合理的。但这两个水文站的万年一遇设计值，因仍然是借助理论频率曲线“外延”求得的，其合理性和可靠性不及千年一遇设计值。

（二）地质时期洪水的应用

地质时期洪水资料不参与频率计算，而直接作为万年一遇或更稀遇的洪峰流量。例如广西水电局勘测设计院在河漫滩上限高程或峡谷河段岩洞中的洪水淤沙面高程之上加一定的水深，推算出红水河、龙江、黔江、邕江等河流地质时期洪水的洪峰流量，将其视为万年一遇的洪峰流量。又如前水电部天津勘测设计院根据一级阶地阶面高程推求漳河干流若干河段地质时期洪水的洪峰流量，认为其重现期为一万二千到一万三千年，其中岳城水库地质时期洪水的洪峰流量小于1978年审定的岳城水库万年一遇洪峰流量。叶永毅认为后者可能偏大。

综上可见，古洪水研究引入了考古学、地质学、地理学的理论和方法以及同位素测年技术，为推求设计洪水探索出了一条新途径，已经在我国长江、黄河、淮河、滹沱河以及红水河、漳河等大型水利枢纽工程复核设计中得到了有效的应用。可以预期，水文工作者、考古工作者和地质地理工作者合作开拓，这个新兴的跨学科的古洪水研究领域，将在理论和实践结合等方面取得更大的进展。

## 第二节　可能最大降水与可能最大洪水的估算

### 一、基本概念

如第六章第一节所述，我国《水利水电工程等级划分及洪水标准》SL252—2000规定：①山区、丘陵区的土石坝，如失事对下游造成特别重大灾害时，1级建筑物的校核洪水标准应取可能最大洪水PMF或万年一遇洪水；②山区、丘陵区的混凝土坝、浆砌石坝，如果洪水漫顶将造成极严重的损失时，1级建筑物的校核洪水标准，经过专门论证并报主管部门批准，可取PMF或万年一遇洪水。可能最大洪水PMF，定义为河流断面可能发生的最大洪水。这种洪水由最恶劣的气象和水文条件组合而成。相应于可能最大洪水的降水量称为可能最大降水（PMP）。

PMP的定义为：在现代气候条件下，一定面积上，在给定历时内，可能发生的最大暴雨。根据暴雨等气象资料，运用水文气象学理论和暴雨分析经验估算的PMP，一般认为被超过的可能性极小。可能最大洪水PMF计算分为两大步骤：第一步是由地区的PMP求得设计流域的PMP；第二步是研究设计流域PMP的时空分布，即推求设计流域的可能最大暴雨（PMS）。有了设计流域的可能最大暴雨才能转换为设计流域的可能最大洪水PMF。

### 二、可能最大降水的估算方法

推求PMP的方法分为两大类：一类方法是暴雨模型，如台风模型、地形雨模型、梅雨模型等。暴雨模型方法大都是利用动力气象学、天气学建立的。由于现有的气象观测资料除水汽外，难以求得模型主要参数及其极值与最优（严重）组合。因此，多年来模型法仍处于探索阶段，在工程设计中很少应用；另一类是水文与气象相结合的传统方法，它是目前行之有效的主要计算方法。本节主要讨论此类方法。

（一）水汽放大法

可能最大降水PMP计算中常用的水汽物理量为可降水量。可降水量指垂直空气柱中的全部水汽凝结后在气柱底面所形成的液态水深度，用mm表示。在图12-13中，底面$A$上d$z$高度的单元气柱内，空气的质量为$\rho_a A\mathrm{d}z$，水量为$q_v\rho_a A\mathrm{d}z$，则气柱中的可降水总量$W$为：

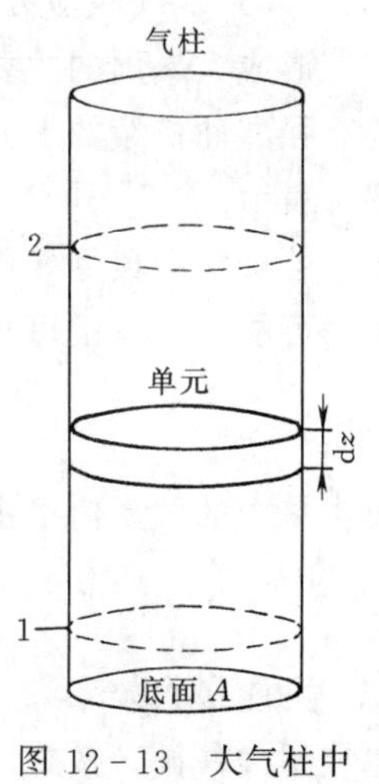


图12-13　大气柱中的可降水计算

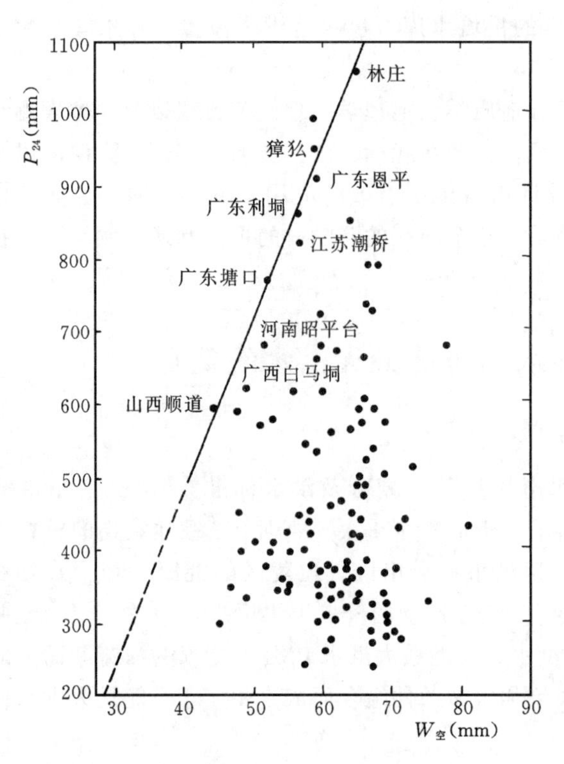


图 12-14　特大暴雨与可降水量的关系
（据刘国纬分析）

$$W = \int_{z_1}^{z_2} q_v \rho_a A \, dz \qquad (12-5)$$

式中　$\rho_a$——湿空气的密度，$kg/m^3$；

$q_v$——比湿。

式（12-5）可以分层计算，即：

$$\Delta W = \bar{q}_v \bar{\rho}_a A \, dz \qquad (12-6)$$

式中　$\bar{q}_v$、$\bar{\rho}_a$——两层间的平均比湿及空气密度。

然后各层相加，得到气柱中的可降水量。例如，根据气象资料，以式（12-6）计算 $1.0m^2$ 空气柱中水的总量为 $W=77kg$，则水深为 $W/\rho_\omega A = 77/100\times 1 = 0.077$（m）$=77mm$。

可降水量可用探空资料（气压、湿度等）直接计算，但常利用地面露点资料间接推求。对于特大暴雨来说，动力条件基本上接近上限，特大雨量与水汽之间呈近似的直线关系（见图 12-14 的外包线）。

典型雨量与放大雨量关系可写为：

$$P_m = \frac{W_m}{W} P \qquad (12-7)$$

式中　$P$、$P_m$——典型雨量、放大雨量；

$W$、$W_m$——典型、放大的可降水量。

水汽放大值 $W_m/W$ 一般在 1.10～1.20 之间。

（二）水汽和动力因子放大法

形成大暴雨的主要物理条件有两个：一是要有源源不断的水汽供应；二是动力条件，要有强烈而持续的上升运动。两者组合就能得出可能最大暴雨。暴雨的动力因子用暴雨效率 $\eta$ 表示。

若选定的典型暴雨，其水汽量及效率均未达到可能最大时，则可将水汽、效率同时放大。可能最大暴雨可按下列公式推求：

$$P_m = \frac{\eta_m}{\eta_典} \frac{W_m}{W_典} P_典 \qquad (12-8)$$

每次暴雨的效率值可由下列公式计算：

$$\eta = \frac{P}{WT} = \frac{i}{W} \qquad (12-9)$$

可能最大效率 $\eta_m$ 值的确定：在设计流域暴雨资料系列较长的情况下，可选若干场稀遇典型大暴雨，按式（12-10）计算不同历时 $T$ 的效率 $\eta$ 值，绘制 $\eta \sim T$ 关系线取其外包值作为可能最大效率 $\eta_m$。

（三）暴雨移置法

当设计流域（或地区）缺乏特大暴雨资料时，可移用邻近流域（或地区）的特大暴雨资料为设计流域（或地区）的典型大暴雨，称为暴雨移置法。

从天气图来看，孕育和制约中小尺度系统发生、发展的环流背景（即大尺度天气系统）摆动的范围很大。近年来特大暴雨的天气分析说明，暴雨往往是几种不同尺度、不同来源运动系统互相组合的结果，而可能发生这种组合的地区范围也是很大的。由此可以推断相应于这些系统的暴雨在一定地区和条件下应该是可以移置的。

由天气系统判断某场暴雨可以移置，但这只是移置的必要条件，还必须考虑地形条件是否可以移置。地形对降水的影响，虽已研究多年，迄今尚无可以实用的计算方法。因此只能在地形相差不远的情况下，例如，同为非山岳地区或者地形相近的山区，才允许移置。

天气条件及地形特征相类似的区域称为一致区。在此区内的暴雨可以互相移置。但当水汽自源地向暴雨区输送时，如遇山脉横阻，就可使输入的可降水量减少。经验证明，障碍每增高 30m 约使可降水量减少 1%，这称为削减。基于许多事实，高山大岭往往是一致区的边界。暴雨不能越过边界移置，同时也不宜在暴雨落区与设计地区高差过大的情况下进行移置。美国限制这种高度和高差为 300m。

移置时假定暴雨的机制不变，因而只作地区水汽不同的调整。

（四）等值线图法

1. 可能最大暴雨等值线图

可能最大暴雨等值线图，是表示区域内一定历时，一定面积 PMP 地理变化的等值线图。对于中小型水利工程，由于缺乏推求可能最大暴雨的资料，可能最大暴雨等值线图便成为计算 PMP 的有力工具。

可能最大暴雨等值线图是在完成单站可能最大暴雨估算工作的基础上进行绘制的。它反映了一定历时，一定流域面积可能最大暴雨在地区上的变化和分布规律，为区域内任何流域提供了可能最大暴雨的估算数据，并能对区域内各流域的可能最大暴雨进行比较和协调。我国各省区的可能最大 24h 点雨量等值线图已经刊布，可供查用。

2. 暴雨～时～面深关系

制定了全国各省区的可能最大 24h 点雨量等值线图后，为了满足中小流域推算可能最大洪水的需要，还必须分析暴雨随时间和空间分布的变化规律，亦即暴雨的时～面～深关系，配合可能最大 24h 暴雨等值线图集，用来计算不同流域面积和历时的可能最大平均雨量。图 12－15 所示为某省 PMP 时～面～深关系图。

3. 暴雨时程分配

在设计时，除了需要不同历时的面平均雨量外，还必须分析可能最大暴雨的时程分配。

可能最大暴雨的时程分配，应根据本地区或邻近地区的大暴雨资料综合分析得出。有关可能最大暴雨的时程分配雨型刊印在各省区的水文手册或水文图集中，可直接查用。

**【例 12－1】** 某省某水库集水面积$F=120km^2$，试求 24h 可能最大暴雨的降雨过程。

（1）查该省可能最大 24h 点雨量等值线图，得该水库流域中心点的可能最大 24h 暴雨

量为 $PMP_{24h}=800$mm。

（2）根据 $F=120\text{km}^2$，查该省 PMP 时～面～深关系图（见图 12-15），得到各种历时的折算系数 $K$（见表 12-5），各历时最大面雨量等于各自的 $k$ 值乘以可能最大 24h 点雨量。

（3）该省可能最大 24h 暴雨时程分配百分比见表 12-3。根据该暴雨时程分配百分比，采用分段控制放大法求可能最大 24h 暴雨过程。最大 1h 暴雨量 $PMP_{1h}=152$mm，放在第 14 时段，$PMP_{2h}=288-152=136$mm。用 136mm 乘第 13 和第 15 时段的分配比，得 66.9mm 和 69.1mm。其他历时依次进行。求得 24h PMP 的逐时雨量见表 12-6。

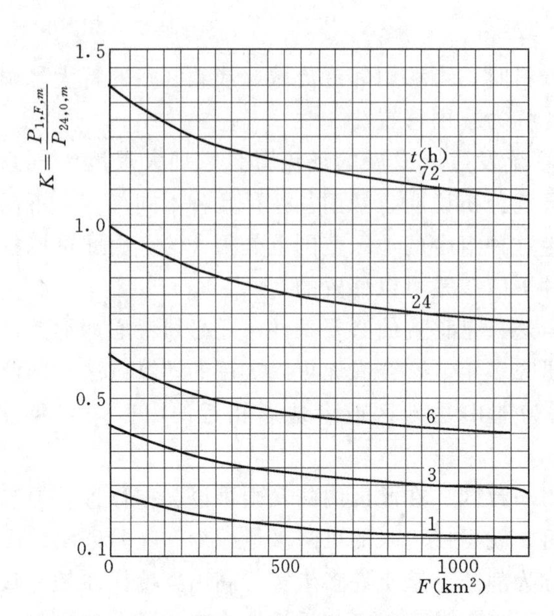


图 12-15 某省 PMP 时～面～深关系图

**表 12-5　　某省某水库流域各历时可能最大面雨量计算表**

| 历时 $t$（h） | 1 | 3 | 6 | 12 | 24 |
|---|---|---|---|---|---|
| 折算系数 $K$ | 0.19 | 0.36 | 0.55 | 0.74 | 0.92 |
| 各历时最大面雨量 $P_{m,t}$（mm） | 152 | 288 | 440 | 592 | 736 |

**表 12-6　　某省某水库流域可能最大 24h 暴雨时程分配计算表**

| 时段 $t=1$h | | 1 | 2 | 3 | 4 | 5 | 6 | 7 | 8 | 9 | 10 | 11 | 12 |
|---|---|---|---|---|---|---|---|---|---|---|---|---|---|
| 各历时分配比（%） | $P_1$ | | | | | | | | | | | | |
| | $P_3-P_1$ | | | | | | | | | | | | |
| | $P_6-P_3$ | | | | | | | | | | | | |
| | $P_{12}-P_6$ | | | | | | | | | | 11.3 | 19.1 | 19.1 |
| | $P_{24}-P_{12}$ | 0 | 0 | 0 | 0 | 6.5 | 6.5 | 12.9 | 12.9 | 16.1 | | | |
| PMP 暴雨过程（mm） | | 0 | 0 | 0 | 0 | 9.4 | 9.4 | 18.6 | 18.6 | 23.2 | 17.2 | 29.0 | 12 |

| 时段 $t=1$h | | 13 | 14 | 15 | 16 | 17 | 18 | 19 | 20 | 21 | 22 | 23 | 24 |
|---|---|---|---|---|---|---|---|---|---|---|---|---|---|
| 各历时分配比（%） | $P_1$ | | 100 | | | | | | | | | | |
| | $P_3-P_1$ | 49.2 | | 50.8 | | | | | | | | | |
| | $P_6-P_3$ | | | | 39.8 | 31.1 | 29.1 | | | | | | |
| | $P_{12}-P_6$ | | | | | | | 29.6 | 13.9 | 7.0 | | | |
| | $P_{24}-P_{12}$ | | | | | | | | | | 19.4 | 16.1 | 9.6 |
| PMP 暴雨过程（mm） | | 66.9 | 152 | 69.1 | 60.5 | 47.3 | 44.2 | 45.0 | 21.1 | 10.7 | 27.9 | 23.1 | 13.8 |

### 三、可能最大洪水的估算

由可能最大降水（PMP）转化成可能最大暴雨（PMS）后，可以沿用由设计暴雨推求设计洪水的方法，来估算可能最大洪水（PMF）。关于设计 $P_a$ 的取值，产流和汇流方案的外延等计算环节需要注意的问题，已如第八章所述，这里不再重复。

必须指出，虽然 PMF 是由 PMP（PMS）造成的，但是由于 PMP（PMS）和 PMF 事件具有极大的不确定性，因此无法确定 PMP（PMS）和 PMF 的概率分布，更无法确定 PMP（PMS）与 PMF 的概率分布关系。

## 复习思考题与习题

1. 何谓古洪水？研究古洪水有何意义？
2. 怎样计算古洪水的最高水位和水面比降？
3. 试比较有、无古洪水资料参加频率计算，在频率计算方法及计算结果方面的不同点。
4. 简述可能最大降水的估算方法。
5. 由可能最大暴雨（PMS）推求可能最大洪水（PMF）要注意哪些问题？

# 第十三章　水污染及水质模型

## 第一节　概　　述

各种污染物进入水体，引起水体的物理、化学或生物学的特性的改变，影响水的正常用途或损坏水环境质量，甚至危害人体健康、动植物安全，这种现象称为水污染。判断水体是否受到污染及污染程度，可用水质分析方法测定水中某种污染物的浓度，按照国家颁布的各种用水水质标准进行评价，依据评价结果来判定。河流水质数学模型（又称水质模型）是用数学的语言和方法来描述河流水体污染过程中的物理、化学、生物及生态各方面的内在规律和相互关系，也就是将一个复杂的河流系统转化成一组适当的数学方程进行数学模拟。

水质模型用于定量的表述水环境中物质的迁移和转化过程。在水体环境质量监测、水污染控制规划、工程环境影响评价等项工程中，水质模型的应用通常是不可缺少的。

## 第二节　水　质　监　测

水质监测是开展水质管理和水体污染防治的基础，是贯彻执行环境保护法规的技术仲裁和顺利开展水资源保护的关键。通过监测可以了解污染物的性质、来源、含量水平及分布状态。水质监测是在水质分析的基础上发展起来的，是对代表水质的各种标志的数据的测定过程。

### 一、水质监测的任务

水质监测以江、河、湖、库及地下水等水体和工业废水、生活污水等排放口为对象进行监测，检查水的质量是否符合国家规定的有关水的质量标准，为控制水污染，保护水源提供依据。其具体任务如下。

（1）提供水体质和量的当前状况数据，判断水的质量是否符合国家制订的质量标准。

（2）确定水体污染物的时、空分布及其发展、迁移和转化的情况。

（3）追踪污染物的来源、途径。

（4）收集水环境本底及其变化趋势数据，累积长期监测资料，为制定和修改水质标准及制定水环境保护的方法提供依据。

### 二、水质监测站网

水质监测站是定期采集实验室分析水样和对某些水质项目进行现场测定的基本单位。它可以由若干个水质监测断面组成。根据设站的目的和任务，水质监测站可分为长期掌握水系水质变化动态，收集和积累水质基本信息而设的基本站；为配合基本站，进一步掌握污染状况而设的辅助站；为某种专门用途而设的专用站；以及为确定水系自然基本底值

(即未受人为直接污染影响的水体质量状况）而设的背景站（又叫本底站)。

水质监测站网规划的过程是依据有关情报资料确定需要收集的水质信息，并根据收集信息的要求及建站条件确定监测站或水质信息收集体系的地理位置。其总目的是为了获取对河流水质有代表性的信息，以服务于水资源的利用和水环境质量的控制。

水污染流动监测站是将检测仪器、采样装置以及用于数据处理的微机等安装在适当的运载工具上的流动性监测设施，如水污染监测车（或船)。它具有灵活机动、且监测项目比较齐全的优点。

## 三、地面水采样

### （一）采样断面和采样点的设置

布点前要做调查研究和收集资料工作，主要收集水文、气候、地质、地貌、水体沿岸城市工业分布、污染源和排污情况、水资源的用途及沿岸资源等资料。再根据监测目的、监测项目和样品类型，结合调查的有关资料综合分析确定采样断面和采样点。

采样断面和采样点布设总原则：以最小的断面、测点数，取得科学合理的水质状况的信息。关键是取得有代表性的水样。为此，布设采样断面、采样点的原则主要考虑：

(1) 在大量废水排入河流的主要居民区，工业区的上、下游。

(2) 湖泊、水库、河口的主要出入口。

(3) 河流主流、河口、湖泊水库的代表性位置，如主要的用水地区等。

(4) 主要支流汇入主流、河流或沿海水域的汇合口。

在一河段一般应设置对照断面，消减断面各一，并根据具体情况设若干监测断面。

### （二）采样垂线与采样点位置的确定

各种水质参数的浓度在水体中分布的不均匀性，与纳污口的位置、水流状况、水生物的分布，水质参数特性有关。因此，布置时应考虑这些因素。

(1) 河流上采样垂线的布置。在水污染物完全混合的河段中，断面上的任一位置，都是理想的采样点；若各水质参数在采样断面上，各点之间有较好的相关关系，可选取一适当的采样点，据此推算断面上其他各点的水质参数值，并由此获得水质参数在断面上的分布数据及断面的平均值；更一般的情况则按表 13-1 的规定布设。

**表 13-1　江河采样垂线布设**

| 水面宽（m） | 一般情况 | 岸边有污染带 | 说　明 |
|---|---|---|---|
| <100 | 1 条（中泓） | 3 条（增加岸边两条） | 如一边有污染带<br>增设 1 条垂线 |
| 100～1000 | 3 条（左、中、右)，左右两条<br>设在有明显水流处 | 3 条（左、右应设在<br>污染带中部） | 如水质良好，且横向一致，<br>可设 1 条中泓线 |
| >1000 | 3 条（左、中、右)，左右两条<br>设在有明显水流处 | 5 条（增加岸边两条） | 岸边垂线，指岸边污染带中部 |

(2) 湖泊（水库）采样垂线的分布。我国《水质监测规范》规定的湖泊中应设采样垂线的数量是以湖泊的面积为依据的，见表 13-2。

表 13－2　　湖泊（水库）采样垂线设置表

| 湖泊面积（$km^2$） | 采样垂线（条数） | 湖泊面积（$km^2$） | 采样垂线（条数） | 湖泊面积（$km^2$） | 采样垂线（条数） | 湖泊面积（$km^2$） | 采样垂线（条数） |
|---|---|---|---|---|---|---|---|
| 20 | 10 | 50～100 | 20 左右 | 500～1000 | 30 左右 | 2000～3000 | 50 左右 |
| 20～50 | 15 左右 | 100～500 | 25 左右 | 1000～2000 | 40 左右 | ＞3000 | 60 左右 |

表 13－3　　垂线上采点布置

| 水深（m） | 层　次 |
|---|---|
| ＜5 | 上层 |
| 5～15 | 上、下两层 |
| ＞15 | 上、中、下 3 层 |

（3）采样垂线上采样点的布置。垂线上水质参数浓度分布决定于水深、水流情况及水质参数的特性等因素。具体布置规定见表 13－3。为避免采集到漂浮的固体和河底沉积物，规定在至少水面以下、河底以上 50cm 处采样。

（三）采样时间和采样频率

采集的水样要具有代表性，并能同时反映出空间和时间上的变化规律。因此，要掌握时间上的周期性变化或非周期性变化以确定合理的采样频率。

为便于进行资料分析，同一江河（湖、库）应力求同步采样，但不宜在大雨时采样。在工业区或城镇附近的河段应在汛前一次大雨和久旱后第一次大雨产流后，增加一次采样。具体测次应根据不同水体、水情变化和污染情况等确定。

（四）采样准备工作

（1）采样容器材质的选择。因容器材质对水样在贮存期间的稳定性影响很大，要求容器材质具有化学稳定性好、可保证水样的各组成成分在贮存期间不发生变化；抗极端温度性能好，抗震，大小、形状和重量适宜，能严密封口，且容易打开；材料易得价格低；容易清洗且可反复使用。如高压低密聚乙烯塑料和硼硅玻璃可满足上述要求。

（2）采样器的准备。根据监测要求不同，选用不同采样器。若采集表层水样，可用桶、瓶等直接采取，通常情况下选用常用采水器；当采样地段流量大、水层深时应选用急流采水器；当采集具有溶解气体的水样时应选用双瓶溶解气体采水器。

按容器材质所需要的洗涤方法将选定合适的采水器洗净待用。

（3）水上交通工具的准备。一般河流、湖泊、水库采样可用小船。小船经济，灵活，可达到任一采样位置。最好有专用的监测船或采样船。

（五）采样方法

（1）自来水的采集。先放水数分钟，使积累在水管中的杂质及陈旧水排除后再取样。采样器须用采集水样洗涤 3 次。

（2）河湖水库水的采集。考虑其水深和流量。表层水样可直接将采样器放入水面下 0.3～0.5m 处采样，采样后立即加盖塞紧，避免接触空气。深层水可用抽吸泵采样，并利用船等乘具行驶至特定采样点，将采水管沉降至所规定的深度，用泵抽取水样即可。采集底层水样时，切勿搅动沉积层。

（3）工业废水和生活污水的采集。常用采样方法有：瞬时个别水样法；平均水样法；比例组合水样法。采集的水样，有条件在现场测定的项目应尽量在现场测定，如水温、

pH 值、电导率等；不能在现场处理的，在水样采集后的运输和实验室管理过程中，为保证水样的完整性、代表性，使之不受污染、损坏和丢失以及由于微生物新陈代谢活动和化学作用影响引起水样组分的变化，必须遵守各项保证措施。

## 四、水体污染源调查

向水体排放污染物的场所、设备、装置和途径等称为水体污染源。水体污染源的调查就是根据控制污染、改善环境质量的要求，对某一地区水体污染造成的原因进行调查，建立各类污染源档案；在综合分析的基础上选定评价标准，估量并比较各污染源对环境的危害程度及其潜在危险，确定该地区的重点控制对象（主要污染源和主要污染物）和控制方法的过程。

### （一）水体污染源调查的主要内容

（1）水体污染源所在单位周围的环境状况。包括地理位置、地形、河流、植被、有关的气象资料、附近地区地下水资源情况、地下水道布置；各种环境功能区如商业区、居民区、文化区、工业区、农业区、林业区、养殖区等的分布。应尽可能详细说明，并在地图上标明。

（2）污染源所在单位的生产生活。如对城市生活污水调查包括不同水平下的人均耗水量；随着生活水平的提高，水体污染物种类及浓度的变化；商业中心区的饭店、餐馆污水与居民污水的量与质两方面的差异；所调查地区的人口总数、人口密度、居住条件和生活设施等。

（3）污水量及其所含污染物质的量，包括其随时间变化的过程。

（4）污染治理情况。如污水处理设施对污水中所含成分及污水量处理的能力、效果；污水处理过程中产生的污泥、干渣等的处理方式；设施停止运行期间污水的去向及监测设施和监测结果等。

（5）污水排放方式和去向以及纳污水体的性状。包括污水排放通道及其排放路径、排污口的位置及排入纳污水体的方式（岸边自流、喷排及其他方式）；排污口所在河段的水文水力学特征、水质状况，附近水域的环境功能，污水对地下水水质的影响等。

（6）污染危害。包括污染物对污染源所在单位和社会的危害。单位内主要是工作人员的健康状况；社会上指接触或使用污水后的人群的身体健康；有关生物群落的组成程度，生物体内有毒有害物质积累的情况；发生污染事故的情况，发生的原因、时间，造成的危害等。

（7）污染发展趋势。

### （二）水体污染源调查的方法

（1）表格普查法：由调查的主管部门设计调查表格，发至被调查单位或地区，请他们如实填写后收取。优点是花费少，调查信息量大。

（2）现场调查法：对污染源有关资料的实地调查，包括现场勘测，设点采样和分析等。现场调查可以是大规模的，也可以是区域性的、行业性的或个别污染源的所在单位调查。优点是就该次现场调查结果，比其他调查方法都准确，但缺陷是短时间的，存在着对总体代表性的问题，以及花费大。

（3）经验估算法：用由典型调查和研究中所得到的某种函数关系对污染源的排放量进

行估算的办法。当要求不高或无法直接获取数据时，不失为一种有效的办法。

## 第三节　河流水体的污染与自净

雨水吸收大气中的气体和微粒物质后降落到地面，和地面中被溶解物质一起，通过地表径流进入河流或渗入地下和土壤发生化学变化，产生一些物质或溶解一些物质。因此，地面径流、壤中流和地下径流都具有一定的化学特性。另一方面，工业废水、城市生活污水、农田的肥料以及农药通过径流被输送入河流或湖泊，形成水体污染，给人类和生态环境带来不同程度的危害。

水体的水质污染种类很多，为了能确切地反映各种污染状况和性能，必须确定一些水质指标和参数。水质指标有如下几类：

(1) 感官性指标。包括颜色、臭味和透明度。

(2) 有机物指标。废水中有机物浓度是一个重要的水质指标。水质浓度单位主要采用1L水中含有各种离子的毫克数（mg/L），也可用1kg水样中含有1mg被测物质的比值（PPm）作为单位。由于有机物的组成比较复杂，一般用氧平衡指标来表示有机物的浓度，常用的是溶解氧（DO）、生化需氧量（BOD）和化学耗氧量（COD）等。

(3) 酸碱类污染物指标。酸性、碱性废水破坏水体的自然缓冲作用，妨碍水体的自净功能。pH值是检测水体受酸碱污染程度的一个重要指标。

(4) 氮、磷类污染物指标。氮、磷、钾、硫等化合物是农作物生长需要的宝贵营养物质，但过多的营养物质进入天然水体，将恶化水质，形成污染，严重时使水体形成富营养化。水生生物所需要的营养物质是多种的，其中氮、磷是藻类生长的控制元素，故常用限制氮、磷元素含量的办法来控制水体富营养化的速度。

(5) 重金属指标。从环境方面而言，重金属主要指汞、镉、铅、铬以及类金属砷等生物毒性显著的元素，称为“五毒”。

(6) 病原微生物指标。病原微生物是指进入水体的病菌、病毒和动物寄生物。目前用作水体水质病菌指标的是大肠菌群。

天然水体受到污染后，进入水体的污染物质的浓度随着时间的推移和空间位置的变化而自然降低，这种作用称为水体的自净作用。自然界各种水体本身都有一定的自净能力，污染物质进入水体后，立即产生两个互相关联的过程，一是水体污染，一是水体自净。若污染物质经过水体自净作用，部分或完全恢复到原来状态，这就叫做净化；若污染作用超过水体自净能力，则水质就会恶化。因此，水质是否恶化，要视污染过程与自净过程的强度而定，它们又与污染物性质、污染物大小和受纳水体状况及它们之间的相互作用有关。

水体自净作用可以分为3类，即：

(1) 物理净化。污染物质在水体内，由于稀释、扩散、混合、挥发和沉淀等，而使其浓度降低。

(2) 化学净化。污染物质在水体内，由于氧化还原、酸碱反应、分解化合、吸附和凝聚，而使浓度降低。

(3) 生物净化。由于水生生物活动而使污染物质浓度降低，其中尤以水中微生物对有机污染物质的氧化分解作用最为重要。

水体的自净能力是有限的，它与水体污染有着密切的关系，因此，研究污染物质和水体自净的特性和规律，对于治理水质污染和保护水环境均有十分重要的意义。

## 第四节　河流水质模型的基本方程

建立水质模型有以下几个程序：

(1) 收集和分析与建模有关的资料和信息，为建模作好准备工作。

(2) 根据所取得的资料和数据，选择适当的模型变量，确定变量之间的相互影响与变化规律，写出描述这些关系的数学方程的最佳结构形式，反映描述现象的基本特征。

(3) 在模型方程中包含有一些参数值，这些参数值需要用某种方式加以确定，如经验公式，室内试验或数学方法等。但是，确定参数时必须使得到的数值在代入模型后能较好地重现观测数据。

(4) 水质模型建立后，必须检验模型结构是否有效，是否有预言能力。检验时，用独立于确定参数时所用数据的新观测数据与模型的计算值相比较。

设想长度为 $\Delta x$ 的微小河段（见图 13-1），在 $\Delta t$ 时段内的质量平衡关系可从下面方法求得。假定水流是推流状态，即认为计算体积元里的水分子以同一速度 $u$ 向下游运动。设 $C(x)$ 和 $C(x+\Delta x)$ 分别为进出微小河段的水中某污染物的浓度，$m$ 是计算体积元里所含的污染物质量，按照质量守恒原理，计算体积元里污染物质量的增量为：

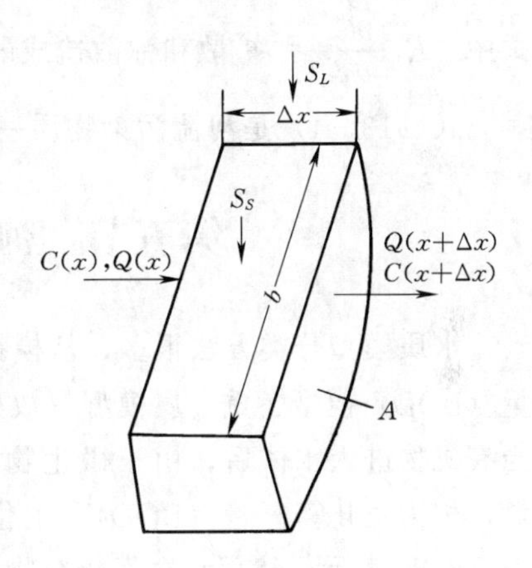


图 13-1　河流中微元示意图

$$\Delta m = [C(x)Q(x) - C(x+\Delta x)Q(x+\Delta x)]\Delta t + S_L \Delta x \Delta t - S_S b \Delta x \Delta t + S_V A \Delta x \Delta t \tag{13-1}$$

式中　$\Delta m$——储存量，$\Delta m = \Delta(\Delta x AC)$；

$b$——微小河段的宽度，m；

$A$——微小河段的断面积，$m^2$。

式（13-1）中，右端第一项为干流输送量；右端第二项为侧向的源和漏，其中 $S_L$ 是单位时间内单位长度上的源和漏［g/（m·s）］；右端第三项为表面的源和漏，$S_S$ 是单位面积上的源和漏［g/（$m^2$·s）］；右端第四项为体积元内的源和漏，$S_V$ 是单位时间单位体积元内的源和漏［g/（$m^3$·s）］。

源是体积元内污染物的增加速率，漏是体积元内污染物的减少速率。

令 $\Delta m = \Delta(\Delta x AC)$，用 $\Delta x \Delta t$ 除式（13-1）的两边，并令 $\Delta t \to 0$，$\Delta x \to 0$，则得

$$\frac{\partial AC}{\partial t} = -\frac{\partial (QC)}{\partial x} + S_L + bS_S + AS_V \tag{13-2}$$

式（13-2）是考虑推流时的污染物迁移方程，但水流在迁移过程中，可能出现扩散紊动和弥散现象，还必须把这些过程引入到质量平衡方程中去。

根据质量守恒原理，各项质量相加，必然属于微小河段水体中污染物质量在 $dt$ 内的变化量，代入式（13－2），最后得

$$\frac{\partial CA}{\partial t}+\frac{\partial (CQ)}{\partial x}=\frac{\partial}{\partial x}\left[(E_1+E_2+E_3)\frac{\partial CA}{\partial x}\right]+\sum S_i A \tag{13-3}$$

式中　$E_1$——分子扩散系数；

$E_2$——紊动扩散系数；

$E_3$——弥散系数，考虑断面内各点流速不同造成浓度分布不均匀引起的弥散作用。

对于均匀河段，断面积 $A$ 为常数时，式（13－4）可写成：

$$\frac{\partial C}{\partial t}+u\frac{\partial C}{\partial x}=\frac{\partial}{\partial x}\left[(E_1+E_2+E_3)\frac{\partial C}{\partial x}\right]+\sum S_i \tag{13-4}$$

式中　$E_3\dfrac{\partial C}{\partial x}$——扩散和弥散造成的增量。

式（13－4）是河流污染物质一维迁移转化基本方程。

## 第五节　河流水质的BOD—DO模型

水质模型分类方法很多，从模拟的对象上看，可分为溶解氧（DO）模型、生化需氧量（BOD）模型、重金属模型、放射性模型等。溶解在水体中的氧，称为溶解氧（DO）。当有机物进入水体后，由于微生物的作用，会在水中进行氧化分解，消耗水中溶解氧的量，称为生化需氧量（BOD）。生化耗氧过程首先是含碳化合物的耗氧，称为碳化阶段，以CBOD表示；然后是含氮化合物的耗氧，称为硝化阶段，以NBOD表示。碳化阶段约8～10d，以前5d为主，一般有机物中大量是含碳化合物，分解作用的速度和程度同温度和时间有直接关系，为了使测定的BOD数值具有可比性，采用在20℃条件下，培养5d后测定溶解氧消耗量作为标准，称为5日生化需氧量，以 $BOD_5$ 表示。

生化需氧量和溶解氧是两个最重要的水质指标，在建立有机物质的水质模型中，往往以这两个指标为依据。

### 一、斯特里特—费尔普斯的BOD—DO模型（S—P模型）

S－P模型仅考虑有机物降解和大气复氧对DO的影响，由于未能考虑有机物沉浮、底泥吸附、藻类光合作用等对DO的作用，使其预测结果与实际结果有出入。所以，多年来不少学者对其作了改进，下面介绍3种改进的模型。

### 二、托马斯的BOD—DO模型

对一维稳态河流，在S—P模型的基础上增加一项因悬浮物的沉淀与上浮所引起的BOD速率变化 $K_3L_0$，即为托马斯的修正模型，其形式如下：

$$\begin{cases} u\dfrac{\partial L}{\partial x}=-(K_1+K_3)L \\ u\dfrac{\partial O}{\partial x}=-K_1L+K_2(O_S-O) \end{cases} \tag{13-5}$$

在 $L(0)=L_0$，$O(0)=O_0$ 的初值条件下，得到托马斯模型的积分解为：

$$
\begin{cases}
L = L_0 \exp\left(-\dfrac{K_1 + K_3}{u} x\right) \\
O = O_S - (O_S - O_0) \exp\left(-\dfrac{K_2}{u} x\right) \\
\qquad + \dfrac{K_1 L_0}{K_1 + K_3 - K_2}\left[\exp\left(-\dfrac{K_1 + K_3}{u} x\right) - \exp\left(-\dfrac{K_2}{u} x\right)\right]
\end{cases} \tag{13-6}
$$

或

$$
D = D_0 \exp\left(-\frac{K_2}{u} x\right) - \frac{K_1 L_0}{K_1 + K_3 - K_2}\left[\exp\left(-\frac{K_1 + K_3}{u} x\right) - \exp\left(-\frac{K_2}{u} x\right)\right] \tag{13-7}
$$

式中　$K_3$——沉浮系数，$d^{-1}$，其值可正可负。

**三、多宾斯的 BOD—DO 模型**

多宾斯对一维稳态河流，在托马斯模型的基础上，考虑河流底泥耗氧与藻类光合作用增氧的影响，为方便起见，以光合作用产氧速率系数 $K_4$ 表示，给出模型的简化形式为：

$$
\begin{cases}
u \dfrac{\partial L}{\partial x} = -(K_1 + K_3) L \\
u \dfrac{\partial O}{\partial x} = -K_1 L + K_2 (O_S - O) + K_4
\end{cases} \tag{13-8}
$$

其积分形式为：

$$
L = L_0 e^{-(K_1 + K_3) x / u} \tag{13-9}
$$

$$
O = O_S + \frac{K_4}{K_2} - \left(O_S + \frac{K_4}{K_2} - O_0\right) e^{-\frac{K_2}{u} x} + \frac{K_1 L_0}{K_1 + K_3 - K_2}\left(e^{-\frac{K_1 + K_3}{u} x} - e^{-\frac{K_2}{u} x}\right) \tag{13-10}
$$

式中　$K_4$——光合作用产氧速率系数，mg/（L·d）。

**四、奥康纳的 BOD—DO 模型**

前已述及，有机物在河流中通过微生物作用进行氧化分解的过程分为两个阶段。第一阶段称为碳化阶段，此阶段所消耗的氧称为碳化需氧量，耗氧系数以 $K_1$ 表示。第二阶段称为硝化阶段，此阶段所消耗的氧称为氮化需氧量，耗氧系数以 $K_N$ 表示。它的化学反应过程为：

$$
2NH_4^+ + 3O_2 \xrightarrow{\text{亚硝化}} 2NO_2^- + 4H^+ + 2H_2O
$$

$$
2NO_2^+ + O_2 \xrightarrow{\text{硝化}} 2NO_3^-
$$

奥康纳在托马斯模型的基础上，除考虑 CBOD 外，还考虑 NBOD 的耗氧作用，提出的模型如下：

$$
\begin{cases}
u \dfrac{\partial L_C}{\partial x} = -(K_1 + K_3) L_C \\
u \dfrac{\partial L_N}{\partial x} = -K_N L_N \\
u \dfrac{\partial O}{\partial x} = -K_1 L_C - K_N L_N + K_2 (O_S - O)
\end{cases} \tag{13-11}
$$

式中　$L_C$——碳 BOD（CBOD），为有机物中碳化合物氧化的需氧量，mg/L；

$L_N$——氮 BOD（NBOD），为有机物中氮化合物氧化的需氧量，mg/L；

$K_N$——NBOD 耗氧系数，$d^{-1}$。

在起始条件为 $L_C=L_{C0}$，$L_N=L_{N0}$，$O=O_0$ 时，求解得积分方程组：

$$L_C = L_{C0}\exp\left[-\frac{(K_1+K_3)}{u}x\right] \tag{13-12a}$$

$$L_N = L_{N0}\exp\left(-\frac{K_N}{u}x\right) \tag{13-12b}$$

$$\begin{aligned} O = O_S-(O_S-O_0)\exp\left(-\frac{K_2}{u}x\right) \\ +\frac{K_1L_{C0}}{K_1+K_3-K_2}\left[\exp\left(-\frac{K_2+K_3}{u}x\right)-\exp\left(-\frac{K_2}{u}x\right)\right] \\ +\frac{K_NL_{N0}}{K_N-K_2}\left[\exp\left(-\frac{K_N}{u}x\right)-\exp\left(-\frac{K_2}{u}x\right)\right] \end{aligned} \tag{13-12c}$$

式中　$L_C$、$L_{C0}$——$x=x$、$x=0$ 处河水的 CBOD 浓度，mg/L；

$L_N$、$L_{N0}$——$x=x$、$x=0$ 处河水的 NBOD 浓度，mg/L；

其余符号意义同前。

## 第六节　BOD—DO 模型参数的估算

参数估计是河流水质模型的重要组成部分。参数估计的正确与否，将会影响模型的应用价值。在 BOD—DO 模型中有许多参数，有的可以在实验室中或在野外现场直接测定，有的则必须通过野外观测的数据，采用一些数学方法进行分析与估算。本节介绍几种最基本的参数估计方法。

### 一、BOD 耗氧系数 $K_1$ 的估算

污染物进入水体后，可以有以下原因使水体中的溶解氧被消耗。

(1) 有机物在微生物作用下，发生碳的氧化分解过程中耗氧。

(2) 有机物的分解物，如氨氮又因硝化作用氧化为亚硝酸盐和硝酸盐，在此过程中耗氧。

(3) 沉积在河底的淤泥发生有机物的厌氧分解和水底分解作用，产生有机酸和还原性气体，这些物质释放到上面的水体成为流水中的 BOD 而耗氧。

(4) 晚间光合作用停止时，水生植物呼吸作用而耗氧。

(5) 废水中还原性物质引起水体中耗氧。

估算 BOD 碳化阶段耗氧系数 $K_1$ 值的方法很多，有实验室测定、现场估计和经验公式等方法，其中一种比较简易的方法是从河段两个始末断面测定 $BOD_5$ 值来计算 $K_1$ 值。设在河段上游初始点平均 $BOD_5$ 为 $L_0$，该河段的平均流速为 $u$，河段长度为 $x$，可得

$$L = L_0e^{-K_1x/u}$$

取对数后，得 $K_1$ 的计算式

$$K_1 = \frac{u}{x}\ln\left(\frac{L}{L_0}\right) \tag{13-13}$$

由此可知，只要取得已知数据 $L_0$、$L$、$x$（两断面间的距离）、$u$（平均流速），便可从式（13-13）求得 $K_1$ 值。必须指出，本方法只适用于河段中无支流和污染源浓度均为稳定状态的情况。

另一种方法是从河流水力学特性的统计关系建立经验公式。例如，1979 年赖特（Wright）根据美国各地 23 个河系的 36 个河段资料，进行多元回归分析，认为 $K_1$ 与河道流量 $Q$、河道湿周 $p$、水温和河流中 BOD 浓度等具有一定的相关性，经统计回归，得：

$$K_1 = 10.3Q^{0.49} \tag{13-14}$$

$$K_1 = 39.6p^{0.84} \tag{13-15}$$

式中的 $Q$ 以 $ft^3/s$ 为单位（$1ft^3/s = 0.0283m^3/s$）；$p$ 以 ft 为单位（1ft=0.3048m）。

式（13-14）是由 44 个统计资料得到的，其相关系数为 0.926，平均标准差为 41.4%；式（13-15）是由 35 个统计资料得到的，其相关系数为 0.914，平均标准差为 44.6%。

## 二、复氧系数 $K_2$ 的估算

水体中氧的供给和恢复来自：

（1）废水中原来含有的氧。

（2）大气中的氧向水中扩散溶解。

（3）水体中繁殖的光合自养型水生植物，白天通过光合作用放出氧气，溶于水中。

确定复氧系数 $K_2$ 的方法分为两类：一是野外实测；二是公式估算。野外实测主要用示踪剂测定法，包括放射性同位素示踪剂法和低分子烃类（乙烯、丙烷）示踪法，也有采用测定夜间 DO 浓度的变化来估算 $K_2$ 值的。应用野外测定法时，必须进行大量的工作，耗费大量的人力和物力，往往不容易办到。公式估算法又分为理论和经验公式两类。

（1）理论模型。奥康纳、多宾斯应用大气向河中复氧在气液界面的质量转移过程理论，考虑分子扩散影响，导出计算 $K_2$ 值的公式为：

$$K_2 = \frac{(D_m u)^{1.2}}{h^{3/2}} \tag{13-16}$$

$$D_m = D_{m(20)} \times 1037^{T-20} \tag{13-17}$$

式中 $u$——河流平均流速；

$h$——河流平均水深；

$D_m$——水温 $T$℃时水中氧的分子扩散系数，随温度而变化；

$D_{m(20)}$——水温 20℃时氧在水中的分子扩散系数，$D_{m(20)} = 2.037\times10^{-5}cm^2/s$。

（2）经验公式。一般公式的形式为：

$$K_2 = c\frac{u^m}{h^n} \tag{13-18}$$

式中 $c$、$m$、$n$——系数。

例如，兰拜恩—杜朗：

$c=0.241$，$m=1$，$n=1.33$（$K_2$ 的单位为 $h^{-1}$）

邱吉尔：

$$c=0.235,\ m=0.969,\ n=1.673\ (K_2\ 的单位为\ h^{-1})$$

奥康纳—多宾斯：

$$c=1.698,\ m=0.5,\ n=1.5\ (K_2\ 的单位为\ d^{-1})$$

**三、纵向弥散系数 $E$ 的估算**

弥散是由于横断面上各点的实际流速不相等而引起的，它加速了溶质在水流方向的混合过程，这是与湍流扩散和平流推移不同的另一种混合作用。流体质点的分布开始在 $x=0$ 时，如图 13-2（a）所示，经过单位时间后，流体质点在 $x=x_x$ 的分布如图 13-2（b）所示，同时各断面的平均浓度分布由集中变分散，见图 13-3，与湍流扩散在水流方向进行混合，而横向扩散又使流速较慢部分得到扩散，使浓度又趋于一致，形成纵向混合效果，这就是纵向弥散过程。

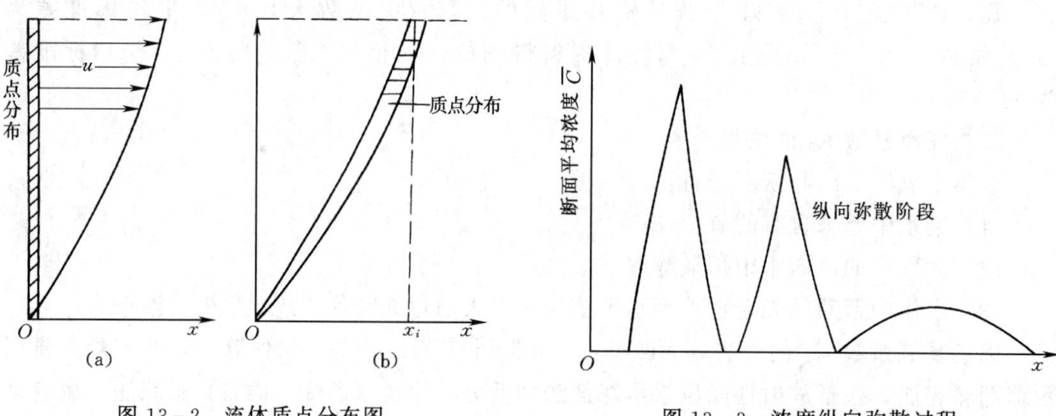


图 13-2 流体质点分布图　　图 13-3 浓度纵向弥散过程

纵向弥散系数 $E$ 是水质模型的一个重要参数，确定 $E$ 的方法有现场示踪法和估算公式法。目前多采用具体河流的实验数据整理出来的经验公式来估算。

1. 马圭维—基费公式

$$E = 0.115\frac{Q}{2BJ}\left(1-\frac{u^2}{4gh}\right) \tag{13-19}$$

式中 $E$——纵向弥散系数，$m^2/s$；

$Q$——流量，$m^3/s$；

$B$、$h$——分别为平均宽及水深，m；

$u$——断面平均流速，m/s；

$J$——河底坡度；

$g$——重力加速度，$9.81m/s^2$。

2. 费希尔公式

$$E = 2.56nuh^{0.888} \tag{13-20}$$

式中 $n$——糙率系数；

其余符号意义同前。

式（13-20）适合于较宽的河流。

3. 埃尔德公式

$$E = 5.93uh \tag{13-21}$$

式中　符号意义同前。

式（13－21）只考虑流速的垂直分布不均匀的离散，精度比式（13－20）差，适合于较窄的河流。

**四、沉降系数 $K_3$ 的估算**

沉积在河底的淤泥，发生有机物的厌氧分解，产生有机酸和还原性气体，这些物质释放到上面水体成为流水 BOD 而耗氧，$K_3$ 是悬浮物的沉积而导致水体中 BOD 变化的速率常数。

设河水中的 BOD 为 $L$，固体悬浮物对 BOD 的吸附率为 $N$，固体悬浮物的沉降速率为 $\eta$，则 $K_3$ 可用下式计算：

$$K_3 = N\eta \tag{13-22}$$

对于 $N$ 的测定可以通过从河段上游取水样，分别测定过滤水与原水的 BOD 含量，原水的 BOD 减去过滤水的 BOD 之差值再除以固体悬浮（SS）浓度所得的商值即为 $N$，因此

$$N = \frac{\text{BOD(原水)} - \text{BOD(过滤水)}}{\text{SS}} \tag{13-23}$$

对于 $\eta$ 值，可以用下述方法算出，即

$$C = C_0 e^{-\eta z/E} \tag{13-24}$$

式中　$C_0$——表层（$z=0$）的 SS 浓度；

$C$——深度为 $z$ 时的 SS 浓度；

$z$——水深；

$E$——紊动扩散系数。

对式（13－24）两端取对数，有

$$\eta = \frac{E}{z}\ln\frac{C_0}{C} \tag{13-25}$$

$C_0$、$C$、$z$、$E$ 都可通过实测求得。

**五、光合产氧系数 $K_4$ 的估算**

水生植物的藻类光合作用，由二氧化碳和水经过光供给能量的反应而产生碳水化合物和氧气，其化学式为：

$$CO_2 + 2H_2O + 能 \longrightarrow CH_2O + H_2O + O_2\uparrow$$

由光合作用产生的溶解氧速率用 $K_4$ 表示，显然，它与光线的强度有直接关系，因此可用光强测定法求 $K_4$，计算公式如下：

$$K_4 = \rho_s \frac{2.718f}{K_eHT_p}\left(e^{-\alpha I_a/I_S} - e^{-I_a/I_S}\right) \tag{13-26}$$

$$\alpha = e^{K_eH}$$

$$T_p = 24h$$

式中　$\rho_s$——光强饱和的最大产氧速率，mg/（L·d）；

$I_a$——白天的平均光强，4.18J/（$cm^2$·d）；

$I_S$——饱和光强（对藻类生长的最佳光强），4.18J/（$cm^2$·d）；

$f$——白天的时数；

$K_e$——水体的消光系数，$m^{-1}$；

$H$——水体的深度，m。

经验表明，消光系数 $K_e$ 对于不同的水体取值不同：

非常清澈的水，$K_e=0.1\sim0.5/m$；

中等混浊的水，$K_e=0.5\sim2.5/m$；

非常混浊的水，$K_e>2.5/m$。

$\rho_s$ 与水中叶绿素 $\alpha$ 浓度之间存在如下关系：

$$\rho_s = 0.25Chla \tag{13-27}$$

式中 $Chla$——叶绿素 $\alpha$ 的浓度。

### 六、硝化系数 $K_N$ 的估算

如上所述，有机物通过微生物作用的氧化分解过程分为两个阶段。其中硝化阶段主要是有机物中含氮物质的氧化。但是，在实际河流中，氨氮的减少除了由硝化作用引起外，水生植物的光合和呼吸作用、吸附和挥发作用也是重要的因素。氨氮的减少速率方程可以写为：

$$-\frac{dL}{dt} = K_N L_N + K_S L_N \tag{13-28}$$

式中 $L_N$——氨氮的浓度；

$K_N$——硝化速率常数，即硝化系数；

$K_S$——其他作用消耗氨氮的速率系数。

在天然河流测定硝化系数时，必须从总的氨氮减少量中将由于硝化作用对氨氮的减少量区分开来，同时测定其中的亚硝酸盐氮（$NO_2^-$—N）和硝酸盐氮（$NO_3^-$—N）的浓度，然后计算 $K_N$ 值。

## 第七节　湖泊水质数学模型

### 一、湖泊水环境的特点

湖泊是指陆地上洼地积水形成的，水域比较宽广、换流比较缓慢的水体。水库属湖泊类型，称人工湖泊，但有些问题如水库淤积、水库库岸演变与天然湖泊不同。

由于湖泊具有广阔的水域、缓慢的流速和风浪作用大的特点，加上人类活动大量使用化肥与家庭洗涤剂，使得氮和磷一类营养物质大量流入湖泊，造成水体富营养化。

另一方面，许多湖泊水体在一年的特定时期温度是分层的，垂向的温度梯度有效地阻碍了水体的混合，特别是在夏天，湖泊常分为三层，上面热的水体称湖面温水层，下面冷的水体称湖底层，在每层中是完全混合的，而在这两层之间由于密度的差异而阻止了它们的完全混合，形成一个过度层，称温跃层。

上述湖泊水环境的特点，决定了对湖泊水质模拟要分别按完全混合型和分层型来研

究，而且又着重研究湖泊富营养化问题。

下面将扼要介绍两个完全混合型的水质模型，一是沃兰伟德负荷模型，二是输入输出模型。

## 二、沃兰伟德负荷模型

沃兰伟德负荷模型是描述富营养化过程的第一个模型。该模型假定湖泊属于完全混合型，并且富营养化状态只与湖泊的营养物负荷有关，入湖与出湖水量相等，根据物质平衡原理，某时段任何水质含量的变化等于该时段入湖含量减去出湖含量，以及该水质元素降解或沉淀所损失的量，从而可得出：

$$\frac{\mathrm{d}C}{\mathrm{d}t} = \frac{W}{V} - \frac{Q}{V}C - KC \tag{13-29}$$

式中 $C$——湖泊中营养物质（磷）的浓度，mg/L；

$W$——总磷的入湖量，g/d；

$Q$——出湖流量，$\mathrm{m^3/d}$；

$V$——湖水的体积，$\mathrm{m^3}$；

$K$——湖中磷沉降系数，l/d；

$t$——时间，d。

当 $t=0$ 时，积分常数 $C=C_0$，令 $\alpha=\left(\frac{Q}{V}+K\right)$，则式（13-29）为：

$$C_t = C_0\mathrm{e}^{\alpha t} + \frac{W}{\alpha V}(1-\mathrm{e}^{\alpha t}) \tag{13-30}$$

假定湖泊初期浓度为0，即 $C_0=0$，则式（13-29）为：

$$C_t = \frac{W}{\alpha V}(1-\mathrm{e}^{\alpha t}) \tag{13-31}$$

当式（13-31）中的 $t$ 趋于无穷大时，得平衡浓度为：

$$C_p = W/\alpha V \tag{13-32}$$

## 三、输入输出模型

根据湖泊不同的水文条件和不同的污染物质，给出不同情况的完全混合的平衡方程式，并推求湖泊中污染物的平均浓度，这类模型属于输入输出模型。

(1) 当由河道入湖的水量 $q_t$ 和出湖的水量相同时，单位时间内湖泊污染物质蓄量变化应为：

$$V\frac{\mathrm{d}C}{\mathrm{d}t} = q_t(C_t - C) \tag{13-33}$$

式中 $C_t$——入湖河道中河水的污染物质浓度，mg/L；

$C$——出湖的污染物质浓度，mg/L；

$q_t$——入湖水量，$\mathrm{m^3/d}$；

$V$——湖泊体积，$\mathrm{m^3}$。

进行积分并代入起始条件 $t=0$，$C=C_0$，得 $t$ 时刻的湖水中污染物质的平均浓度：

$$C_t = C_0 + (1-\mathrm{e}^{-t/T})(C_t - C_0) \tag{13-34}$$

$$T = \frac{V}{Q}$$

式中　$C_0$——在未排入污水前，湖中污染物质的浓度，mg/L；

$t$——废水入湖时间，d；

$T$——湖水的滞留时间，d。

（2）当由河道入湖的流量和出湖的水量不等时，湖泊污染物质蓄量变化应为：

$$V\frac{dC}{dt}=q_tC_t-qC \tag{13-35}$$

式中　$q_t$——流入湖泊的水量，$m^3/d$；

$q$——流出湖泊的水量，$m^3/d$；

其余符号意义同前。

将式（13-35）积分，并代入起始条件 $t=0$，$C=C_0$，得 $t$ 时刻湖水中污染物质的平均浓度为：

$$C_t=C_0-(1-e^{-t/T})(RC_i-C_0)$$

$$R=\frac{q_i}{q} \tag{13-36}$$

式中　$R$——入湖水量与出湖水量之比。

## 复习思考题与习题

1. 简述地面水体采样断面和采样点的布置原则。
2. 水体污染源调查的主要内容有哪几方面？
3. 为什么说水体的自净能力是有限的？
4. 何谓水质模型？河流水质模型与湖泊水质模型有何异同点？

# 第十四章　河流泥沙的测验及估算

## 第一节　概　　述

河流中随水流转移或在河床上发生冲淤的岩土颗粒物质称河流泥沙。河流泥沙主要来自流域坡地及沟壑被侵蚀的岩土，以及河床包括河岸被冲刷的岩土。河流泥沙影响国民经济的各个方面，如淤积水库、河道及引水工程进水口，磨损水轮机和水泵，妨碍闸门启闭和船闸通畅，淤塞港口航道，甚至影响洪水预报的精度。泥沙淤积造成河势游荡不定，增加防洪困难。河流泥沙会恶化水质，影响生态环境。我国泥沙问题严重。我国河流直接入海的泥沙平均每年20亿t左右，其中黄河占60%，长江占25%。黄河含沙量之高，灾害之大闻名于世；长江含沙量虽然较小，但由于水量丰沛，年输沙量平均每年有4.72亿t，也不可忽视。我国主要河流输沙量情况见表14-1。为了减轻河流泥沙造成的种种危害，国家投入了大量的人力和物力，进行河流泥沙的观测、研究和治理。

表14-1　　我国主要河流输沙量表

| 河　流 | 测　站 | 年水量（亿 $m^3$） | 年输沙量（亿 t） | 平均含沙量（$kg/m^3$） | 最大含沙量（$kg/m^3$） | 侵蚀模数 [$t/(km^2 \cdot a)$] |
|---|---|---|---|---|---|---|
| 黄河 | 三门峡 | 432 | 16.40 | 37.60 | 666.00 | 2480 |
| 长江 | 大通 | 9211 | 4.78 | 0.54 | 3.24 | 280 |
| 永定河 | 官厅 | 11 | 0.81 | 60.80 | 436.00 | 1944 |
| 辽河 | 铁岭 | 56 | 0.41 | 6.86 | 46.60 | 240 |
| 大凌河 | 大凌河 | 21 | 0.36 | 21.90 | 142.00 | 1490 |
| 淮河 | 蚌埠 | 261 | 0.14 | 0.46 | 11.00 | 153 |
| 西江 | 梧州 | 2526 | 0.69 | 0.35 | 4.08 | 260 |

工程水文学研究河流泥沙的目的，在于预估未来工程运用期内河流泥沙的数量及其变化规律，为水利工程规划设计提供有关泥沙的资料和数据。

河流中的泥沙，按其运动形式可大致分为悬浮于水中并随之运动的“悬移质”、受水流冲击沿河底移动或滚动的“推移质”，以及相对静止而停留在河床上的“河床质”3种。由于水流条件随时变化，3者之间的划分均以泥沙在水流中某一时刻所处的状态而定。随着水流条件的变化，它们可以相互转化。一般工程主要要求估算悬移质输沙量和推移质输沙量。

## 第二节　泥　沙　测　验

悬移质泥沙、推移质泥沙和河床质泥沙三者特性不同，测验及计算方法也各异，但全国现有推移质泥沙取样测站仅20多个，河床质泥沙根据需要才取，故仅介绍悬移质泥沙测验。

**一、悬移质泥沙测验与计算**

常用含沙量和输沙率描述河流中悬移质泥沙的情况，单位体积内所含干沙的质量，称为含沙量，用 $C_S$ 表示，单位为 $kg/m^3$。单位时间内流过河流某断面的干沙质量，称为输沙率，以 $Q_S$ 表示，单位为 kg/s。断面输沙率是通过断面上含沙量测验配合断面流量测量来推求的。

（一）含沙量的测验

含沙量测验，一般需用采样器从水流中采取水样。常用的有横式采样器（见图 14-1）与瓶式采样器（见图 14-2）。如果水样是取自固定测点，称为积点式取样；如取样时，取样瓶在测线上由上到下（或上、下往返）匀速移动，称为积深式取样，该水样代表测线的平均情况。

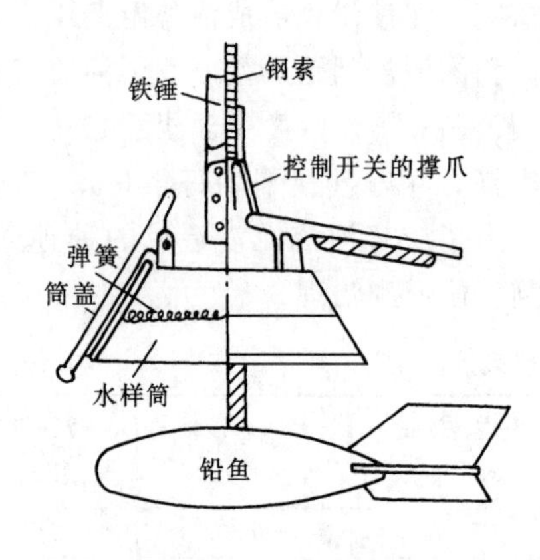


图 14-1　横式采样器

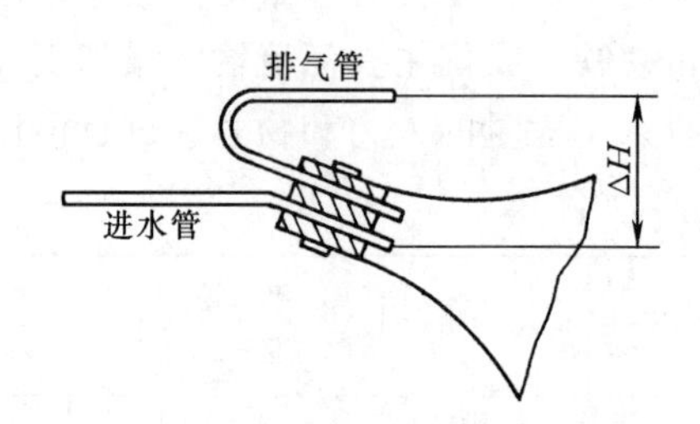


图 14-2　瓶式采样器

不论用何种方式取得的水样，都要经过量积、沉淀、过滤、烘干、称重等手续，才能得出一定体积浑水中的干沙重量。水样的含沙量可按下式计算：

$$C_S = \frac{W_S}{V} \tag{14-1}$$

式中　$C_S$——水样含沙量，g/L 或 $kg/m^3$；

$W_S$——水样中的干沙重量，g 或 kg；

$V$——水样体积，L 或 $m^3$。

当含沙量较大时，也可使用同位素测沙仪测量含沙量。该仪器具有准确、及时、不取水样等突出的优点，但应经常对工作曲线进行校正。

一般情况下，推移质泥沙数量少于悬移质泥沙数量。平原地区大中河流，推移质泥沙数量仅为悬移质泥沙数量的 10%～15%。

（二）输沙率测验

输沙率测验是由含沙量测定与流量测验两部分工作组成的，流量测验方法前已介绍。为了测出含沙量在断面上的变化情况，需在断面上布置适当数量的取样垂线。一般取样垂线数目不少于规范规定流速仪精测法测速垂线数的一半。当水位、含沙量变化急剧时，或积累相当资料经过精简分析后，垂线数目可适当减少。但是，不论何种情况，当河宽大于

50m 时，取样垂线不少于 5 条；河宽小于 50m 时，不应少于 3 条。垂线上测点的分布，视水深大小以及要求的精度而不同，有 1 点法、2 点法、3 点法、5 点法等。

根据测点的水样，得出各测点的含沙量之后，可用流速加权计算垂线平均含沙量。例如畅流期的垂线平均含沙量的计算式为：

5 点法 $$C_{Sm}=\frac{1}{10V_m}(C_{S0.0}V_{0.0}+3C_{S0.2}V_{0.2}+3C_{S0.6}V_{0.6}+2C_{S0.8}V_{0.8}+C_{S1.0}V_{1.0}) \tag{14-2}$$

3 点法 $$C_{Sm}=\frac{1}{3V_m}(C_{S0.2}V_{0.2}+C_{S0.6}V_{0.6}+C_{S0.8}V_{0.8}) \tag{14-3}$$

式中 $C_{Sm}$——垂线平均含沙量，kg/m³；

$C_{Sj}$——测点含沙量，脚标 $j$ 为该点的相对水深，kg/m³；

$V_j$——测点流速，m/s，脚标 $j$ 的含意同上；

$V_m$——垂线平均流速，m/s。

如果是用积深法取得的水样，其含沙量即为垂线平均含沙量。

根据各条垂线的平均含沙量 $C_{Smi}$，配合测流计算的部分流量，即可算得断面输沙率 $Q_S$（t/s）为：

$$Q_S=\frac{1}{1000}\left(C_{Sm1}q_1+\frac{1}{2}(C_{Sm1}+C_{Sm2})q_2+\cdots+\frac{1}{2}(C_{Smn-1}+C_{Smn})q_n+C_{Smn}q_n\right) \tag{14-4}$$

式中 $q_i$——第 $i$ 根垂线与第 $i-1$ 根垂线间的部分流量，m³/s；

$C_{Smi}$——第 $i$ 根垂线的平均含沙量，kg/m³。

断面平均含沙量为：

$$\overline{C}_S=\frac{Q_S}{Q}\times 1000 \tag{14-5}$$

（三）单位水样含沙量与单沙断沙关系

上面求得的悬移质输沙率，是测验当时的输沙情况。而工程上往往需要一定时段内的输沙总量及输沙过程。如果采用上述测验方法来推求输沙的过程是很困难的。人们从不断的实践中发现，当断面比较稳定，主流摆动不大时断面平均含沙量与断面上某一垂线平均含沙量之间有稳定关系。通过多次实测资料的分析，建立其相关关系。这种与断面平均含沙量有稳定关系的断面上有代表性的垂线和测点含沙量，称单样含沙量，简称单沙；相应地把断面平均含沙量简称断沙。经常性的泥沙取样工作可只在此选定的垂线（或其上的一个测点）上进行。这样便大大地简化了测验工作。

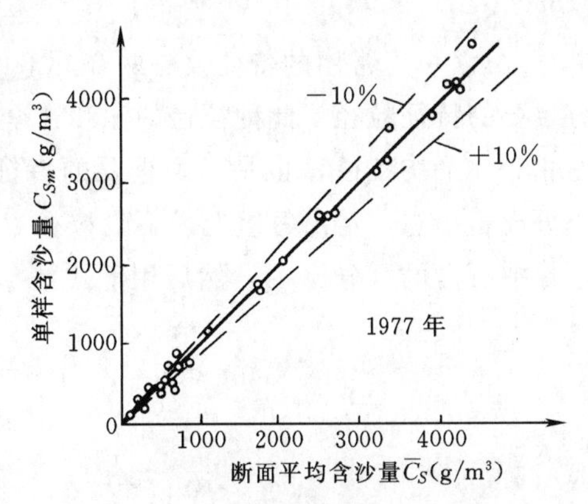

图 14-3 沱江李家湾水文站 1977 年单沙与断沙关系

根据多次实测的断面平均含沙量和单样含沙量的成果，可以单沙为纵坐标，以相应断沙为横坐标，点绘单沙与断沙的关系点，并通过点群中心绘出单沙与断沙的关系线（见图 14-3）。

单沙的测次，平水期一般每日定时取样 1 次；含沙量变化小时，可 5～10d 取样 1 次；含沙量有明显变化时，每日应取 2 次以上。洪水时期，每次较大洪峰过程，取样次数不应少于 7～10 次。

## 二、泥沙颗粒分析及级配曲线

泥沙颗粒的形状、大小及其组合情况是泥沙最基本的几何特性。颗粒分析所需样品，通常是结合输沙率测验进行采集的。泥沙的水力特性和物理化学特性都与几何特性有关。由于组成泥沙颗粒粒径和形状的变化幅度很大，因而单颗泥沙的粒径不足以描述其性质，必须将泥沙分为不同粒径或粒径组进行分析。泥沙的粒径是表示泥沙颗粒大小的一个量度。粒径的组合情况，常用颗粒级配曲线来表示（见图 14-4），此曲线的横坐标表示泥沙粒径，纵坐标表示小于此种粒径的泥沙在全部泥沙中所占的百分数。这种颗粒级配曲线通常画在半对数坐标纸上（见图 14-4）或频率格纸上。

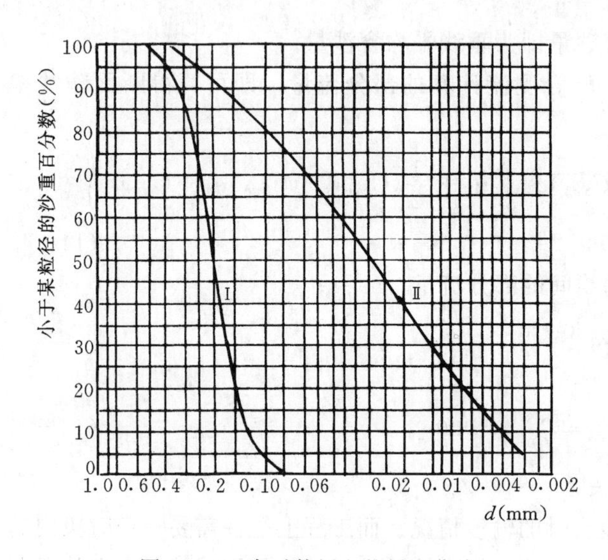

图 14-4　半对数纸上的级配曲线

从图 14-4 上的颗粒级配曲线可以看出泥沙粒径相对大小和泥沙粒径均匀程度。坡度较陡的曲线Ⅰ代表粒径较均匀的沙样，曲线Ⅱ代表粒径较小的沙样。

泥沙颗粒级配是研究泥沙运动规律的重要依据。在研究水库淤积、河床演变、港湾整治、水质处理等问题时，都需要泥沙级配的断面分析和变化过程的资料。

从颗粒级配曲线上，可以查出小于某一特定粒径的泥沙在总沙样中所占的重量百分比，通常均以所查到的百分数作为脚标附注在粒径 $d$ 的下面来表示这些粒径的特征值，如 $d_{65}$、$d_{50}$、$d_{30}$、…。常用的特征值有两个：①中值粒径 $d_{50}$；②平均粒径 $\overline{d}$。中值粒径是一个十分重要的特征粒径，此种粒径的泥沙在全部沙样中大于或小于这一粒径的泥沙在重量上刚好相等。平均粒径 $\overline{d}$ 也是一个重要的特征粒径。计算平均粒径的方法是把沙样按粒径大小分成若干组，定出每组上、下限粒径 $d_{\max}$、$d_{\min}$，以及这一组泥沙的重量在整个沙样总重量中所占的百分比 $p_i$，然后用下式：

$$d_i = \frac{d_{\max} + d_{\min}}{2} \tag{14-6}$$

或

$$d_i = \frac{1}{3}(d_{\max} + d_{\min} + \sqrt{d_{\max} + d_{\min}}) \tag{14-7}$$

求出各组泥沙平均粒径 $d_i$，再求出颗粒平均粒径 $\overline{d}$，计算公式为：

$$\overline{d} = \frac{\sum_{i=1}^{n} p_i d_i}{\sum_{i=1}^{n} p_i} \tag{14-8}$$

式中　$n$——组数。

## 第三节　输 沙 量 的 估 算

表示输沙特性的指标有含沙量 $\rho$、输沙率 $Q_S$ 和输沙量 $W_S$ 等。年输沙量是从泥沙观测资料整编的日平均输沙率得来的。将全年逐日平均输沙率之和除以全年的天数，即得年平均输沙率，再乘以全年秒数，即得年输沙量。

当某断面具有长期实测泥沙资料时，可以直接计算它的多年平均值；当某断面的泥沙资料短缺时，则须设法将短期资料加以展延；当资料缺乏时，则用间接方法进行估算。某断面的多年平均年输沙总量，等于多年平均悬移质年输沙量与多年平均推移质年输沙量之和。

### 一、多年平均悬移质年输沙量的推求

（一）具有长期资料情况

当某断面具有长期实测流量及悬移质输沙量资料时，可直接用这些资料算出各年的悬移质年输沙量，然后用下式计算多年平均悬移质年输沙量，即：

$$\overline{W}_S = \frac{1}{n}\sum_{i=1}^{n} W_{Si} \tag{14-9}$$

式中　$\overline{W}_S$——多年平均悬移质年输沙量，kg；

$W_{Si}$——各年的悬移质年输沙量，kg；

$n$——年数。

（二）资料不足情况

当某断面的悬移质输沙量资料不足时，可根据资料的具体情况采用不同的处理方法。

若某断面具有长期年径流量资料和短期悬移质年输沙量资料系列，且足以建立相关关系时，可利用这种相关关系，由长期年径流量资料插补延长悬移质年输沙量系列，然后求其多年平均年输沙量。若当地汛期降雨侵蚀作用强烈或平行观测年数较短，上述年相关关系并不密切，则可建立汛期径流量与悬移质年输沙量的相关关系，插补延长悬移质年输沙量系列。

当年径流量与年输沙量的相关关系不密切，而某断面的上游或下游测站有长系列输沙量资料时，也可绘制该断面与上游（或下游）测站悬移质年输沙量相关图，如相关关系较好，即可用以插补展延系列。但须注意两测站间应无支流汇入，河槽情况无显著变化，自然地理条件大致相同。

如悬移质输沙量实测资料系列很短，只有两三年，不足以绘制相关线时，则可粗略地假定悬移质年输沙量与年径流量的比值的平均值为常数，于是多年平均悬移质年输沙量 $W_S$ 可由多年平均年径流量 $\overline{Q}$ 推算，即：

$$\overline{W}_S = \alpha_S \overline{Q} \tag{14-10}$$

式中 $\overline{Q}$——多年平均年径流量，$m^3$；

$\alpha_S$——实测各年的悬移质年输沙量与年径流量之比值的平均值。

（三）资料缺乏情况

当缺乏实测悬移质资料时，多年平均年输沙量只能采用下述粗略方法进行估算。

1. 侵蚀模数分区图

输沙量不能完全反映流域地表被侵蚀的程度，更不能与其他流域的侵蚀程度相比较。因为流域有大有小，若它们出口断面所测得的输沙量相等，则小的流域被侵蚀程度一定比大的流域严重。因此，为了比较不同流域表面侵蚀情况，判断流域被侵蚀的程度，必须研究流域单位面积的输沙量，这个数值称为侵蚀模数。多年平均悬移质侵蚀模数可由下式算得：

$$M_S = \frac{\overline{W}_S}{F} \tag{14-11}$$

式中 $M_S$——多年平均悬移质侵蚀模数，$t/km^2$；

$F$——流域面积，$km^2$；

$\overline{W}_S$——多年平均悬移质年输沙量，t。

在我国各省的水文手册中，一般均有多年平均悬移质侵蚀模数分区图。设计流域的多年平均悬移质侵蚀模数可以从图上所在的分区查出，将查出的数值乘以设计断面以上的流域面积，即为设计断面的多年平均悬移质年输沙量。必须指出，下垫面因素对河流泥沙径流的特征值影响很大。采用分区图算得的成果必然是很粗略的。而且这种分区图多系按大、中河流的测站资料绘制出来的，应用于小流域时，应考虑设计流域的下垫面特点，以及小河流含沙量与大中河流含沙量的关系作适当修正。

2. 沙量平衡法

设 $\overline{W}_{S,上}$ 和 $\overline{W}_{S,下}$ 分别为某河干流上游和下游站的多年平均年输沙量，$\overline{W}_{S,支}$ 和 $\overline{W}_{S,区}$ 分别为上、下游两站间较大支流断面和除去较大支流以外的区间多年平均年输沙量，$\Delta S$ 表示上、下游两站间河岸的冲刷量（为正值）或淤积量（为负值），则可写出沙量平衡方程式为：

$$\overline{W}_{S,下} = \overline{W}_{S,上} + \overline{W}_{S,支} + \overline{W}_{S,区} \pm \Delta S \tag{14-12}$$

当上、下游或支流中的任一测站为缺乏资料的设计站，而其他两站具有较长期的观测资料时，即可应用式（14－12），推求设计站的多年平均年输沙量。$\overline{W}_{S,区}$ 和 $\Delta S$ 可由历年资料估计，如数量不大亦可忽略不计。

3. 经验公式法

当完全没有实测资料，而且以上的方法都不能应用时，可由经验公式进行粗估，如

$$\rho = 10^4 \alpha \sqrt{J} \tag{14-13}$$

式中 $\rho$——多年平均含沙量，$g/m^3$；

$J$——河流平均比降；

$\alpha$——侵蚀系数，它与流域的冲刷程度有关，拟定时可参考下列数值：冲刷剧烈的区域 $\alpha=6\sim8$，冲刷中等的区域 $\alpha=4\sim6$，冲刷轻微的区域 $\alpha=1\sim2$，冲刷极轻的区域 $\alpha=0.5\sim1$。

**二、多年平均推移质年输沙量的推求**

许多山区河流，坡度轻陡，加之山石破碎，水土流失严重，推移质来量往往很大，故对推移质的估计必须重视。

由于推移质泥沙的采样和测验工作尚存在许多问题，它的实测资料比悬移质泥沙更为缺乏。为此，推移质泥沙的估算不宜单以一种方法为准，应采用多种方法估算，经过分析比较，给出合理的数据。

具有多年推移质资料时，其算术平均值即为多年平均推移质年输沙量。当缺乏实测推移质资料时，目前采用的方法都不太成熟，其中一种方法称为系数法，可供参考。该法考虑推移质输沙量与悬移质输沙量之间具有一定的比例关系，此关系在一定的地区和河道水文地理条件下相当稳定，可用系数法公式计算：

$$\overline{W}_h = \beta\overline{W}_S \tag{14-14}$$

式中 $\overline{W}_h$——多年平均推移质年输沙量，t；

$\overline{W}_S$——多年平均悬移质年输沙量，t；

$\beta$——推移质输沙量与悬移质输沙量的比值。

$\beta$ 值根据相似河流已有短期的实测资料估计，在一般情况下可参考下列数值：平原地区河流 $\beta=0.01\sim0.05$；丘陵地区河流 $\beta=0.05\sim0.15$；山区河流 $\beta=0.15\sim0.30$。

另一种方法是从已建水库淤积资料中，根据泥沙的颗粒级配，区分出推移质的数量。一般的方法是把悬移质级配中大于97%的粒径作为推移质粒径下限，直接估算推移质输沙量。

为了探索推移质泥沙变化规律及推移质输沙率的计算，国内外不少学者从实验室的试验研究结果，提出推移质输沙率的计算公式，促进了推移质泥沙研究工作的开展，但受实验室条件以及某些推理或假设的限制，计算结果往往不能反映天然河流的实际情况，说明推移质输沙率的计算问题仍是一个亟待研究解决的问题。

## 第四节 输沙量的变化

河流中挟带泥沙多寡，除河槽冲淤和局部塌岸外，主要取决于径流形成过程中地表的侵蚀作用。流域地表的侵蚀与气候、地质、土壤、植被、人类活动等有着密切的关系。对于一个特定流域而言，气候是输沙量变化的主要因素。因此，在不同的旱涝年份，年输沙量显著不同。由于季节的变化，在一年之中输沙量的各月分配也极不均匀；即使在汛期的一次洪水过程中，输沙量也具有一定的变化规律。为了水利工程规划设计和运行管理的需要，必须了解和掌握输沙量的变化规律。由于对推移质泥沙的测验尚有不少困难，观测资料不足，现只论述悬移质泥沙的变化规律。

**一、悬移质输沙量的年际变化**

悬移质输沙量的年际变化表现在各年输沙总量的差异上面。在水文计算中，一般采用频率计算方法来确定悬移质输沙量年际变化的统计特征值。在有足够资料的情况下，可以直接算出悬移质年输沙量的均值 $\overline{W}_S$、变差系数 $C_{v,S}$ 和偏态系数 $C_{s,S}$。在资料不足的情况下，可以设法建立悬移质年输沙量变差系数 $C_{v,S}$ 与年径流量变差系数 $C_{v,Q}$ 的相关关系，从而由年径流量变差系数去确定悬移质年输沙量的变差系数，通常用下式计算：

$$C_{v,S} = KV_{v,Q} \tag{14-15}$$

式中 $K$——系数，随河流特性而异，有些地区的水文手册列有此值。

由前述方法求得 $\overline{W}_S$ 和 $\overline{C}_{v,S}$ 后，一般采用 $C_{s,S}=2C_{v,S}$ 的皮尔逊Ⅲ型频率曲线绘制悬移质年输沙量频率曲线，据此确定指定频率的悬移质年输沙量。

我国北方多沙河流悬移质观测资料统计结果表明，泥沙的年际变化远大于径流的年际变化，河流年输沙量的变差系数 $C_{v,S}$ 一般比年径流的变差系数 $C_{v,Q}$ 大。黄河中游地区 $C_{v,S}$ 为 $C_{v,Q}$ 的 1.2～7.3 倍，$C_{v,S}$ 值在 0.6～2.4 之间变化；海河滹沱河上游区 $C_{v,S}$ 为 $C_{v,Q}$ 的 1.2～2.4 倍，$C_{v,S}$ 值在 1.0～1.2 之间变化；辽河西北多沙地区 $C_{v,S}$ 为 $C_{v,Q}$ 的 1.2～5.0 倍，$C_{v,S}$ 值在 0.6～3.5 之间变化。

### 二、悬移质输沙量的年内分配

悬移质输沙量的年内分配可由各月输沙量占全年输沙量的相对百分比表示。由于汛期暴雨洪水集中，侵蚀强烈，汛期输沙量的绝大部分集中在暴雨时期，因此，悬移质输沙量的年内分配过程基本上与径流量的年内分配过程相似，且与洪峰流量大小有关。但是，有些流域水沙分配有显著的差别，主要是由于各流域泥沙来源、侵蚀程度和雨量分布不同所造成。

同一流域各年输沙量的大小不同，其年内分配也不相同。在有长期实测泥沙资料的情况下，分析各年输沙量年内分配的规律，从中选出丰沙、平沙和枯沙三种代表年份，作为工程设计时参考使用。在资料不足或缺乏时，则常用水文比拟法，移用参证流域输沙量的典型年内分配，作为设计流域悬移质输沙量的代表年内分配。

### 三、洪水过程中的输沙变化

天然河道中含沙量与流量存在着一定的关系，但由于沙量来源及水力条件的变化，两者的关系较为复杂。有些河流洪水上涨，输沙相应增加，洪峰与沙峰相应出现，洪水消退，输沙也消退；而有些则不同，洪水消退，含沙量并不随之降低，常有沙峰迟于洪峰的现象。究其原因，或由于水流挟带泥沙的颗粒粗细不同，如河道水流挟带较粗颗粒的泥沙，当洪峰过后，流速降低，粗颗粒泥沙挟运受到限制，因而含沙量将随水流降落而削减；但如河道水流挟带很细的泥沙，由于不易沉降，虽然洪峰过后流速降低，但仍超过挟带泥沙的止动流速，因此泥沙仍被挟运。倘再遇上河岸坍塌，则洪峰过后才出沙峰。此外，对于面积不太大的流域，由于各支流的单位面积产沙量有显著差异，而暴雨又往往集中在一个较小的地区，因此洪峰与沙峰之间往往不一定相应；但若河流的流域面积较大，水沙通过沿程河槽的调节作用，洪峰与沙峰就显得一致。在水利工程设计和运用中，考虑排泄泥沙时，应对洪水过程中沙量的变化进行具体分析。

## 复习思考题与习题

1. 为什么要研究河流含沙量？何谓含沙量、输沙量、单沙、断沙？

2. 实测泥沙资料充足时，如何推求流域的多年平均悬移质输沙量及其年内、年际变化？

3. 实测泥沙资料不足时，如何推求流域的多年平均悬移质输沙量及其年内、年际变化？

# 附　录

**附录 1**　　**皮尔逊Ⅲ型频率曲线的离均系数 $\Phi_p$ 值表**

| $C_s$ \ $P$(%) | 0.01 | 0.1 | 0.2 | 0.33 | 0.5 | 1 | 2 | 5 | 10 | 20 | 50 | 75 | 90 | 95 | 99 | $P$(%) / $C_s$ |
|---|---|---|---|---|---|---|---|---|---|---|---|---|---|---|---|---|
| 0.0 | 3.72 | 3.09 | 2.88 | 2.71 | 2.58 | 2.33 | 2.05 | 1.64 | 1.28 | 0.84 | 0.00 | −0.67 | −1.28 | −1.64 | −2.33 | 0.0 |
| 0.1 | 3.94 | 3.23 | 3.00 | 2.82 | 2.67 | 2.40 | 2.11 | 1.67 | 1.29 | 0.84 | −0.02 | −0.68 | −1.27 | −1.62 | −2.25 | 0.1 |
| 0.2 | 4.16 | 3.38 | 3.12 | 2.92 | 2.76 | 2.47 | 2.16 | 1.70 | 1.30 | 0.83 | −0.03 | −0.69 | −1.26 | −1.59 | −2.18 | 0.2 |
| 0.3 | 4.38 | 3.52 | 3.24 | 3.03 | 2.86 | 2.54 | 2.21 | 1.73 | 1.31 | 0.82 | −0.05 | −0.70 | −1.24 | −1.55 | −2.10 | 0.3 |
| 0.4 | 4.61 | 3.67 | 3.36 | 3.14 | 2.95 | 2.62 | 2.26 | 1.75 | 1.32 | 0.82 | −0.07 | −0.71 | −1.23 | −1.52 | −2.03 | 0.4 |
| 0.5 | 4.83 | 3.81 | 3.48 | 3.25 | 3.04 | 2.68 | 2.31 | 1.77 | 1.32 | 0.81 | −0.08 | −0.71 | −1.22 | −1.49 | −1.96 | 0.5 |
| 0.6 | 5.05 | 3.96 | 3.60 | 3.35 | 3.13 | 2.75 | 2.35 | 1.80 | 1.33 | 0.80 | −0.10 | −0.72 | −1.20 | −1.45 | −1.88 | 0.6 |
| 0.7 | 5.28 | 4.10 | 3.72 | 3.45 | 3.22 | 2.82 | 2.40 | 1.82 | 1.33 | 0.79 | −0.12 | −0.72 | −1.18 | −1.42 | −1.81 | 0.7 |
| 0.8 | 5.50 | 4.24 | 3.85 | 3.55 | 3.31 | 2.89 | 2.45 | 1.84 | 1.34 | 0.78 | −0.13 | −0.73 | −1.17 | −1.38 | −1.74 | 0.8 |
| 0.9 | 5.73 | 4.39 | 3.97 | 3.65 | 3.40 | 2.96 | 2.50 | 1.86 | 1.34 | 0.77 | −0.15 | −0.73 | −1.15 | −1.35 | −1.66 | 0.9 |
| 1.0 | 5.96 | 4.53 | 4.09 | 3.76 | 3.49 | 3.02 | 2.54 | 1.88 | 1.34 | 0.76 | −0.16 | −0.73 | −1.13 | −1.32 | −1.59 | 1.0 |
| 1.1 | 6.18 | 4.67 | 4.20 | 3.86 | 3.58 | 3.09 | 2.58 | 1.89 | 1.34 | 0.74 | −0.18 | −0.74 | −1.10 | −1.28 | −1.52 | 1.1 |
| 1.2 | 6.41 | 4.81 | 4.32 | 3.95 | 3.66 | 3.15 | 2.62 | 1.91 | 1.34 | 0.73 | −0.19 | −0.74 | −1.08 | −1.24 | −1.45 | 1.2 |
| 1.3 | 6.64 | 4.95 | 4.44 | 4.05 | 3.74 | 3.21 | 2.67 | 1.92 | 1.34 | 0.72 | −0.21 | −0.74 | −1.06 | −1.20 | −1.38 | 1.3 |
| 1.4 | 6.87 | 5.09 | 4.56 | 4.15 | 3.83 | 3.27 | 2.71 | 1.94 | 1.33 | 0.71 | −0.22 | −0.73 | −1.04 | −1.17 | −1.32 | 1.4 |
| 1.5 | 7.09 | 5.23 | 4.68 | 4.24 | 3.91 | 3.33 | 2.74 | 1.95 | 1.33 | 0.69 | −0.24 | −0.73 | −1.02 | −1.13 | −1.26 | 1.5 |
| 1.6 | 7.31 | 5.37 | 4.80 | 4.34 | 3.99 | 3.39 | 2.78 | 1.96 | 1.33 | 0.68 | −0.25 | −0.73 | −0.99 | −1.10 | −1.20 | 1.6 |
| 1.7 | 7.54 | 5.50 | 4.91 | 4.43 | 4.07 | 3.44 | 2.82 | 1.97 | 1.32 | 0.66 | −0.27 | −0.72 | −0.97 | −1.06 | −1.14 | 1.7 |
| 1.8 | 7.76 | 5.64 | 5.01 | 4.52 | 4.15 | 3.50 | 2.85 | 1.98 | 1.32 | 0.64 | −0.28 | −0.72 | −0.94 | −1.02 | −1.09 | 1.8 |
| 1.9 | 7.98 | 5.77 | 5.12 | 4.61 | 4.23 | 3.55 | 2.88 | 1.99 | 1.31 | 0.63 | −0.29 | −0.72 | −0.92 | −0.98 | −1.04 | 1.9 |
| 2.0 | 8.21 | 5.91 | 5.22 | 4.70 | 4.30 | 3.61 | 2.91 | 2.00 | 1.30 | 0.61 | −0.31 | −0.71 | −0.895 | −0.949 | −0.989 | 2.0 |
| 2.1 | 8.43 | 6.04 | 5.33 | 4.79 | 4.37 | 3.66 | 2.93 | 2.00 | 1.29 | 0.59 | −0.32 | −0.71 | −0.869 | −0.914 | −0.945 | 2.1 |
| 2.2 | 8.65 | 6.17 | 5.43 | 4.88 | 4.44 | 3.71 | 2.96 | 2.00 | 1.28 | 0.57 | −0.33 | −0.70 | −0.844 | −0.879 | −0.905 | 2.2 |
| 2.3 | 8.87 | 6.30 | 5.53 | 4.97 | 4.51 | 3.76 | 2.99 | 2.00 | 1.27 | 0.55 | −0.34 | −0.69 | −0.820 | −0.849 | −0.867 | 2.3 |
| 2.4 | 9.08 | 6.42 | 5.63 | 5.05 | 4.58 | 3.81 | 3.02 | 2.01 | 1.26 | 0.54 | −0.35 | −0.68 | −0.795 | −0.820 | −0.831 | 2.4 |
| 2.5 | 9.30 | 6.55 | 5.73 | 5.13 | 4.65 | 3.85 | 3.04 | 2.01 | 1.25 | 0.52 | −0.36 | −0.67 | −0.772 | −0.791 | −0.800 | 2.5 |
| 2.6 | 9.51 | 6.67 | 5.82 | 5.20 | 4.72 | 3.89 | 3.06 | 2.01 | 1.23 | 0.50 | −0.37 | −0.66 | −0.748 | −0.764 | −0.769 | 2.6 |
| 2.7 | 9.72 | 6.79 | 5.92 | 5.28 | 4.78 | 3.93 | 3.09 | 2.01 | 1.22 | 0.48 | −0.37 | −0.65 | −0.726 | −0.736 | −0.740 | 2.7 |
| 2.8 | 9.93 | 6.91 | 6.01 | 5.36 | 4.84 | 3.97 | 3.11 | 2.01 | 1.21 | 0.46 | −0.38 | −0.64 | −0.702 | −0.710 | −0.714 | 2.8 |
| 2.9 | 10.14 | 7.03 | 6.10 | 5.44 | 4.90 | 4.01 | 3.13 | 2.01 | 1.20 | 0.44 | −0.39 | −0.63 | −0.680 | −0.687 | −0.690 | 2.9 |

续表

| $C_s$ \ $P(\%)$ | 0.01 | 0.1 | 0.2 | 0.33 | 0.5 | 1 | 2 | 5 | 10 | 20 | 50 | 75 | 90 | 95 | 99 | $P(\%)$ / $C_s$ |
|---|---|---|---|---|---|---|---|---|---|---|---|---|---|---|---|---|
| 3.0 | 10.35 | 7.15 | 6.20 | 5.51 | 4.96 | 4.05 | 3.15 | 2.00 | 1.18 | 0.42 | −0.39 | −0.62 | −0.658 | −0.665 | −0.667 | 3.0 |
| 3.1 | 10.56 | 7.26 | 6.30 | 5.59 | 5.02 | 4.08 | 3.17 | 2.00 | 1.16 | 0.40 | −0.40 | −0.60 | −0.639 | −0.644 | −0.645 | 3.1 |
| 3.2 | 10.77 | 7.38 | 6.39 | 5.66 | 5.08 | 4.12 | 3.19 | 2.00 | 1.14 | 0.38 | −0.40 | −0.59 | −0.621 | −0.625 | −0.625 | 3.2 |
| 3.3 | 10.97 | 7.49 | 6.48 | 5.74 | 5.14 | 4.15 | 3.21 | 1.99 | 1.12 | 0.36 | −0.40 | −0.58 | −0.604 | −0.606 | −0.606 | 3.3 |
| 3.4 | 11.17 | 7.60 | 6.56 | 5.80 | 5.20 | 4.18 | 3.22 | 1.98 | 1.11 | 0.34 | −0.41 | −0.57 | −0.587 | −0.588 | −0.588 | 3.4 |
| 3.5 | 11.37 | 7.72 | 6.65 | 5.86 | 5.25 | 4.22 | 3.23 | 1.97 | 1.09 | 0.32 | −0.41 | −0.55 | −0.570 | −0.571 | −0.571 | 3.5 |
| 3.6 | 11.57 | 7.83 | 6.73 | 5.93 | 5.30 | 4.25 | 3.24 | 1.96 | 1.08 | 0.30 | −0.41 | −0.54 | −0.555 | −0.556 | −0.556 | 3.6 |
| 3.7 | 11.77 | 7.94 | 6.81 | 5.99 | 5.35 | 4.28 | 3.25 | 1.95 | 1.06 | 0.28 | −0.42 | −0.53 | −0.540 | −0.541 | −0.541 | 3.7 |
| 3.8 | 11.97 | 8.05 | 6.89 | 6.05 | 5.40 | 4.31 | 3.26 | 1.94 | 1.04 | 0.26 | −0.42 | −0.52 | −0.525 | −0.526 | −0.526 | 3.8 |
| 3.9 | 12.16 | 8.15 | 6.97 | 6.11 | 5.45 | 4.34 | 3.27 | 1.93 | 1.02 | 0.24 | −0.41 | −0.506 | −0.512 | −0.513 | −0.513 | 3.9 |
| 4.0 | 12.36 | 8.25 | 7.05 | 6.18 | 5.50 | 4.37 | 3.27 | 1.92 | 1.00 | 0.23 | −0.41 | −0.495 | −0.500 | −0.500 | −0.500 | 4.0 |
| 4.1 | 12.55 | 8.35 | 7.13 | 6.24 | 5.54 | 4.39 | 3.28 | 1.91 | 0.98 | 0.21 | −0.41 | −0.484 | −0.488 | −0.488 | −0.488 | 4.1 |
| 4.2 | 12.74 | 8.45 | 7.21 | 6.30 | 5.59 | 4.41 | 3.29 | 1.90 | 0.96 | 0.19 | −0.41 | −0.473 | −0.476 | −0.476 | −0.476 | 4.2 |
| 4.3 | 12.93 | 8.55 | 7.29 | 6.36 | 5.63 | 4.44 | 3.29 | 1.88 | 0.94 | 0.17 | −0.41 | −0.462 | −0.465 | −0.465 | −0.465 | 4.3 |
| 4.4 | 13.12 | 8.65 | 7.36 | 6.41 | 5.68 | 4.46 | 3.30 | 1.87 | 0.92 | 0.16 | −0.40 | −0.453 | −0.455 | −0.455 | −0.455 | 4.4 |
| 4.5 | 13.30 | 8.75 | 7.43 | 6.46 | 5.72 | 4.48 | 3.30 | 1.85 | 0.90 | 0.14 | −0.40 | −0.444 | −0.444 | 0.444 | −0.444 | 4.5 |
| 4.6 | 13.49 | 8.85 | 7.50 | 6.52 | 5.76 | 4.50 | 3.30 | 1.84 | 0.88 | 0.13 | −0.40 | −0.435 | −0.435 | −0.435 | −0.435 | 4.6 |
| 4.7 | 13.67 | 8.95 | 7.56 | 6.57 | 5.80 | 4.52 | 3.30 | 1.82 | 0.86 | 0.11 | −0.39 | −0.426 | −0.426 | −0.426 | −0.426 | 4.7 |
| 4.8 | 13.85 | 9.04 | 7.63 | 6.63 | 5.84 | 4.54 | 3.30 | 1.80 | 0.84 | 0.09 | −0.39 | −0.417 | −0.417 | −0.417 | −0.417 | 4.8 |
| 4.9 | 14.04 | 9.13 | 7.70 | 6.68 | 5.88 | 4.55 | 3.30 | 1.78 | 0.82 | 0.08 | −0.38 | −0.408 | −0.408 | −0.408 | −0.408 | 4.9 |
| 5.0 | 14.22 | 9.22 | 7.77 | 6.73 | 5.92 | 4.57 | 3.30 | 1.77 | 0.80 | 0.06 | −0.379 | −0.400 | −0.400 | −0.400 | −0.400 | 5.0 |
| 5.1 | 14.40 | 9.31 | 7.84 | 6.78 | 5.95 | 4.58 | 3.30 | 1.75 | 0.78 | 0.05 | −0.374 | −0.392 | −0.392 | −0.392 | −0.392 | 5.1 |
| 5.2 | 14.57 | 9.40 | 7.90 | 6.83 | 5.99 | 4.59 | 3.30 | 1.73 | 0.76 | 0.03 | −0.369 | −0.385 | −0.385 | −0.385 | −0.385 | 5.2 |
| 5.3 | 14.75 | 9.49 | 7.96 | 6.87 | 6.02 | 4.60 | 3.30 | 1.72 | 0.74 | 0.02 | −0.363 | −0.377 | −0.377 | −0.377 | −0.377 | 5.3 |
| 5.4 | 14.92 | 9.57 | 8.02 | 6.91 | 6.05 | 4.62 | 3.29 | 1.70 | 0.72 | 0.00 | −0.358 | −0.370 | −0.370 | −0.370 | −0.370 | 5.4 |
| 5.5 | 15.10 | 9.66 | 8.08 | 6.96 | 6.08 | 4.63 | 3.28 | 1.68 | 0.70 | −0.01 | −0.353 | −0.364 | −0.364 | −0.364 | −0.364 | 5.5 |
| 5.6 | 15.27 | 9.74 | 8.14 | 7.00 | 6.11 | 4.64 | 3.28 | 1.66 | 0.67 | −0.03 | −0.349 | −0.357 | −0.357 | −0.357 | −0.357 | 5.6 |
| 5.7 | 15.45 | 9.82 | 8.21 | 7.04 | 6.14 | 4.65 | 3.27 | 1.65 | 0.65 | −0.04 | −0.344 | −0.351 | −0.351 | −0.351 | −0.351 | 5.7 |
| 5.8 | 15.62 | 9.91 | 8.27 | 7.08 | 6.17 | 4.67 | 3.27 | 1.63 | 0.63 | −0.05 | −0.339 | −0.345 | −0.345 | −0.345 | −0.345 | 5.8 |
| 5.9 | 15.78 | 9.99 | 8.32 | 7.12 | 6.20 | 4.68 | 3.26 | 1.61 | 0.61 | −0.06 | −0.334 | −0.339 | −0.339 | −0.339 | −0.339 | 5.9 |
| 6.0 | 15.94 | 10.07 | 8.38 | 7.15 | 6.23 | 4.68 | 3.25 | 1.59 | 0.59 | −0.07 | −0.329 | −0.333 | −0.333 | −0.333 | −0.333 | 6.0 |
| 6.1 | 16.11 | 10.15 | 8.43 | 7.19 | 6.26 | 4.69 | 3.24 | 1.57 | 0.57 | −0.08 | −0.325 | −0.328 | −0.328 | −0.328 | −0.328 | 6.1 |
| 6.2 | 16.28 | 10.22 | 8.49 | 7.23 | 6.28 | 4.70 | 3.23 | 1.55 | 0.55 | −0.09 | −0.320 | −0.323 | −0.323 | −0.323 | −0.323 | 6.2 |
| 6.3 | 16.45 | 10.30 | 8.54 | 7.26 | 6.30 | 4.70 | 3.22 | 1.53 | 0.53 | −0.10 | −0.315 | −0.317 | −0.317 | −0.317 | −0.317 | 6.3 |
| 6.4 | 16.61 | 10.38 | 8.60 | 7.30 | 6.32 | 4.71 | 3.21 | 1.51 | 0.51 | −0.11 | −0.311 | −0.313 | −0.313 | −0.313 | −0.313 | 6.4 |

附录 2　　皮尔逊Ⅲ型频率曲线的模比系数 $K_p$ 值表

(1) $C_s=2C_v$

| $C_v$ \ $P$(%) | 0.01 | 0.1 | 0.2 | 0.33 | 0.5 | 1 | 2 | 5 | 10 | 20 | 50 | 75 | 90 | 95 | 99 | $P$(%) / $C_s$ |
|---|---|---|---|---|---|---|---|---|---|---|---|---|---|---|---|---|
| 0.05 | 1.20 | 1.16 | 1.15 | 1.14 | 1.13 | 1.12 | 1.11 | 1.08 | 1.06 | 1.04 | 1.00 | 0.97 | 0.94 | 0.92 | 0.89 | 0.10 |
| 0.10 | 1.42 | 1.34 | 1.31 | 1.29 | 1.27 | 1.25 | 1.21 | 1.17 | 1.13 | 1.08 | 1.00 | 0.93 | 0.87 | 0.84 | 0.78 | 0.20 |
| 0.15 | 1.67 | 1.54 | 1.48 | 1.46 | 1.43 | 1.38 | 1.33 | 1.26 | 1.20 | 1.12 | 0.99 | 0.90 | 0.81 | 0.77 | 0.69 | 0.30 |
| 0.20 | 1.92 | 1.73 | 1.67 | 1.63 | 1.59 | 1.52 | 1.45 | 1.35 | 1.26 | 1.16 | 0.99 | 0.86 | 0.75 | 0.70 | 0.59 | 0.40 |
| 0.22 | 2.04 | 1.82 | 1.75 | 1.70 | 1.66 | 1.58 | 1.50 | 1.39 | 1.29 | 1.18 | 0.98 | 0.84 | 0.73 | 0.67 | 0.56 | 0.44 |
| 0.24 | 2.16 | 1.91 | 1.83 | 1.77 | 1.73 | 1.64 | 1.55 | 1.43 | 1.32 | 1.19 | 0.98 | 0.83 | 0.71 | 0.64 | 0.53 | 0.48 |
| 0.25 | 2.22 | 1.96 | 1.87 | 1.81 | 1.77 | 1.67 | 1.58 | 1.45 | 1.33 | 1.20 | 0.98 | 0.82 | 0.70 | 0.63 | 0.52 | 0.50 |
| 0.26 | 2.28 | 2.01 | 1.91 | 1.85 | 1.80 | 1.70 | 1.60 | 1.46 | 1.34 | 1.21 | 0.98 | 0.82 | 0.69 | 0.62 | 0.50 | 0.52 |
| 0.28 | 2.40 | 2.10 | 2.00 | 1.93 | 1.87 | 1.76 | 1.66 | 1.50 | 1.37 | 1.22 | 0.97 | 0.79 | 0.66 | 0.59 | 0.47 | 0.56 |
| 0.30 | 2.52 | 2.19 | 2.08 | 2.01 | 1.94 | 1.83 | 1.71 | 1.54 | 1.40 | 1.24 | 0.97 | 0.78 | 0.64 | 0.56 | 0.44 | 0.60 |
| 0.35 | 2.86 | 2.44 | 2.31 | 2.22 | 2.13 | 2.00 | 1.84 | 1.64 | 1.47 | 1.28 | 0.96 | 0.75 | 0.59 | 0.51 | 0.37 | 0.70 |
| 0.40 | 3.20 | 2.70 | 2.54 | 2.42 | 2.32 | 2.16 | 1.98 | 1.74 | 1.54 | 1.31 | 0.95 | 0.71 | 0.53 | 0.45 | 0.30 | 0.80 |
| 0.45 | 3.59 | 2.98 | 2.80 | 2.65 | 2.53 | 2.33 | 2.13 | 1.84 | 1.60 | 1.35 | 0.93 | 0.67 | 0.48 | 0.40 | 0.26 | 0.90 |
| 0.50 | 3.98 | 3.27 | 3.05 | 2.88 | 2.74 | 2.51 | 2.27 | 1.94 | 1.67 | 1.38 | 0.92 | 0.64 | 0.44 | 0.34 | 0.21 | 1.00 |
| 0.55 | 4.42 | 3.58 | 3.32 | 3.12 | 2.97 | 2.70 | 2.42 | 2.04 | 1.74 | 1.41 | 0.90 | 0.59 | 0.40 | 0.30 | 0.16 | 1.10 |
| 0.60 | 4.85 | 3.89 | 3.59 | 3.37 | 3.20 | 2.89 | 2.57 | 2.15 | 1.80 | 1.44 | 0.89 | 0.56 | 0.35 | 0.26 | 0.13 | 1.20 |
| 0.65 | 5.33 | 4.22 | 3.89 | 3.64 | 3.44 | 3.09 | 2.74 | 2.25 | 1.87 | 1.47 | 0.87 | 0.52 | 0.31 | 0.22 | 0.10 | 1.30 |
| 0.70 | 5.81 | 4.56 | 4.19 | 3.91 | 3.68 | 3.29 | 2.90 | 2.36 | 1.94 | 1.50 | 0.85 | 0.49 | 0.27 | 0.18 | 0.08 | 1.40 |
| 0.75 | 6.33 | 4.93 | 4.52 | 4.19 | 3.93 | 3.50 | 3.06 | 2.46 | 2.00 | 1.52 | 0.82 | 0.45 | 0.24 | 0.15 | 0.06 | 1.50 |
| 0.80 | 6.85 | 5.30 | 4.84 | 4.47 | 4.19 | 3.71 | 3.22 | 2.57 | 2.06 | 1.54 | 0.80 | 0.42 | 0.21 | 0.12 | 0.04 | 1.60 |
| 0.90 | 7.98 | 6.08 | 5.51 | 5.07 | 4.74 | 4.15 | 3.56 | 2.78 | 2.19 | 1.58 | 0.75 | 0.35 | 0.15 | 0.08 | 0.02 | 1.80 |

(2) $C_s=3C_v$

| $C_v$ \ $P$(%) | 0.01 | 0.1 | 0.2 | 0.33 | 0.5 | 1 | 2 | 5 | 10 | 20 | 50 | 75 | 90 | 95 | 99 | $P$(%) / $C_s$ |
|---|---|---|---|---|---|---|---|---|---|---|---|---|---|---|---|---|
| 0.20 | 2.02 | 1.79 | 1.72 | 1.67 | 1.63 | 1.55 | 1.47 | 1.36 | 1.27 | 1.16 | 0.98 | 0.86 | 0.76 | 0.71 | 0.62 | 0.60 |
| 0.25 | 2.35 | 2.05 | 1.95 | 1.88 | 1.82 | 1.72 | 1.61 | 1.46 | 1.34 | 1.20 | 0.97 | 0.82 | 0.71 | 0.65 | 0.56 | 0.75 |
| 0.30 | 2.72 | 2.32 | 2.19 | 2.10 | 2.02 | 1.89 | 1.75 | 1.56 | 1.40 | 1.23 | 0.96 | 0.78 | 0.66 | 0.60 | 0.50 | 0.90 |
| 0.35 | 3.12 | 2.61 | 2.46 | 2.33 | 2.24 | 2.07 | 1.90 | 1.66 | 1.47 | 1.26 | 0.94 | 0.74 | 0.61 | 0.55 | 0.46 | 1.05 |
| 0.40 | 3.56 | 2.92 | 2.73 | 2.58 | 2.46 | 2.26 | 2.05 | 1.76 | 1.54 | 1.29 | 0.92 | 0.70 | 0.57 | 0.50 | 0.42 | 1.20 |
| 0.42 | 3.75 | 3.06 | 2.85 | 2.69 | 2.56 | 2.34 | 2.11 | 1.81 | 1.56 | 1.31 | 0.91 | 0.69 | 0.55 | 0.49 | 0.41 | 1.26 |
| 0.44 | 3.94 | 3.19 | 2.97 | 2.80 | 2.65 | 2.42 | 2.17 | 1.85 | 1.59 | 1.32 | 0.91 | 0.67 | 0.54 | 0.47 | 0.40 | 1.32 |
| 0.45 | 4.04 | 3.26 | 3.03 | 2.85 | 2.70 | 2.46 | 2.21 | 1.87 | 1.60 | 1.32 | 0.90 | 0.67 | 0.53 | 0.47 | 0.39 | 1.35 |
| 0.46 | 4.14 | 3.33 | 3.09 | 2.90 | 2.75 | 2.50 | 2.24 | 1.89 | 1.61 | 1.33 | 0.90 | 0.66 | 0.52 | 0.46 | 0.39 | 1.38 |
| 0.48 | 4.34 | 3.47 | 3.21 | 3.01 | 2.85 | 2.58 | 2.31 | 1.93 | 1.65 | 1.34 | 0.89 | 0.65 | 0.51 | 0.45 | 0.38 | 1.44 |
| 0.50 | 4.55 | 3.62 | 3.34 | 3.12 | 2.96 | 2.67 | 2.37 | 1.98 | 1.67 | 1.35 | 0.88 | 0.64 | 0.49 | 0.44 | 0.37 | 1.50 |
| 0.52 | 4.76 | 3.76 | 3.46 | 3.24 | 3.06 | 2.75 | 2.44 | 2.02 | 1.69 | 1.36 | 0.87 | 0.62 | 0.48 | 0.42 | 0.36 | 1.56 |
| 0.54 | 4.98 | 3.91 | 3.60 | 3.36 | 3.16 | 2.84 | 2.51 | 2.06 | 1.72 | 1.36 | 0.86 | 0.61 | 0.47 | 0.41 | 0.36 | 1.62 |
| 0.55 | 5.09 | 3.99 | 3.66 | 3.42 | 3.21 | 2.88 | 2.54 | 2.08 | 1.73 | 1.36 | 0.86 | 0.60 | 0.46 | 0.41 | 0.36 | 1.65 |
| 0.56 | 5.20 | 4.07 | 3.73 | 3.48 | 3.27 | 2.93 | 2.57 | 2.10 | 1.74 | 1.37 | 0.85 | 0.59 | 0.46 | 0.40 | 0.35 | 1.68 |
| 0.58 | 5.43 | 4.23 | 3.86 | 3.59 | 3.38 | 3.01 | 2.64 | 2.14 | 1.77 | 1.38 | 0.84 | 0.58 | 0.45 | 0.40 | 0.35 | 1.74 |
| 0.60 | 5.66 | 4.38 | 4.01 | 3.71 | 3.49 | 3.10 | 2.71 | 2.19 | 1.79 | 1.38 | 0.83 | 0.57 | 0.44 | 0.39 | 0.35 | 1.80 |
| 0.65 | 6.26 | 4.81 | 4.36 | 4.03 | 3.77 | 3.33 | 2.88 | 2.29 | 1.85 | 1.40 | 0.80 | 0.53 | 0.41 | 0.37 | 0.34 | 1.95 |
| 0.70 | 6.90 | 5.23 | 4.73 | 4.35 | 4.06 | 3.56 | 3.05 | 2.40 | 1.90 | 1.41 | 0.78 | 0.50 | 0.39 | 0.36 | 0.34 | 2.10 |
| 0.75 | 7.57 | 5.68 | 5.12 | 4.69 | 4.36 | 3.80 | 3.24 | 2.50 | 1.96 | 1.42 | 0.76 | 0.48 | 0.38 | 0.35 | 0.34 | 2.25 |
| 0.80 | 8.26 | 6.14 | 5.50 | 5.04 | 4.66 | 4.05 | 3.42 | 2.61 | 2.01 | 1.43 | 0.72 | 0.46 | 0.36 | 0.34 | 0.34 | 2.40 |

续表

**(3) $C_s=3.5C_v$**

| $C_v$ \ P(%) | 0.01 | 0.1 | 0.2 | 0.33 | 0.5 | 1 | 2 | 5 | 10 | 20 | 50 | 75 | 90 | 95 | 99 | $C_s$ |
|---|---|---|---|---|---|---|---|---|---|---|---|---|---|---|---|---|
| 0.20 | 2.06 | 1.82 | 1.74 | 1.69 | 1.64 | 1.56 | 1.48 | 1.36 | 1.27 | 1.16 | 0.98 | 0.86 | 0.76 | 0.72 | 0.64 | 0.70 |
| 0.25 | 2.42 | 2.09 | 1.99 | 1.91 | 1.85 | 1.74 | 1.62 | 1.46 | 1.34 | 1.19 | 0.96 | 0.82 | 0.71 | 0.66 | 0.58 | 0.88 |
| 0.30 | 2.82 | 2.38 | 2.24 | 2.14 | 2.06 | 1.92 | 1.77 | 1.57 | 1.40 | 1.22 | 0.95 | 0.78 | 0.67 | 0.61 | 0.53 | 1.05 |
| 0.35 | 3.26 | 2.70 | 2.52 | 2.39 | 2.29 | 2.11 | 1.92 | 1.67 | 1.47 | 1.26 | 0.93 | 0.74 | 0.62 | 0.57 | 0.50 | 1.22 |
| 0.40 | 3.75 | 3.04 | 2.82 | 2.66 | 2.53 | 2.31 | 2.08 | 1.78 | 1.53 | 1.28 | 0.91 | 0.71 | 0.58 | 0.53 | 0.47 | 1.40 |
| 0.42 | 3.95 | 3.18 | 2.95 | 2.77 | 2.63 | 2.39 | 2.15 | 1.82 | 1.56 | 1.29 | 0.90 | 0.69 | 0.57 | 0.52 | 0.46 | 1.47 |
| 0.44 | 4.16 | 3.33 | 3.08 | 2.88 | 2.73 | 2.48 | 2.21 | 1.86 | 1.59 | 1.30 | 0.89 | 0.68 | 0.56 | 0.51 | 0.46 | 1.54 |
| 0.45 | 4.27 | 3.40 | 3.14 | 2.94 | 2.79 | 2.52 | 2.25 | 1.88 | 1.60 | 1.31 | 0.89 | 0.67 | 0.55 | 0.50 | 0.45 | 1.58 |
| 0.46 | 4.37 | 3.48 | 3.21 | 3.00 | 2.84 | 2.56 | 2.28 | 1.90 | 1.61 | 1.31 | 0.88 | 0.66 | 0.54 | 0.50 | 0.45 | 1.61 |
| 0.48 | 4.60 | 3.63 | 3.35 | 3.12 | 2.94 | 2.65 | 2.35 | 1.95 | 1.64 | 1.32 | 0.87 | 0.65 | 0.53 | 0.49 | 0.45 | 1.68 |
| 0.50 | 4.82 | 3.78 | 3.48 | 3.24 | 3.06 | 2.74 | 2.42 | 1.99 | 1.66 | 1.32 | 0.86 | 0.64 | 0.52 | 0.48 | 0.44 | 1.75 |
| 0.52 | 5.06 | 3.95 | 3.62 | 3.36 | 3.16 | 2.83 | 2.48 | 2.03 | 1.69 | 1.33 | 0.85 | 0.63 | 0.51 | 0.47 | 0.44 | 1.82 |
| 0.54 | 5.30 | 4.11 | 3.76 | 3.48 | 3.28 | 2.91 | 2.55 | 2.07 | 1.71 | 1.34 | 0.84 | 0.61 | 0.50 | 0.47 | 0.44 | 1.89 |
| 0.55 | 5.41 | 4.20 | 3.83 | 3.55 | 3.34 | 2.96 | 2.58 | 2.10 | 1.72 | 1.34 | 0.84 | 0.60 | 0.50 | 0.46 | 0.44 | 1.92 |
| 0.56 | 5.55 | 4.28 | 3.91 | 3.61 | 3.39 | 3.01 | 2.62 | 2.12 | 1.73 | 1.35 | 0.83 | 0.60 | 0.49 | 0.46 | 0.43 | 1.96 |
| 0.58 | 5.80 | 4.45 | 4.05 | 3.74 | 3.51 | 3.10 | 2.69 | 2.16 | 1.75 | 1.35 | 0.82 | 0.58 | 0.48 | 0.46 | 0.43 | 2.03 |
| 0.60 | 6.06 | 4.62 | 4.20 | 3.87 | 3.62 | 3.20 | 2.76 | 2.20 | 1.77 | 1.35 | 0.81 | 0.57 | 0.48 | 0.45 | 0.43 | 2.10 |
| 0.65 | 6.73 | 5.08 | 4.58 | 4.22 | 3.92 | 3.44 | 2.94 | 2.30 | 1.83 | 1.36 | 0.78 | 0.55 | 0.46 | 0.44 | 0.43 | 2.28 |
| 0.70 | 7.43 | 5.54 | 4.98 | 4.56 | 4.23 | 3.68 | 3.12 | 2.41 | 1.88 | 1.37 | 0.75 | 0.53 | 0.45 | 0.44 | 0.43 | 2.45 |
| 0.75 | 8.16 | 6.02 | 5.38 | 4.92 | 4.55 | 3.92 | 3.30 | 2.51 | 1.92 | 1.37 | 0.72 | 0.50 | 0.44 | 0.43 | 0.43 | 2.62 |
| 0.80 | 8.94 | 6.53 | 5.81 | 5.29 | 4.87 | 4.18 | 3.49 | 2.61 | 1.97 | 1.37 | 0.70 | 0.49 | 0.44 | 0.43 | 0.43 | 2.80 |

**(4) $C_s=4C_v$**

| $C_v$ \ P(%) | 0.01 | 0.1 | 0.2 | 0.33 | 0.5 | 1 | 2 | 5 | 10 | 20 | 50 | 75 | 90 | 95 | 99 | $C_s$ |
|---|---|---|---|---|---|---|---|---|---|---|---|---|---|---|---|---|
| 0.20 | 2.10 | 1.85 | 1.77 | 1.71 | 1.66 | 1.58 | 1.49 | 1.37 | 1.27 | 1.16 | 0.97 | 0.85 | 0.77 | 0.72 | 0.65 | 0.80 |
| 0.25 | 2.49 | 2.13 | 2.02 | 1.94 | 1.87 | 1.76 | 1.64 | 1.47 | 1.34 | 1.19 | 0.96 | 0.82 | 0.72 | 0.67 | 0.60 | 1.00 |
| 0.30 | 2.92 | 2.44 | 2.30 | 2.18 | 2.10 | 1.94 | 1.79 | 1.57 | 1.40 | 1.22 | 0.94 | 0.78 | 0.68 | 0.63 | 0.56 | 1.20 |
| 0.35 | 3.40 | 2.78 | 2.60 | 2.45 | 2.34 | 2.14 | 1.95 | 1.68 | 1.47 | 1.25 | 0.92 | 0.74 | 0.64 | 0.59 | 0.54 | 1.40 |
| 0.40 | 3.92 | 3.15 | 2.92 | 2.74 | 2.60 | 2.36 | 2.11 | 1.78 | 1.53 | 1.27 | 0.90 | 0.71 | 0.60 | 0.56 | 0.52 | 1.60 |
| 0.42 | 4.15 | 3.30 | 3.05 | 2.86 | 2.70 | 2.44 | 2.18 | 1.83 | 1.56 | 1.28 | 0.89 | 0.70 | 0.59 | 0.55 | 0.52 | 1.68 |
| 0.44 | 4.38 | 3.46 | 3.19 | 2.98 | 2.81 | 2.53 | 2.25 | 1.87 | 1.58 | 1.29 | 0.88 | 0.68 | 0.58 | 0.55 | 0.51 | 1.76 |
| 0.45 | 4.49 | 3.54 | 3.25 | 3.03 | 2.87 | 2.58 | 2.28 | 1.89 | 1.59 | 1.29 | 0.87 | 0.68 | 0.58 | 0.54 | 0.51 | 1.80 |
| 0.46 | 4.62 | 3.62 | 3.32 | 3.10 | 2.92 | 2.62 | 2.32 | 1.91 | 1.61 | 1.29 | 0.87 | 0.67 | 0.57 | 0.54 | 0.51 | 1.84 |
| 0.48 | 4.86 | 3.79 | 3.47 | 3.22 | 3.04 | 2.71 | 2.39 | 1.96 | 1.63 | 1.30 | 0.86 | 0.66 | 0.56 | 0.53 | 0.51 | 1.92 |
| 0.50 | 5.10 | 3.96 | 3.61 | 3.35 | 3.15 | 2.80 | 2.45 | 2.00 | 1.65 | 1.31 | 0.84 | 0.64 | 0.55 | 0.53 | 0.50 | 2.00 |
| 0.52 | 5.36 | 4.12 | 3.76 | 3.48 | 3.27 | 2.90 | 2.52 | 2.04 | 1.67 | 1.31 | 0.83 | 0.63 | 0.55 | 0.52 | 0.50 | 2.08 |
| 0.54 | 5.62 | 4.30 | 3.91 | 3.61 | 3.38 | 2.99 | 2.59 | 2.08 | 1.69 | 1.31 | 0.82 | 0.62 | 0.54 | 0.52 | 0.50 | 2.16 |
| 0.55 | 5.76 | 4.39 | 3.99 | 3.68 | 3.44 | 3.03 | 2.63 | 2.10 | 1.70 | 1.31 | 0.82 | 0.62 | 0.54 | 0.52 | 0.50 | 2.20 |
| 0.56 | 5.90 | 4.48 | 4.06 | 3.75 | 3.50 | 3.09 | 2.66 | 2.12 | 1.71 | 1.31 | 0.81 | 0.61 | 0.53 | 0.51 | 0.50 | 2.24 |
| 0.58 | 6.18 | 4.67 | 4.22 | 3.89 | 3.62 | 3.19 | 2.74 | 2.16 | 1.74 | 1.32 | 0.80 | 0.60 | 0.53 | 0.51 | 0.50 | 2.32 |
| 0.60 | 6.45 | 4.85 | 4.38 | 4.03 | 3.75 | 3.29 | 2.81 | 2.21 | 1.76 | 1.32 | 0.79 | 0.59 | 0.52 | 0.51 | 0.50 | 2.40 |
| 0.65 | 7.18 | 5.34 | 4.78 | 4.38 | 4.07 | 3.53 | 2.99 | 2.31 | 1.80 | 1.32 | 0.76 | 0.57 | 0.51 | 0.50 | 0.50 | 2.60 |
| 0.70 | 7.95 | 5.84 | 5.21 | 4.75 | 4.39 | 3.78 | 3.18 | 2.41 | 1.85 | 1.32 | 0.73 | 0.55 | 0.51 | 0.50 | 0.50 | 2.80 |
| 0.75 | 8.76 | 6.36 | 5.65 | 5.13 | 4.72 | 4.03 | 3.36 | 2.50 | 1.88 | 1.32 | 0.71 | 0.54 | 0.51 | 0.50 | 0.50 | 3.00 |
| 0.80 | 9.62 | 6.90 | 6.11 | 5.53 | 5.06 | 4.30 | 3.55 | 2.60 | 1.91 | 1.30 | 0.68 | 0.53 | 0.50 | 0.50 | 0.50 | 3.20 |

附录 3　　三点法用表——$S$ 与 $C_s$ 关系表

**(1) $P=1-50-99\%$**

| S | 0 | 1 | 2 | 3 | 4 | 5 | 6 | 7 | 8 | 9 |
|---|---|---|---|---|---|---|---|---|---|---|
| 0.0 | 0.00 | 0.03 | 0.05 | 0.07 | 0.10 | 0.12 | 0.15 | 0.17 | 0.20 | 0.23 |
| 0.1 | 0.26 | 0.28 | 0.31 | 0.34 | 0.36 | 0.39 | 0.41 | 0.44 | 0.47 | 0.49 |
| 0.2 | 0.52 | 0.54 | 0.57 | 0.59 | 0.62 | 0.65 | 0.67 | 0.70 | 0.73 | 0.76 |
| 0.3 | 0.78 | 0.81 | 0.84 | 0.86 | 0.89 | 0.92 | 0.94 | 0.97 | 1.00 | 1.02 |
| 0.4 | 1.05 | 1.08 | 1.10 | 1.13 | 1.16 | 1.18 | 1.21 | 1.24 | 1.27 | 1.30 |
| 0.5 | 1.32 | 1.36 | 1.39 | 1.42 | 1.45 | 1.48 | 1.51 | 1.55 | 1.58 | 1.61 |
| 0.6 | 1.64 | 1.68 | 1.71 | 1.74 | 1.78 | 1.81 | 1.84 | 1.88 | 1.92 | 1.95 |
| 0.7 | 1.99 | 2.03 | 2.07 | 2.11 | 2.16 | 2.20 | 2.25 | 2.30 | 2.34 | 2.39 |
| 0.8 | 2.44 | 2.50 | 2.55 | 2.61 | 2.67 | 2.74 | 2.81 | 2.89 | 2.97 | 3.05 |
| 0.9 | 3.14 | 3.22 | 3.33 | 3.46 | 3.59 | 3.73 | 3.92 | 4.14 | 4.44 | 4.90 |

例：当 $S=0.43$ 时，$C_s=1.13$。

**(2) $P=3-50-97\%$**

| S | 0 | 1 | 2 | 3 | 4 | 5 | 6 | 7 | 8 | 9 |
|---|---|---|---|---|---|---|---|---|---|---|
| 0.0 | 0.00 | 0.04 | 0.08 | 0.11 | 0.14 | 0.17 | 0.20 | 0.23 | 0.26 | 0.29 |
| 0.1 | 0.32 | 0.35 | 0.38 | 0.42 | 0.45 | 0.48 | 0.51 | 0.54 | 0.57 | 0.60 |
| 0.2 | 0.63 | 0.66 | 0.70 | 0.73 | 0.76 | 0.79 | 0.82 | 0.86 | 0.89 | 0.92 |
| 0.3 | 0.95 | 0.98 | 1.01 | 1.04 | 1.08 | 1.11 | 1.14 | 1.17 | 1.20 | 1.24 |
| 0.4 | 1.27 | 1.30 | 1.33 | 1.36 | 1.40 | 1.43 | 1.46 | 1.49 | 1.52 | 1.56 |
| 0.5 | 1.59 | 1.63 | 1.66 | 1.70 | 1.73 | 1.76 | 1.80 | 1.83 | 1.87 | 1.90 |
| 0.6 | 1.94 | 1.97 | 2.00 | 2.04 | 2.08 | 2.12 | 2.16 | 2.20 | 2.23 | 2.27 |
| 0.7 | 2.31 | 2.36 | 2.40 | 2.44 | 2.49 | 2.54 | 2.58 | 2.63 | 2.68 | 2.74 |
| 0.8 | 2.79 | 2.85 | 2.90 | 2.96 | 3.02 | 3.09 | 3.15 | 3.22 | 3.29 | 3.37 |
| 0.9 | 3.46 | 3.55 | 3.67 | 3.79 | 3.92 | 4.08 | 4.26 | 4.50 | 4.75 | 5.21 |

**(3) $P=5-50-95\%$**

| S | 0 | 1 | 2 | 3 | 4 | 5 | 6 | 7 | 8 | 9 |
|---|---|---|---|---|---|---|---|---|---|---|
| 0.0 | 0.00 | 0.04 | 0.08 | 0.12 | 0.16 | 0.20 | 0.24 | 0.27 | 0.31 | 0.35 |
| 0.1 | 0.38 | 0.41 | 0.45 | 0.48 | 0.52 | 0.55 | 0.59 | 0.63 | 0.66 | 0.70 |
| 0.2 | 0.73 | 0.76 | 0.80 | 0.84 | 0.87 | 0.90 | 0.94 | 0.98 | 1.01 | 1.04 |
| 0.3 | 1.08 | 1.11 | 1.14 | 1.18 | 1.21 | 1.25 | 1.28 | 1.31 | 1.35 | 1.38 |
| 0.4 | 1.42 | 1.46 | 1.49 | 1.52 | 1.56 | 1.59 | 1.63 | 1.66 | 1.70 | 1.74 |
| 0.5 | 1.78 | 1.81 | 1.85 | 1.88 | 1.92 | 1.95 | 1.99 | 2.03 | 2.06 | 2.10 |
| 0.6 | 2.13 | 2.17 | 2.20 | 2.24 | 2.28 | 2.32 | 2.36 | 2.40 | 2.44 | 2.48 |
| 0.7 | 2.53 | 2.57 | 2.62 | 2.66 | 2.70 | 2.76 | 2.81 | 2.86 | 2.91 | 2.97 |
| 0.8 | 3.02 | 3.07 | 3.13 | 3.19 | 3.25 | 3.32 | 3.38 | 3.46 | 3.52 | 3.60 |
| 0.9 | 3.70 | 3.80 | 3.91 | 4.03 | 4.17 | 4.32 | 4.49 | 4.72 | 4.94 | 5.43 |

**(4) $P=10-50-90\%$**

| S | 0 | 1 | 2 | 3 | 4 | 5 | 6 | 7 | 8 | 9 |
|---|---|---|---|---|---|---|---|---|---|---|
| 0.0 | 0.00 | 0.05 | 0.10 | 0.15 | 0.20 | 0.24 | 0.29 | 0.34 | 0.38 | 0.43 |
| 0.1 | 0.47 | 0.52 | 0.56 | 0.60 | 0.65 | 0.69 | 0.74 | 0.78 | 0.83 | 0.87 |
| 0.2 | 0.92 | 0.96 | 1.00 | 1.04 | 1.08 | 1.13 | 1.17 | 1.22 | 1.26 | 1.30 |
| 0.3 | 1.34 | 1.38 | 1.43 | 1.47 | 1.51 | 1.55 | 1.59 | 1.63 | 1.67 | 1.71 |
| 0.4 | 1.75 | 1.79 | 1.83 | 1.87 | 1.91 | 1.95 | 1.99 | 2.02 | 2.06 | 2.10 |
| 0.5 | 2.14 | 2.18 | 2.22 | 2.26 | 2.30 | 2.34 | 2.38 | 2.42 | 2.46 | 2.50 |
| 0.6 | 2.54 | 2.58 | 2.62 | 2.66 | 2.70 | 2.74 | 2.78 | 2.82 | 2.86 | 2.90 |
| 0.7 | 2.95 | 3.00 | 3.04 | 3.08 | 3.13 | 3.18 | 3.24 | 3.28 | 3.33 | 3.38 |
| 0.8 | 3.44 | 3.50 | 3.55 | 3.61 | 3.67 | 3.74 | 3.80 | 3.87 | 3.94 | 4.02 |
| 0.9 | 4.11 | 4.20 | 4.32 | 4.45 | 4.59 | 4.75 | 4.96 | 5.20 | 5.56 | — |

附录 4　　三点法用表——$C_s$ 与有关 $\Phi$ 值的关系表

| $C_s$ | $\Phi_{50\%}$ | $\Phi_{1\%}-\Phi_{99\%}$ | $\Phi_{3\%}-\Phi_{97\%}$ | $\Phi_{5\%}-\Phi_{95\%}$ | $\Phi_{10\%}-\Phi_{90\%}$ |
|---|---|---|---|---|---|
| 0.0 | 0.000 | 4.652 | 3.762 | 3.290 | 2.564 |
| 0.1 | −0.017 | 4.648 | 3.756 | 3.287 | 2.560 |
| 0.2 | −0.033 | 4.645 | 3.750 | 3.284 | 2.557 |
| 0.3 | −0.055 | 4.641 | 3.743 | 3.278 | 2.550 |
| 0.4 | −0.068 | 4.637 | 3.736 | 3.273 | 2.543 |
| 0.5 | −0.084 | 4.633 | 3.732 | 3.266 | 2.532 |
| 0.6 | −0.100 | 4.629 | 3.727 | 3.259 | 2.522 |
| 0.7 | −0.116 | 4.624 | 3.718 | 3.246 | 2.510 |
| 0.8 | −0.132 | 4.620 | 3.709 | 3.233 | 2.498 |
| 0.9 | −0.148 | 4.615 | 3.692 | 3.218 | 2.483 |
| 1.0 | −0.164 | 4.611 | 3.674 | 3.204 | 2.468 |
| 1.1 | −0.179 | 4.606 | 3.656 | 3.185 | 2.448 |
| 1.2 | −0.194 | 4.601 | 3.638 | 3.167 | 2.427 |
| 1.3 | −0.208 | 4.595 | 3.620 | 3.144 | 2.404 |
| 1.4 | −0.223 | 4.590 | 3.601 | 3.120 | 2.380 |
| 1.5 | −0.238 | 4.586 | 3.582 | 3.090 | 2.353 |
| 1.6 | −0.253 | 4.586 | 3.562 | 3.062 | 2.326 |
| 1.7 | −0.267 | 4.587 | 3.541 | 3.032 | 2.296 |
| 1.8 | −0.282 | 4.588 | 3.520 | 3.002 | 2.265 |
| 1.9 | −0.294 | 4.591 | 3.499 | 2.974 | 2.232 |
| 2.0 | −0.307 | 4.594 | 3.477 | 2.945 | 2.198 |
| 2.1 | −0.319 | 4.603 | 3.469 | 2.918 | 2.164 |
| 2.2 | −0.330 | 4.613 | 3.440 | 2.890 | 2.130 |
| 2.3 | −0.340 | 4.625 | 3.421 | 2.862 | 2.095 |
| 2.4 | −0.350 | 4.636 | 3.403 | 2.833 | 2.060 |
| 2.5 | −0.359 | 4.648 | 3.385 | 2.806 | 2.024 |
| 2.6 | −0.367 | 4.660 | 3.367 | 2.778 | 1.987 |
| 2.7 | −0.376 | 4.674 | 3.350 | 2.749 | 1.949 |
| 2.8 | −0.383 | 4.687 | 3.333 | 2.720 | 1.911 |
| 2.9 | −0.389 | 4.701 | 3.318 | 2.695 | 1.876 |
| 3.0 | −0.395 | 4.716 | 3.303 | 2.670 | 1.840 |
| 3.1 | −0.399 | 4.732 | 3.288 | 2.645 | 1.806 |
| 3.2 | −0.404 | 4.748 | 3.273 | 2.619 | 1.772 |
| 3.3 | −0.407 | 4.765 | 3.259 | 2.594 | 1.738 |
| 3.4 | −0.410 | 4.781 | 3.245 | 2.568 | 1.705 |
| 3.5 | −0.412 | 4.796 | 3.225 | 2.543 | 1.670 |
| 3.6 | −0.414 | 4.810 | 3.216 | 2.518 | 1.635 |
| 3.7 | −0.415 | 4.824 | 3.203 | 2.494 | 1.600 |
| 3.8 | −0.416 | 4.837 | 3.189 | 2.470 | 1.570 |
| 3.9 | −0.415 | 4.850 | 3.175 | 2.446 | 1.536 |
| 4.0 | −0.414 | 4.863 | 3.160 | 2.422 | 1.502 |
| 4.1 | −0.412 | 4.876 | 3.145 | 2.396 | 1.471 |
| 4.2 | −0.410 | 4.888 | 3.130 | 2.372 | 1.440 |
| 4.3 | −0.407 | 4.901 | 3.115 | 2.348 | 1.408 |
| 4.4 | −0.404 | 4.914 | 3.100 | 2.325 | 1.376 |
| 4.5 | −0.400 | 4.924 | 3.084 | 2.300 | 1.345 |
| 4.6 | −0.396 | 4.934 | 3.067 | 2.276 | 1.315 |
| 4.7 | −0.392 | 4.942 | 3.050 | 2.251 | 1.286 |
| 4.8 | −0.388 | 4.949 | 3.034 | 2.226 | 1.257 |
| 4.9 | −0.384 | 4.955 | 3.016 | 2.200 | 1.229 |
| 5.0 | −0.379 | 4.961 | 2.997 | 2.174 | 1.200 |
| 5.1 | −0.374 | | 2.978 | 2.148 | 1.173 |
| 5.2 | −0.370 | | 2.960 | 2.123 | 1.145 |
| 5.3 | −0.365 | | | 2.098 | 1.118 |
| 5.4 | −0.360 | | | 2.072 | 1.090 |
| 5.5 | −0.356 | | | 2.047 | 1.063 |
| 5.6 | −0.350 | | | 2.021 | 1.035 |

| n / t/K | 1.0 | 1.1 | 1.2 | 1.3 | 1.4 | 1.5 | 1.6 | 1.7 | 1.8 |
|---|---|---|---|---|---|---|---|---|---|
| 0 | 0 | 0 | 0 | 0 | 0 | 0 | 0 | 0 | 0 |
| 0.1 | 0.095 | 0.072 | 0.054 | 0.041 | 0.030 | 0.022 | 0.017 | 0.012 | 0.009 |
| 0.2 | 0.181 | 0.147 | 0.118 | 0.095 | 0.075 | 0.060 | 0.047 | 0.036 | 0.029 |
| 0.3 | 0.259 | 0.218 | 0.182 | 0.152 | 0.126 | 0.104 | 0.086 | 0.069 | 0.057 |
| 0.4 | 0.330 | 0.285 | 0.244 | 0.209 | 0.178 | 0.150 | 0.127 | 0.107 | 0.089 |
| 0.5 | 0.393 | 0.346 | 0.305 | 0.266 | 0.230 | 0.198 | 0.171 | 0.146 | 0.126 |
| 0.6 | 0.451 | 0.403 | 0.360 | 0.318 | 0.281 | 0.237 | 0.216 | 0.188 | 0.164 |
| 0.7 | 0.503 | 0.456 | 0.411 | 0.369 | 0.331 | 0.294 | 0.261 | 0.231 | 0.200 |
| 0.8 | 0.551 | 0.505 | 0.461 | 0.418 | 0.378 | 0.340 | 0.306 | 0.273 | 0.243 |
| 0.9 | 0.593 | 0.549 | 0.505 | 0.464 | 0.423 | 0.385 | 0.349 | 0.315 | 0.285 |
| 1.0 | 0.632 | 0.589 | 0.547 | 0.506 | 0.466 | 0.428 | 0.392 | 0.356 | 0.324 |
| 1.1 | 0.667 | 0.626 | 0.585 | 0.545 | 0.506 | 0.468 | 0.431 | 0.396 | 0.363 |
| 1.2 | 0.699 | 0.660 | 0.621 | 0.582 | 0.544 | 0.506 | 0.470 | 0.436 | 0.400 |
| 1.3 | 0.728 | 0.691 | 0.654 | 0.616 | 0.579 | 0.543 | 0.506 | 0.471 | 0.447 |
| 1.4 | 0.753 | 0.719 | 0.684 | 0.648 | 0.612 | 0.577 | 0.541 | 0.507 | 0.473 |
| 1.5 | 0.777 | 0.744 | 0.711 | 0.677 | 0.643 | 0.608 | 0.574 | 0.540 | 0.507 |
| 1.6 | 0.798 | 0.768 | 0.736 | 0.704 | 0.671 | 0.638 | 0.605 | 0.572 | 0.539 |
| 1.7 | 0.817 | 0.789 | 0.759 | 0.729 | 0.698 | 0.666 | 0.634 | 0.602 | 0.570 |
| 1.8 | 0.835 | 0.808 | 0.781 | 0.752 | 0.722 | 0.692 | 0.661 | 0.630 | 0.599 |
| 1.9 | 0.850 | 0.826 | 0.800 | 0.773 | 0.745 | 0.716 | 0.687 | 0.657 | 0.627 |
| 2.0 | 0.865 | 0.842 | 0.818 | 0.792 | 0.766 | 0.739 | 0.710 | 0.682 | 0.653 |
| 2.1 | 0.878 | 0.856 | 0.834 | 0.810 | 0.785 | 0.759 | 0.733 | 0.706 | 0.679 |
| 2.2 | 0.890 | 0.870 | 0.849 | 0.826 | 0.803 | 0.778 | 0.753 | 0.727 | 0.700 |
| 2.3 | 0.900 | 0.882 | 0.862 | 0.841 | 0.819 | 0.796 | 0.772 | 0.748 | 0.722 |
| 2.4 | 0.909 | 0.895 | 0.875 | 0.855 | 0.835 | 0.813 | 0.790 | 0.767 | 0.742 |
| 2.5 | 0.918 | 0.902 | 0.886 | 0.868 | 0.849 | 0.828 | 0.807 | 0.784 | 0.761 |
| 2.6 | 0.926 | 0.912 | 0.896 | 0.879 | 0.861 | 0.842 | 0.822 | 0.801 | 0.779 |
| 2.7 | 0.933 | 0.920 | 0.905 | 0.890 | 0.873 | 0.855 | 0.836 | 0.816 | 0.796 |
| 2.8 | 0.939 | 0.928 | 0.914 | 0.899 | 0.884 | 0.867 | 0.849 | 0.831 | 0.811 |
| 2.9 | 0.945 | 0.934 | 0.922 | 0.908 | 0.894 | 0.878 | 0.862 | 0.844 | 0.825 |
| 3.0 | 0.950 | 0.940 | 0.929 | 0.916 | 0.903 | 0.888 | 0.873 | 0.856 | 0.839 |
| 3.1 | 0.955 | 0.946 | 0.935 | 0.924 | 0.911 | 0.898 | 0.883 | 0.868 | 0.851 |
| 3.2 | 0.959 | 0.951 | 0.941 | 0.930 | 0.919 | 0.906 | 0.893 | 0.878 | 0.863 |
| 3.3 | 0.963 | 0.955 | 0.946 | 0.936 | 0.926 | 0.914 | 0.902 | 0.888 | 0.873 |
| 3.4 | 0.967 | 0.959 | 0.951 | 0.942 | 0.932 | 0.921 | 0.910 | 0.897 | 0.883 |
| 3.5 | 0.970 | 0.963 | 0.956 | 0.947 | 0.938 | 0.928 | 0.917 | 0.905 | 0.892 |
| 3.6 | 0.973 | 0.967 | 0.960 | 0.952 | 0.944 | 0.934 | 0.924 | 0.913 | 0.901 |
| 3.7 | 0.975 | 0.970 | 0.963 | 0.956 | 0.948 | 0.940 | 0.930 | 0.920 | 0.909 |
| 3.8 | 0.978 | 0.973 | 0.967 | 0.960 | 0.953 | 0.945 | 0.936 | 0.926 | 0.916 |
| 3.9 | 0.980 | 0.975 | 0.970 | 0.964 | 0.957 | 0.950 | 0.941 | 0.932 | 0.923 |
| 4.0 | 0.982 | 0.977 | 0.973 | 0.967 | 0.961 | 0.954 | 0.946 | 0.938 | 0.929 |
| 4.2 | 0.985 | 0.981 | 0.971 | 0.973 | 0.967 | 0.962 | 0.955 | 0.948 | 0.940 |
| 4.4 | 0.988 | 0.985 | 0.981 | 0.977 | 0.973 | 0.968 | 0.962 | 0.956 | 0.949 |
| 4.6 | 0.990 | 0.987 | 0.985 | 0.981 | 0.975 | 0.973 | 0.963 | 0.963 | 0.957 |
| 4.8 | 0.992 | 0.990 | 0.987 | 0.985 | 0.981 | 0.978 | 0.974 | 0.969 | 0.964 |
| 5.0 | 0.993 | 0.992 | 0.990 | 0.987 | 0.984 | 0.981 | 0.978 | 0.974 | 0.970 |
| 5.5 | 0.996 | 0.995 | 0.994 | 0.992 | 0.990 | 0.988 | 0.986 | 0.983 | 0.980 |
| 6.0 | 0.998 | 0.997 | 0.996 | 0.995 | 0.994 | 0.993 | 0.991 | 0.989 | 0.987 |
| 7.0 | 0.999 | 0.999 | 0.998 | 0.998 | 0.998 | 0.997 | 0.996 | 0.996 | 0.995 |
| 8.0 | | | 0.999 | 0.999 | 0.999 | 0.999 | 0.999 | 0.998 | 0.998 |
| 9.0 | | | | | | | | 0.999 | 0.999 |

| 1.9 | 2.0 | 2.1 | 2.2 | 2.3 | 2.4 | 2.5 | 2.6 | 2.7 | 2.8 | 2.9 | 3.0 |
|---|---|---|---|---|---|---|---|---|---|---|---|
| 0 | 0 | 0 | 0 | 0 | 0 | 0 | 0 | 0 | 0 | 0 | 0 |
| 0.007 | 0.005 | 0.003 | 0.002 | 0.002 | 0.001 | 0.001 | 0.001 | 0 | 0 | 0 | 0 |
| 0.022 | 0.018 | 0.014 | 0.010 | 0.008 | 0.006 | 0.004 | 0.003 | 0.002 | 0.002 | 0.001 | 0.001 |
| 0.045 | 0.037 | 0.030 | 0.024 | 0.019 | 0.015 | 0.012 | 0.010 | 0.007 | 0.006 | 0.005 | 0.004 |
| 0.074 | 0.061 | 0.051 | 0.042 | 0.034 | 0.028 | 0.023 | 0.019 | 0.015 | 0.012 | 0.010 | 0.008 |
| 0.106 | 0.090 | 0.076 | 0.065 | 0.054 | 0.045 | 0.037 | 0.031 | 0.025 | 0.022 | 0.018 | 0.014 |
| 0.142 | 0.122 | 0.104 | 0.090 | 0.076 | 0.065 | 0.055 | 0.046 | 0.039 | 0.033 | 0.028 | 0.023 |
| 0.178 | 0.156 | 0.136 | 0.117 | 0.101 | 0.088 | 0.075 | 0.065 | 0.056 | 0.044 | 0.039 | 0.034 |
| 0.216 | 0.191 | 0.169 | 0.149 | 0.130 | 0.113 | 0.098 | 0.086 | 0.074 | 0.064 | 0.056 | 0.047 |
| 0.255 | 0.228 | 0.202 | 0.180 | 0.160 | 0.141 | 0.124 | 0.109 | 0.096 | 0.084 | 0.073 | 0.063 |
| 0.293 | 0.264 | 0.238 | 0.213 | 0.190 | 0.170 | 0.151 | 0.134 | 0.118 | 0.104 | 0.092 | 0.080 |
| 0.331 | 0.301 | 0.273 | 0.247 | 0.222 | 0.200 | 0.179 | 0.160 | 0.143 | 0.127 | 0.113 | 0.100 |
| 0.368 | 0.337 | 0.308 | 0.281 | 0.255 | 0.231 | 0.219 | 0.188 | 0.169 | 0.151 | 0.135 | 0.121 |
| 0.405 | 0.373 | 0.343 | 0.315 | 0.288 | 0.262 | 0.239 | 0.216 | 0.196 | 0.171 | 0.159 | 0.143 |
| 0.440 | 0.408 | 0.378 | 0.348 | 0.321 | 0.294 | 0.269 | 0.246 | 0.224 | 0.203 | 0.184 | 0.167 |
| 0.474 | 0.442 | 0.411 | 0.382 | 0.353 | 0.326 | 0.300 | 0.275 | 0.252 | 0.231 | 0.210 | 0.191 |
| 0.507 | 0.475 | 0.444 | 0.414 | 0.385 | 0.357 | 0.331 | 0.305 | 0.281 | 0.258 | 0.237 | 0.217 |
| 0.538 | 0.507 | 0.476 | 0.446 | 0.417 | 0.389 | 0.361 | 0.335 | 0.310 | 0.287 | 0.264 | 0.243 |
| 0.568 | 0.537 | 0.507 | 0.477 | 0.448 | 0.419 | 0.392 | 0.365 | 0.330 | 0.315 | 0.292 | 0.269 |
| 0.596 | 0.566 | 0.536 | 0.507 | 0.478 | 0.449 | 0.421 | 0.395 | 0.368 | 0.343 | 0.319 | 0.296 |
| 0.623 | 0.594 | 0.565 | 0.536 | 0.507 | 0.478 | 0.451 | 0.423 | 0.397 | 0.372 | 0.347 | 0.323 |
| 0.649 | 0.620 | 0.592 | 0.565 | 0.535 | 0.507 | 0.479 | 0.452 | 0.425 | 0.400 | 0.375 | 0.350 |
| 0.673 | 0.645 | 0.618 | 0.590 | 0.562 | 0.534 | 0.507 | 0.480 | 0.453 | 0.427 | 0.402 | 0.377 |
| 0.696 | 0.669 | 0.642 | 0.615 | 0.588 | 0.560 | 0.533 | 0.507 | 0.480 | 0.454 | 0.429 | 0.404 |
| 0.717 | 0.692 | 0.665 | 0.639 | 0.613 | 0.586 | 0.559 | 0.533 | 0.507 | 0.481 | 0.455 | 0.430 |
| 0.737 | 0.713 | 0.688 | 0.662 | 0.636 | 0.610 | 0.584 | 0.558 | 0.532 | 0.506 | 0.481 | 0.456 |
| 0.756 | 0.733 | 0.708 | 0.684 | 0.659 | 0.634 | 0.608 | 0.582 | 0.557 | 0.532 | 0.506 | 0.482 |
| 0.774 | 0.751 | 0.728 | 0.704 | 0.680 | 0.656 | 0.631 | 0.606 | 0.581 | 0.556 | 0.531 | 0.506 |
| 0.790 | 0.769 | 0.747 | 0.724 | 0.701 | 0.677 | 0.653 | 0.629 | 0.604 | 0.579 | 0.555 | 0.531 |
| 0.806 | 0.785 | 0.764 | 0.742 | 0.720 | 0.697 | 0.674 | 0.650 | 0.626 | 0.602 | 0.578 | 0.554 |
| 0.820 | 0.801 | 0.781 | 0.760 | 0.738 | 0.716 | 0.694 | 0.671 | 0.648 | 0.624 | 0.600 | 0.577 |
| 0.834 | 0.815 | 0.796 | 0.776 | 0.756 | 0.734 | 0.713 | 0.691 | 0.668 | 0.645 | 0.622 | 0.599 |
| 0.846 | 0.829 | 0.811 | 0.792 | 0.772 | 0.752 | 0.731 | 0.709 | 0.688 | 0.665 | 0.643 | 0.620 |
| 0.858 | 0.841 | 0.824 | 0.806 | 0.787 | 0.768 | 0.748 | 0.727 | 0.706 | 0.685 | 0.663 | 0.641 |
| 0.869 | 0.853 | 0.837 | 0.820 | 0.802 | 0.783 | 0.764 | 0.744 | 0.724 | 0.703 | 0.682 | 0.660 |
| 0.879 | 0.864 | 0.849 | 0.832 | 0.815 | 0.798 | 0.779 | 0.760 | 0.741 | 0.721 | 0.700 | 0.679 |
| 0.888 | 0.874 | 0.860 | 0.844 | 0.828 | 0.811 | 0.794 | 0.776 | 0.757 | 0.738 | 0.718 | 0.697 |
| 0.897 | 0.884 | 0.870 | 0.856 | 0.840 | 0.824 | 0.807 | 0.790 | 0.722 | 0.753 | 0.734 | 0.715 |
| 0.905 | 0.893 | 0.880 | 0.866 | 0.851 | 0.846 | 0.820 | 0.804 | 0.786 | 0.768 | 0.750 | 0.731 |
| 0.912 | 0.901 | 0.889 | 0.876 | 0.862 | 0.848 | 0.834 | 0.817 | 0.800 | 0.783 | 0.765 | 0.747 |
| 0.919 | 0.908 | 0.897 | 0.885 | 0.872 | 0.858 | 0.844 | 0.829 | 0.813 | 0.796 | 0.779 | 0.762 |
| 0.931 | 0.922 | 0.912 | 0.901 | 0.890 | 0.877 | 0.864 | 0.851 | 0.837 | 0.822 | 0.806 | 0.790 |
| 0.942 | 0.934 | 0.925 | 0.915 | 0.905 | 0.894 | 0.883 | 0.870 | 0.857 | 0.844 | 0.830 | 0.815 |
| 0.951 | 0.944 | 0.936 | 0.928 | 0.919 | 0.909 | 0.899 | 0.888 | 0.876 | 0.864 | 0.851 | 0.837 |
| 0.958 | 0.952 | 0.946 | 0.938 | 0.930 | 0.922 | 0.913 | 0.903 | 0.892 | 0.881 | 0.870 | 0.857 |
| 0.965 | 0.960 | 0.954 | 0.947 | 0.940 | 0.933 | 0.925 | 0.916 | 0.907 | 0.897 | 0.886 | 0.875 |
| 0.977 | 0.973 | 0.969 | 0.965 | 0.960 | 0.955 | 0.949 | 0.942 | 0.935 | 0.928 | 0.920 | 0.912 |
| 0.985 | 0.983 | 0.980 | 0.977 | 0.973 | 0.969 | 0.965 | 0.961 | 0.956 | 0.950 | 0.944 | 0.938 |
| 0.994 | 0.993 | 0.991 | 0.990 | 0.988 | 0.986 | 0.984 | 0.982 | 0.980 | 0.977 | 0.974 | 0.970 |
| 0.997 | 0.997 | 0.996 | 0.996 | 0.995 | 0.994 | 0.993 | 0.992 | 0.991 | 0.989 | 0.988 | 0.986 |
| 0.999 | 0.999 | 0.999 | 0.998 | 0.998 | 0.997 | 0.997 | 0.997 | 0.996 | 0.995 | 0.995 | 0.994 |

| t/K \ n | 3.0 | 3.1 | 3.2 | 3.3 | 3.4 | 3.5 | 3.6 | 3.7 | 3.8 |
|---|---|---|---|---|---|---|---|---|---|
| 0 | 0 | 0 | 0 | 0 | 0 | 0 | 0 | 0 | 0 |
| 0.5 | 0.014 | 0.012 | 0.010 | 0.008 | 0.006 | 0.005 | 0.004 | 0.003 | 0.003 |
| 1.0 | 0.080 | 0.070 | 0.061 | 0.053 | 0.046 | 0.040 | 0.035 | 0.030 | 0.026 |
| 1.1 | 0.100 | 0.088 | 0.077 | 0.068 | 0.060 | 0.052 | 0.045 | 0.040 | 0.034 |
| 1.2 | 0.121 | 0.107 | 0.095 | 0.084 | 0.074 | 0.066 | 0.058 | 0.051 | 0.044 |
| 1.3 | 0.143 | 0.128 | 0.114 | 0.102 | 0.091 | 0.081 | 0.071 | 0.063 | 0.056 |
| 1.4 | 0.167 | 0.150 | 0.135 | 0.121 | 0.109 | 0.097 | 0.087 | 0.077 | 0.069 |
| 1.5 | 0.191 | 0.173 | 0.157 | 0.142 | 0.128 | 0.115 | 0.103 | 0.092 | 0.083 |
| 1.6 | 0.217 | 0.198 | 0.180 | 0.164 | 0.148 | 0.134 | 0.121 | 0.109 | 0.098 |
| 1.7 | 0.243 | 0.223 | 0.204 | 0.186 | 0.170 | 0.154 | 0.140 | 0.127 | 0.115 |
| 1.8 | 0.269 | 0.248 | 0.228 | 0.210 | 0.192 | 0.175 | 0.160 | 0.146 | 0.132 |
| 1.9 | 0.296 | 0.274 | 0.253 | 0.234 | 0.215 | 0.197 | 0.181 | 0.166 | 0.151 |
| 2.0 | 0.323 | 0.301 | 0.279 | 0.258 | 0.239 | 0.220 | 0.203 | 0.186 | 0.171 |
| 2.1 | 0.350 | 0.327 | 0.305 | 0.283 | 0.263 | 0.244 | 0.225 | 0.208 | 0.191 |
| 2.2 | 0.377 | 0.354 | 0.331 | 0.309 | 0.287 | 0.267 | 0.248 | 0.230 | 0.212 |
| 2.3 | 0.404 | 0.380 | 0.356 | 0.334 | 0.312 | 0.291 | 0.271 | 0.252 | 0.234 |
| 2.4 | 0.430 | 0.406 | 0.382 | 0.359 | 0.337 | 0.316 | 0.295 | 0.275 | 0.256 |
| 2.5 | 0.456 | 0.432 | 0.408 | 0.385 | 0.362 | 0.340 | 0.319 | 0.299 | 0.279 |
| 2.6 | 0.482 | 0.457 | 0.433 | 0.410 | 0.387 | 0.364 | 0.343 | 0.322 | 0.302 |
| 2.7 | 0.506 | 0.482 | 0.458 | 0.434 | 0.411 | 0.389 | 0.367 | 0.346 | 0.325 |
| 2.8 | 0.531 | 0.506 | 0.482 | 0.459 | 0.436 | 0.413 | 0.391 | 0.369 | 0.348 |
| 2.9 | 0.554 | 0.530 | 0.506 | 0.483 | 0.460 | 0.437 | 0.414 | 0.392 | 0.371 |
| 3.0 | 0.577 | 0.553 | 0.530 | 0.506 | 0.483 | 0.460 | 0.438 | 0.416 | 0.394 |
| 3.1 | 0.599 | 0.576 | 0.552 | 0.529 | 0.506 | 0.483 | 0.461 | 0.439 | 0.417 |
| 3.2 | 0.620 | 0.603 | 0.574 | 0.552 | 0.528 | 0.506 | 0.484 | 0.462 | 0.440 |
| 3.3 | 0.641 | 0.618 | 0.596 | 0.573 | 0.551 | 0.528 | 0.506 | 0.484 | 0.462 |
| 3.4 | 0.660 | 0.638 | 0.616 | 0.594 | 0.572 | 0.550 | 0.528 | 0.506 | 0.484 |
| 3.5 | 0.679 | 0.658 | 0.636 | 0.615 | 0.593 | 0.571 | 0.549 | 0.528 | 0.506 |
| 3.6 | 0.697 | 0.677 | 0.656 | 0.634 | 0.613 | 0.592 | 0.570 | 0.549 | 0.527 |
| 3.7 | 0.715 | 0.695 | 0.674 | 0.653 | 0.633 | 0.612 | 0.590 | 0.569 | 0.548 |
| 3.8 | 0.731 | 0.712 | 0.692 | 0.672 | 0.651 | 0.631 | 0.610 | 0.589 | 0.568 |
| 3.9 | 0.747 | 0.728 | 0.709 | 0.689 | 0.670 | 0.649 | 0.629 | 0.609 | 0.588 |
| 4.0 | 0.762 | 0.744 | 0.725 | 0.706 | 0.687 | 0.667 | 0.647 | 0.627 | 0.607 |
| 4.2 | 0.790 | 0.773 | 0.756 | 0.738 | 0.720 | 0.701 | 0.682 | 0.663 | 0.644 |
| 4.4 | 0.815 | 0.799 | 0.783 | 0.767 | 0.750 | 0.733 | 0.715 | 0.697 | 0.678 |
| 4.6 | 0.837 | 0.823 | 0.809 | 0.793 | 0.778 | 0.761 | 0.745 | 0.728 | 0.710 |
| 4.8 | 0.857 | 0.845 | 0.831 | 0.817 | 0.803 | 0.788 | 0.772 | 0.756 | 0.740 |
| 5.0 | 0.875 | 0.864 | 0.851 | 0.838 | 0.825 | 0.811 | 0.797 | 0.782 | 0.767 |
| 5.2 | 0.891 | 0.881 | 0.870 | 0.858 | 0.846 | 0.833 | 0.820 | 0.806 | 0.792 |
| 5.4 | 0.905 | 0.896 | 0.886 | 0.875 | 0.864 | 0.852 | 0.840 | 0.828 | 0.814 |
| 5.6 | 0.918 | 0.909 | 0.900 | 0.891 | 0.880 | 0.870 | 0.859 | 0.847 | 0.835 |
| 5.8 | 0.928 | 0.921 | 0.913 | 0.904 | 0.895 | 0.885 | 0.875 | 0.865 | 0.854 |
| 6.0 | 0.938 | 0.930 | 0.924 | 0.916 | 0.908 | 0.899 | 0.890 | 0.881 | 0.870 |
| 6.5 | 0.957 | 0.952 | 0.947 | 0.941 | 0.935 | 0.927 | 0.921 | 0.913 | 0.905 |
| 7.0 | 0.970 | 0.967 | 0.963 | 0.958 | 0.954 | 0.949 | 0.943 | 0.938 | 0.932 |
| 7.5 | 0.980 | 0.977 | 0.974 | 0.971 | 0.968 | 0.964 | 0.960 | 0.956 | 0.951 |
| 8.0 | 0.986 | 0.984 | 0.982 | 0.980 | 0.978 | 0.975 | 0.972 | 0.969 | 0.965 |
| 9.0 | 0.994 | 0.993 | 0.991 | 0.990 | 0.989 | 0.988 | 0.986 | 0.985 | 0.983 |
| 10.0 | 0.997 | 0.997 | 0.996 | 0.996 | 0.995 | 0.994 | 0.994 | 0.993 | 0.992 |
| 11.0 | 0.999 | 0.999 | 0.998 | 0.998 | 0.998 | 0.997 | 0.997 | 0.997 | 0.996 |
| 12.0 |  |  | 0.999 | 0.999 | 0.999 | 0.999 | 0.999 | 0.998 | 0.998 |

续表

| 3.9 | 4.0 | 4.1 | 4.2 | 4.3 | 4.4 | 4.5 | 4.6 | 4.7 | 4.8 | 4.9 | 5.0 |
|---|---|---|---|---|---|---|---|---|---|---|---|
| 0 | 0 | 0 | 0 | 0 | 0 | 0 | 0 | 0 | 0 | 0 | 0 |
| 0.002 | 0.002 | 0.001 | 0.001 | 0.001 | 0.001 | 0.001 | 0 | 0 | 0 | 0 | 0 |
| 0.022 | 0.019 | 0.016 | 0.014 | 0.012 | 0.010 | 0.009 | 0.007 | 0.006 | 0.005 | 0.004 | 0.004 |
| 0.030 | 0.026 | 0.022 | 0.019 | 0.016 | 0.014 | 0.012 | 0.010 | 0.009 | 0.008 | 0.006 | 0.005 |
| 0.039 | 0.034 | 0.029 | 0.026 | 0.022 | 0.019 | 0.017 | 0.014 | 0.012 | 0.011 | 0.009 | 0.008 |
| 0.049 | 0.043 | 0.038 | 0.033 | 0.029 | 0.025 | 0.022 | 0.019 | 0.017 | 0.014 | 0.012 | 0.011 |
| 0.061 | 0.054 | 0.047 | 0.042 | 0.037 | 0.032 | 0.028 | 0.025 | 0.022 | 0.019 | 0.016 | 0.014 |
| 0.074 | 0.066 | 0.058 | 0.052 | 0.046 | 0.040 | 0.036 | 0.031 | 0.028 | 0.024 | 0.021 | 0.019 |
| 0.088 | 0.079 | 0.070 | 0.063 | 0.056 | 0.050 | 0.044 | 0.039 | 0.035 | 0.031 | 0.027 | 0.024 |
| 0.103 | 0.093 | 0.084 | 0.075 | 0.067 | 0.060 | 0.054 | 0.048 | 0.043 | 0.038 | 0.033 | 0.030 |
| 0.120 | 0.109 | 0.098 | 0.089 | 0.080 | 0.072 | 0.064 | 0.058 | 0.051 | 0.046 | 0.041 | 0.036 |
| 0.138 | 0.125 | 0.114 | 0.103 | 0.093 | 0.084 | 0.076 | 0.068 | 0.061 | 0.055 | 0.049 | 0.044 |
| 0.156 | 0.143 | 0.130 | 0.119 | 0.108 | 0.098 | 0.089 | 0.080 | 0.072 | 0.065 | 0.059 | 0.053 |
| 0.176 | 0.161 | 0.148 | 0.135 | 0.123 | 0.112 | 0.102 | 0.093 | 0.084 | 0.076 | 0.069 | 0.062 |
| 0.196 | 0.181 | 0.166 | 0.153 | 0.140 | 0.128 | 0.117 | 0.107 | 0.097 | 0.088 | 0.080 | 0.072 |
| 0.217 | 0.201 | 0.185 | 0.171 | 0.157 | 0.144 | 0.132 | 0.121 | 0.111 | 0.101 | 0.092 | 0.084 |
| 0.238 | 0.221 | 0.205 | 0.190 | 0.175 | 0.161 | 0.149 | 0.137 | 0.125 | 0.115 | 0.105 | 0.096 |
| 0.260 | 0.242 | 0.225 | 0.209 | 0.194 | 0.179 | 0.166 | 0.153 | 0.141 | 0.129 | 0.119 | 0.109 |
| 0.283 | 0.264 | 0.246 | 0.229 | 0.213 | 0.198 | 0.183 | 0.170 | 0.157 | 0.145 | 0.133 | 0.123 |
| 0.305 | 0.286 | 0.268 | 0.250 | 0.233 | 0.217 | 0.202 | 0.187 | 0.174 | 0.161 | 0.149 | 0.137 |
| 0.328 | 0.308 | 0.289 | 0.271 | 0.253 | 0.237 | 0.221 | 0.206 | 0.191 | 0.178 | 0.165 | 0.152 |
| 0.350 | 0.330 | 0.311 | 0.292 | 0.274 | 0.257 | 0.240 | 0.224 | 0.209 | 0.195 | 0.181 | 0.168 |
| 0.373 | 0.353 | 0.333 | 0.314 | 0.295 | 0.277 | 0.260 | 0.244 | 0.228 | 0.213 | 0.198 | 0.185 |
| 0.396 | 0.375 | 0.355 | 0.335 | 0.316 | 0.298 | 0.280 | 0.263 | 0.246 | 0.231 | 0.216 | 0.202 |
| 0.418 | 0.397 | 0.377 | 0.357 | 0.338 | 0.319 | 0.301 | 0.283 | 0.266 | 0.250 | 0.234 | 0.219 |
| 0.441 | 0.420 | 0.399 | 0.379 | 0.359 | 0.340 | 0.321 | 0.304 | 0.286 | 0.269 | 0.253 | 0.237 |
| 0.463 | 0.442 | 0.421 | 0.400 | 0.380 | 0.361 | 0.342 | 0.324 | 0.306 | 0.289 | 0.272 | 0.256 |
| 0.485 | 0.462 | 0.442 | 0.422 | 0.404 | 0.382 | 0.363 | 0.344 | 0.326 | 0.308 | 0.291 | 0.275 |
| 0.506 | 0.484 | 0.464 | 0.443 | 0.423 | 0.403 | 0.384 | 0.365 | 0.346 | 0.328 | 0.311 | 0.293 |
| 0.527 | 0.506 | 0.485 | 0.464 | 0.444 | 0.424 | 0.404 | 0.385 | 0.366 | 0.348 | 0.330 | 0.313 |
| 0.547 | 0.527 | 0.506 | 0.485 | 0.465 | 0.445 | 0.425 | 0.406 | 0.387 | 0.368 | 0.350 | 0.332 |
| 0.567 | 0.548 | 0.526 | 0.506 | 0.485 | 0.465 | 0.446 | 0.426 | 0.407 | 0.388 | 0.370 | 0.352 |
| 0.587 | 0.567 | 0.546 | 0.526 | 0.506 | 0.486 | 0.466 | 0.446 | 0.427 | 0.403 | 0.389 | 0.371 |
| 0.624 | 0.605 | 0.588 | 0.565 | 0.545 | 0.525 | 0.506 | 0.486 | 0.467 | 0.448 | 0.429 | 0.410 |
| 0.660 | 0.641 | 0.621 | 0.602 | 0.582 | 0.563 | 0.544 | 0.525 | 0.506 | 0.486 | 0.468 | 0.449 |
| 0.692 | 0.674 | 0.656 | 0.637 | 0.619 | 0.600 | 0.581 | 0.562 | 0.543 | 0.524 | 0.505 | 0.487 |
| 0.723 | 0.706 | 0.688 | 0.671 | 0.653 | 0.634 | 0.616 | 0.598 | 0.579 | 0.560 | 0.542 | 0.524 |
| 0.751 | 0.735 | 0.718 | 0.702 | 0.683 | 0.667 | 0.650 | 0.632 | 0.614 | 0.596 | 0.578 | 0.560 |
| 0.777 | 0.762 | 0.746 | 0.731 | 0.714 | 0.698 | 0.681 | 0.664 | 0.647 | 0.629 | 0.612 | 0.594 |
| 0.801 | 0.787 | 0.772 | 0.757 | 0.742 | 0.726 | 0.710 | 0.694 | 0.678 | 0.661 | 0.644 | 0.627 |
| 0.822 | 0.809 | 0.796 | 0.782 | 0.768 | 0.753 | 0.738 | 0.722 | 0.707 | 0.691 | 0.674 | 0.658 |
| 0.842 | 0.830 | 0.818 | 0.805 | 0.791 | 0.777 | 0.763 | 0.749 | 0.734 | 0.719 | 0.703 | 0.687 |
| 0.860 | 0.849 | 0.837 | 0.825 | 0.813 | 0.800 | 0.787 | 0.773 | 0.759 | 0.745 | 0.730 | 0.715 |
| 0.897 | 0.888 | 0.879 | 0.869 | 0.859 | 0.848 | 0.837 | 0.826 | 0.814 | 0.802 | 0.789 | 0.776 |
| 0.925 | 0.918 | 0.911 | 0.903 | 0.895 | 0.887 | 0.878 | 0.868 | 0.859 | 0.848 | 0.838 | 0.827 |
| 0.946 | 0.941 | 0.935 | 0.929 | 0.923 | 0.916 | 0.911 | 0.902 | 0.894 | 0.886 | 0.877 | 0.868 |
| 0.962 | 0.958 | 0.953 | 0.949 | 0.944 | 0.939 | 0.933 | 0.927 | 0.921 | 0.915 | 0.908 | 0.900 |
| 0.981 | 0.979 | 0.976 | 0.974 | 0.971 | 0.968 | 0.965 | 0.961 | 0.958 | 0.954 | 0.950 | 0.945 |
| 0.991 | 0.990 | 0.988 | 0.987 | 0.985 | 0.984 | 0.982 | 0.980 | 0.978 | 0.976 | 0.973 | 0.971 |
| 0.996 | 0.995 | 0.994 | 0.994 | 0.993 | 0.992 | 0.991 | 0.990 | 0.989 | 0.988 | 0.986 | 0.985 |
| 0.998 | 0.998 | 0.997 | 0.997 | 0.997 | 0.996 | 0.996 | 0.995 | 0.994 | 0.994 | 0.993 | 0.992 |

| t/K \ n | 5.0 | 5.1 | 5.2 | 5.3 | 5.4 | 5.5 | 5.6 | 5.7 | 5.8 |
|---|---|---|---|---|---|---|---|---|---|
| 0 | 0 | 0 | 0 | 0 | 0 | 0 | 0 | 0 | 0 |
| 0.5 | | | | | | | | | |
| 1.0 | 0.004 | 0.003 | 0.003 | 0.002 | 0.002 | 0.002 | 0.001 | 0.001 | 0.001 |
| 1.5 | 0.019 | 0.016 | 0.014 | 0.012 | 0.011 | 0.009 | 0.008 | 0.007 | 0.006 |
| 2.0 | 0.053 | 0.047 | 0.042 | 0.038 | 0.034 | 0.030 | 0.027 | 0.024 | 0.021 |
| 2.5 | 0.109 | 0.100 | 0.091 | 0.083 | 0.076 | 0.069 | 0.063 | 0.057 | 0.051 |
| 3.0 | 0.185 | 0.172 | 0.160 | 0.148 | 0.137 | 0.127 | 0.117 | 0.108 | 0.099 |
| 3.2 | 0.219 | 0.205 | 0.192 | 0.179 | 0.166 | 0.155 | 0.144 | 0.133 | 0.123 |
| 3.4 | 0.256 | 0.240 | 0.226 | 0.211 | 0.198 | 0.185 | 0.173 | 0.161 | 0.150 |
| 3.6 | 0.294 | 0.217 | 0.261 | 0.246 | 0.231 | 0.217 | 0.204 | 0.191 | 0.179 |
| 3.8 | 0.332 | 0.315 | 0.298 | 0.282 | 0.266 | 0.251 | 0.237 | 0.223 | 0.210 |
| 4.0 | 0.371 | 0.353 | 0.336 | 0.319 | 0.303 | 0.287 | 0.271 | 0.256 | 0.242 |
| 4.1 | 0.301 | 0.373 | 0.355 | 0.338 | 0.321 | 0.305 | 0.289 | 0.274 | 0.259 |
| 4.2 | 0.410 | 0.392 | 0.374 | 0.357 | 0.340 | 0.323 | 0.307 | 0.291 | 0.276 |
| 4.3 | 0.430 | 0.411 | 0.393 | 0.375 | 0.358 | 0.341 | 0.325 | 0.309 | 0.293 |
| 4.4 | 0.449 | 0.430 | 0.412 | 0.394 | 0.377 | 0.360 | 0.343 | 0.327 | 0.311 |
| 4.5 | 0.468 | 0.449 | 0.431 | 0.413 | 0.395 | 0.378 | 0.361 | 0.345 | 0.328 |
| 4.6 | 0.487 | 0.469 | 0.450 | 0.432 | 0.414 | 0.397 | 0.379 | 0.363 | 0.346 |
| 4.7 | 0.505 | 0.487 | 0.469 | 0.451 | 0.433 | 0.415 | 0.398 | 0.381 | 0.364 |
| 4.8 | 0.524 | 0.505 | 0.487 | 0.469 | 0.451 | 0.433 | 0.416 | 0.399 | 0.382 |
| 4.9 | 0.542 | 0.524 | 0.505 | 0.487 | 0.469 | 0.452 | 0.434 | 0.417 | 0.400 |
| 5.0 | 0.560 | 0.541 | 0.523 | 0.505 | 0.487 | 0.470 | 0.452 | 0.435 | 0.418 |
| 5.1 | 0.577 | 0.559 | 0.541 | 0.523 | 0.505 | 0.488 | 0.470 | 0.453 | 0.435 |
| 5.2 | 0.594 | 0.576 | 0.558 | 0.541 | 0.523 | 0.505 | 0.488 | 0.470 | 0.453 |
| 5.3 | 0.610 | 0.593 | 0.575 | 0.558 | 0.540 | 0.523 | 0.505 | 0.488 | 0.471 |
| 5.4 | 0.627 | 0.609 | 0.592 | 0.575 | 0.557 | 0.540 | 0.522 | 0.505 | 0.488 |
| 5.5 | 0.642 | 0.626 | 0.608 | 0.591 | 0.574 | 0.557 | 0.539 | 0.522 | 0.505 |
| 5.6 | 0.658 | 0.641 | 0.624 | 0.607 | 0.590 | 0.573 | 0.556 | 0.539 | 0.522 |
| 5.7 | 0.673 | 0.656 | 0.640 | 0.623 | 0.606 | 0.590 | 0.573 | 0.556 | 0.539 |
| 5.8 | 0.687 | 0.671 | 0.655 | 0.639 | 0.622 | 0.606 | 0.589 | 0.572 | 0.555 |
| 5.9 | 0.701 | 0.686 | 0.670 | 0.654 | 0.638 | 0.621 | 0.605 | 0.588 | 0.571 |
| 6.0 | 0.715 | 0.700 | 0.684 | 0.668 | 0.652 | 0.636 | 0.620 | 0.604 | 0.587 |
| 6.2 | 0.741 | 0.726 | 0.712 | 0.696 | 0.681 | 0.666 | 0.650 | 0.634 | 0.618 |
| 6.4 | 0.765 | 0.751 | 0.737 | 0.723 | 0.708 | 0.693 | 0.678 | 0.663 | 0.648 |
| 6.6 | 0.787 | 0.774 | 0.761 | 0.748 | 0.734 | 0.720 | 0.705 | 0.690 | 0.676 |
| 6.8 | 0.808 | 0.796 | 0.783 | 0.771 | 0.758 | 0.744 | 0.730 | 0.716 | 0.702 |
| 7.0 | 0.827 | 0.816 | 0.804 | 0.792 | 0.780 | 0.767 | 0.754 | 0.741 | 0.727 |
| 7.2 | 0.844 | 0.834 | 0.823 | 0.812 | 0.800 | 0.788 | 0.776 | 0.764 | 0.751 |
| 7.4 | 0.860 | 0.851 | 0.841 | 0.830 | 0.819 | 0.808 | 0.797 | 0.785 | 0.773 |
| 7.6 | 0.875 | 0.866 | 0.857 | 0.845 | 0.837 | 0.826 | 0.816 | 0.805 | 0.793 |
| 7.8 | 0.888 | 0.880 | 0.871 | 0.862 | 0.853 | 0.843 | 0.833 | 0.823 | 0.812 |
| 8.0 | 0.900 | 0.893 | 0.885 | 0.877 | 0.868 | 0.859 | 0.850 | 0.840 | 0.830 |
| 8.5 | 0.926 | 0.920 | 0.913 | 0.907 | 0.899 | 0.892 | 0.884 | 0.876 | 0.868 |
| 9.0 | 0.945 | 0.940 | 0.935 | 0.930 | 0.924 | 0.918 | 0.912 | 0.906 | 0.899 |
| 9.5 | 0.960 | 0.956 | 0.952 | 0.948 | 0.943 | 0.938 | 0.933 | 0.928 | 0.923 |
| 10.0 | 0.971 | 0.968 | 0.965 | 0.962 | 0.958 | 0.955 | 0.951 | 0.946 | 0.942 |
| 11.0 | 0.985 | 0.983 | 0.982 | 0.979 | 0.978 | 0.975 | 0.973 | 0.971 | 0.968 |
| 12.0 | 0.992 | 0.992 | 0.991 | 0.990 | 0.988 | 0.981 | 0.986 | 0.985 | 0.983 |
| 13.0 | 0.996 | 0.995 | 0.995 | 0.995 | 0.994 | 0.993 | 0.993 | 0.992 | 0.991 |
| 14.0 | 0.998 | 0.998 | 0.998 | 0.997 | 0.997 | 0.997 | 0.996 | 0.996 | 0.996 |
| 15.0 | 0.999 | 0.999 | 0.999 | 0.999 | 0.999 | 0.998 | 0.998 | 0.998 | 0.998 |

续表

| 5.9 | 6.0 | 6.1 | 6.2 | 6.3 | 6.4 | 6.5 | 6.6 | 6.7 | 6.8 | 6.9 | 7.0 |
|---|---|---|---|---|---|---|---|---|---|---|---|
| 0 | 0 | 0 | 0 | 0 | 0 | 0 | 0 | 0 | 0 | 0 | 0 |
| 0.001 | 0.001 | 0 | 0 | 0 | 0 | 0 | 0 | 0 | 0 | 0 | 0 |
| 0.005 | 0.004 | 0.004 | 0.003 | 0.003 | 0.002 | 0.002 | 0.002 | 0.001 | 0.001 | 0.001 | 0.001 |
| 0.019 | 0.017 | 0.015 | 0.013 | 0.011 | 0.010 | 0.009 | 0.008 | 0.007 | 0.006 | 0.005 | 0.004 |
| 0.047 | 0.042 | 0.038 | 0.034 | 0.031 | 0.028 | 0.025 | 0.022 | 0.020 | 0.018 | 0.016 | 0.014 |
| 0.091 | 0.084 | 0.077 | 0.071 | 0.065 | 0.059 | 0.054 | 0.049 | 0.045 | 0.041 | 0.037 | 0.034 |
| 0.114 | 0.105 | 0.098 | 0.090 | 0.083 | 0.076 | 0.070 | 0.064 | 0.059 | 0.053 | 0.049 | 0.045 |
| 0.139 | 0.129 | 0.120 | 0.111 | 0.103 | 0.095 | 0.088 | 0.081 | 0.075 | 0.069 | 0.063 | 0.058 |
| 0.167 | 0.156 | 0.146 | 0.135 | 0.126 | 0.117 | 0.109 | 0.100 | 0.093 | 0.086 | 0.080 | 0.073 |
| 0.197 | 0.184 | 0.173 | 0.162 | 0.151 | 0.141 | 0.132 | 0.122 | 0.114 | 0.106 | 0.098 | 0.091 |
| 0.228 | 0.215 | 0.202 | 0.190 | 0.178 | 0.167 | 0.157 | 0.146 | 0.137 | 0.128 | 0.119 | 0.111 |
| 0.244 | 0.231 | 0.218 | 0.205 | 0.193 | 0.181 | 0.170 | 0.159 | 0.149 | 0.139 | 0.130 | 0.121 |
| 0.261 | 0.247 | 0.233 | 0.220 | 0.208 | 0.195 | 0.184 | 0.172 | 0.162 | 0.151 | 0.142 | 0.133 |
| 0.278 | 0.263 | 0.249 | 0.236 | 0.223 | 0.210 | 0.198 | 0.186 | 0.175 | 0.164 | 0.154 | 0.144 |
| 0.295 | 0.280 | 0.266 | 0.251 | 0.238 | 0.225 | 0.212 | 0.200 | 0.189 | 0.177 | 0.167 | 0.156 |
| 0.312 | 0.297 | 0.282 | 0.268 | 0.254 | 0.240 | 0.227 | 0.214 | 0.203 | 0.191 | 0.180 | 0.169 |
| 0.330 | 0.314 | 0.299 | 0.284 | 0.270 | 0.256 | 0.243 | 0.229 | 0.217 | 0.205 | 0.193 | 0.182 |
| 0.348 | 0.332 | 0.316 | 0.301 | 0.286 | 0.272 | 0.258 | 0.244 | 0.232 | 0.219 | 0.207 | 0.195 |
| 0.365 | 0.349 | 0.333 | 0.318 | 0.303 | 0.288 | 0.274 | 0.260 | 0.247 | 0.234 | 0.221 | 0.209 |
| 0.383 | 0.366 | 0.350 | 0.335 | 0.320 | 0.304 | 0.290 | 0.276 | 0.202 | 0.249 | 0.236 | 0.223 |
| 0.401 | 0.384 | 0.368 | 0.352 | 0.336 | 0.321 | 0.306 | 0.292 | 0.278 | 0.264 | 0.251 | 0.238 |
| 0.418 | 0.402 | 0.385 | 0.369 | 0.353 | 0.338 | 0.323 | 0.308 | 0.294 | 0.279 | 0.266 | 0.253 |
| 0.436 | 0.419 | 0.403 | 0.386 | 0.370 | 0.354 | 0.339 | 0.324 | 0.310 | 0.295 | 0.281 | 0.268 |
| 0.453 | 0.437 | 0.420 | 0.403 | 0.387 | 0.371 | 0.356 | 0.340 | 0.326 | 0.311 | 0.297 | 0.283 |
| 0.471 | 0.454 | 0.437 | 0.421 | 0.404 | 0.388 | 0.373 | 0.357 | 0.342 | 0.327 | 0.313 | 0.298 |
| 0.488 | 0.471 | 0.454 | 0.438 | 0.421 | 0.405 | 0.389 | 0.374 | 0.358 | 0.343 | 0.328 | 0.314 |
| 0.505 | 0.488 | 0.471 | 0.455 | 0.438 | 0.422 | 0.406 | 0.390 | 0.375 | 0.359 | 0.345 | 0.330 |
| 0.522 | 0.505 | 0.488 | 0.472 | 0.455 | 0.439 | 0.423 | 0.407 | 0.391 | 0.376 | 0.361 | 0.346 |
| 0.538 | 0.522 | 0.505 | 0.488 | 0.472 | 0.456 | 0.439 | 0.423 | 0.408 | 0.392 | 0.377 | 0.362 |
| 0.555 | 0.538 | 0.522 | 0.505 | 0.489 | 0.472 | 0.456 | 0.440 | 0.424 | 0.408 | 0.393 | 0.378 |
| 0.571 | 0.554 | 0.538 | 0.521 | 0.505 | 0.489 | 0.472 | 0.456 | 0.440 | 0.425 | 0.409 | 0.394 |
| 0.602 | 0.586 | 0.570 | 0.553 | 0.537 | 0.521 | 0.505 | 0.489 | 0.473 | 0.457 | 0.441 | 0.426 |
| 0.632 | 0.616 | 0.600 | 0.585 | 0.568 | 0.553 | 0.537 | 0.521 | 0.505 | 0.489 | 0.473 | 0.458 |
| 0.661 | 0.645 | 0.630 | 0.614 | 0.597 | 0.583 | 0.568 | 0.552 | 0.536 | 0.520 | 0.505 | 0.489 |
| 0.688 | 0.673 | 0.658 | 0.643 | 0.628 | 0.613 | 0.597 | 0.582 | 0.566 | 0.551 | 0.536 | 0.520 |
| 0.713 | 0.699 | 0.685 | 0.671 | 0.656 | 0.641 | 0.626 | 0.611 | 0.596 | 0.581 | 0.566 | 0.550 |
| 0.738 | 0.724 | 0.710 | 0.697 | 0.682 | 0.668 | 0.654 | 0.639 | 0.624 | 0.610 | 0.595 | 0.580 |
| 0.760 | 0.747 | 0.734 | 0.721 | 0.708 | 0.694 | 0.680 | 0.666 | 0.652 | 0.637 | 0.623 | 0.608 |
| 0.781 | 0.769 | 0.757 | 0.744 | 0.732 | 0.718 | 0.705 | 0.691 | 0.678 | 0.664 | 0.650 | 0.635 |
| 0.801 | 0.790 | 0.778 | 0.766 | 0.754 | 0.741 | 0.729 | 0.716 | 0.702 | 0.689 | 0.675 | 0.662 |
| 0.819 | 0.809 | 0.798 | 0.786 | 0.775 | 0.763 | 0.751 | 0.738 | 0.725 | 0.713 | 0.700 | 0.687 |
| 0.859 | 0.850 | 0.841 | 0.831 | 0.821 | 0.811 | 0.800 | 0.790 | 0.778 | 0.767 | 0.755 | 0.744 |
| 0.892 | 0.884 | 0.876 | 0.869 | 0.860 | 0.851 | 0.842 | 0.833 | 0.823 | 0.814 | 0.804 | 0.793 |
| 0.917 | 0.911 | 0.905 | 0.898 | 0.891 | 0.884 | 0.877 | 0.869 | 0.861 | 0.853 | 0.844 | 0.835 |
| 0.938 | 0.933 | 0.928 | 0.922 | 0.917 | 0.911 | 0.905 | 0.898 | 0.892 | 0.885 | 0.877 | 0.870 |
| 0.965 | 0.962 | 0.959 | 0.956 | 0.952 | 0.949 | 0.945 | 0.940 | 0.936 | 0.931 | 0.926 | 0.921 |
| 0.981 | 0.980 | 0.978 | 0.976 | 0.974 | 0.971 | 0.969 | 0.966 | 0.963 | 0.961 | 0.957 | 0.954 |
| 0.990 | 0.989 | 0.988 | 0.987 | 0.986 | 0.984 | 0.983 | 0.981 | 0.980 | 0.978 | 0.976 | 0.974 |
| 0.995 | 0.994 | 0.994 | 0.993 | 0.993 | 0.992 | 0.991 | 0.990 | 0.989 | 0.988 | 0.987 | 0.986 |
| 0.997 | 0.997 | 0.997 | 0.997 | 0.996 | 0.996 | 0.995 | 0.995 | 0.994 | 0.994 | 0.993 | 0.992 |

# 参 考 文 献


1 陈志恺主编. 中国水利百科全书（第二版）水文与水资源分册. 北京：中国水利水电出版社，2004

2 詹道江，叶守泽合编. 工程水文学（第三版）. 北京：中国水利水电出版社，2000

3 吴明远，詹道江，叶守泽合编. 工程水文学. 北京：水利电力出版社，1987

4 叶守泽主编. 水文水利计算. 北京：水利电力出版社，1995

5 宋星源，雒文生，赵英林等编著. 工程水文学题库及题解. 北京：中国水利水电出版社，2003

6 蒋金珠主编. 工程水文及水利计算. 北京：中国水利水电出版社，1992

7 中华人民共和国水利部编. 2003中国水资源公报. 北京：中国水利水电出版社，2004

8 陈家琦. 中国的水资源. 见：钱正英主编. 中国水利. 北京：水利电力出版社，1991

9 金光炎编. 水文统计的原理与方法. 北京：水利电力出版社，1959

10 赵人俊. 流域水文模拟. 北京：水利电力出版社，1984

11 水利部长江水利委员会水文局，水利部南京水文水资源研究所主编. 水利水电工程设计洪水计算手册. 北京：水利电力出版社，1995

12 水利部长江水利委员会水文局主编. 水利水电工程水文计算规范 SL278—2002. 北京：中国水利水电出版社，2002

13 水利部长江水利委员会主编. 水利水电工程设计洪水计算规范 SL44—93. 北京：水利电力出版社，1993

14 长江水利委员会主编. 水文预报方法（第二版）. 北京：水利电力出版社，1993

15 芮孝芳主编. 产汇流理论. 北京：水利电力出版社，1995

16 方乐润. 水资源工程系统分析. 北京：水利电力出版社，1990

17 王国安，李文家著. 水文成果设计合理性评价. 郑州：黄河水利出版社，2002

18 詹道江，谢悦波著. 古洪水研究. 北京：中国水利水电出版社，2001

19 叶永毅. 进一步发展具有我国特色的洪水频率分析方法. 水利与创新. 中国水利水电出版社，2001

20 水利水电科学研究院水资源研究院主编. 水文计算经验汇编（第四集）. 北京：水利电力出版社，1984

高等学校“十一五”精品规划教材

工程力学（高职高专适用）
大学数学（一）（高职高专适用）
大学数学（二）（高职高专适用）
水资源规划及利用
水力学
环境水利学
灌溉排水工程学
水利工程施工
水利水电工程概预算
工程制图
工程制图习题集
水利工程监理
水利水电工程测量
理论力学
材料力学
土力学
工程水文学
地下水利用
结构力学
水文地质与工程地质
水利科技写作与实例
电路理论
计算机网络
高电压技术
单片机原理及接口技术
电子与电气技术
Visual Foxpro 6 数据库与程序设计
大学计算机基础
可编程控制器原理与应用
电力系统微机继电保护
电力系统继电保护原理
信号与系统
数字信号处理
数字电子技术基础
模拟电子技术
水电厂计算机监控系统
电机与拖动
控制电机
电磁场与电磁波
自动控制原理
电路分析基础
电工电子技术简明教程